Android 云计算应用开发入门与实战

李昇暾 詹智安 著　师蓉 改编

人民邮电出版社
北京

图书在版编目（C I P）数据

Android云计算应用开发入门与实战 / 李昇暾，詹智安著. -- 北京 : 人民邮电出版社, 2013.7
ISBN 978-7-115-31223-5

Ⅰ. ①A… Ⅱ. ①李… ②詹… Ⅲ. ①移动终端－应用程序－程序设计 Ⅳ. ①TN929.53

中国版本图书馆CIP数据核字(2013)第052469号

内 容 提 要

本书分 5 篇，共 15 章，主要介绍了用 Android 进行云计算开发的技术。第 1 篇 Android 基础设计篇，讲解了 Android 和云计算的起源，以及 Android、Hadoop 和 Java 的完美接合；介绍了如何快速地打造第一个 Android 程序。第 2 篇窗口设计篇，用两章的篇幅分别介绍了 Android 用户接口设计和常用窗口控件，还特别讲解了 Activity 应用程序和 Java Script HTML 间的互动技巧。第 3 篇 Android 移动运算的核心技术——应用组件篇，分别深入讲解了 Android 的 4 种应用组件：Activity（活动）、Service（服务）、Broadcast Receiver（广播接收器），以及 Content Provider（内容提供器）。第 4 篇硬件新功能篇，探讨了在 Android 开发中较为常用的硬件控制应用，包括多点控制、语音、绘图、相机、GPS 定位、各种传感器的应用等，以及 Android 4.0 新增的功能和应用范例。第 5 篇云设计篇，讲解了应用最广的云平台 Hadoop 的架构、Map/Reduce 核心技术的运行原理，以及分布式文件系统等重要议题。并用 3 个范例介绍了 Hadoop 的实战经验；讲解了 Android 云决策支持系统的构建，通过 Hadoop 和 Android 平台实现云智能的愿景。

本书适用于 Android 开发者、运计算开发者，也适合作为大中专院校的教学用书和培训学校的教材。

◆ 著　　　李昇暾　詹智安
改　编　师　蓉
责任编辑　张　涛
责任印制　程彦红　杨林杰

◆ 人民邮电出版社出版发行　　北京市丰台区成寿寺路 11 号
邮编　100164　　电子邮件　315@ptpress.com.cn
网址　http://www.ptpress.com.cn
固安县铭成印刷有限公司印刷

◆ 开本：800×1000　1/16
印张：29.75　　　　2013 年 7 月第 1 版
字数：595 千字　　　2024 年 7 月河北第 3 次印刷

著作权合同登记号　图字：01-2012-4606 号

定价：79.00 元

读者服务热线：(010)81055410　印装质量热线：(010)81055316

反盗版热线：(010)81055315

广告经营许可证：京东市监广登字20170147号

自序

起源

在 2007 年年初，Apple 的 iPhone 为“智能手机年代”鸣响了第一枪。之后，衣、食、住、行各种各样的信息都可以随身带着走，走到全世界任何一个角落都没有了迷路的顾虑，因为智能手机内置了 GPS 功能；除此之外，还有许多提升生活便利性的功能促成了这样的移动世界。

在精神层面上，手机不再只是拨打电话的工具，它更代表一种生活美学和品位，同时还提供了一条由理性向感性转变的道路，所有功能设计都是从人性角度出发的。就像因特网一样，智能手机的出现再次彻底改变了人类思考和生活的方式。

智能手机另一大阵营——Android，2008 年 9 月 23 日在美国纽约，由 HTC、Google 和美国电信运营商 T-Mobile 共同发布了全球第一台运行 Android 的智能手机 G1，接着又在 2009 年 4 月正式发布 Android 1.5 平台。据尼尔森（Nielsen）的最新调查指出，短短两年多的时间内，Android 在 2011 年第 3 季度的美国市场占有率约为 42.8%，远远超过了 Apple iOS 的 28.3%。

和 iOS 的发展策略不同，Android 选择目前被广泛使用的 Java 语言作为其应用层的开发工具，这立即吸引了全球软件工程师的目光。笔者自 1995 年接触 Java 语言至今，已经过了 18 年，无论是学术研究、项目系统的构建，还是书籍著作，都围绕 Java 平台。因此，也义无反顾地投入到 Android 的研究领域，在有所体会后，也希望和读者分享一些难得的经验。

然而寻找写作素材是一大考验。现在 Android 的相关书籍都将焦点放在多媒体程序，即游戏程序的设计上，但这些并不是智能手机的一切，是不是可以有较高层次的应用方式呢？

坐看云起时

笔者正倚窗端坐思维时，望着窗外的蓝天白云，不禁联想到 Google 开启的另一个战场：云计算。虽然，已经有书籍尝试将 Android 和云计算结合起来介绍，然而大多数只涵盖 Android 程序和因特网的范围，或使用 Google 等提供的 API 服务，无法让读者掌握到云计算的精髓。

作为 IT 人，要透彻了解云的基本精神，只有从底层的 IaaS 做起，直到 SaaS。为此，我们选择目前众多云平台中广泛被使用且是开源的，更重要的，是以 Java 语言实现的 Hadoop 作为本书介绍云计算的主轴。

为帮助读者了解云的本质，本书将 Android 云计算分为五大单元：Android 基础设计、窗口设计、应用组件、硬件新功能和云计算设计。这种主题层次分明的介绍，除了可以让读者从无到有架设属于自己的云系统外，还能了解众多的营销名词。举例来说，虚拟化是云计算的必然结果，而不是因为虚拟化后才能构建云系统。

愿景

再者，我们认为不应该只是把云的应用层次放在传统企业 MIS 运行系统等级的添加、删除、修改、打印、查询上，而是应该走向较高等级的战术和策略应用，特别是结合商业智能（Business intelligence, BI）的决策支持系统。为此，本书最后一章特别安排了一个完整案例，除了整合 Android 和 Hadoop 云计算外，还引入了人工智能（Artificial intelligence）遗传算法，作为云服务的核心逻辑引擎，构建了一套旅行推销员云决策支持系统，这样，或许可以加速达成实现云智能（Cloud intelligence）的愿景。

编志

本书内容结合笔者多年授课、业界实际经验，并以之前所著 6 本 Java 相关书籍等自编教材为基础，配合 Android 官方开发网站公布的各种文件和 API 编撰而成。本书适合大学和职业院校"移动装置应用程序设计"、"移动软件系统设计"、"手机程序设计"、"Android 程序设计"、"云嵌入式 Android"和"Android 移动应用程序设计"等相关课程，也适用于自学，读者只需要稍微具有 Java 程序设计基础即可。本书适用于 Android 2.3 到目前最新的 4.0 版。

为了能让读者遨游于 Android 云世界，尽可能以轻松愉快的语气来编写本书，带动读者学习的兴趣。

致谢

一本专业书籍的出版依赖于众人付出的努力，绝非个人能完成的，尤其面对的是日新月异的智能手机和云计算科技发展。首先要感谢本书另一位作者詹智安先生尽心尽力的付出，从 1999 年的第一本 Java 专业书籍出版以来，詹智安先生十多年来一直在 IT 上默默耕耘，没有他的全力以赴，本书将无法如期呈现在读者面前；再者，特别要感谢谢锡堃教授、魏垚德先生。也要感谢黄慧昭博士的帮助，给本书增色不少，而碁峰信息也提供了许多建设性的建议，对提升本书质量功不可没；最后，感谢爱人素娟戮力逐字校正润稿和对我精神上的鼓励。

信息技术一日千里，而移动运算技术更是包罗万象，笔者才疏学浅，本书虽经多次校订增修，疏漏谬误仍难避免，请读者不吝指正，编辑联系邮箱为 zhangtao@ptpress.com.cn。

李昇暾

前 言

如果您想一窥 Android 移动运算的全貌，

如果您想一登云计算核心技术的殿堂，

如果您想在信息职场中具备专业的 irreplaceability，

本书可以让您所愿速成！

本书将 Android 云计算分为 5 篇来介绍，包括 Android 基础设计篇 3 章、窗口设计篇两章、应用组件篇 5 章、硬件新功能篇两章以及云设计篇 3 章，共 15 章。

在 Android 基础设计篇中，首先讲解了 Android 和云计算的起源、两者的基本技术，以及 Android、Hadoop 和 Java 的完美邂逅；第 2 章介绍如何快速地打造第一个 Android 程序——HelloWorld；第 3 章通过 Android 四大“天王”（四大应用组件）之首的 Activity 应用组件，深入解说了 HelloWorld 的含义和细节。

窗口设计篇分别介绍了 Android 用户接口设计和常用窗口控件；前者主要谈论各种布局管理和窗口控件的事件管理等，后者着重介绍 Android 所提供的丰富的窗口控件的用法，还特别讲解了 Activity 应用程序和 JavaScript HTML 间的互动技巧。

紧接着是 Android 移动运算的核心技术——应用组件篇，分别深入讲解了 Android 的 4 种应用组件（application components）：Activity（活动）、Service（服务）、Broadcast Receiver（广播接收器）及 Content Provider（内容提供器）。任何 Android 应用程序都由这 4 种组件堆砌而成，它们各司其职，也各有其生命周期，其中 Activity 表示具有用户接口（user interface, UI）且可视的屏幕程序应用；Service 则是不具有 UI 且在背景（background）执行的组件；Content Provider 负责应用程序之间数据分享的管理；Broadcast Receiver 组件负责 Android 系统的广播通知。为支持程序之间的数据分享，以独立一章来解说 Android 关于数据存储的话题。

第 4 篇是硬件新功能篇，硬件控制是编写移动应用程序十分重要的一环，故第 11 章探讨了 Android 中较为常用的硬件控制，包括多点控制、语音、绘图、相机、GPS 定位等。第 12 章介绍 Android 发展上的一个重要里程碑——4.0 版，它统一了智能手机和平板电脑的规范，本章讲解 Android 4.0 新增的功能和应用范例，这有助于读者走在潮流之先。

最后一篇，也是本书最重要的单元——云设计篇，首先，第 13 章详细解说目前应用最广的云平台 Hadoop 的架构、Map/Reduce 核心技术的运行原理，以及分布式文件系统等重要议题；第 14 章继续讨论 Hadoop 分布式运算模式，并用 3 个范例解说 Hadoop 的实战经验，为下一章打基础；第 15 章解说 Android 云决策支持系统的构建；先介绍 Android 的网络程序设计，接着以旅行推销员的商业智能案例贯穿全章，配合人工智能遗传算法，通过 Hadoop 和 Android 平台讲解实现云智能的技术。

本书内容的编写首要考虑的是实用性，然后才考虑章节单元的独立性，希望对读者有实质上的帮助，源程序下载地址为：www.ptpress.com.cn。

编者

目　录

第 1 篇　Android 基础设计篇

第 2 篇　窗口设计篇

第 3 篇　应用组件篇

第 4 篇 硬件新功能篇

第 1 篇

Android 基础设计篇

Chapter 1

Android 漫谈和云计算

本书主要讨论 Android 和云程序设计的观念和技巧，在未进入主题之前，我们先来聊聊这两者的一些故事。

1.1 Android 的起源

Android（发音为：['ændrɔid]）一词最早出现于 19 世纪，法国象征主义派诗人维里耶德利尔-亚当(Villiers de L'isle Adam，1838 –1889)在 1886 年出版的《未来的夏娃(L'Eve Future)》一书中。

该书最有名的一句话就是"If our God and our hopes are nothing but scientific phenomena, then let us admit it must be said that our love is scientific as well"，意思是说："如果我们的神和希望都不过是科学现象而已，那么我们必须承认，我们的爱情也只是一种科学现象！"

书中的男主角为了回报他的救命恩人，帮他制造了一个女性机器人，并命名为 Hadaly，这种仿照人类制作出来的机器，在这本书中被称为 Android。今天，如果把 Android 一词当成名词使用，意思是"机器人"；如果把它当成形容词，意思是"有人类特征的"。

这种将人性、灵魂和科学之间的矛盾碰撞作为著作题材是非常吸引人的，于是当 Google 副总裁 Andy Rubin 在 2003 年成立科技公司时，便将公司命名为 Android。

究竟什么是 Android 呢？机器人？公司名称？抑或是@%*#？简单地说，我们现在讨论的 Android 指的是一种以 Linux 为基础的、开放源代码的操作系统，刚提出时，它被设置运行在手机上。

1.1.1 Android 架构

Google 在 2005 年收购了 Android 公司，在 2007 年 11 月 5 日正式发布了 Android 操作系统，同年 12 月 14 日，正式版的 Android SDK 也发表问世，从此以后，工程师们便有正式的环境和工具来开发 Android 程序了。

2008 年，Google 公司的 Patrick Brady 在一场介绍 Android HAL （Hardware Abstraction Layer）架构的演讲中，将题目定为"Anatomy & Physiology of an Android"，暗喻 Android 具有生理现象，并且可供人解剖，足以展现其幽默的一面。

什么是 Android 的 HAL 架构呢？直接翻译成中文是"硬件抽象层"。简而言之，HAL 是以 so 文件的形式存在的，它可以分隔 Android 平台和 Linux kernel，让 Android 不至过度依赖 Linux kernel，以达成内核独立运行（kernel independent）的概念，同时也能在不考虑底层的驱动程序如何运行的前提下开发 Android 平台，使其自由发展。

完成这项工作并不是件容易的事，直到 2010 年 2 月 3 日，Greg Kroah-Hartman 将 Android

的驱动程序从 Linux 内核的状态树（staging tree）中移除后，Android 和 Linux 内核才真正地分道扬镳。

除了 HAL 架构外，Android 本身也具有软件堆栈（software stack）的概念，其组成包括底层的 Linux Kernel、中间层的函数库（libraries）和 Android Runtime，以及应用程序框架（application framework），最后则是最上层，由应用程序工程师开发的各种各样的应用软件，这一部分就是我们大显身手的地方。下面为 Android 软件堆栈的概念图。

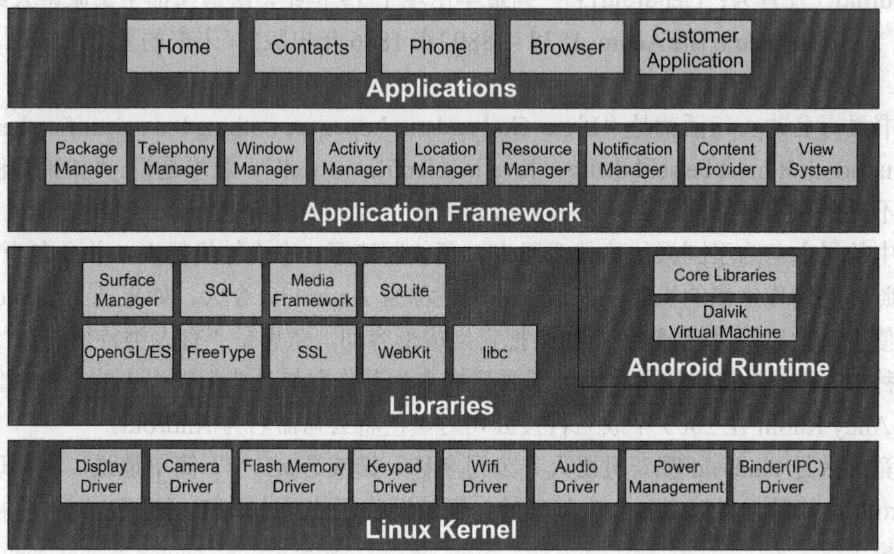

在最早的时候，Linux 一词专指其内核（kernel），它提供了系统底层和硬件之间沟通的基本平台和桥梁，同时也允许其他程序可以架构在上面运行。时至今日，一般所说的 Linux 是包含 Linux kernel 以及其他软件组成的操作系统，自由软件基金会（FSF）建议将这种操作系统称为 GNU/Linux。

由于 Linux kernel 遵循 GNU General Public License version 2 （GPLv2）版权，也就是所谓的 copyleft 版权。因此，除了允许使用者自由使用、散布、改作之外，Linux kernel 还要求修改后的衍生作品，也必须以同样的授权方式释出以回馈社群。

值得一提的是，选择 copyleft 授权方式，并不代表作者放弃著作权，反而是强制被授权者使用同样授权发布衍生作品，copyleft 授权条款不反对著作权的基本体制，而是通过利用著作权法进一步促进自由创作。

除此之外，GPL 的另一个特色就是算是延伸一部分的“共同运行”，指的是就算程序没有直接修改 GPL 的程序代码，但是当和某项遵循 GPL 的程序共同运行时，这样的程序也必须遵循 GPL。

在商业化情况下，如果硬件制造商希望自己的硬件能在 Linux kernel 下运行，就必须有驱动程序。遵循 GPL 就代表必须要公开驱动程序的源代码，这也等于公开硬件规格，这样所有的商业机密就会完全曝光。因此，许多硬件制造商只提供编译好的驱动程序，但不提供源代码，于是当前的硬件驱动程序都算是运行在灰色地带。

由于 Google 深知法律层面的问题，他们也不愿意系统里有什么“灰色地带”，于是采取了一些手段来避开这个问题。聪明的 Google 工程师把驱动程序移到“userspace”，简单地说，就是把驱动程序变成在 Linux kernel 上执行，而不是一起运行的东西。然后在 Linux kernel 上开个后门，让原本不能直接控制硬件的“userspace”程序也可以碰触得到，这样，只需要公布具有“后门”的 Linux kernel 的程序代码就可以了，也就可以避开 GPL 的制约了。

除此之外，Android 不支持 Cairo、X11、Alsa、FFmpeg、GTK、Pango 及 Glibc 等；同时，用 bionic 取代 Glibc、Skia 取代 Cairo、opencore 取代 Ffmpeg 等方式和 GNU/Linux 有所区分。

再者，Google 对 Kernel 的许多修改中，最重要的就是 Binder（IPC）和 Power Management 了。Google 认为，一般的 IPC 会造成额外的资源浪费并引发安全问题，于是设计了一套专属的进程间通信（Inter-Process Communication, IPC）机制来提高其运行效率。

另外，由于便携设备的续航力向来都是最大的挑战之一，因此，Google 提供的 Power Management 在想尽办法省电。为了不影响使用时的顺畅度，Android 采取了较为积极的做法；当没有使用某项装置时，就不给该项装置提供电源，除非提出要求，才给它提供电源。因此，和一般个人计算机只有待机、休眠等状态不同，Android 细致到可以控制每一个装置的电源供应。

在软件堆栈图中的 Libraries 和 Android Runtime 共同组成了 Android 的中间层。中间层最大的作用是作为操作系统和应用程序之间的沟通桥梁，其中 Libraries 又被称为 NDK。

在 Libraries 中，Android 提供了一套特有的 SGL 函数库，它具有处理 2D 绘图的能力，相当于 Linux 的 Cairo，同时，它也是 Google Chrome 浏览器的图形引擎。此外，Android 还采用了 OpenGL ES 1.0（OpenGL for Embedded Systems）来处理 3D 绘图。最后，通过 Surface Manager 把各种要“画在”屏幕上的信息整合起来。

在 Media Framework 方面，Android 支持许多不同的多媒体格式，例如 MPEG4、H.264、MP3、AAC、AMR、JPG、GIF、PNG 等。Android 采用 OpenCORE 作为基础多媒体框架，分为 7 大块：PVPlayer、PVAuthor、Codec、PacketVideo Multimedia Framework（PVMF）、Operating System Compatibility Library（OSCL）、Common、OpenMAX。有兴趣的读者可以参考其他相关书籍来了解这部分内容的详细信息。

Libraries 中的 Webkit，其实就是 Apple Safari 浏览器背后的引擎。它可以让使用者在浏览网页时达到更好的效果，例如局部网页信息缩放、触控式操作。同时，搭配 HTML 5 可以创造更多的可能性。在数据存储方面，Android 内建了一套 Open source 的关系数据库系统，称为 SQLite，供应用程序存储数据使用。因为是超轻量的思维设计，十分适合在便携设备上执行。

Android 中间层的另外一块是 Android Runtime，它提供了上层 Java 程序执行的运行环境。然而不同于标准的 JVM（Java Virtual Machine），为了能更节省资源，Google 开发了独有的 Dalvik 虚拟机（Dalvik Virtual Machine）。

Dalvik 虚拟机是一种基于寄存器（register based）的 Java 虚拟机，变量都存放在寄存器中，因此，虚拟机的指令相对减少，自然能够提高运行效率。除此之外，Dalvik 虚拟机也可以同时创建多个实例（instance），即每一个 Android 应用程序都运行在自己的 Dalvik 虚拟机上，期望能达到更好的执行效果。需要注意的是，Dalvik 虚拟机并非直接执行 Java 的字节码（bytecode），而是通过 DX 工具，将字节码转换成.dex 格式，然后在 Dalvik 虚拟机上运行.dex。

再往软件堆栈的上一层走，也就是应用程序框架层（application framework），这一层又被称为 SDK，它的任务是提供一系列供更上层应用软件使用的服务和系统，其中最重要的有：Activity Manager 负责管理 Activity 程序运行的生命周期、View System 提供各种各样的 GUI 控件、Content Providers 提供应用程序之间数据的共享、Resource Manager 提供非程序代码的资源存取，例如布局文件等、Notification Manager 提供在状态栏中显示和通知客户消息的功能等。

最后，也就是 Android 软件堆栈的最上层——应用软件层（application），它是本书要介绍的重点，同时也是应用程序工程师大显身手的地方。

对于具有 J2ME 经验的工程师来说，编写 Android 程序一点都不困难，因为其中的很多概念和 J2ME 几乎相同。例如 Activity 相当于 J2ME 的 MIDlet、View 相当于 J2ME 的 Displayable 等。（注：想进一步了解 J2ME 的读者可以参考本书姐妹篇：《Java 进阶实例设计》。）

此外，对 Android 程序的控制也和 Java Applet 基本相同，程序员必须重写很多回调函数（call back method）提供给底层的 Runtime 调用。而对具有 Java AWT、Swing 经验的工程师而言，事件处理（event handling）也完全没有入门门坎，读者可以在本书中看到很多编写监听器对象（listener）的实例，这就是我们熟悉的委托事件处理机制（delegation model）。

1.1.2 Android 历史

Google 对 Android 具有相当大的野心，因此几乎每半年就发布新版 Android。下表整理了历年版本的简介。有趣的是，每一版本的 Android 代号都是以甜点名称来命名的，除此之外，它们还遵照 CDEFG 字母顺序排列。

Android 版本	Linux 内核版本	代号	发布日期
1.5	2.6.27	Cupcake 纸杯蛋糕	2009/04/30
1.6	2.6.29	Donut 甜甜圈	2009/09/15
2.0/2.0.1/2.1	2.6.29	Éclair 松饼	2009/10/26
2.2/2.2.1	2.6.32	Froyo 冻酸奶	2010/05/20
2.3	2.6.35	Gingerbread 姜饼	2010/12/07
3.0	2.6.36	Honeycomb 蜂巢	2011/02/02
4.0		Ice Cream Sandwich 冰淇淋三明治	2011/10/19

★ 注：Android 3.0 的代号为“蜂巢”。

为了推广 Android 平台，Google 在 2005 年以独资收购或策略联盟的方式，和多家手机制造商、软件开发商、半导体公司、电信运营商共同组成开放手机联盟（Open Handset Alliance），缩写为 OHA，期望众志成城，让 Android 有更多的用途，例如目前已经逐渐扩充功能到平板电脑领域。下表所列为 OHA 中几个较为知名的成员。

电信运营商	中国移动、中国电信、NTT DoCoMO、Sprint、T-Mobile、Vodafone 等
半导体公司	Intel、德仪、NVIDA、ARM 等
软件开发商	Google、eBay 等
手机制造商	Acer、Asus、HTC、联想移动、NEC、Sony Ericsson、Motorola 等
商业公司	Accenture、Aplix Corporation 等

★ 注：OHA 官网，http://www.openhandsetalliance.com。

知名咨询公司尼尔森（Nielsen）在 2011 年 12 月初所做的调查指出，在 2011 年第 3 季，Google Android 占美国地区的智能手机市场约 42.8%，而 Apple iOS 则是 28.3%，RIM 的黑莓系统市场占有率约为 17.8%，微软的 Windows Mobile 和 Windows Phone 7 则共享 7.3%的市场占有率。

另一项调查指出，Android 在全球 35 个国家的市场占有率已经达到 48%，欧洲达到 22.3%，日本为 57%，中国大陆为 58%，而在韩国则高达 95%（注：这或许是韩国人爱用国货的民族性使然）。

Ipsos Research 对全球智能手机使用进行的调查指出，Google Android 在台湾的市场占有率约为 32%，Apple iOS 市场占有率约为 25%。

目前国内对智能手机的使用，大部分还是以电玩游戏为主，主要是由于 Android 目前的硬件处理能力以及声光效果，还是不如 Apple 所致。然而在越来越多的企业加入 OHA 后，在软硬件同步提升的情况下，Android 在国内的市场后劲还是值得期待的。

与当年的 J2ME 相比，Android 成功的机会要高出许多。因为 J2ME 只是 Java 的一个分支版本，还需要底层的操作系统配合，如 Symbian 等，然而，Android 是一套上下垂直整合、完完整整的操作系统平台，更不用说所有最优秀的天才和工程师前扑后继地加入 Google 阵营了。

1.1.3 Android 和 Java 的甜蜜邂逅

最后，Android 选择 Java 作为其应用层的语言是一件非常睿智的事。Java 语言已堪称是目前世界上使用人数最多的程序语言之一。除此之外，在 2011 年初，令 Java 界鼓舞的新闻就是拥有“Java 之父”美名的 James Gosling 也曾加入 Google 的阵营（但加入不到半年就因某种原因而离开）。笔者相信，在种种因素的促成下，将资源投资在 Android 将会是一个正确的选择。

在 2011 年 5 月，国际知名的软件质量评鉴公司——TIOBE 对最多人使用的程序语言进行了统计调查。看到这样的数据，读者还会怀疑 Java 或 Android 吗？

2011/05 排名	2010/05 排名	程序语言	使用百分比
1 △	2	Java	18.160%
2 ▼	1	C	16.170%
3 —	3	C++	9.146%
4 △	6	C##	7.539%
5 ▼	4	PHP	6.508%
6 △	10	Objective-C	5.010%
7 —	7	Python	4.583%
8 ▼	5	Visual Basic	4.496%
9 ▼	8	Perl	2.231%
10 △	11	Ruby	1.421%
11 △	12	JavaScript	1.394%
12 △	20	Lua	1.102%
13 ▼	9	Delphi	1.073%
14 △	-	Assembly	1.042%
15 △	16	Lisp	0.953%

续表

2011/05 排名	2010/05 排名	程序语言	使用百分比
16 △	23	Ada	0.747%
17 ▼	15	Pascal	0.709%
18 △	21	Transact-SQL	0.697%
19 △	-	Scheme	0.580%
20 △	25	RPG（OS/400）	0.503%

上面的排行榜有几个有趣的观察点。排名第一的 Java 和第六的 Objective-C，似乎也隐约反映 Android 和 iOS（iPhone 的操作系统）在北美地区的市场占有率。此外，因为可携带装置的蓬勃发展，汇编语言（assembly）也从久违了的排行挺进 14 名的行列，毕竟对于某些必须要直接控制硬件的解决方案来说，汇编语言才是最直接、最快速的选择。

1.2 云计算的起源

不知道从什么时候开始，IT 人员在进行项目报告时，都习惯用一朵云来表示计算机设备之间的网络连接。而这一朵云演变至今，却变成一个玄之又玄、没人可以说清楚的东西，难道这一朵表示设备之间相互连接的云就是目前大家热衷讨论的云计算吗？这可能不是一个可以轻易回答的问题，通过本节的引领也许可以找到理想的答案。

首先来回顾一下历史的演变。

1965 年 4 月 19 日，英特尔公司创始人之一的 Gordon Moore 提出，他发现晶体管的数量，每隔 12 个月就会增长一倍，这意味着 CPU 运算的速度也会相对提升。无论后来这样的统计值被修正成 18 个月一倍，还是后来的以每 3 年两倍的速度提升，终究对于这样的发现给予“定律”的荣誉，这就是众所周知的“摩尔定律”。

然而人们对这样的 CPU 速度增长率还是不满意。因此，后来的专家学者提出并行计算（parallel computing）的想法，也就是希望能够把多台计算机串接起来获得更快的计算速度。

并行计算中最具代表性的技术，就是在 1994 年 5 月提出的 MPI（Message Passing Interface）标准。MPI 后来由美国 Argonne 国家实验室（Argonne National Laboratory）以函数库的方式免费提供给所有的开发者使用。实现的产品被称为 MPICH。MPICH 同时支持 C 语言和 Fortran。通过使用 MPI，程序开发者可以轻易地实现节点之间数据和信息交换传递的目的，也因此能够将较大的运算工作分散在各个节点执行，最后再进行结合。

在并行计算的时代，一切都以“速度”为目标，但由于“计算速度快”往往也意味着“价格高”，因此，这个时期采用昂贵的服务设备来串接；同时还假设一个前提，服务设备的运行都是万无一失的，不会发生任何故障。在各国相互展现 IT 实力、追求极致速度的情况下，才产生了 TOP500 这种东西。

然而并行计算多数是以“指令的方式”进行操作，一般使用者难以直接享受高速带来的好处。因此，并行计算最终还是落在高等的研究，使用者多半是高级的科学家、物理学家、数学家等这些以计算为导向的用户。（注：某些气象预报的工作，虽然背后有并行计算的技术在支撑，但一般使用者还是只能“间接”参和。）

为了延续并行计算的好处，同时降低服务设备的进入门坎，学者专家稍后提出了网格计算（grid computing）。在网格计算时期，研究的重点放在如何在不同的平台、松散耦合的计算机群上执行并行计算，其中最为人津津乐道的，莫过于 1999 年启动的“SETI@home”计划。这个计划最主要的目的是希望结合所有参加者提供的计算机设备资源进行无线电信号分析，以期望能够找到外星文明。

笔者当年的个人计算机也曾贡献给过这个计划。然而这么多年过去了，除了依旧未能找到外星文明之外，网格计算最后还是落在科学计算的研究领域，例如，气象、能源、军事等。

时间进入 21 世纪，2006 年 3 月，Amazon 公司推出弹性计算云（Elastic Compute Cloud, EC2）服务，同年 8 月 9 日，Google 公司董事长 Eric Schmidt 在搜索引擎大会（SES San Jose 2006）中首次提出云计算（Cloud Computing）的概念，这个概念源自于 Google 内部的“Google 101 项目”。“云计算”一词迅速占据各大 IT 新闻版面，同时也牵动全球股市的脉动，然而到底什么是“云计算”呢？

1.2.1 云计算的定义

先来看看目前一般对“云计算”的解释。

最常见的定义是将云计算产业分为 3 个层次，即云软件、云平台，以及云设备，它们分别对应下面 3 种服务。

软件即服务（Software as a Service, SaaS）

SaaS 是一种软件服务的传递方式。简单地说，使用者不需要在客户端安装任何软件，或支付任何软件授权费用，只要向提供服务的服务商订阅，就可以使用该项软件服务。使用者因而可以节省软硬件设备的维护成本，如果是企业用户，可以将维护成本从原先的资产负债转换为运营支出等。

最广为人知的 SaaS 案例莫过于 Google 的 Gmail，它除了提供免费版本外，还为企业用户提供 SLA 较高的付费版本（注：SLA: Service Level Agreement，服务等级协议）。其他大公司，如微软、Oracle 也推出了 SaaS 的客户关系管理（Customer Relationship Management, CRM）系统。SAP 也计划推出 CRM on Demand、ERP on Demand 和 BI on Demand 等 SaaS

产品。

其他用来解决协同工作的软件系统也相继以 SaaS 的方式问世，例如，项目管理（Project Management, PM）、供应链管理（Supply Chain Management, SCM）、人力资源管理（Human Resource Management, HRM）、伙伴关系管理（Partner Relationship Management, PRM）、销售自动化管理（Sales Forecast Automation, SFA）等。

平台即服务（Platform as a Service, PaaS）

PaaS 是 SaaS 衍生出来的一种服务形式，用户不用自己构建执行软件的环境，利用提供 PaaS 服务商的平台即可。因此，企业用户就能省去维护成本。PaaS 的应用很多，例如 Amazon 的“Amazon EC”和“Amazon S3”、Google 的“Google APP Engine”等，而 Salesforce 公司除了展开 PaaS 业务外，还提供了集成开发工具和语言，并称为 Development as a Service, DaaS。IBM 的“蓝云计划”也用来协助软件开发商使用 IBM 的软硬件产品开发 SaaS 软件。

基础设施即服务（Infrastructure as a Service, IaaS）

提供 IT 基础建设的整合服务，例如主机代管（co-location）、异地备份、安全运行中心（SOC）等。

另外，知名的分析公司——Gartner 也对“什么是云计算？”提出了他们的见解。他们尝试通过二分法的方式，将云计算分为云服务（cloud computing services）和云技术（cloud computing technologies）两大块，并指出它们根本不应该被视作“同一种云计算”。

云服务

用户通过网络和浏览器使用服务商提供的软件服务，而不用担心服务设备增长的问题。除此之外，用户也可以安全地将所有数据存储在云，在世界各地都可以使用。云服务的提供商会帮助使用者准备好所需的服务器或数据库，用户只要放心地将工作丢向网络、丢向云即可。

在这样的架构下，就算没有计算能力的家电用品也可以成为云计算的一环。举例来说，家用电饭锅可以将使用者的历史行为记录在云，作为日后故障维修的参考依据。简单地说，这种方式就是“网络导向”的云计算，指的是使用者穿过蛛网般的网络，途中经过数万台计算机，最终使用远程服务。

云技术

这个分类的云计算通常被归类为数据中心（data center）产品，云内部使用分布式存储等技术给前端的使用者提供服务，简单地说，使用者使用的服务是由云内密密麻麻数万台计算机共同运行的结果。

从上面种种说明来看，似乎只要用户能够连上网络，并使用“远程服务”，就可以称为“云计算”。

这样看来，“云计算”似乎比较像是“旧瓶新装”，再怎么看都可能只是另一种营销手段：尝试创造一个新的名词，然后增加 IT 公司的收入，尤其是 SaaS，这和几年前 IT 业者大力鼓吹的应用服务提供商（Application Service Provider, ASP）有什么不同？使用者同样也不需要在客户端安装任何软件，只要进行服务注册并取得账号授权后，登上网络就可以使用远程服务了。

另外，主机托管公司也可以宣称他们提供的是云计算。因为使用者只要将服务器和应用程序交由他们托管，就可以不用理会硬件或是操作系统，甚至病毒特征的更新等，使用者只需要通过浏览器就可以使用服务。然而，这真的是“云计算”吗？

另外，还有人将云分为“公有云”、“私有云”、“混合云”。这和企业将网络架构切割成内外网有什么不同？

要讨论什么是“云计算”，应该回到问题的原点，也就是 Google 提出云概念的时空背景。由于 Google 是一家提供搜索引擎起家的公司，Google 想解决的问题就是想帮助用户在浩瀚的数据堆中，快速找到想要的数据。

使用者想要的只是查找结果，他们根本不在意 Google 内部究竟采用何种技术达到快速搜寻的目的，因此在使用服务的整个过程中，就如同连接到一个“虚拟的云”，无论这个云的软硬件的等级版本是什么、日后将如何升级等，都不影响使用者使用服务的过程，这就是目前最被滥用的虚拟化观念。

是的！云计算除了是一种营销宣传、尝试改变使用模式等之外，也应该要有一些关键技术才行。这个基础就是如何在“虚拟的云”中，让使用者能够更快速地得到想得到的东西，而不是一个快速的计算过程，或可以随时随地取用数据。

从技术的角度来看，台湾地区研究院网格计算（ASGC）主持人，曾做了以下的诠释：“云技术可以算是网格技术的一个子集合，两者目的相同，都是要把系统的复杂性隐藏起来，让使用者只管使用，而不需要了解系统内部如何运行。”他还提到：“云计算是从网格技术的分布并行计算技术和观念发展出来，业界再用新名词来包装原有技术，只是使用的比喻不同。”

因此，云计算和其所有先驱（precursor）技术最大的不同，就是在一开始就定位为商业用途，同时还期望能够改变用户的使用模式、服务提供商可以按照需求提供服务以及收费等外，最重要的是想让每个使用者都能享受到高级运算的好处。

1.2.2 云计算的特色

话虽如此，但这也是云计算最难实现的地方，因为如何让高性能的计算能力为普罗大众共享，提供更多的应用方式，同时又不失去其初衷——商业行为，才是最终得以成功的根本原因。云计算的构建应具有以下特征。

化繁为简的架构

相对于网格计算时代在技术上需要解决不同服务器、不同操作系统、不同程序编译器版本等不同性问题，云计算更加化繁为简。以 Google 的云计算为例，采用的是大量规格相同的个人计算机等级的服务器执行云计算的程序，因此不需要处理不同性问题。这样，简化后的并行计算系统架构更容易协调服务器之间的信息传递，提升分布处理的整体性能。

逐步完善

云计算的基础架构必须能支持服务器数量的动态增长。云中心的计算能力和存储能力都能随着需求逐步增加，而不是一步到位。这样，提供云服务的服务商就可以避免高投资风险。

系统失效为常态

相对于服务器数量的增长，云计算的构建也应同时考虑由于系统失效可能带来服务器数量减少的情况。有别于并行计算时代将服务器的失效当成是异常或非常严重的错误，在云计算中，服务器失效被视为常态现象。如果云计算的基础建设不能将失效视为常态，管理人员就需要每天处理数据恢复，这将消耗极大的人力和物力。

网络支持

1983 年 Sun Microsystems 就提出“网络是计算机”（The Network is the computer）的理念。延续这样的想法，在云计算中，服务器之间进行并行运算时更需要强有力的网络支持，否则如果受限于网络带宽，势必无法展现并行计算的优点。另外，云服务和用户之间的网络也必须是强壮的（robust），否则即使云计算的速度再快，将结果传递给终端用户时，如果被网络质量拖累，结果也是惘然。

除此之外，大型的云中心有可能是跨区域存在的，此时就更显现出网络质量的重要。

虚拟化技术

严格来说，虚拟化是并行计算必然的结果，而不是原因。在并行计算的架构中，终端使用者不需知道后台究竟有多少台服务器正在同时工作，只需要知道发出需求，而且可以获得强大的计算能力、大量的存储空间支持即可。

处理数据量较小的任务

相对网格计算适合于解决科学问题，例如，分析气象卫星传回的信息，每一次要处理的数据内容动辄数 GB。云计算则是将重点放在执行单次数据处理量这样较小的任务上。

例如 Google 将云运用在网页搜索上，每次对比单一网页内容时，数据量都非常小。它运用云计算“蚂蚁搬大象”的特性，将数万台计算机串接，这样就可以同时处理数亿个网页内容，从总量上来说是十分可观的。

分布式文件系统

云计算除了支持计算密集的需求外，也应支持数据密集。在过去的并行计算架构中，重心一般放在快速计算上，却忽略了数据的存储，往往都是将数据集中存放在主节点上。然而通过网络进行数据交换时势必造成效率低下。为此，云计算采用分布式文件系统，即计算和数据都存放在同一个节点，各节点只需要从客户端就可以取得所需的数据，大大降低了网络存取的负担。

Map/Reduce

Map/Reduce 是否应该成为云计算必须具备的技术还存在着争议。只不过 Google 通过 Map/Reduce 技术实现云计算，大幅地提高了其应用性。Map/Reduce 的提出已经有 50 多年的历史，最早是由人工智能大师，也就是 1956 年 Turing 奖得主，发明 LISP 语言的 John McCarthy 教授提出的，该语言在当时就已经实现了 Map/Reduce 功能。

简单来说，该功能就是在处理大量数据的软件程序时，先通过 Map 将数据切割成不相关的区块，再分配给计算机群进行分部处理，最后通过 Reduce 将结果合并，并输出最终的结果。

提供完善的开发环境

云计算的商业模式之一，就是希望能提供给企业用户运行自己开发系统的平台。这样，除了对下的管理外，如服务器、操作系统等，最重要的就是能够对上提供丰富的资源，例如 API 支持，甚至提供一种新的程序语言。下图为云计算平台的示意图。

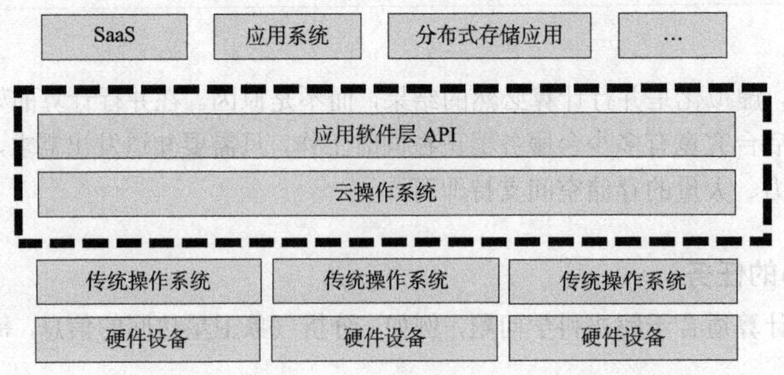

完整的“云计算平台”应包含“云操作系统”和“应用软件层 API”。

对终端的使用者来说，云计算是一个虚拟化的概念；对于通过该服务平台进行软件开发的企业用户来说，云计算也是虚拟的。

通过分层负责的概念，软件开发商无需理会底层的云平台是如何实现并行计算、如何进行分布式文件存储、如何将系统失效视为常态等。开发商关心的是如何开发属于他们自己的系统、调用哪些函数库等，可以享受所有云应该带来的好处。

1.2.3 云计算的风起云涌

综上所述，云计算是基于“并行计算”和“网络发展”激发出来的产物。目前的市场看似百家争鸣，却有鱼龙混杂的情况。为了抢食云计算这块大饼，每家厂商都宣称他们公司的产品也符合云计算的宗旨。

举例来说，擅长服务器虚拟化软件的公司常宣称他们的产品符合云计算，然而某些软件只不过在一台硬件设备中通过虚拟化的方式同时执行多套操作系统而已，而操作系统间却没有进行任何信息交换甚至并行计算，享受不到计算速度提升的优点。

某些网络设备公司也宣称他们的网络设备具有云计算的能力，然而他们只是支持集群（clustering）的功能而已。举例来说，在一群服务设备中，由其中一台主机提供服务，而当该主机发生故障而无法提供服务时，则由另一台主机自动接替执行服务；或是通过轮询的方式轮流提供服务。但这都不符合云计算的初衷。

云计算不能单从技术或使用者的角度进行解读，而应该采用全面的观点来考虑云计算这个“概念”。我们或许可以用下图为云计算做些诠释，姑且将它称为“云黄金三角”。

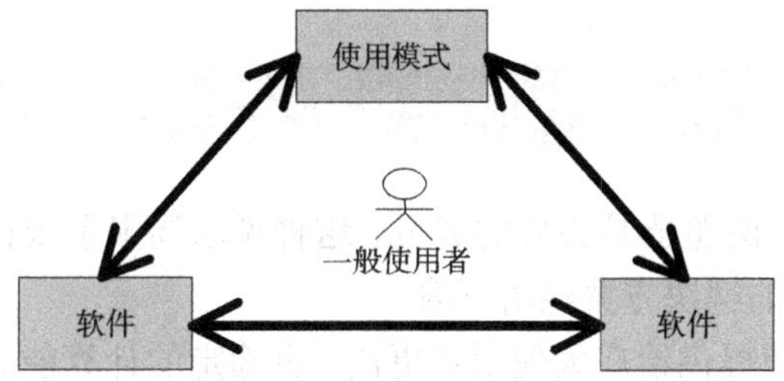

整个云计算的概念包含了软件的配合，如软件程序支持并行计算，以及硬件的配合，如稳定而强健的网络环境，乃至于使用模式的改变，例如用户习惯将文件数据存储在云中，而非使用者客户端设备等。最终目标都是希望能够将少数人才能够享用的高科技普遍地应用到一般生活中。

然而能同时符合上述条件的企业可能只是凤毛麟角，只有像 Google 或 Amazon 这样规模的企业才有这样的实力。但无论如何，现在都只是刚开始，风起云涌的时代刚要开始上演。

是不是所有应用系统都应该上云？那倒未必，传统新增、删除、修改、查询的 MIS 系统一般没有大量运算的需求，或许不必上云，哪些系统比较适合呢？那些和决策支持、企业智能、海量数据挖掘或涉及不确定性、随机技术的人工智能算法的系统，反而比较适合采用云计算。

也就是说，云计算比较适合于高并行计算但较低精确度的系统，这里所说的较低精确度是一个相对的概念，并不代表执行结果真的不精确。以 Google 的查找结果来说，不是每次都可以查到想要的数据吗？

1.3 Android、Hadoop 和 Java 的完美结合

要了解云计算的原理，不得不提到 Hadoop。Hadoop 是由 Apache 软件基金会提供的开放源代码的分布式计算框架，Yahoo 公司投入了大量资金支持该项目的开发。而 Hadoop 最主要的开发者——Doug Cutting 本身就是一位搜索引擎工程师。

Hadoop 基本上已经实现了大部分云计算所需的技术，除了延用 Map/Reduce 技术外，还参考了 Google 的文件系统——GFS（Google File System），发展了属于自己的 HDFS（Hadoop Distributed File System）分布式文件系统。同时也将服务器失效视为常态，这样更能提升云机群增减的弹性。

最令人振奋的莫过于 Hadoop 本身采用了 Java 语言来开发，因此能延用 Java 强大的 API 架构，同时还是一种跨平台的解决方案。

本书最后部分将带领各位读者，从安装 Hadoop 开始逐步构建属于自己的云系统。

1.4 本章小结

有人说在云计算中，浏览器是必要的成员。这种说法局限了云计算的格局，同时也让云计算和传统的基于 Web 的解决方案混淆不清。

云计算的初衷是希望提供给广大使用者更快、更稳定的计算能力，前端使用哪种设备来向云请求服务，并不是一件重要的事。

换句话说，用户可以通过个人计算机中的浏览器向云提出要求，也可以通过家用电器中的嵌入式系统向云提出要求，当然，更可以通过智能手机的使用来执行云服务。

以目前的科技来说，智能手机的运算能力并不差，本书付梓之际，多款智能手机已经开始支持双核 1.2 GHz 以上的 CPU。然而相对于云计算通过扩充机群的方式提供更快的计算速度而言，手机的处理速度只不过是小儿科罢了。

除此之外，手机装置的存储空间也有一定的限制，目前电信运营商众多的搭配方案往往也只不过是附赠 8G 的记忆卡。面对云有如浩瀚星海般的存储空间，小江、小河是为不足道的。

严格来讲，智能手机的使用其实又回到了 Client—Server 的架构，其最主要的好处是通过 Client 端程序和用户间具有高互动性的特性。此外，也因为手机装置的高可移植性，通过移动上网，走到哪里都可以享用网络的便利。如果智能手机能和云计算结合，就可以将需要大量运算的工作丢往云，这样就能擦出更多的火花了。

笔者尝试在本书中结合 Android 和云计算，希望通过抛砖引玉的方式激发更多人的创意，进而提升人们更便捷的数字生活形态。

Chapter 2

我的第一个 Android 程序——HelloWorld

了解了 Android 的前世今生后，接着就是来编写第一个 Android 程序了。在此之前，需要先准备好所需的相关开发工具和环境：JDK 6、Android SDK 和 AVD Manager 以及 Eclipse 3.4 以上版本。

2.1 下载并安装 JDK 6

读者可在下面的网址下载并获取最新的 JDK。

■ http://www.oracle.com/technetwork/java/javase/downloads/index.html。

笔者获得的 JDK 安装程序为"jdk-6u34-windows-i586.exe"，在双击安装程序后开始安装，如下图所示。

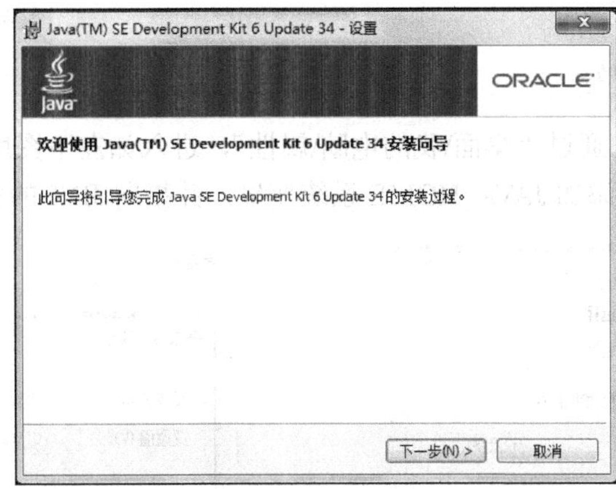

用户可以指定要安装的目录，见下图。

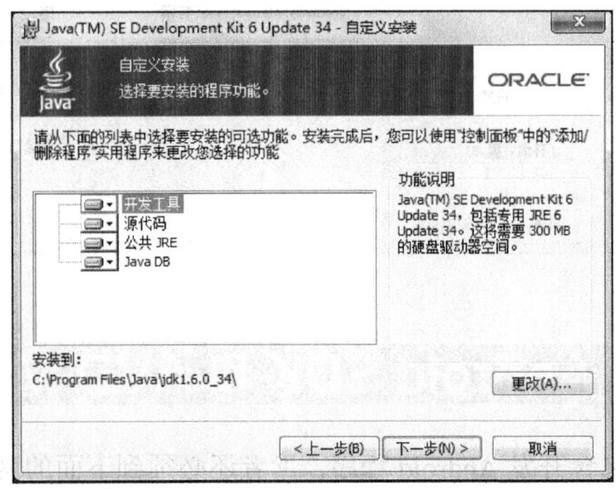

确认目录后，安装程序开始进行文件复制等工作，同时会询问是否安装 JRE。安装 JRE 后，Applet 程序才能在浏览器上执行，见左下图。

安装完成后，进一步询问是否要进行注册，这一步可以忽略，如下右图所示。

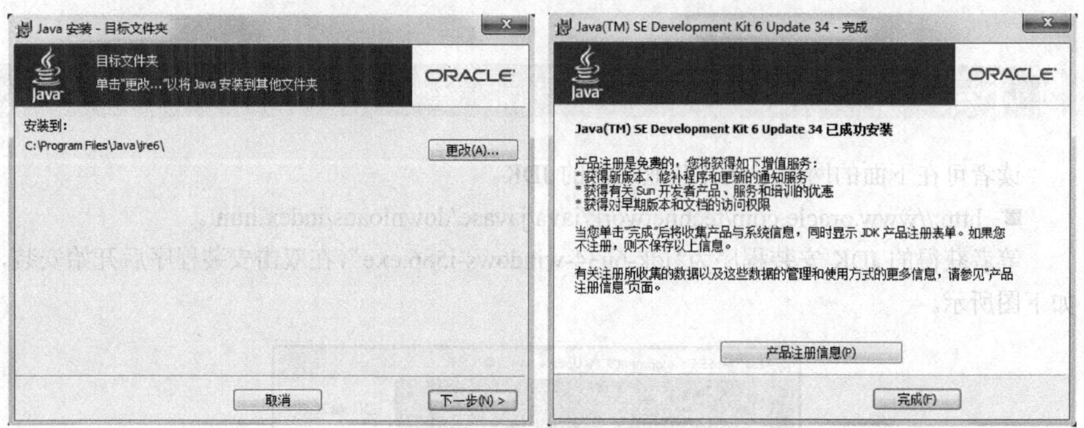

接着在 Windows 中通过“桌面\我的电脑\属性”，进入如左下图所示的设置页面。

在“环境变量”中添加 JAVA_HOME 系统变量，并指向 JDK 的安装目录，见右下图。

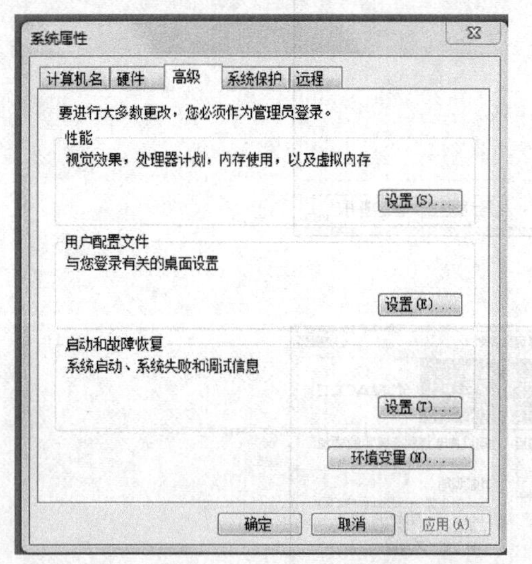

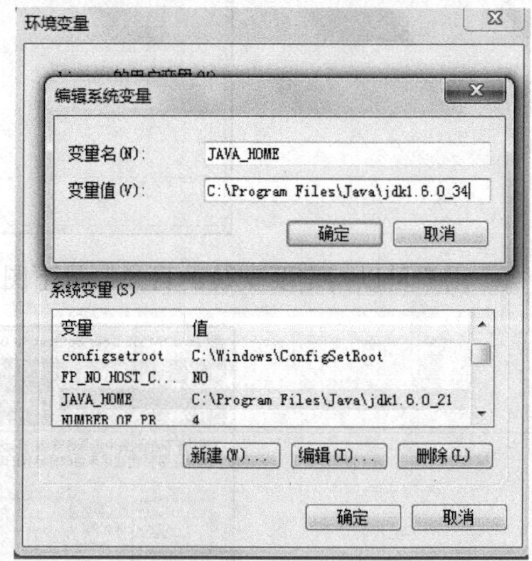

2.2 下载并安装 Android SDK 和 AVD Manager

标准的 JDK 并不包含开发 Android 程序，读者还必须到下面的网址获取所需的 Android

SDK 和 AVD Manager。

- http://developer.android.com/sdk/index.html。

Android SDK（Software Develop Kit）就是开发和执行 Android 程序时所需的相关工具包。什么是 AVD 呢？AVD 是 Android Virtual Device 的缩写，也就是 Android 手机模拟器，AVD Manager 是模拟器的管理工具。

使用该工具可以在模拟环境中执行 Android 程序，这样可以提升测试工作的效率，而不用每一次都将程序放到手机中进行测试。

笔者下载的 Android SDK 安装包为“installer_r11-windows.exe”。下载完成后直接点击安装程序，开始进行安装工作，如下图。要注意的是，在安装 Android SDK 前，一定要先安装 JDK，否则安装程序将不允许进行下一步。

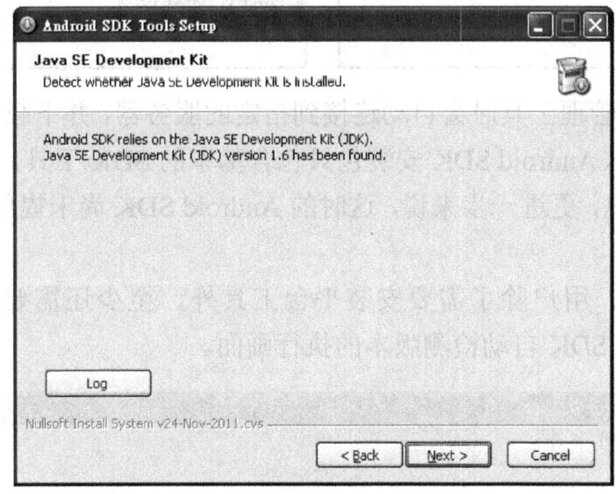

接着，再选择 Android SDK 要安装的目录，见下图。

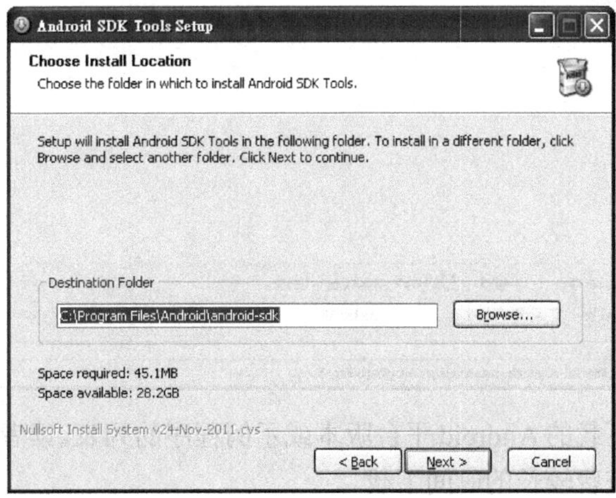

随即开始进行安装工作，如下图所示。

再选择启动“SDK Manager.exe”，就可以执行 Android SDK 管理工具了。

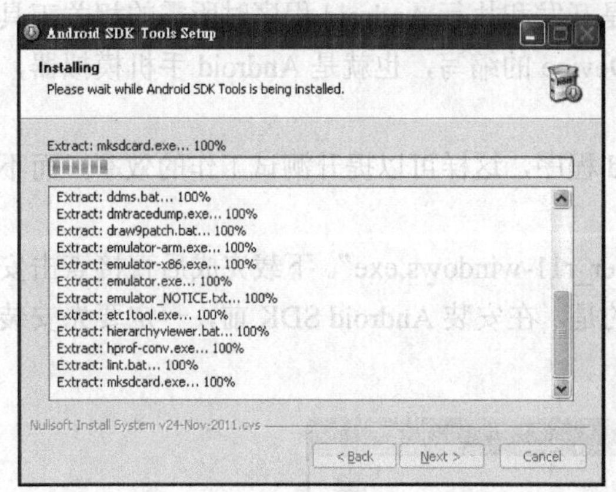

在首次启动 SDK 管理工具时会自动连接到指定的服务器，并下载相关的工具包和软件。要注意的是，一开始时，Android SDK 安装包只包含基本的 SDK 工具，并未包含任何 Android 平台工具或相关工具包，更进一步来说，这时的 Android SDK 尚未提供足够的资源让程序员编写程序。

要编写应用程序，用户除了需要安装平台工具外，至少还需要安装一个版本以上的 Android 平台。下图为 SDK 自动检测版本的执行画面。

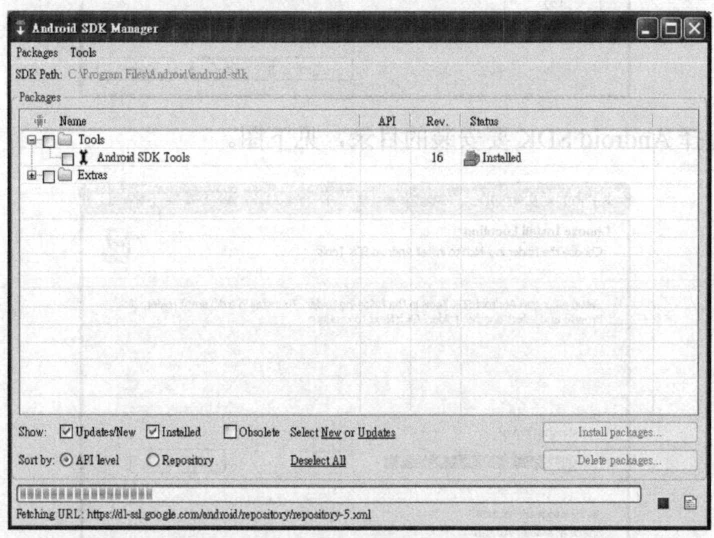

下面是所有可供下载的 Android 平台版本或示例程序的列表。读者可以全部或部分选取。如果全部选取，将会花费较长的时间下载。

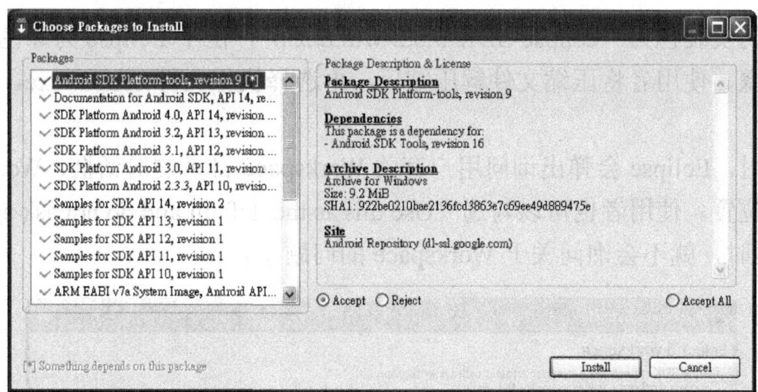

确认要下载的相关工具包后，单击 Install 按钮，随即弹出如下窗口进行文件下载工作。

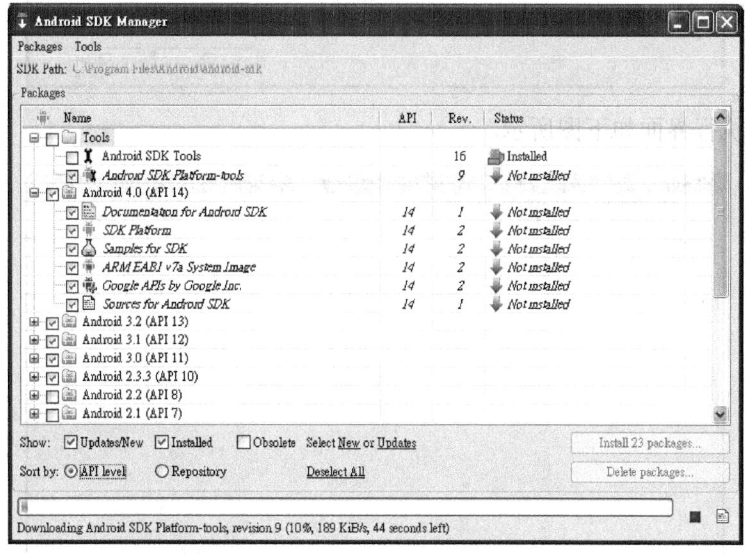

2.3 下载并安装 Eclipse

由于系统构建日益复杂，程序员在开发软件时已经和过去不太一样：只凭编译器（compiler）加上文本编辑工具（edit tool）就能行遍天下。因此，在编写 Android 程序时，引进并使用适当的 IDE 工具就成为必须的工作。

笔者在本书中采用的 IDE 工具为免费的 Eclipse 3.6.2，同时搭配 ADT plugin 10.0.1 为开发平台。读者们可以在下面的网址下载 Eclipse。

- http://www.eclipse.org/downloads/。

笔者获得的安装包为“eclipse-SDK-3.6.2-win32.zip”，由于 Eclipse 为绿色软件，因此不用经过安装步骤，使用者将压缩文件解压缩后，再选择执行文件 eclipse.exe，就可以启动并使用 Eclipse。

首次启动时，Eclipse 会弹出询问用户有关 Workspace 目录的对话框，Workspace 即是程序代码的存储位置。使用者也可以勾选“Use this as the default and do not ask again”，那么下次启动 Eclipse 时，就不会询问关于 Workspace 的问题了。

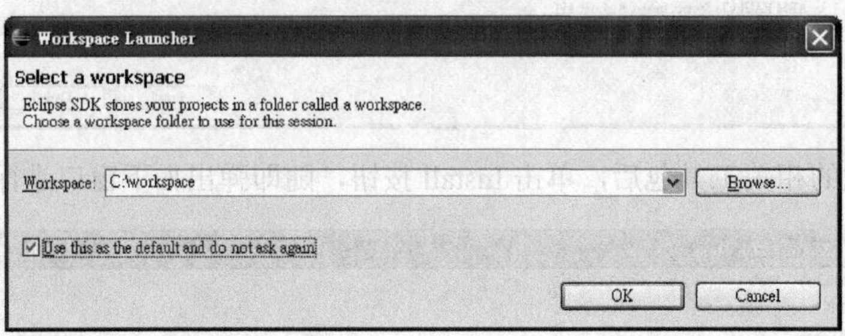

Eclipse 的执行界面如下图所示。

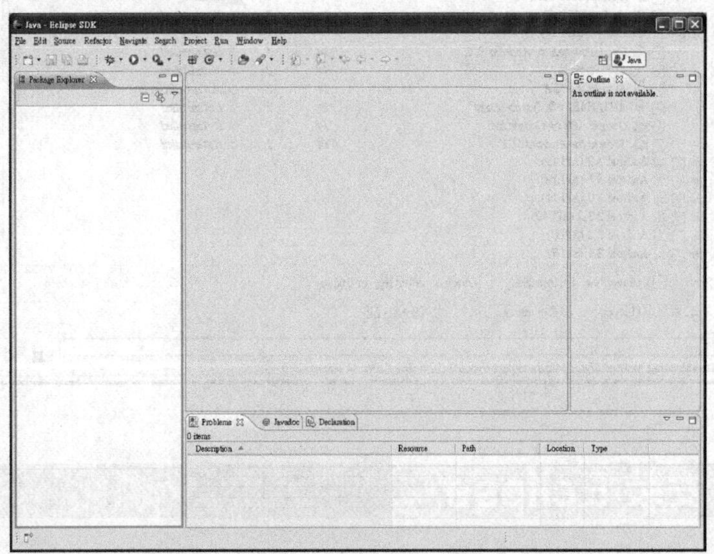

2.4 安装 ADT Plugin

安装好 Android SDK 和 Eclipse 后，此时的 Eclipse 还是不懂什么是 Android，也无法配置适当的开发环境。接下来的工作就是建立 Eclipse 和 Android SDK 之间的关联。

请点击选取 Eclipse 工具中的“Help\Install New Software”，弹出如下窗口后，再单击 Add 按钮。

请在下面的窗口中输入：

- Name：my_android（可自行决定名称）；
- Location：https://dl-ssl.google.com/android/eclipse。

再单击 OK 按钮即可。

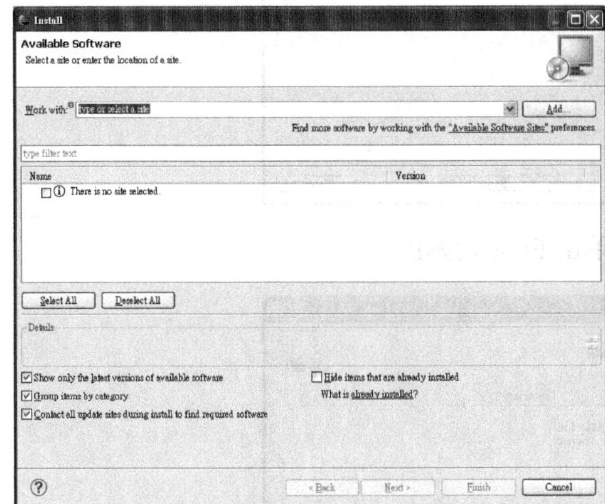

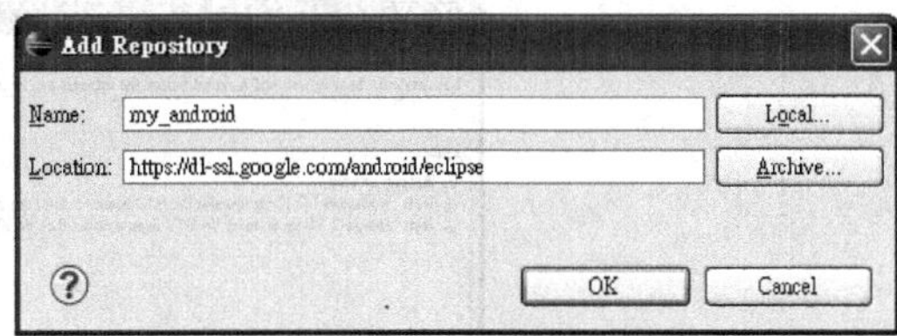

这时 Eclipse 就会尝试连接到 Android 网站，并寻找相关软件。如下图所示，查找结果将显示有多少工具可供下载使用，建议读者全选。在单击 Next 按钮后就开始进行安装。下图所示是“确认下载”和“项目预览”的界面。

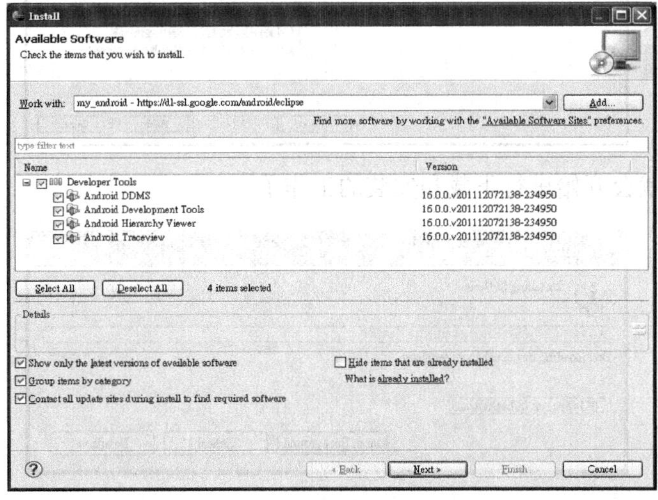

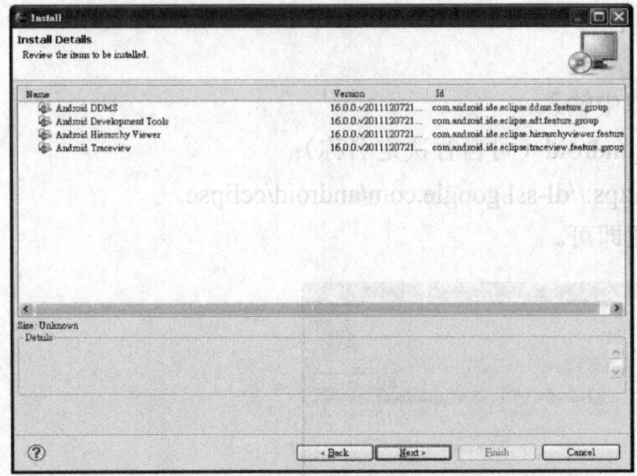

最后，使用者必须接受授权条件，才能单击 Finish 按钮。

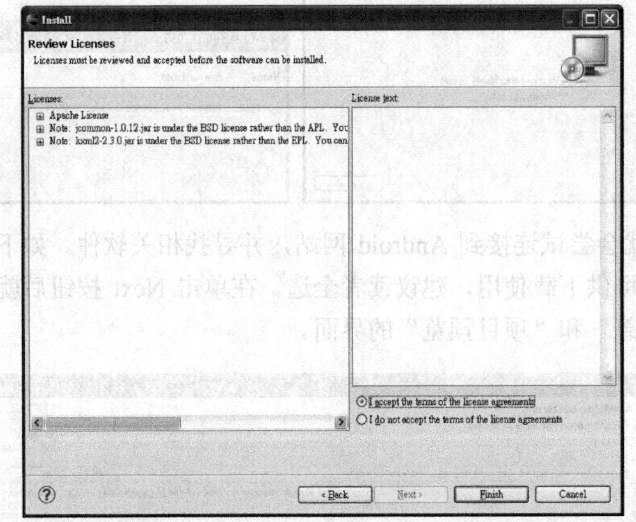

这时 Eclipse 就会开始进行下载和安装的工作了。

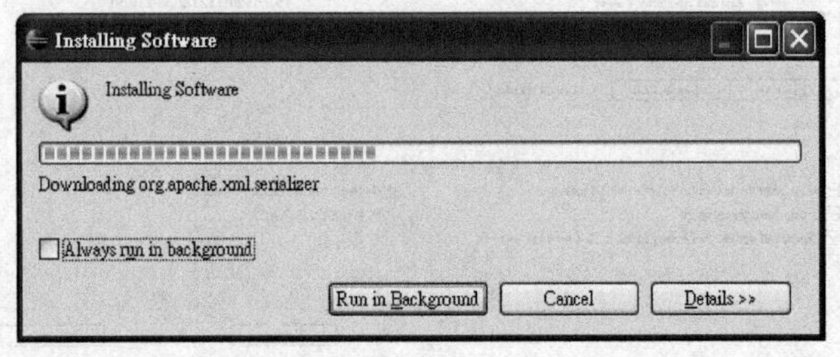

下载和安装完成后，会要求使用者重新启动 Eclipse。

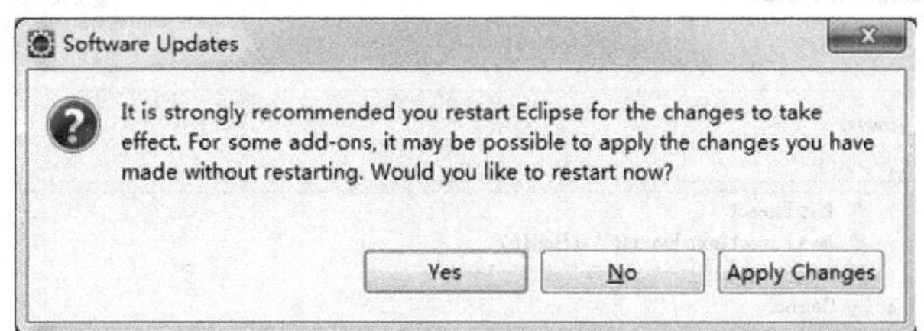

重启 Eclipse 后，还需要设置 Android SDK 的安装目录。选择 Eclipse 中的“Window\Preferences\Android”，并输入适当的路径。如下图所示，所有下载的 Android 平台就都可以使用了。

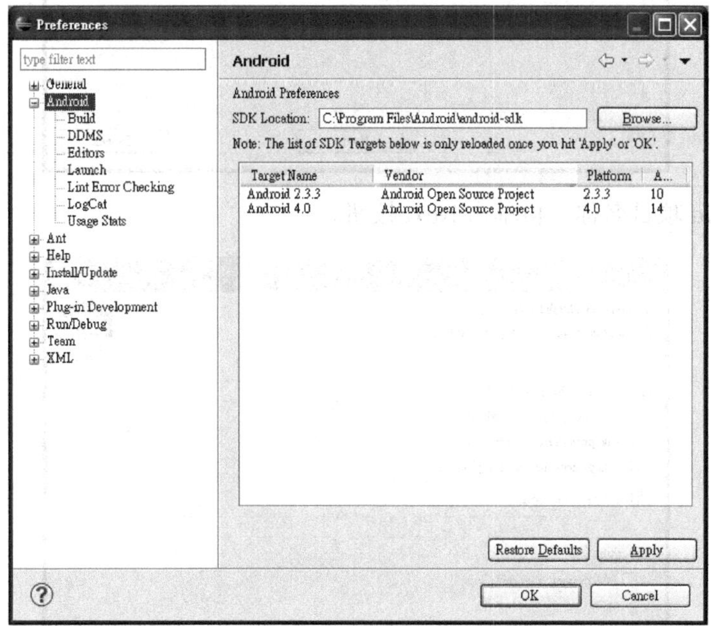

2.5 HelloWorld Android 程序设计

现在就可以开始编写经典的 HelloWorld 程序了。以下为其所需的步骤：创建新项目→设置模拟器→执行测试程序→查询执行细节→部署程序。

STEP 1 创建新项目。

点击 Eclipse 的“File\New\Project”，再选择创建 Android Project。

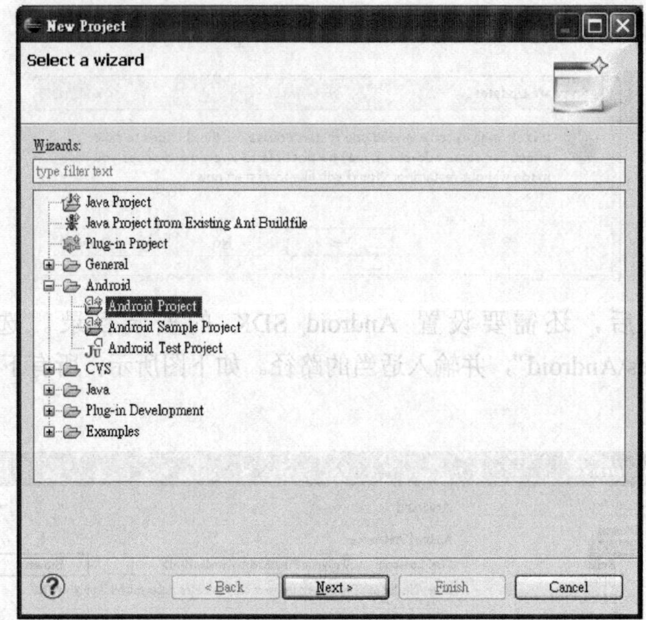

填入 Android 项目名称，再单击 Next 按钮。

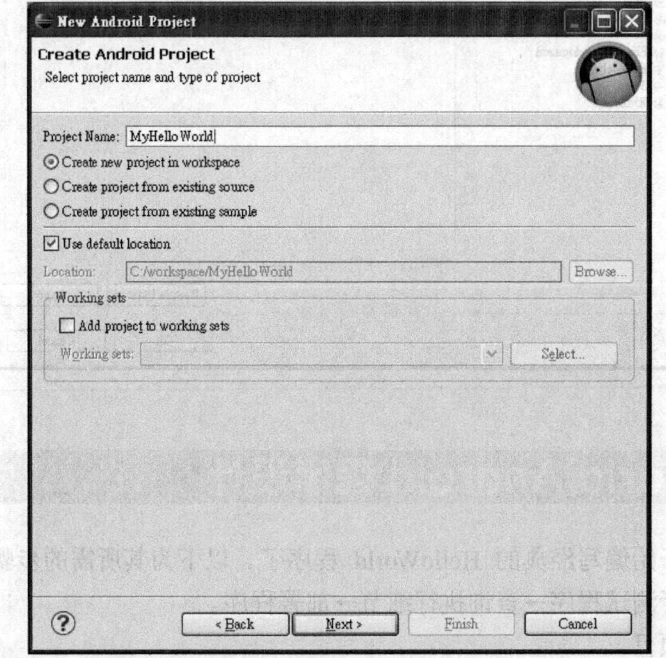

接着选择合适的 Android 平台版本。

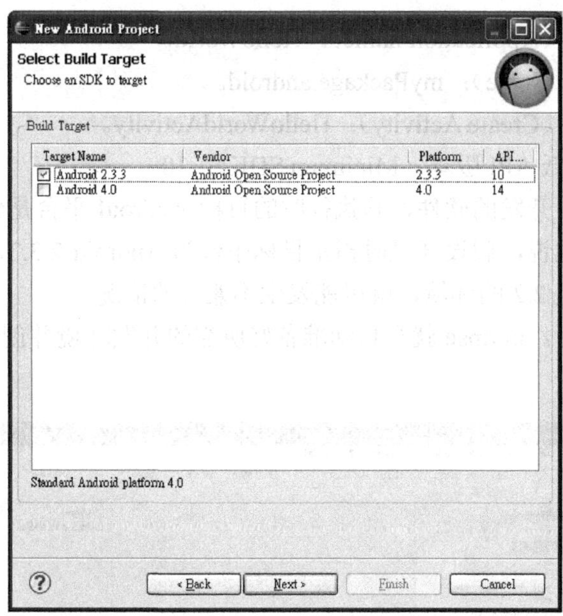

最后输入应用程序的相关信息。

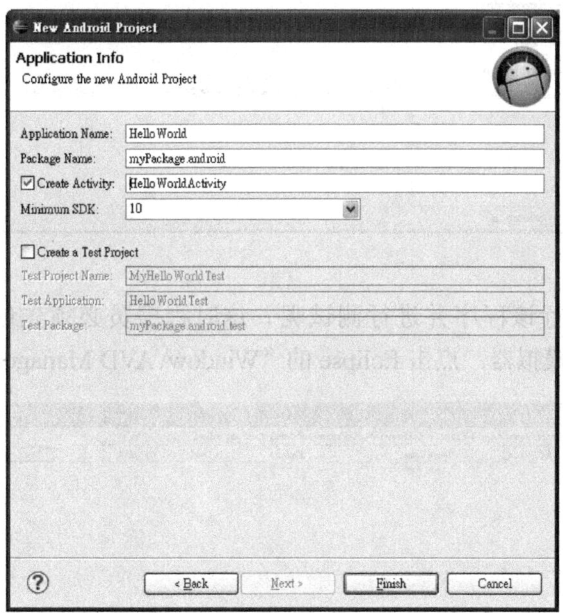

根据设置，目前应用程序的相关信息如下所述。

■ 项目名称（Project Name）：MyHelloWorld。

■ 目标平台版本（Build Target）：Android 2.3.3。

- 应用程序名称（Application name）：HelloWorld。
- 包名（Package Name）：myPackage.android。
- 启动程序名称（Create Activity）：HelloWorldActivity。
- 执行所需的最低 API 版本（Minimum SDK）：10

上面说明指定了要开发的软件，其执行时的目标 Android 平台是什么，API Level 用来确认其兼容性。简单地说，假设开发时指定目标平台为 Android 2.3.3，API Level 为 10，但在实际执行时，如果是 2.2 的环境，就可能发生不兼容的情况。

在完成上述步骤后，Eclipse 就会自动准备好所需的开发环境并创建必要的代码或文件，如下图所示。

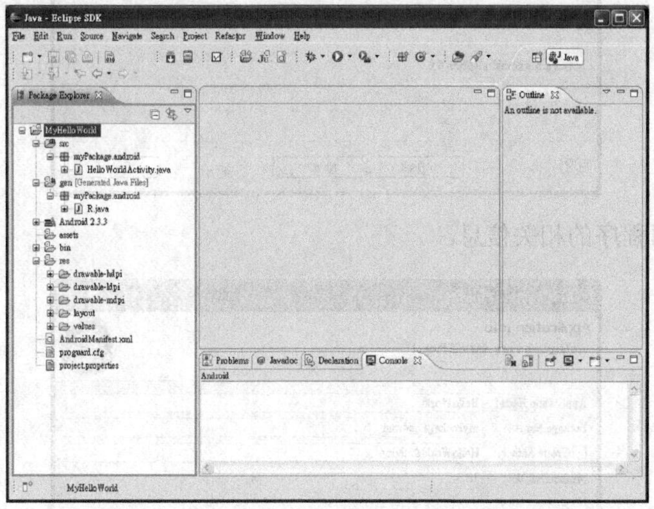

STEP 2 设置模拟器。

那么，要如何执行该程序并进行测试呢？这时程序员必须先创建虚拟设备（Virtual Device），也就是手机模拟器。点击 Eclipse 的“Window\ AVD Manager”，再单击 New 按钮。

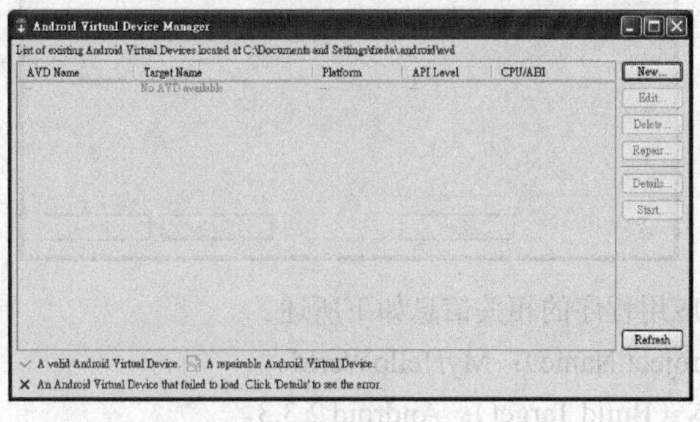

输入下面的必要信息。

完成后再单击 Create AVD 按钮，这时就创建好一个具有 Android 2.3.3 版本的虚拟平台了。

STEP 3 执行测试程序。

再回到 Eclipse 项目页面，在项目名称上单击鼠标右键，选择“Run As\Run Configurations”，再选择要进行模拟的 AVD 后单击 Run 按钮。

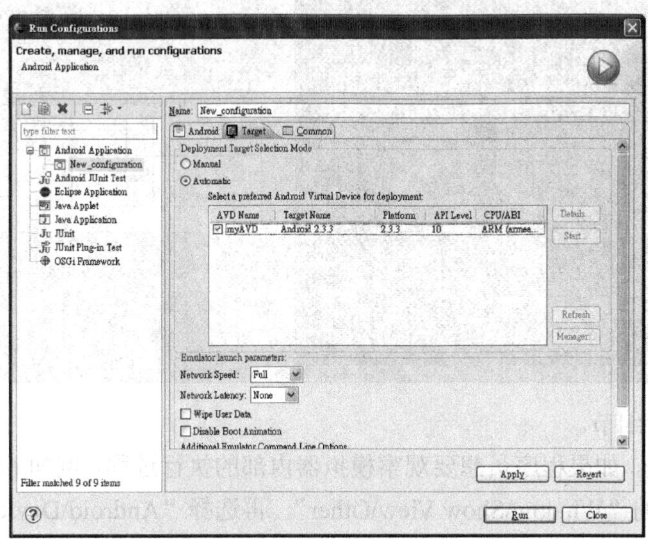

这时 Eclipse 就会尝试将编写的程序安装到模拟器上。通过 Eclipse 的 Console 窗口可以看到如下整个部署的过程。

```
    MyHelloWorld] ------------------------------
    MyHelloWorld] Android Launch!
    MyHelloWorld] adb is running normally.
    MyHelloWorld] Performing myPackage.android.HelloWorldActivity activity launch
    MyHelloWorld] Automatic Target Mode: Preferred AVD 'myAVD' is not available.
Launching new emulator.
    MyHelloWorld] Launching a new emulator with Virtual Device 'myAVD'
    MyHelloWorld] New emulator found: emulator-5554
    MyHelloWorld] Waiting for HOME ('android.process.acore') to be launched...
    MyHelloWorld] HOME is up on device 'emulator-5554'
    MyHelloWorld] Uploading MyHelloWorld.apk onto device 'emulator-5554'
    MyHelloWorld] Installing MyHelloWorld.apk...
    MyHelloWorld] Success!
    MyHelloWorld] Starting activity myPackage.android.HelloWorldActivity on device
emulator-5554
```

下图所示为模拟器的执行结果。读者会注意到，目前为止，我们连一行程序代码都还没开始编写，就已经拥有一个可以真正在手机上执行的 Android 程序了。

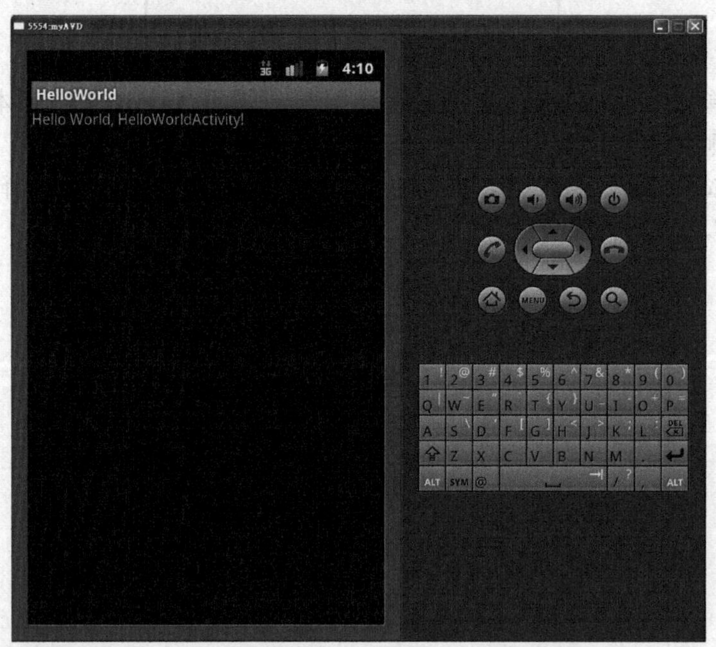

STEP 4 查询执行细节。

值得一提的是，如果程序员想要观察模拟器内部的执行过程，例如 process 的执行顺序，可以选择 Eclipse 的"Window\Show View\Other"，再选择"Android\Devices"。

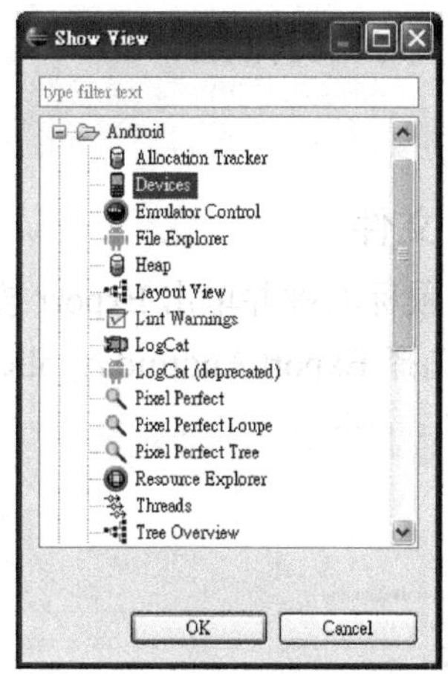

这样一来，在 Eclipse 的信息窗口列表上就会新增如下的 Devices 信息。

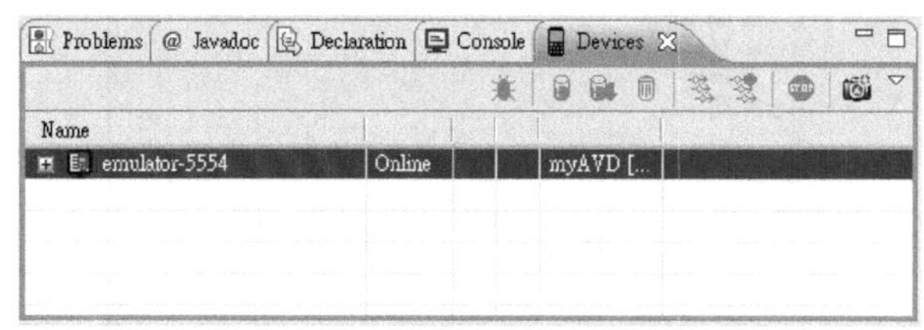

目前为止，读者已经学会如何将 Android 程序部署到手机模拟器了，若要部署到真正的手机上，该如何做呢？

STEP 5 部署程序。

部署程序的方法有多种，本节介绍 4 种较一般的做法。首先，读者可以将 Android 程序发布到 Android market，再从 Android market 上进行下载安装的工作。然而这是十分不经济的，一方面发布到 Android market 是需要费用的；另一方面这种冗长的过程将会延迟整个系统的测试时间。

第二种方法，程序员可以自己创建一个网站，将 Android 程序的 APK 文件置于其中，然后通过手机浏览器浏览该网站并进行下载、安装的工作。这种解决方案也不是很完美，因为只是要安装，就必须创建网站，这种做法成本过高。

第三种方法，程序员可以将程序进行编译，导出为 APK 文件，再使用 USB 将 APK 文件传到手机装置，最后通过手机上类似文件管理的程序，例如 ES 文件浏览器等，点击该 APK 文件来进行安装。

要使用第三种方式，需要经过下面几个步骤。

- 部署方案三 - 步骤 1. 导出 APK 文件。
- 部署方案三 - 步骤 2. 输入签名数据。

■ 部署方案三 - 步骤 3. 设置导出文件名。

以下为此详细说明。

部署方案三 - 步骤 1. 导出 APK 文件

在 Eclipse 的项目名称上单击鼠标右键并单击 Export 按钮，这时，Eclipse 会询问用户要将程序导出成哪种格式，当前要选择 Export Android Application 选项。

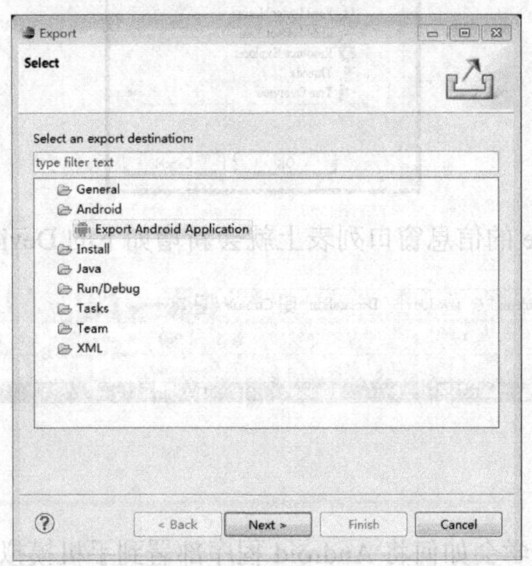

再单击 Next 按钮，这时 Eclipse 会要求使用者选择要导出的项目。同时，若程序在编译过程中发生错误，相关信息也会在此显示。

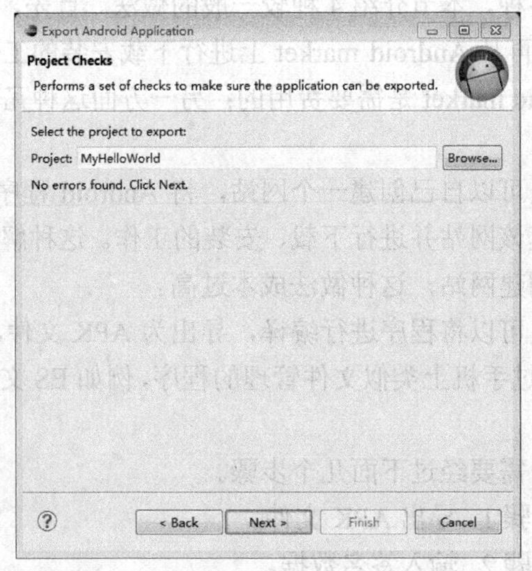

部署方案三 - 步骤 2. 输入签名数据

这时 Eclipse 会要求使用者提供导出时所需的签名或动态创建签名。假如没有申请任何签名，可以选择 Create new keystore 选项，如下图所示。

单击 Next 按钮，Eclipse 会要求使用者输入创建签名所需的相关信息，如下图所示。

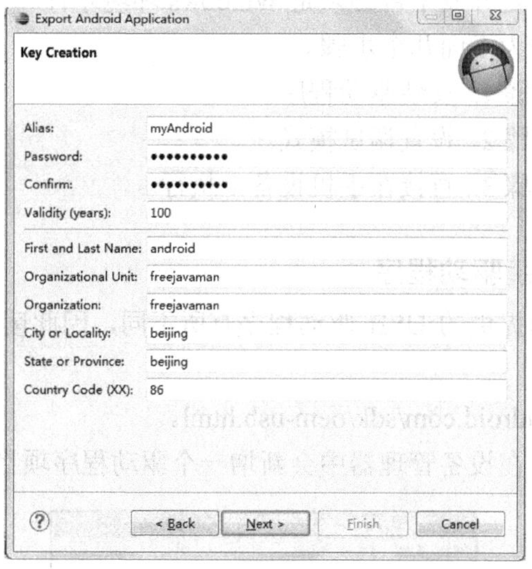

部署方案三 - 步骤 3. 设置导出文件名

最后 Eclipse 会再次询问 APK 文件的导出目录，如下图所示。

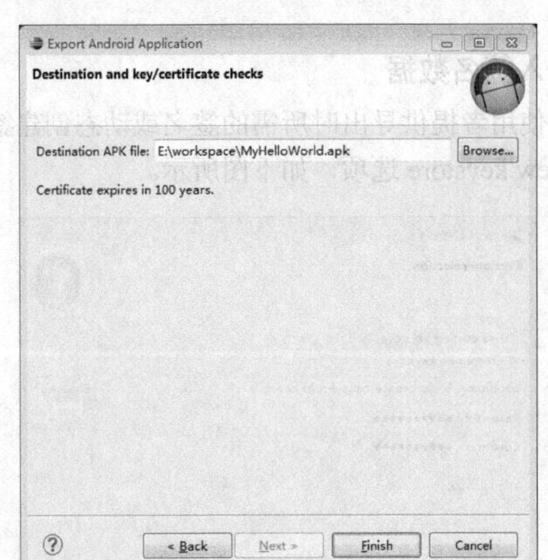

如果一切顺利的话，程序员将得到 MyHelloWorld.apk 文件。这时就可以通过 USB 的连接，将获得的 APK 文件传送到手机设备，最后再通过手机上的文件管理程序，例如 ES 文件管理，点击该 APK 文件后，Android 平台就会自动执行安装的工作。

最后要介绍的第四种部署方式最适合在开发阶段使用，但设置过程相对比较烦琐。使用这种方式，程序员可以通过 USB 的连接，并使用 Eclipse 直接将程序编译、打包、安装到手机上，不过唯一的限制就是开发平台必须是 Windows 环境才行。

第四种部署方式可分为下面几个步骤。

- 部署方案四 - 步骤 1. 安装驱动程序。
- 部署方案四 - 步骤 2. 设置调试模式。
- 部署方案四 - 步骤 3. 直接在手机设备上执行。

部署方案四 - 步骤 1. 安装驱动程序

由于各个手机制造商提供的 USB 驱动程序有所不同，因此读者可以到下面的网址寻找适合的 USB 驱动程序。

- http://developer.android.com/sdk/oem-usb.html。

安装完驱动程序后，在设备管理器中会新增一个驱动程序项目，如下图所示。

部署方案四 - 步骤 2. 设置调试模式

在手机装置中选择“应用程序设置\开发”选项，并勾选“USB 调试”复选项。

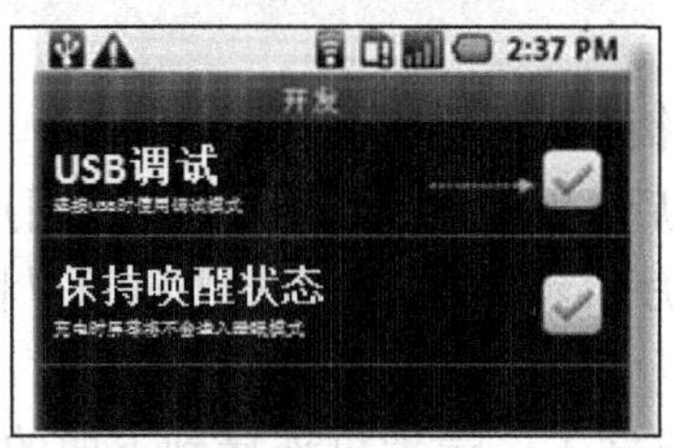

部署方案四 - 步骤 3. 直接在手机设备上执行

最后通过 USB 将手机装置连接到 PC 上。

现在回到 HelloWorld 项目，请在项目名称上单击鼠标右键，选择 Run As\Run Configurations 选项。如果 Eclipse 检测到通过 USB 连接的手机装置，将新增一个设备选项，下图所示即为笔者使用的 HTC Desire HD 手机选项。

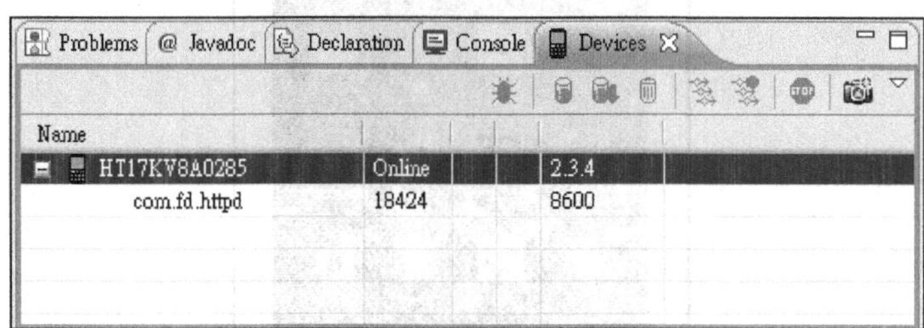

请注意，不要指定使用 AVD 来执行应用程序，这时 Eclipse 会通过 USB 将程序传送到手机装置，并进行安装。安装过程中的 Log 内容如下表所示。

```
   HelloWorldActivity] ------------------------------
   HelloWorldActivity] Android Launch!
   HelloWorldActivity] adb is running normally.
   HelloWorldActivity] Performing myPackage.android.HelloWorldActivity activity
launch
   HelloWorldActivity] Automatic Target Mode: using device 'HT11NRX04732'
   HelloWorldActivity] Uploading HelloWorldActivity.apk onto device 'HT11NRX04732'
   HelloWorldActivity] Installing HelloWorldActivity.apk...
   HelloWorldActivity] Success!
   HelloWorldActivity] Starting activity myPackage.android.HelloWorldActivity on
device HT11NRX04732
   HelloWorldActivity] ActivityManager: Starting: Intent
{ act=android.intent.action.MAIN cat=[android.intent.category.LAUNCHER]
cmp=myPackage.android/.HelloWorldActivity }
```

2.6 本章小结

在本章最后，我们要回答很多读者会问的问题。

很多人在开发出手机产品后，可能要给客户、主管或用户展示系统，然而又不太可能将手机以轮流传递的方式进行程序展示，有什么好的方法可以将手机上的界面投影出来，方便整个展示的过程呢？

其实已经有人想到解决方案了，读者可连接到下面的网址：http://code.google.com/p/androidscreencast/。

该网站提供的免费 Java Applet 可以通过 USB 连接，将手机设备上的界面显示在 Applet 的画布上，使用者也可以通过这个应用程序将整个操作过程记录下来。

使用该 Applet 的条件如下所述。

（1）安装 Android SDK。

（2）安装适当的 Android USB 驱动程序。

（3）安装 JDK 5 以上的版本。

（4）执行 Applet 程序时确认 Applet 的授权。

本章到此就告一段落了，目前介绍的多是一些基本安装设置，后面的章节将介绍更多的内容。

Chapter 3

深入探讨 HelloWorld 程序

3.1 Android 项目架构

3.2 Activity 生命周期

3.3 Android 调试程序

为提高程序开发的效率，IT 界这几年流行使用框架（framework）来设计程序，如 struts 等。当开始开发一套系统时，一些如 Eclipse 的集成开发工具可根据我们选定的框架，预先编写还没有程序逻辑的源代码，工程师可以像玩填字游戏一样，在这样的半成品中填入要实现的功能。上一章已经介绍了阳春版的 HelloWorld 程序，本章将带领读者深入探讨其内部细节。

3.1 Android 项目架构

读者现在手边已经有了“连一行程序都没编写”的 MyHelloWorld 项目，接下来，我们谈谈该项目的深度议题。首先看一下该项目在 Eclipse 环境中的目录结构。

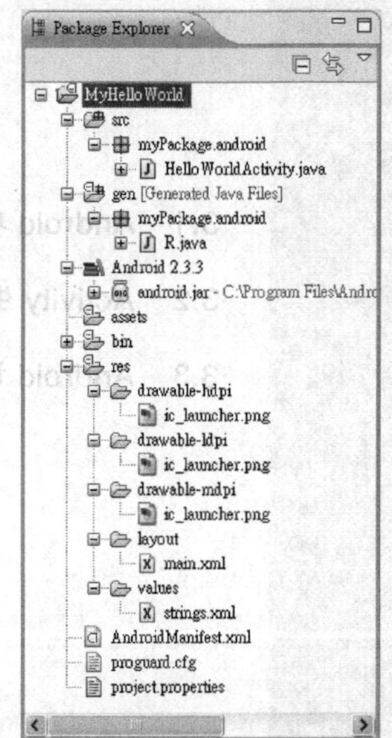

src 目录存放的是 Java 程序的源文件。由于设置的包名为 myPackage.android，因而自动生成的 Java 程序源文件也将会被放置在 myPackage\android 目录中。HelloWorldActivity.java 程序的内容如下。

```
package myPackage.android;

import android.app.Activity;
import android.os.Bundle;

public class HelloWorldActivity extends Activity {
 /** Called when the activity is first created. */
```

```
@Override
public void onCreate(Bundle savedInstanceState) {
 super.onCreate(savedInstanceState);
 setContentView(R.layout.main);
}
}
```

可知，HelloWorldActivity 继承了 Activity 类。Android 程序有 4 种应用方式，分别是 Activity、Broadcast Receiver、Service 和 Content Provider，读者目前只需将 Activity 看做一种具备 UI 的程序，同时也是用户可以看见的“屏幕程序”即可。

由于 Android 程序采用回调（call back）方式和底层的 Android 平台互动。因此，和 Java 程序的架构观念相同，例如 Applet 的 init()、Servlet 的 service()等，Android 程序也必须重写很多回调函数，并将它们放入要执行的程序逻辑，以便让底层的 Android 平台在适当的时机调用并使用。上面的程序重写了函数 onCreate()，也就是说，当 Android 平台在创建 Activity 对象实体后就会调用这个函数。

虽然 Android 程序和 Java Applet 相似，但是其内部运行还是有一些不同。举例来说，通常一个 Java Applet 应用程序只有一个继承自 Applet 的类，它同时也是程序运行时被创建对象实体的类，也就是主类。

然而在 Android 程序中，可能会同时包含多个 Activity，这些 Activity 的地位都相同，读者可以将每个 Activity 都当成一页页的画面。当 Android 程序开始执行时，必须通过参数设置的方式，告诉 Android 平台应该先调用并执行哪一个 Activity。这个“声明”的工作，必须在稍后介绍的 AndroidManifest.xml 参数文件中设置。

在传统的 Java 窗口程序中，用户接口的布局控制多半写死（hard code）在程序中，例如 Java AWT 程序必须指定布局管理器（Layout manager）。Android 高明的地方在于将布局控制从代码中移出，并在 XML 文件中描述。简单地说，程序员可以在不重新编译程序的情况下，替换 XML 文件来调整布局设置。例如，上面的 setContentView（R.layout.main）就是声明 HelloWorldActivity 的布局控制将在 main.xml 中描述。

细心的读者可能已经发现，R.layout.main 是一个 int 型的变量，那么要如何和 XML 文件进行连接呢？如下所示，在 gen 目录中，IDE 工具自动生成的 R.java 定义了很多常数，通过指定这些常数就可以和众多资源进行连接（注：在 Android 平台中，XML 文件被视为一种资源）。

```
/* AUTO-GENERATED FILE.  DO NOT MODIFY.
 *
 * This class was automatically generated by the
 * aapt tool from the resource data it found.  It
 * should not be modified by hand.
 */

package myPackage.android;
```

```

public final class R {
 public static final class attr {
 }
 public static final class drawable {
  public static final int icon=0x7f020000;
 }
 public static final class layout {
  public static final int main=0x7f030000;
 }
 public static final class string {
  public static final int app_name=0x7f040001;
  public static final int hello=0x7f040000;
 }
}
```

读者可以看到，R.java 中的访问权限都设置为 public。R.java 同时大量采用内部类，例如 attr、drawable、layout、string 等，通过它们可以知道每个常数指向哪种类型的资源。请注意，一般来说，R.java 并不是由程序员自行维护的，在每次重新编译程序时，Eclipse 都会根据当时的情况自动为每个资源创建所需的常数内容。

在 res 目录中存储的是 Android 程序会使用到的各种各样的资源。首先是 drawable 系列的子目录，其存储了应用程序需要使用的图片文件。

图片文件是否清晰，最重要的是 dpi（dot per inch），也就是每英寸的像素数。一般有以下 4 种。

dpi 种类	像 素 数
xhdp（extra high dpi）	320
hdpi（high dpi）	240
mdpi（medium dpi）	160
ldpi（low dpi）	120

在 Android 平台中，配合智能设备的屏幕分辨率以及要使用的图片文件的清晰程度规划不同的 drawable 子目录，存储对应规格的图片文件，参见如下的整理。

Drawable 子目录	规　格	屏幕尺寸和分辨率	图片文件密度	备　注
drawable- ldpi	QVGA	小，240×320	Low	
	WQVGA400	中，240×400	Low	
	WQVGA432	中，240×432	Low	
drawable- mdpi	HVGA	中，320×480	Medium	
	WSVGA	大，1024×600	Medium	4.0 新增
	WXGA	超大，1280×800	Medium	

续表

Drawable 子目录	规　　格	屏幕尺寸和分辨率	图片文件密度	备　　注
drawable- hdpi	WVGA800	中，480×800	High	
	WVGA854	中，480×854	High	
	WXGA720	中，1280×720	Extra-high	4.0 新增

简单地说，在执行 Android 程序时，会根据智能设备支持的分辨率，在适当的 drawable 子目录中找到适当的图片文件来进行显示的工作。这种实现方式确实高明，从今以后，Android 的开发人员不再需要根据设备的不同而推出不同版本的产品了。在创建子目录的同时，Eclipse 也会生成 icon.png 图片文件，并置于 drawable 中。这些图片文件就是 Android 程序在智能设备中用以辨识的程序图标（icon）。

使用智能装置时，通常没有一定的方向性，因此屏幕分辨率的宽度高度值也会根据目前手机是处于横向（landscape）还是纵向（portrait）而有所不同。举例来说，以 HVGA 为例，横向时的宽高为 480×320，转变成纵向时则为 320×480，在实现游戏类的程序时要注意。下图为 Eclipse 默认的 icon.png 内容。

在 res 目录的 layout 子目录中存放的是和布局控制相关的 XML 描述文件。下一章会详细介绍这一部分内容，现在先让我们看一下其内容。

```
<?xml version="1.0" encoding="utf-8"?>
<LinearLayout xmlns:android="http://schemas.android.com/apk/res/android"
    android:orientation="vertical"
    android:layout_width="fill_parent"
    android:layout_height="fill_parent">
<TextView
    android:layout_width="fill_parent"
    android:layout_height="wrap_content"
    android:text="@string/hello"/>
</LinearLayout>
```

可以看到，采用的布局方式称为 LinearLayout，在布局中有一个用来显示文字的 TextView 控件，这和编写 Java 窗口程序类似。UI 控件也是通过层层堆栈的方式呈现在使用者面前的。

res 目录的最后一个子目录——values 用来存储参数文件，例如，strings.xml、color.xml、style.xml 等。如下即为本项目中，由 Eclipse 自动创建的 strings.xml 的内容。

```
<?xml version="1.0" encoding="utf-8"?>
<resources>
```

```
<string name="hello">Hello World, HelloWorldActivity!</string>
<string name="app_name">HelloWorld</string>
</resources>
```

在 strings.xml 中定义了一个名为 hello 的参数。对照之前介绍的 main.xml，其中 TextView 控件要显示的文字内容也根据@string/hello 的说明指向 hello 参数。因此，执行本程序将在画面中间显示“Hello World, HelloWorldActivity!”的字样。

至于 assets 目录，虽然在该项目中 Eclipse 并没有自动生成任何文件，但一般来说，只要项目中会用到的非字节内容（non-binary）文件，例如纯文本文件、ini 初始文件、自行设计的 XML，都会存储在该目录。最后是 Android 程序的全局配置文件 - AndroidManifest.xml，下面是本项目自动创建的 XML 文件内容：

```
<?xml version="1.0" encoding="utf-8"?>
<manifest xmlns:android="http://schemas.android.com/apk/res/android"
    package="myPackage.android"
    android:versionCode="1"
    android:versionName="1.0">
 <uses-sdk android:minSdkVersion="8" />
 <application android:icon="@drawable/icon" android:label="@string/app_name">
  <activity android:name=".HelloWorldActivity" android:label="@string/app_name">
   <intent-filter>
    <action android:name="android.intent.action.MAIN" />
    <category android:name="android.intent.category.LAUNCHER" />
   </intent-filter>
  </activity>
 </application>
</manifest>
```

可以看到很多重要的内容，例如 uses-sdk android:minSdkVersion 声明执行本程序时基本所需的 Android SDK 版本是什么、application android:icon 说明使用的程序图标是什么、<activity>标签的子标签<intent-filter>中的 android:name="android.intent.action.MAIN"声明，当 Android 程序被启动时，首先要执行的 Activity 是 HelloWorldActivity 等。

本书将介绍很多有关 AndroidManifest.xml 的使用实例，例如进行网络存取时，必须在该 XML 文件中声明权限，否则不仅无法使用各项和信息安全相关的功能，在执行时也会发生异常事件。此外，必须在 AndroidManifest.xml 中声明，所有的控件，例如，Activity、Content Provider、Broadcast Receiver、Service 等。

3.2 Activity 生命周期

上一节介绍了 Android 程序采用回调的方式运行，本节将尝试修改程序，观察 Android

程序的执行状态，也就是观察 Activity 运行的生命周期。为了能进行状态观察的工作，需要先了解 Android 的 Log 机制。

3.2.1 Android Log 机制

如果要调试（debug）Java 程序，最常使用的方法是使用 System.out.println，在适当的程序区段，以插旗子的方式将信息写到 console，如 Dos 窗口等，观察程序逻辑是否按照原先的设计运行。

在 Android 程序中，程序员可以使用 Log 对象显示相关的信息。要输出的信息根据严重程度可分为下面 5 类。

Log 对象的方法	适用的信息类型
Log.v	Verbose：较详细的信息
Log.d	Debug：调试用的信息
Log.i	Info：一般提示性的信息
Log.w	Warn：警告用的信息
Log.e	Error：错误的信息

单击 Eclipse 的“Window\Show View\Other”，然后选取 LogCat，即可打开 Log 的观察窗口。

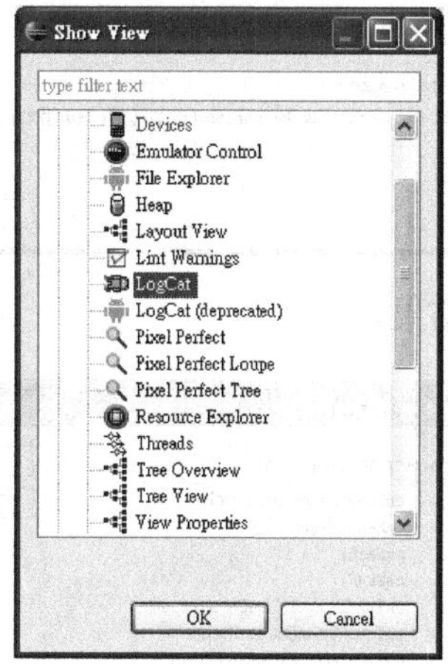

这时，Eclipse 的窗口列表中将多出一个名为 LogCat 的视窗。当执行程序时，所有通过 Log 对象写出的信息就会一一列于该视窗中。

接下来，我们尝试修改 HelloWorldActivity.java，除了重写所有的回调方法外，同时在每个回调方法中使用 Log 对象来输出适当的信息。

Eclipse 提供了十分方便的工具，使程序员可以快速生成要重写的函数声明内容。请在

HelloWorldActivity.java 上单击鼠标右键，并选择 Source\Override Implement Methods，弹出如下窗口。程序员可以通过单击的方式选择要重写的父类中的方法，或要实现接口中的哪个方法。

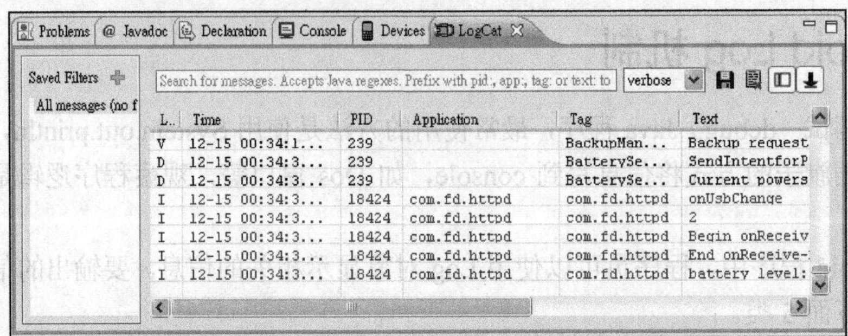

如下为选择父类或实现接口的窗口。

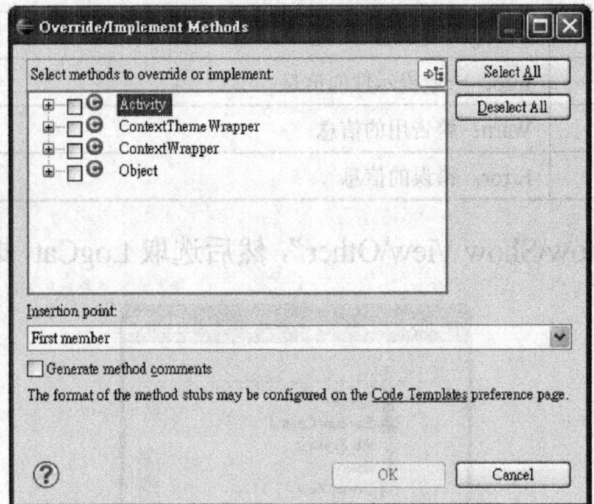

下面为展开 Activity 父类的结果。

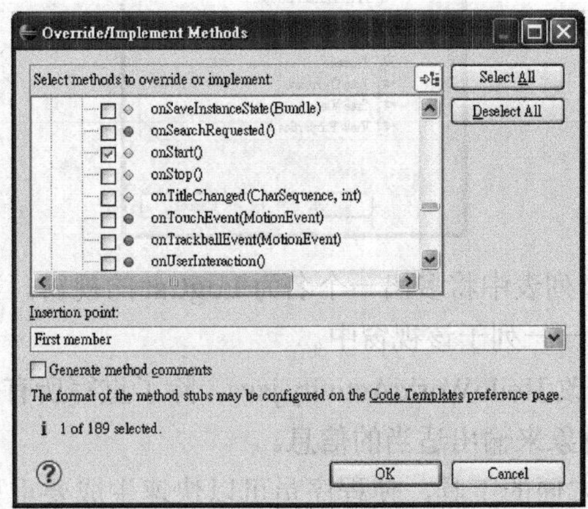

由于之前已经重写过 onCreate 方法，现在只需重写 onStart、onResume、onRestart、onPause、onStop、onDestroy。参见下面的程序段，在 Eclipse 自动生成所有要进行重写的方法声明后，再以手动的方式在每个方法中加入 Log 对象的使用，定义对应的信息。

Log 控件的每个信息方法都包含两个参数，第一个称为 Tag，也就是要输出的信息标签。在程序员检查信息时，会因为其他应用程序正在写存 Log 造成干扰。因此，使用 Tag 当作过滤条件，就可以只观察由自己输出的信息了。Log 控件的信息方法的第二个参数是要写出的信息的内容。

```
package myPackage.android;
import android.app.Activity;
import android.os.Bundle;
import android.util.Log;

public class HelloWorldActivity extends Activity {
 /** Called when the activity is first created. */
 @Override
 public void onCreate(Bundle savedInstanceState) {
  super.onCreate(savedInstanceState);
  setContentView(R.layout.main);
  Log.v("myAndroid", "I'm in create");
 }

 @Override
 protected void onDestroy() {
  super.onDestroy();
  Log.v("myAndroid", "I'm in destroy");
 }

 @Override
 protected void onPause() {
  super.onPause();
  Log.v("myAndroid", "I'm in pause");
 }

 @Override
 protected void onRestart() {
  super.onRestart();
  Log.v("myAndroid", "I'm in restart");
 }

 @Override
 protected void onResume() {
  super.onResume();
  Log.v("myAndroid", "I'm in resume");
 }

 @Override
 protected void onStart() {
  super.onStart();
  Log.v("myAndroid", "I'm in start");
```

```
}

@Override
protected void onStop() {
 super.onStop();
 Log.v("myAndroid", "I'm in stop");
 }
}
```

下图为使用 LogCat 观察到的执行结果。

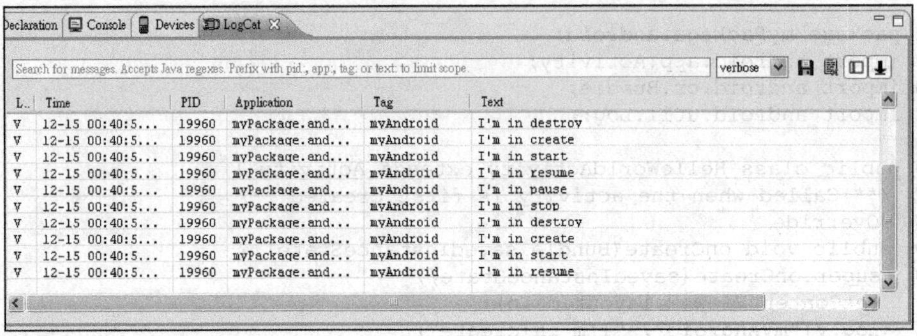

L..	Time	PID	Application	Tag	Text
V	12-15 00:40:5...	19960	myPackage.and...	myAndroid	I'm in destroy
V	12-15 00:40:5...	19960	myPackage.and...	myAndroid	I'm in create
V	12-15 00:40:5...	19960	myPackage.and...	myAndroid	I'm in start
V	12-15 00:40:5...	19960	myPackage.and...	myAndroid	I'm in resume
V	12-15 00:40:5...	19960	myPackage.and...	myAndroid	I'm in pause
V	12-15 00:40:5...	19960	myPackage.and...	myAndroid	I'm in stop
V	12-15 00:40:5...	19960	myPackage.and...	myAndroid	I'm in destroy
V	12-15 00:40:5...	19960	myPackage.and...	myAndroid	I'm in create
V	12-15 00:40:5...	19960	myPackage.and...	myAndroid	I'm in start
V	12-15 00:40:5...	19960	myPackage.and...	myAndroid	I'm in resume

3.2.2 Activity 生命周期

上一节中 Activity 执行时的状态图如下所示。

由上图可知，整个 Activity 的生命周期始于 onCreate，终于 onDestroy。

当 Activity 程序被创建对象实体后，最先会被 Android 平台调用的方法是 onCreate。读者可以将 onCreate 当成 Java Applet 程序中的 init 方法，其作用就是执行一些和设置初始值相关的工作。

紧接着会被调用的方法是 onStart 和 onResume 方法。在此之后，Activity 就进入运行时间，这个阶段的 Activity 程序是可视的情况，使用者可以使用“粘贴”在 Activity 上面的控件，如单击按钮或在字段中输入文字等。

一个 Android 应用程序可能同时包含多个 Activity，每一个 Activity 就是用户可以看到的屏幕页面。因此，当页面之间进行切换的动作时，目前可视的页面（即 Activity）可能会被其他的 Activity 给“遮住”，也就是退到背景中。

退到背景的情况可以再细分为两个阶段，假设 Activity 只是失去焦点，但仍可视时，Android 平台会先调用 Activity 的 onPause 方法。如果在失去焦点后，Activity 变得不再可视，那么 Android 紧接着会调用 Activity 的 onStop 方法。一般来说，当调用 Activity 的 onPause 方法时，就应该执行数据暂存的动作，而不用等到调用 onStop 函数时才执行。

对应 onPause 和 onStop 两个方法，当 Activity 从 onPause 回到前景，即再度取得焦点时，

Android 平台会调用 Activity 的 onResume 方法。同理，当 Activity 从 onStop 回到前景，即再度取得焦点，同时又是可视的情况时，则会调用 onStart。

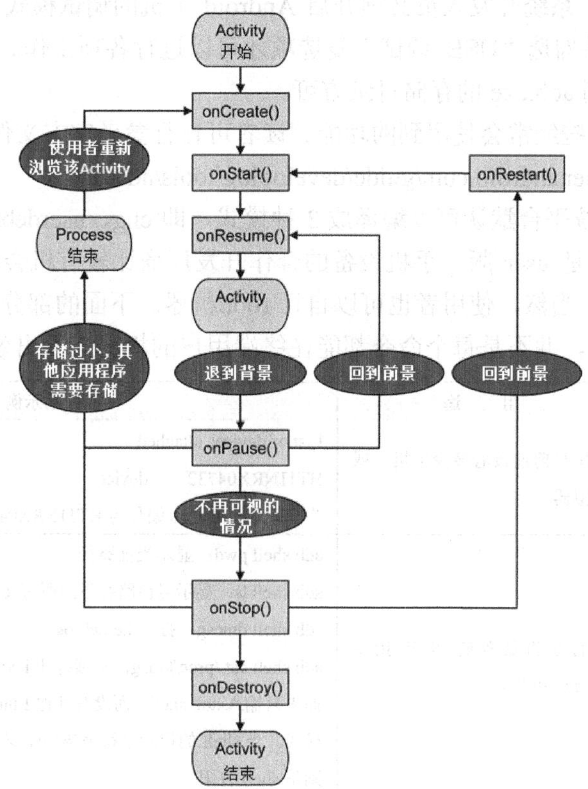

由于 Activity 的运行是由 Android 平台所管理的，如果内存不足时，Android 平台有可能中止当前进程(process)。这时，当使用者再度浏览 Activity 时，Android 平台将不调用 onStart 或是 onResume 方法，而是调用 onCreate 方法了。

最后，Android 程序执行完所有的工作，准备从内存的执行区段中移除时，将调用 onDestroy 方法，程序员可以在这个方法中实现一些和释放资源相关的程序代码。

3.3 Android 调试程序

安装 Android SDK 的同时也下载了很多有用的辅助软件，可以用来协助开发人员进行调试。其中最重要的工具之一就是 adb.exe。

adb 的全称是 Android Debug Bridge，可以在 Android SDK 安装目录的“\android-sdk\

platform-tools”子目录中找到它。adb 通过监听 TCP 5554 端口的方式，达到和 Android 手机设备互动的目的。

要执行 adb.exe，系统开发人员必须开启 Android 手机的调试模式，即选取“设置\应用程序\开发”选项，并勾选“USB 调试”复选项才可以进行各项工作。此外，还必须先开启 DOS 窗口，并切换到 adb.exe 的存储目录方可。

本节只列出了一些经常会使用到的功能。读者可自行参考官方文件获取更详细的内容。

■ http://developer.android.com/guide/developing/tools/adb.html。

Android 操作系统平台默认可以编译成 3 种模式，即 eng、userdebug 和 user。一般用户的机器作业平台多半是 user 版。手机设备的合作开发厂商比较有机会可以拿到安装 eng 或 userdebug 版的手机，当然，使用者也可以自行 root 机器。下面的部分命令必须具有 root 权限才可以执行，因此，并不是每个命令都能在终端用户的机器上看出效果。

指　令	用　途	结果示例
adb devices	列出目前连接着多少手机，或模拟器	List of devices attached HT11NRX04732　　device 当前正连接着一台编号为 HT11NRX04732 的设备
adb shell	执行手机装置的 shell 指令（Linux 指令）	adb shell pwd：显示当前路径 adb shell ls：显示当前路径下的所有文件 adb shell dmesg：打印 kernel log adb shell cat /proc/kmsg：持续打印 kernel log（需 root） 如果只输入 adb shell，而没有其他 Linux 指令时，将直接进入 shell 模式。当 shell 的提示字符为"#"时，表示使用者为 root，若为"$"，则是 shell 权限

adb install xxx.apk	将 Android 程序从 PC 端安装到手机端	要进行安装的 APK 文件必须和 adb.exe 置于同一目录中
		Install 指令另有下面两个参数
		-r：如果已经安装过旧版本的程序，可使用-r 覆盖它，否则会出现如下的错误信息
		`1379 KB/s (2046919 bytes in 1.449s)`
		`pkg: /data/local/tmp/xxx.apk`
		`Failure`
		`[INSTALL_FAILED_ALREADY_EXISTS]`
		-f：遇到兼容问题时，可使用此参数强制安装

adb push local_file remote_file	将 PC 端的文件上传到手机端指定的路径	remote_file 需包含手机端的路径和文件名，否则可能因为没有目录的访问权限而无法上传文件
adb pull remote_file local_file	将手机端指定路径中的文件下载到本地	remote_file 需包含手机端的路径和文件名

续表

指　令	用　途	结果示例

adb shell dumpsys	显示手机端系统信息	如果没有指定 service，将列出所有目前在手机端所提供的服务信息
		为避免显示过多的信息，建议指定 service 名称，列出想要查看的信息
		adb shell dumpsys SurfaceFlinger：系统的 Surface 使用情况
		adb shell dumpsys battery：列出电池信息，
		例如
		`Current Battery Service state:`
		`AC powered: false`
		`USB powered: true`
		`status: 5`
		`health: 2`
		`present: true`
		`level: 100`
		`scale: 100`
		`voltage:4196`
		`temperature: 280`
		`technology: Li-ion`
		adb shell dumpsys batteryinfo：各种功能使用电池的状况，如 Apk com.android.providers.telephony: Service com.android.providers.telephony.service.TelephonyService: Created for: 4s 345ms uptime, Starts: 1, launches: 1
		adb shell dumpsys power：列出 Power Manager 的参数

adb root	使用 root 权限连接到手机设备，或执行指令	
adb bugreport	产生 bug report	
adb forward tcp:1234 tcp:16888	将手机上的 1234 端口转到 16888 端口	
adb kill-server	删除手机设备的监听器	重新执行 adb shell 时，可以重启监听服务

程序员可以将 Android 程序导出成扩展名为 apk 的文件，然后将该文件以各种形式传递到手机上进行程序安装的工作。其实 apk 文件只是一种 zip 类型的压缩文件而已。简单地说，Android 程序的安装步骤之一，只是将 apk 文件解压缩到指定的目录。

如下为 Android 2.2 之前 apk 文件默认的存储目录。

（1）/system/app：Android 平台或手机制造商内建的应用程序。

（2）/data/app：用户自行安装的应用程序。

（3）/data/app-private：从 Android Market 下载，同时启用防拷贝（copy protection）机制，或通过 adb install –l 进行 Forward Lock 安装的应用程序。

在 Android 2.2 后，使用者拥有了更大的自由度。Android 允许将应用程序安装在 SD 卡上，每个安装在 SD 卡的应用程序都可以在名为 android_secure 的目录中找到一个文件名为包名，扩展名为 asec 的文件。Asec 文件的内容已经经过加密处理。当 SD 卡挂载（mount）到手机设备时，可以在 /mnt/asec 目录中找到应用程序的 apk 安装文件。

然而如果该应用程序是从 Android Market 下载，同时启用防拷贝机制，或通过 adb install –l 进行 Forward Lock 安装的应用程序时，无法安装在 SD 卡上。

本章利用 HelloWorld 示例程序对 Android 程序做了较深入的介绍，下一章开始将介绍如何动手编写 Android 应用程序。

第 2 篇

窗口设计篇

Chapter 4

用户接口设计

Android 平台属于一种窗口环境，因此未能免俗地，程序员需要掌握 GUI 设计的关键，其中包括熟悉布局和 UI 控件。本章即将介绍关于 Android 布局的各种话题。

4.1 浅谈布局

与传统 Java 窗口程序设计一样，设计师在编写 Android 程序时，必须针对 UI 控件进行布局的工作。这里的布局和日常生活中进行室内设计是一样的道理，当我们添购新家具或进行房屋装修时，一般都会考虑家具的摆放位置，例如，在沙发的旁边摆放茶几、餐桌应摆放在餐厅等。

在设计用户接口时，需要考虑认知心理学层面的问题，例如，应该在用户删除数据时弹出“确认”窗口；应该把经常使用的功能项摆放在画面的左边等。适宜的布局，不仅可以提高窗口程序的美观性，也能提高软件的使用性能。

然而 Android 程序不同于传统窗口程序的地方，在于它通过 XML 文本文件的描述进行布局的工作，而不是写死（hard code）在程序代码中。这种做法大幅提高了程序维护的效率，程序员只需置换 XML 内容就可以调整布局，而不需要重新编译程序代码。

Android 还提供了将布局的描述直接嵌在程序代码的方法，这和传统做法一样较无弹性，本书不建议采用，所以在此不再详述。Android 常使用的布局方式有下面几种。

（1）线性布局（Linear Layout）。

（2）框架布局（Frame Layout）。

（3）表格布局（Table Layout）。

（4）相对布局（Relative Layout）。

（5）绝对布局（Absolute Layout）。

在 Android 1.6 版之前的 SDK 中，程序员必须统一将描述布局的 XML 置于 res/layout/ 目录中。然而为支持多重分辨率，现在可针对不同分辨率，将 XML 置于相对应的目录中，详情如下表所示。

目录名称	对应模式
res/layout-small/	低分辨率，小屏幕
res/layout/	一般分辨率，一般屏幕
res/layout-large/	高分辨率，大屏幕
res/layout-large-land/	高分辨率，大屏幕；横向模式（landscape）

4.2 线性布局

下面是线性布局（Linear Layout）描述文件的基本格式。

```
<?xml version="1.0" encoding="utf-8"?>
<LinearLayout xmlns:android="http://schemas.android.com/apk/res/android"
  android:orientation="vertical"
  android:gravity="top"
  android:layout_width="fill_parent"
  android:layout_height="fill_parent" >
</LinearLayout>
```

根标签（root tag）设置为 LinearLayout，说明 Activity 采用了线性布局。具有传统 Java 窗口程序经验的读者可以将这样的描述解读成，在 Activity 上附加一个采用线性布局方式的画布（panel）。

属性 android:orientation 说明了附加在其中的 UI 控件的呈现顺序。如 vertical（垂直方向）表示附加在 Activity 中的控件将会依照从上到下、从左到右的顺序布局；若为 horizontal（水平方向），布局顺序是从左到右、从上到下的呈现方式。

属性 android:gravity 用以说明 UI 控件的对齐方式，该属性值有 top（向上对齐）、bottom（向下对齐）、left（向左对齐）、right（向右对齐）4 种。

属性 android:layout_width 用来说明 UI 控件的宽度调整方式，属性值可以是 fill_parent，也就是和所附加的类一样宽；也可以是 wrap_content，即随着内容自动重设大小。同样的道理，android:layout_height 说明了布局高度的调整方式。

在 Eclipse 中，除了使用传统的文本编辑器来编辑 layout 描述文件外，程序员还可以通过图形接口的方式来编辑。请在 layout 描述文件上单击鼠标右键，并选择“Open with\Android Layout Editor”打开下面的工具。

这样，程序员就可以通过拖曳的方式编辑布局描述文件了。Android 将一个个的 UI 控件称为 Widgets。如上图的左边有各种各样的 Widgets 可供使用。现在尝试以拖曳的方式将一个 EditText 控件添加到布局中，观察布局描述文件的原始内容，如下所示：

```
<?xml version="1.0" encoding="utf-8"?>
<LinearLayout xmlns:android="http://schemas.android.com/apk/res/android"
android:orientation="vertical"
android:layout_width="fill_parent"
android:layout_height="fill_parent">
<EditText android:id="@+id/editText1"
        android:layout_width="match_parent"
        android:layout_height="wrap_content"
        android:text="EditText">
</EditText>
```

```
11 </LinearLayout>
```

上面的描述文件说明 Activity 使用的布局方式是 LinearLayout，它设置了一个类为 EditText 的 UI 控件，该控件就是一个可供用户输入文字的输入框。

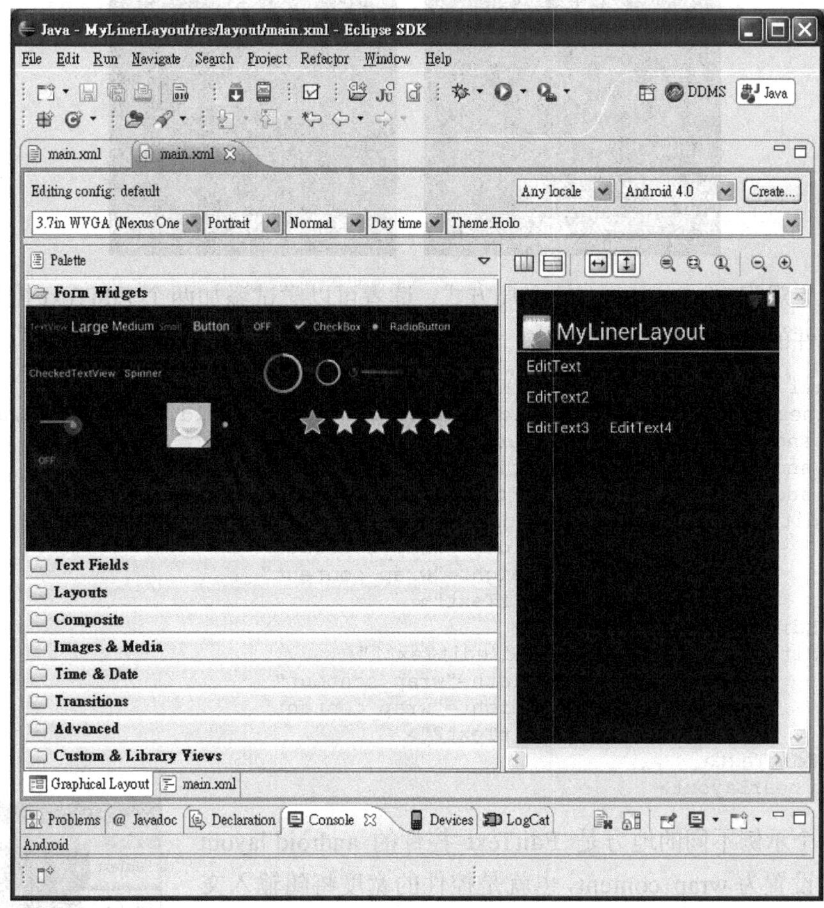

EditText 控件的 android:id 属性说明其标识符为@+id/editText1，如果需要在程序中存取并使用该 EditText 控件时，必须通过该标识符获取该控件的对象实体，本章稍后将会介绍其使用方式。

属性 android:layout_width 设置为 match_parent，说明 EditText 控件的宽度和所依附的类将和 Activity 一样宽。属性 android:layout_height 设置为 wrap_content，说明 EditText 控件的高度将随着所输入的文字多少自动调整。最后一个属性 android:text 设置了 EditText 控件默认要显示的文本内容。

下图所示是通过模拟器执行的结果。

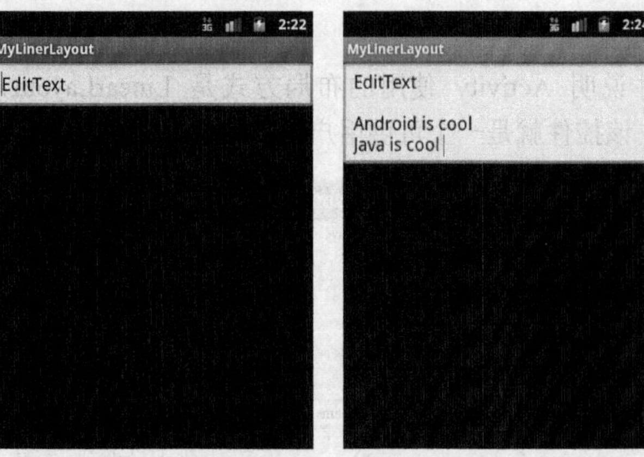

为进一步观察 LinearLayout 的布局方式，读者可以尝试添加两个 EditText 控件，并观察布局描述文件的内容，如下所示：

```
<?xml version="1.0" encoding="utf-8"?>
<LinearLayout xmlns:android="http://schemas.android.com/apk/res/android"
    android:orientation="vertical"
    android:layout_width="fill_parent"
    android:layout_height="fill_parent">
 <EditText android:id="@+id/editText1"
         android:layout_width="wrap_content"
         android:layout_height="wrap_content"
         android:text="EditText">
 </EditText>
 <EditText android:id="@+id/editText2"
         android:layout_width="wrap_content"
         android:layout_height="wrap_content"
         android:text="EditText2">
 </EditText>
</LinearLayout>
```

和前一个示例不同的地方是 EditText 控件的 android:layout_width 属性设置为 wrap_content，也就是控件的宽度将随输入文字的多少而自动进行调整，这样才能看出测试的结果，如右图所示。

由于 LinearLayout 的 android:orientation 属性设置为 vertical，因而 EditText 控件的布置将为从上到下、从左到右。读者可以尝试将属性调整为 horizontal，再观察执行结果。

UI 控件的布局方向调整为从左到右、从上到下了。

在传统 Java 窗口程序中，还可以在画布上附加其他画布，Android 程序也具有同样的概念！我们在 LinearLayout 标签中添加一个新的 LinearLayout 标签，而在第二个 LinearLayout 标签中添加 EditText3 和 EditText4。为了观看测试的结果，第一个 LinearLayout 标签设置为 vertical，而第二个 LinearLayout 标签设置为 horizontal。

```
<?xml version="1.0" encoding="utf-8"?>
<LinearLayout xmlns:android="http://schemas.android.com/apk/res/android"
android:orientation="vertical"
android:layout_width="fill_parent"
android:layout_height="fill_parent">
<EditText android:id="@+id/editText1"
         android:layout_width="wrap_content"
         android:layout_height="wrap_content"
         android:text="EditText"></EditText>
<EditText android:id="@+id/editText2"
         android:layout_width="wrap_content"
         android:layout_height="wrap_content"
         android:text="EditText2"></EditText>
<LinearLayout xmlns:android="http://schemas.android.com/apk/res/android"
 android:orientation="horizontal"
 android:layout_width="fill_parent"
 android:layout_height="fill_parent">
 <EditText android:id="@+id/editText3"
          android:layout_width="wrap_content"
          android:layout_height="wrap_content"
          android:text="EditText3"></EditText>
 <EditText android:id="@+id/editText4"
          android:layout_width="wrap_content"
          android:layout_height="wrap_content"
          android:text="EditText4"></EditText>
</LinearLayout>
</LinearLayout>
```

其执行结果如下图所示。

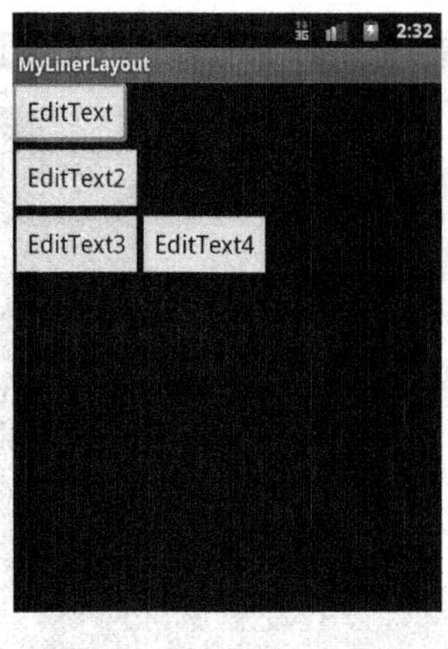

4.3 框架布局

框架布局（Frame Layout）采用层层堆栈的方式布置并呈现 UI 控件。呈现的先后顺序是越晚附加的控件将覆盖越早的控件，即呈现在画面的最上层。下面为典型的框架布局的描述文件内容：

```
<?xml version="1.0" encoding="utf-8"?>
<FrameLayout xmlns:android="http://schemas.android.com/apk/res/android"
    android:layout_width="fill_parent"
    android:layout_height="fill_parent">
 <ImageView android:src="@drawable/bg"
            android:layout_width="wrap_content"
            android:layout_height="wrap_content"></ImageView>
 <EditText android:id="@+id/editText"
           android:layout_width="wrap_content"
           android:layout_height="wrap_content"
           android:text="EditText"></EditText>
</FrameLayout>
```

这里我们设置 Activity 使用 FrameLayout 布局，同时在 Activity 上添加 ImageView 和 EditText 两个 UI 控件。ImageView 控件是一种呈现图片的控件。为了能在不同分辨率的手机装置上正确地显示图片文件，程序员必须将适当的图片文件放在对应的 drawable 目录中。android:src 属性用来声明图文件的文件名，如上即为 bg。要注意的是，图片文件的文件名只能由字母 a ~ z 以及数字 0 ~ 9 组成。该示例的执行结果如下图所示。

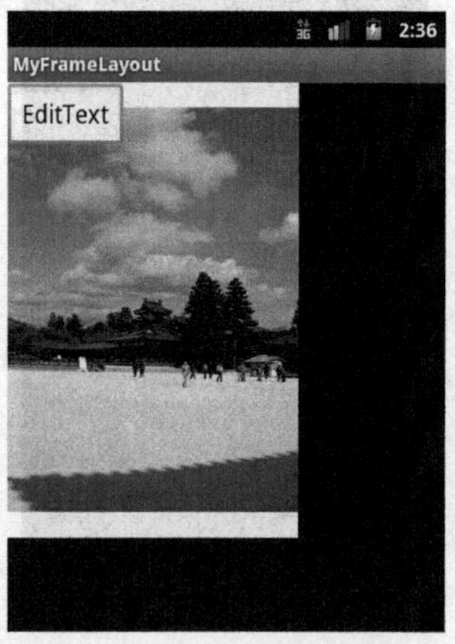

4.4 表格布局

表格布局（Table Layout）的运行概念和 HTML 文件中的 table 标签以及 tr 标签类似。通过使用 TableLayout 和 TableRow 标签进行排列整齐的布局，如下所示：

```
<?xml version="1.0" encoding="utf-8"?>
<TableLayout xmlns:android="http://schemas.android.com/apk/res/android"
 android:layout_width="fill_parent"
 android:layout_height="fill_parent">
 <TableRow>
  <EditText android:id="@+id/editText1"
           android:layout_width="wrap_content"
           android:layout_height="wrap_content"
           android:text="EditText1"></EditText>
  <EditText android:id="@+id/editText2"
           android:layout_width="wrap_content"
           android:layout_height="wrap_content"
           android:text="EditText2"></EditText>
 </TableRow>
 <TableRow>
  <EditText android:id="@+id/editText3"
           android:layout_width="wrap_content"
           android:layout_height="wrap_content"
           android:text="EditText3"></EditText>
  <EditText android:id="@+id/editText4"
           android:layout_width="wrap_content"
           android:layout_height="wrap_content"
           android:text="EditText4"></EditText>
 </TableRow>
</TableLayout>
```

如上所述，在设置使用 TableLayout 的 Activity 中添加两行，在每行中再各自附加两个 EditText 控件，形成两列两行，参见如下图所示执行结果。

读者可以尝试在 EditText 控件中输入文字，可以发现不同列的控件也会随着输入文字的多少而自动调整宽度。

在 TableLayout 中有一个经常被使用的属性，称为 android:collapseColumns，它用于隐藏指定索引值的“列”。例如在上面的示例中，如果设置 collapseColumns 为 0，第一列的 UI 控件将被隐藏。要注意的是，列数索引值从 0 开始。

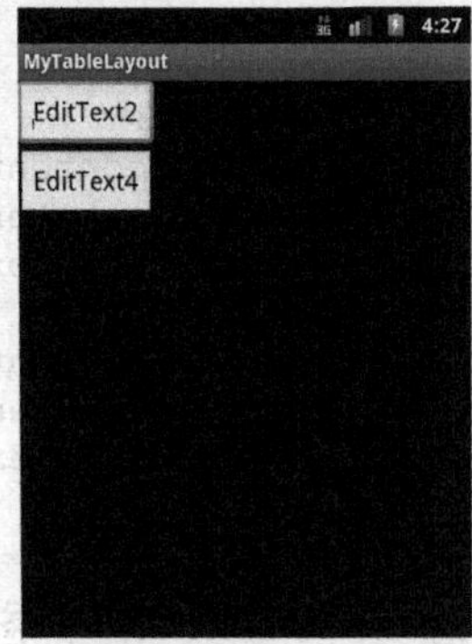

同理，如果将 android:collapseColumns 设置为 1，执行结果如下图所示。

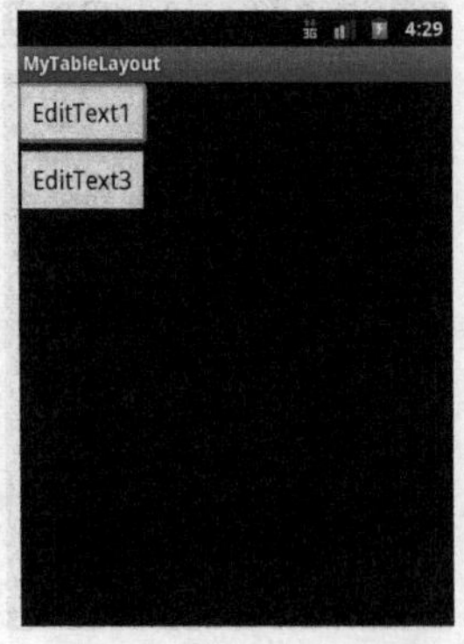

如果索引值超过列数，例如将 android:collapseColumns 设置为 2，会产生什么样的执行结果呢？由于索引值为 2 的列数并不存在，因而会显示所有的 UI 控件。同理，若索引值为负值，控件的显示也不会有任何影响。

android:collapseColumns 可以同时设置好几个索引值，每个索引值之间需以逗号隔开。

TableLayout 中还有一个常用的属性称为 android:shrinkColumns。下面是尚未设置 android:shrinkColumns 属性时的情况：

```
<?xml version="1.0" encoding="utf-8"?>
<TableLayout xmlns:android="http://schemas.android.com/apk/res/android"
 android:layout_width="fill_parent"
 android:layout_height="fill_parent">
 <TableRow>
  <EditText android:id="@+id/editText1"
           android:layout_width="wrap_content"
           android:layout_height="wrap_content"
           android:text="EditText1"></EditText>
  <EditText android:id="@+id/editText2"
           android:layout_width="wrap_content"
           android:layout_height="wrap_content"
           android:text="EditText2"></EditText>
 </TableRow>
 <EditText android:id="@+id/editText3"
          android:layout_width="match_parent"
          android:layout_height="wrap_content"
          android:text="EditText3"></EditText>
</TableLayout>
```

这里的 EditText3 并没有封装在 TableRow 中，因而并不受 TableLayout 的限制。

读者可以尝试在 EditText2 中输入文字，见下图。

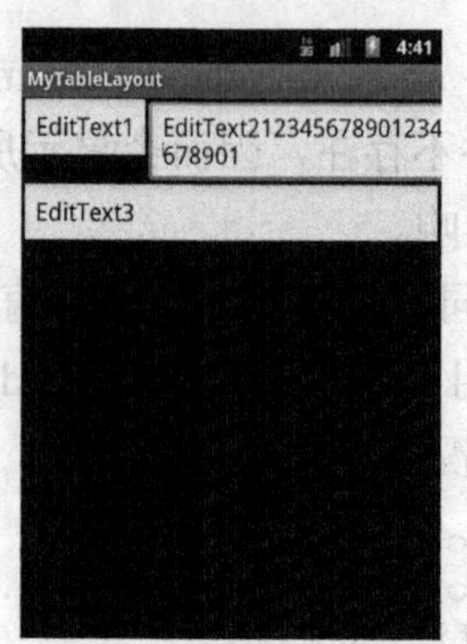

如上面所示，虽然 EditText2 也会换行，但是在自动调整宽度时会超出屏幕的可视范围。如果在布局文件中加入 android:shrinkColumns="1"，执行结果如右图所示。EditText2 在超出屏幕可视范围时就会自动换行。简单地说，shrinkColumns 的作用就是当指定索引值的“列”子控件内容过多，已经挤满所在行时，将该子控件的内容往列方向显示。

TableLayout 最后一个常用的属性称为 android:stretchColumns，其作用就是尽量让指定索引值的列填充空白部分。右图即为设置 android:stretchColumns 为 1 的执行结果。

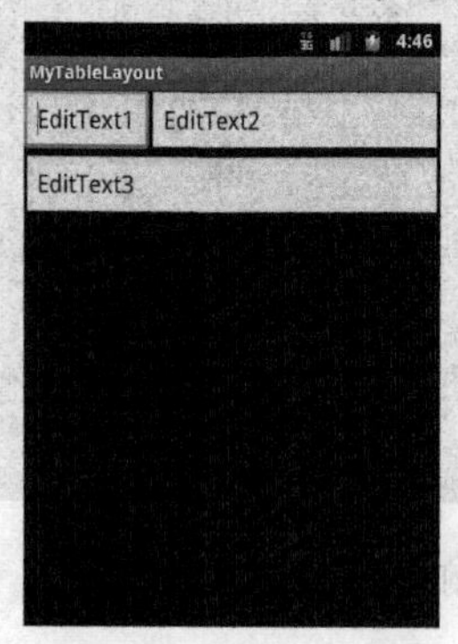

同样的道理，如果把 android:stretchColumns 设置为 0，执行结果如下图所示。

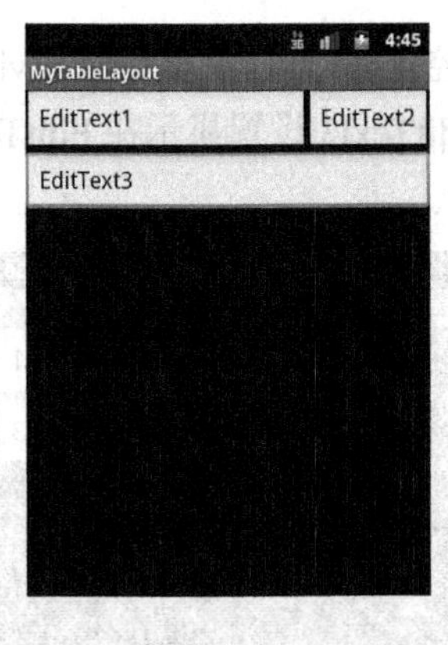

4.5 相对布局

相对布局（Relative Layout）方式是通过设置相对位置的方式进行 UI 控件的布置，其中指定相对位置的属性共有下面几种。

属性名称	属性值示例	示例说明
android:layout_below	@id/editText1	显示在 id 为 editText1 的 UI 控件的下方
android:layout_toLeftOf	@id/editText1	显示在 id 为 editText1 的 UI 控件的左边
android:layout_marginLeft	20px	离左边的 UI 控件距离 20 个像素的地方显示
android:layout_alignParentRight	true	显示在父控件的右边

```
<?xml version="1.0" encoding="utf-8"?>
<RelativeLayout xmlns:android="http://schemas.android.com/apk/res/android"
  android:layout_width="fill_parent"
  android:layout_height="fill_parent">
 <EditText android:id="@+id/editText1"
         android:layout_width="wrap_content"
         android:layout_height="wrap_content"
         android:text="EditText1"
         android:layout_alignParentRight="true"></EditText>
 <EditText android:id="@+id/editText2"
         android:layout_width="wrap_content"
         android:layout_height="wrap_content"
         android:text="EditText2"
         android:layout_toLeftOf="@id/editText1"></EditText>
 <EditText android:id="@+id/editText3"
         android:layout_width="wrap_content"
         android:layout_height="wrap_content"
         android:text="EditText3"
         android:layout_below="@id/editText1"
         android:layout_alignParentRight="true"></EditText>
</RelativeLayout>
```

如上面程序所示，EditText1 控件 将显示在整个 Activity 屏幕的右边，而 EditText2 设置显示在 EditText1 的左边。最后，EditText3 设置显示在 EditText1 的下方，同时也布置在 Activity 屏幕的右边。执行结果如右图所示。

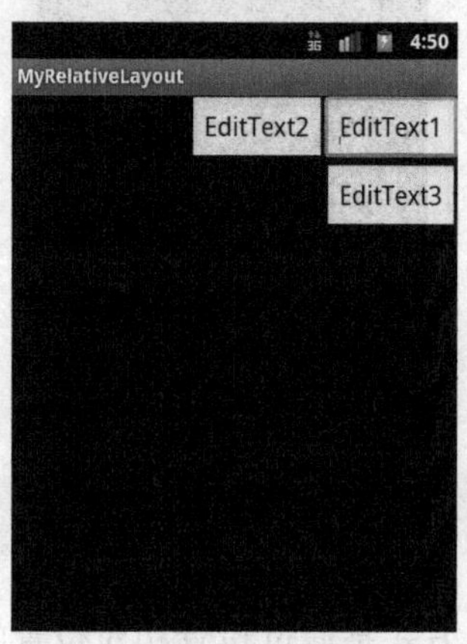

4.6 绝对布局

就“绝对”字面意思就可以知道，程序员可以直接通过指定坐标的方式进行 UI 控件的绝对布局（Absolute Layout）工作。来看一个典型的使用示例。

```
<?xml version="1.0" encoding="utf-8"?>
<AbsoluteLayout xmlns:android="http://schemas.android.com/apk/res/android"
  android:orientation="vertical"
  android:layout_width="fill_parent"
  android:layout_height="fill_parent">
  <EditText android:id="@+id/editText1"
            android:layout_width="wrap_content"
            android:layout_height="wrap_content"
            android:text="EditText1"
            android:layout_x="50px"
            android:layout_y="100px"></EditText>
</AbsoluteLayout>
```

和传统窗口程序一样，Activity 屏幕的坐标平面原点在画面的最左上角。无论手机是纵向还是横向使用，横轴即 *x* 轴，坐标值由左到右渐增；纵轴为 *y* 轴，坐标值由上到下渐增。上述示例中 EditText 控件的显示坐标设置为 *x* 轴距离原点 50 个像素，而 y 轴距离原点 100 个像素，其执行结果如右图所示。

4.7 Droid Draw 布局工具

虽然前面已经介绍过 Eclipse 内建的布局描述文件的图形化编辑工具。然而该内建工具的执行效率可能不令人十分满意，操作起来也显得拗手，接口并不太人性化。

因此，笔者特别在本节介绍一个业界常用、称为 DroidDraw 的工具。由于它是一个崁入网页中的 Java Applet 程序，因而只需要浏览该网站，就可以进行 Android 程序的页面设计工作，参见下面的网址和执行结果：

- http://www.droiddraw.org/。

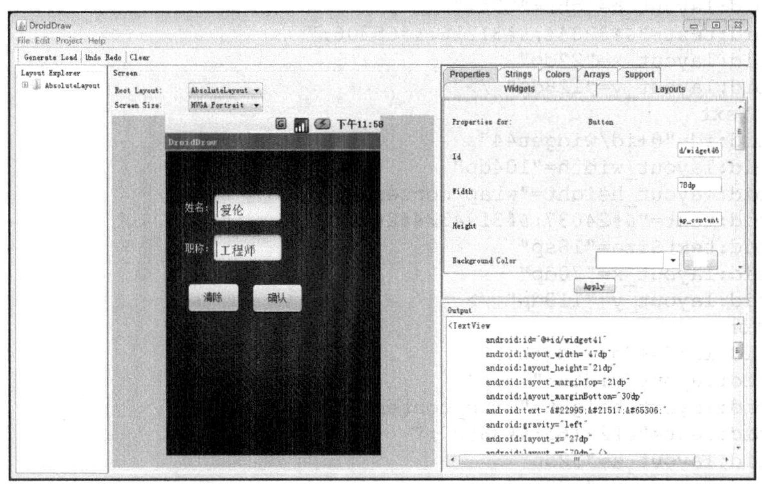

如上所示，使用者可以通过拖曳的方式将 UI 控件添加到布局中，同时也可以实时预览呈现结果。单击左上角的 Generate 按钮，还可以生成 XML 文件，方便程序员将文件加到项目中，如下所示：

```
<?xml version="1.0" encoding="utf-8"?>
<AbsoluteLayout
android:id="@+id/widget0"
android:layout_width="fill_parent"
android:layout_height="fill_parent"
xmlns:android="http://schemas.android.com/apk/res/android">
<TextView
   android:id="@+id/widget41"
   android:layout_width="47dp"
   android:layout_height="21dp"
   android:layout_marginTop="21dp"
   android:layout_marginBottom="30dp"
   android:text="&#22995;&#21517;&#65306;"
```

```
android:gravity="left"
android:layout_x="27dp"
android:layout_y="70dp" />
<EditText
android:id="@+id/widget42"
android:layout_width="102px"
android:layout_height="45px"
android:layout_marginTop="18px"
android:layout_marginBottom="64px"
android:text="&#29233;&#20262;"
android:textSize="18sp"
android:layout_x="71dp"
android:layout_y="62dp" />
<TextView
android:id="@+id/widget43"
android:layout_width="wrap_content"
android:layout_height="22px"
android:text="&#32844;&#31216;&#65306;"
android:layout_x="27dp"
android:layout_y="128dp" />
<EditText
android:id="@+id/widget44"
android:layout_width="104dp"
android:layout_height="wrap_content"
android:text="&#24037;&#31243;&#24072;"
android:textSize="18sp"
android:layout_x="70dp"
android:layout_y="119dp" />
<Button
android:id="@+id/widget45"
android:layout_width="79dp"
android:layout_height="wrap_content"
android:text="&#28165;&#38500;"
android:layout_x="32dp"
android:layout_y="189dp" />
<Button
android:id="@+id/widget46"
android:layout_width="78dp"
android:layout_height="wrap_content"
android:text="&#30830;&#35748;"
android:layout_x="127dp"
android:layout_y="190dp" />
</AbsoluteLayout>
```

要注意的是，中文部分都经过编码，例如“工”代表的字是“工”字。

4.8 UI 控件的事件处理

和传统 Java 窗口程序一样，在 Android 环境中，当用户和 UI 控件互动，例如按下按钮、选取下拉菜单时，也会引发很多事件。

什么是“事件”（event）呢？事件可以解释成由对象所产生的动作，或对象状态的改变。例如，当使用者按下确认键时，会引发“确认键被按下”的事件，然后这个事件会被传给图标对象；当图标对象接受到这个事件时，就会开始播放动画；或当使用者在下拉菜单（List）中选择一首歌时，引发了“歌曲被选择”事件，接着开始播放这首歌。

程序之所以能够提供各种各样的服务，其实就是对相关的事件进行了适当的处理。因此认识事件处理是程序员的重要工作之一。

在下面的示例 Activity 中，分别提供了一个 EditText 和一个 Button 控件，现在的要求就是希望当用户按下按钮时，执行清除 EditText 控件中的文字的工作。

```
<?xml version="1.0" encoding="utf-8"?>
<LinearLayout xmlns:android="http://schemas.android.com/apk/res/android"
 android:orientation="vertical"
 android:layout_width="fill_parent"
 android:layout_height="fill_parent">
 <EditText android:id="@+id/editText1"
          android:layout_width="200px"
          android:layout_height="50px"
          android:text=""></EditText>
 <Button android:id="@+id/button1"
         android:layout_height="wrap_content"
         android:layout_width="wrap_content"
         android:text="清除"></Button>
</LinearLayout>
```

编辑好布局文件后，如果 Eclipse 没有自动调整资源文件（即 R.java），记得先手动执行“project\clean”。这样 R.java 就会自动创建识别 UI 控件的 id。如下为 Activity 的内容：

```
package com.freejavaman;

import android.app.Activity;
import android.os.Bundle;
import android.view.View;
import android.widget.Button;
import android.widget.EditText;

public class ClearEditText extends Activity {
 Button btn = null;
 EditText txt = null;

 public void onCreate(Bundle savedInstanceState) {
   super.onCreate(savedInstanceState);
   //设置要使用的布局
   setContentView(R.layout.main);

   //根据 ID 获取按钮对象的实体
   btn = (Button)findViewById(R.id.button1);

```

```
//根据 ID 获取 EditText 对象的实体
txt = (EditText)findViewById(R.id.editText1);

//委托按钮事件
btn.setOnClickListener(new View.OnClickListener(){
 public void onClick(View v) {
  txt.setText("");
 }
});
}
}
```

程序员可以使用 findViewById（int）方法动态获取 UI 控件的对象实体。如果 R.java 的内容已被 Eclipse 适当调整过，那么当使用者输入 R.id 时，Eclipse 就会列出所有 UI 控件的识别 id，程序员只需要通过选取的方式，就可以输入 UI 控件的 id。

要注意的是，通过 findViewById（int）获取的对象实体，还必须适时地强制转换成适当的类型，如上述的 Button 或是 EditText。

继承传统 Java 窗口程序的优点，在 Android 程序设计中，事件处理也是采用十分自然且易懂的“委托”事件处理模式（delegation model）。什么是委托事件处理模式呢？举例来说，在接近中午用餐时间时，“员工”这个对象就会产生“肚子饿”事件，既然事件产生了，员工就会到餐厅吃饭，并且将煮饭的工作“委托”给餐厅的厨师代为处理，这种将产生的事件委托给别人来处理的方式，就是委托事件处理模式的实质。

委托事件处理模式有三个主角，第一个是发出事件的对象，第二个是处理事件（event handling）的对象，描述事件内容的对象将会在上面两个对象之间传递，这个对象就是第三个主角。

如示例程序所示，Button 对象就是发出事件的对象，它通过 setOnClickListener 方法，将处理“被按下”的工作委托给另一个对象，而 Button.OnClickListener 对象就是处理事件的对象。最后，View 对象就是封装和事件相关信息的对象。

看到这里，是否有似曾相识的感觉呢？是的，这种运行模式的实质和 Java AWT 事件处理完全一样。只不过原本的 addXXXListener 变成了现在的 setOnXXXListener。

要注意的是，在示例程序中创建了处理事件的对象，也就是所谓的监听器对象（listener）的实体时，使用了“匿名类”（anonymous class）的程序技巧。它允许程序员编写没有名称的类，并得以创建对象（称为匿名对象）。匿名类适用于当某一个类定义的内容并不是很长、该类对象只会被创建使用一次以及类名不是很重要的场合。

下表列出了 Android 程序中经常使用的监听器。

监听器类	事件名称	事件说明
View.OnClickListener	单击事件	单击某一个控件，或箭头键被按下时。事件处理方法为 onClick
View.OnFocusChangeListener	焦点事件	控件得到或失去焦点时。事件处理方法为 onFocusChange

续表

监听器类	事件名称	事件说明
View.OnKeyListener	按键事件	按下或释放某一个按键时。事件处理方法为 onKey
View.OnTouchListener	触摸事件	触摸屏幕时。事件处理方法为 onTouch
View.OnCreateContentMenuListener	创建快捷菜单事件	创建快捷菜单时。事件处理方法为 onCreateContextMenu

下面为本节示例的执行结果输出。

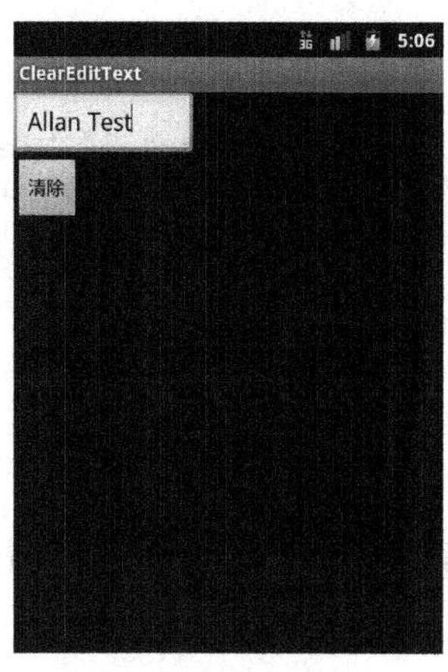

另外，一个 UI 控件可能同时引发不同的事件，例如按下按钮时，会同时引发 OnClick 和 OnTouch 事件，那么 Android 程序是否会正常处理呢？我们来看个例子，下面将 Button 对象的 OnTouch 事件委托给 OnTouchListener 监听器对象：

```
package com.freejavaman;

import android.app.Activity;
import android.os.Bundle;
import android.util.Log;
import android.view.MotionEvent;
import android.view.View;
import android.widget.Button;
import android.widget.EditText;

public class ClearEditText extends Activity {
 Button btn = null;
 EditText txt = null;
 EditText txt2 = null;

 public void onCreate(Bundle savedInstanceState) {
   super.onCreate(savedInstanceState);
   //设置要使用的布局
   setContentView(R.layout.main);

   //根据 ID 获取按钮对象的实体
```

```
   btn = (Button)findViewById(R.id.button1);

   //根据 ID 获取 EditText 对象的实体
   txt = (EditText)findViewById(R.id.editText1);

   //委托按钮事件
   btn.setOnClickListener(new View.OnClickListener(){
    public void onClick(View v) {
     txt.setText("Click Event");
     Log.d("ClearEditText", "Click Event");
    }
   });

   btn.setOnTouchListener(new View.OnTouchListener() {
    public boolean onTouch(View arg0, MotionEvent arg1) {
     txt.setText("Touch Event");
     Log.d("ClearEditText", "Touch Event");
     return false;
    }
   });
 }
}
```

为了观察执行结果，使用 Log 对象将信息适时写到 log 中。如下所示即为在 LogCat 中观察到的执行结果：

```
Touch Event
Click Event
```

由该执行结果可以发现，原来两种事件都会被处理，其中由于 OnTouch 事件的优先权高于 OnClick 事件，所以 onTouch 成员函数会先于 onClick 执行。事件的优先级和底层事件的广播机制息息相关，有兴趣的读者可以参考官网的介绍。

假如程序员不想让事件继续被广播下去，也就是不执行优先权较低的事件，例如 onClick 时，只需将 onTouch 成员函数的返回值设置为 true，则将只执行 onTouch 的功能，而不再执行 onClick 的程序逻辑。

Chapter 5

常用 UI 控件

为提供用户友好的操作接口，Android 默认了比传统 Java 窗口程序更多的控件。本章将对常用的 UI 控件做一完整的介绍。

5.1 浅谈 UI 控件

Android 的所有 UI 控件都是 View 或 ViewGroup 的子类，所有 View 类的子类统称为“Widget”，而 ViewGroup 类的子类则称为“Layout”。Widget 和 Layout 之间的关系，和传统 Java 窗口环境的 Component 和 Container 关系一样。

ViewGroup 控件是由多个 View 组成的，在共同运行的情况下提供给用户各种功能。此外，ViewGroup 具有容器的特性，也就是可以在该对象上放置其他控件，例如我们可以在 ViewGroup 对象上添加 View 对象或其他 ViewGroup 对象，而一般的 View 对象不能添加任何对象，如下图所示（取材自 http://developer.android.com）。

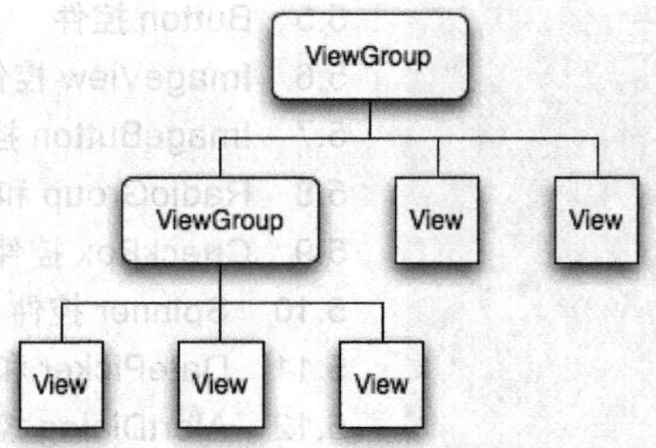

从生活实例来说，我们吃饭时用到的锅、碗、盘就是一种容器，而饭、菜等这些东西是添加在上面的控件，也就是说，吃饭时可以在碗里盛饭和菜，或在碗的上面再放个碗。但反过来说，不能在饭上再放碗。

沿袭 Java 语言的使用习惯，Andoird SDK 同样提供了 JavaDoc 文件，详述所有类之间的关系，读者可以参考下面的网址：

■ http://developer.android.com/reference/classes.html。

在读者安装的 SDK 目录中也可以找到 JavaDoc 文档，其存储位置是 SDK 安装目录“\android-sdk\docs\reference\packages.html”。

在介绍每一个 UI 控件时，都可以参考上面的 JavaDoc 文档，检查类之间的关系和它们提供的方法。

需要提醒读者的是，Android UI 控件之间没有像 Java AWT 一样的继承概念，它们全都是 View 的子类，拥有平等的地位。为了方便读者理解，我们将按照功能相近的顺序介绍控件，例如，radio button 的下一节为 check box，而 AlertDialog 的下一节即是 DatePickerDialog 和 TimePickerDialog 控件。

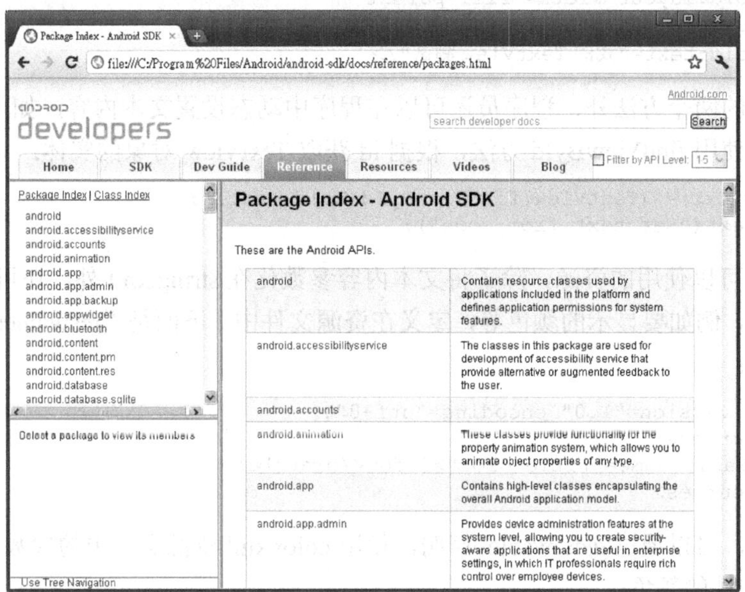

5.2 TextView 控件

TextView 是一个可以显示文本的控件，在窗口程序中常用于显示域名等。TextView 被封装在 android.widget 包中，且继承了 android.view.View 类。下面是 TextView 在布局文件中的声明内容：

```
<TextView
 android:layout_width="fill_parent"
 android:layout_height="wrap_content"
 android:text="@string/myString"/>
```

其中的 android:text 属性说明要显示的文本内容，@string 指示说明该内容定义在“res\values\string.xml”资源文件的参数-myString 中。string.xml 的内容如下：

```
<?xml version="1.0" encoding="utf-8"?>
<resources>
 <string name="myString">TextView 测试</string>
 <string name="app_name">UI_TextView</string>
</resources>
```

TextView 显示的文本内容，除了可以被参数化在 string.xml 中之外，还可以直接嵌在(hard

code）布局文件中：

```
<TextView
android:layout_width="fill_parent"
android:layout_height="wrap_content"
android:text="我的 TextView 测试"/>
```

除了上面的两个方法外，程序员还可以在程序中动态设置文本内容，如下面的 Activity 程序段所示，使用 findViewById 方法，根据 id 获取 TextView 对象的实体：

```
TextView txt = (TextView)findViewById(R.id.text1);
txt.setText("Set text from code");
```

TextView 可以使用的资源，除了将文本内容参数化在 string.xml 外，还可以将一些和呈现相关的信息，例如要显示的颜色等，定义在资源文件中。下面是“res\values\color.xml”资源文件的内容：

```
<?xml version="1.0" encoding="utf-8"?>
<resources>
 <drawable name="titleColor">#7f00</drawable>
</resources>
```

在布局时，可以通过@drawable 声明，使用 color.xml 资源文件中的参数 titleColor 来设置 TextView 控件的颜色：

```
<TextView
android:id="@+id/text1"
android:layout_width="fill_parent"
android:layout_height="wrap_content"
android:textColor="@drawable/titleColor"
android:text="@string/myString"/>
```

当然也可以直接在程序中设置控件的颜色：

```
TextView txt = (TextView)this.findViewById(R.id.text1);
txt.setTextColor(0x770000ff);
txt.setTextColor(color.black);
```

最后，文本的“风格样式”可被视为一种资源，定义在“res\values\style.xml”资源文件中，下面为典型的 style 文件的内容：

```
<?xml version="1.0" encoding="utf-8"?>
<resources>
 <style name="myStyle">
  <item name="android:textColor">#ffffff</item>
  <item name="android:textSize">20px</item>
 </style>
</resources>
```

在布局时，可以指定 TextView 控件使用该“风格资源”：

```
<TextView
 style="@style/myStyle"
 android:layout_width="fill_parent"
 android:layout_height="wrap_content"
 android:text="@string/myString"/>
```

在进行 TextView 布局时，还有一个非常有用的属性——android:autoLink，其属性值可以是 phone、web 或 email。当 TextView 的文本内容为电话号码，且 autoLink 的属性值设置为 phone 时，一旦用户从手机屏幕选择该 TextView 控件文本，就会自动启动电话拨打程序，准备拨打电话。

同理，当 TextView 的文本内容为一个网址，且 autoLink 设置为 web 时，则会启动默认的浏览器，并连接到指定的网站。当文本内容为电子邮件地址，且 autoLink 设置为 email 时，则会启动邮件编译软件，准备发送电子邮件。

5.3 EditText 控件

在前几节已经介绍过 EditText，它是一个继承自 TextView 的控件，不同于 TextView 的在于，它允许用户输入文本内容。它在窗口程序的应用中扮演输入字段的角色。下面是针对 EditText 的布局内容：

```
<EditText
 android:id="@+id/editText1"
 android:layout_width="fill_parent"
 android:layout_height="wrap_content"
 android:text=""/>
```

其执行结果如右图所示。

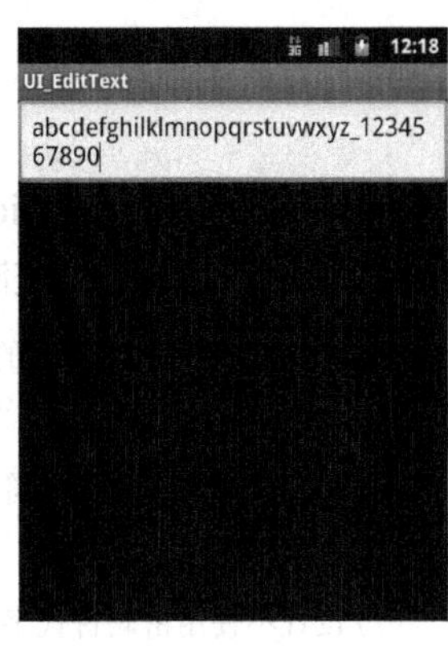

由于没有其他额外属性的限制，EditText 的大小将随着输入文本的多少自动调整字段高度。这时，如果只允许 EditText 显示一行文本高度，可以使用属性 android:lines="1" 来进行设置。

EditText 控件最重要的属性是 android:inputType，它根据属性值的不同而允许输入不同的文本内容。举例来说，当设置 android:inputType="text"时，使用者可以输入所有的文本内容；当设置为 number 时，只允许输入数值数据；当设置为 phone 时，允许用户输入电话号码，这时，手机的软键盘也将呈现输入电话号码的风格。

如果将 android:inputType 设置为 textPassword，表示输入的文本内容是密码。这时，EditText 会使用密码替代字符显示用户输入的内容，避免其他人看到密码。

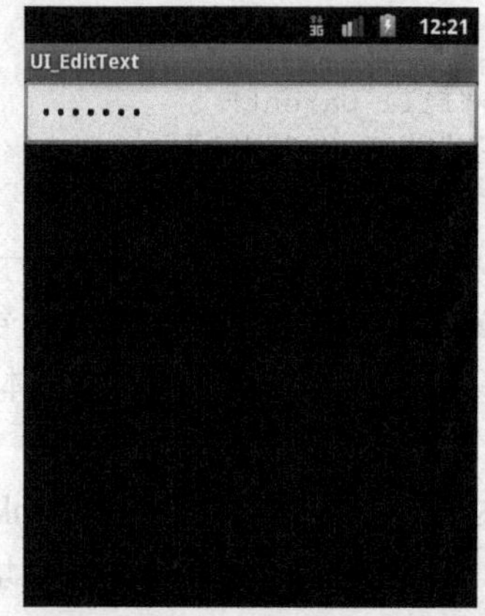

使用 android:hint 属性可以设置还没开始输入数据时，EditText 中要显示的文字提示内容。

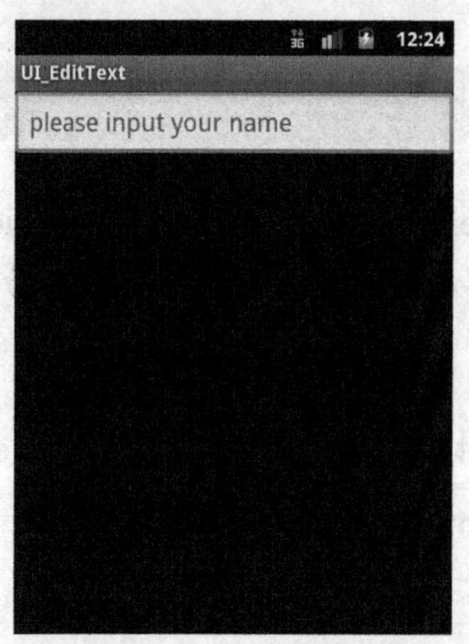

虽然可以通过 android:inputType="textPassword"的设置隐藏密码的输入，但程序员仍然可以在程序中，用代码控制是否要使用密码替代字符。

```
//获取 EditText 控件的对象实体
EditText edit = (EditText)this.findViewById(R.id.editText1);

//设置使用密码替代字符
edit.setTransformationMethod(PasswordTransformationMethod.getInstance());

//设置不使用密码替代字符
edit.setTransformationMethod(HideReturnsTransformationMethod.getInstance());
```

与 TextView 一样，EditText 也可以将资源定义在资源文件中，以便日后以参数化的方式进行设置，其中 android:textColor 设置输入的文字颜色，android:background 设置 EditText 的文字背景色。参考下面的示例：

```
<EditText android:layout_width="fill_parent"
          android:layout_height="wrap_content"
          android:textColor="#ffffff"
          android:background="@null"/>
<EditText android:layout_width="fill_parent"
          android:layout_height="wrap_content"
          android:background="#ff0000"/>
<EditText android:layout_width="fill_parent"
          android:layout_height="wrap_content"
          android:background="#00ff00"/>
```

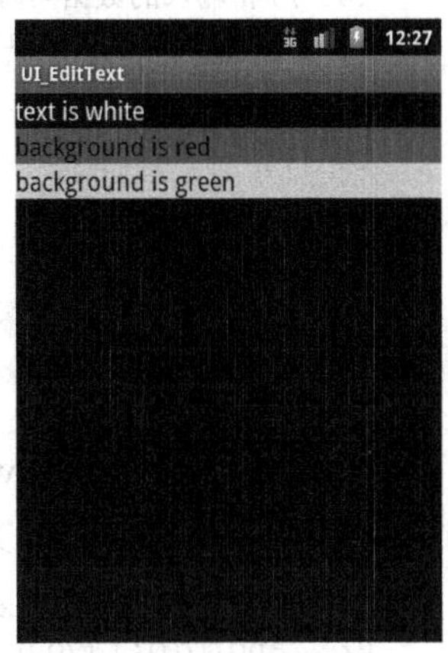

EditText 一般会和其他控件配合使用，例如当使用者选择“确认按钮”时，才实时从 EditText 控件中取出所输入的文本：

```
EditText edit = (EditText)this.findViewById(R.id.edit1);
Editable editAble = edit.getText();
```

由上可知，使用 EditText 控件的 getText 方法获取所输入的数据。但要注意的是，getText 返回的变量类型并不是 String，而是一个实现 Editable 接口的类。Editable 对象提供了很多成员函数，可以对字符串进行不同的处理，读者可以先将 Editable 对象当成是一种 StringBuffer 对象。

对于 EditText 对象来说，上面的这种运行模式是被动地提供数据，在某些情况下，我们希望当用户输入数据时，可以马上进行对应的处理工作。这时就可以使用 setOnKeyListener，将“输入数据的事件”委托给 OnKeyListener 监听器对象。参见如下的程序段，当用户从 EditText 输入数据时，数据内容会同时设置在 TextView 控件中：

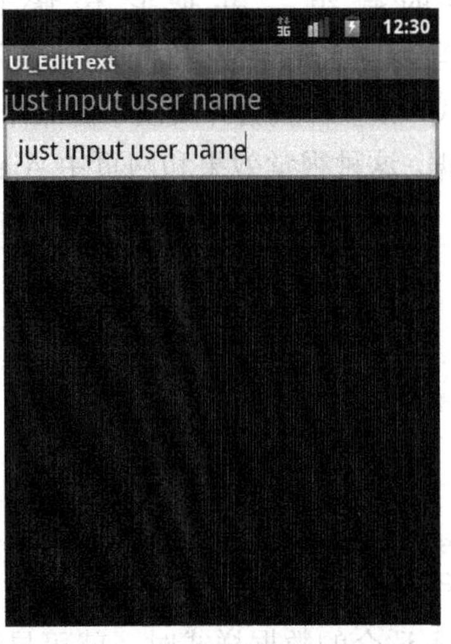

```
//获取 TextView 对象实体
txt = (TextView)this.findViewById(R.id.txt1);

//获取 EditText 对象实体
edit = (EditText)this.findViewById(R.id.edit1);

//执行委托事件处理的工作
edit.setOnKeyListener(new View.OnKeyListener() {
public boolean onKey(View view, int arg1, KeyEvent arg2) {
 //将输入的数据同时显示在 TextView 中
 txt.setText(edit.getText());
 return false;
}
});
```

5.4 AutoCompleteTextView 控件

AutoCompleteTextView 继承自 EditText，因而该控件也提供给用户输入文本、数字数据的接口。以下为它在布局文件中的声明方式：

```
<AutoCompleteTextView
  android:layout_width="fill_parent"
  android:layout_height="wrap_content"
  android:text=""/>
```

其执行结果如图所示，和 EditText 基本相同。

所谓的自动完成（Autocomplete）的意义在于我们可以自定义一个类似模板文件的数组，并把它传送给 AutoCompleteTextView 控件。当用户在输入数据时，如果输入的文本、数字符合模板中的样式，该控件就会弹跳出下拉菜单，让使用者以选择的方式输入数据。这种视觉效果和网页中 Ajax 的效果是一样的。下面就是在 AutoCompleteTextView 控件中设置模板数据的代码：

```
//创建模板数据
String[] sampleFile = {"d", "do", "do-r", "do-ra", "do-ra-m", "do-ra-mi"};
ArrayAdapter<String> adapter = new ArrayAdapter<String>(this,
                    android.R.layout.simple_dropdown_item_1line,
                        sampleFile);


//在 AutoCompleteTextView 中设置模板数据
actView.setAdapter(adapter);
```

执行结果说明了当用户输入适合的数据样式时，就可显示模板选项，如右图所示。

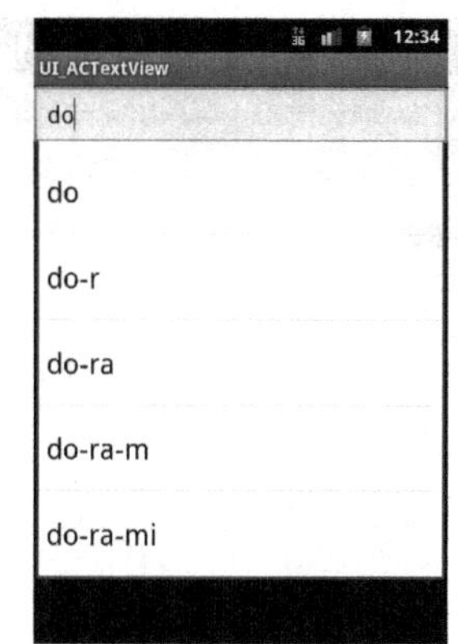

5.5 Button 控件

Button 就是按钮控件。在一般的窗口程序中扮演着举足轻重的角色，无论是跳到下一个页面、提交窗口，还是执行确认动作，几乎都以 Button 作为驱动。同样地，Button 也继承自 android.widget.TextView。

```
<TextView android:id="@+id/txt1"
 android:layout_width="fill_parent"
 android:layout_height="wrap_content"
 android:text="please press button"/>
<Button android:text="确认发送"
        android:id="@+id/button1"
        android:layout_width="wrap_content"
        android:layout_height="wrap_content"/>
```

上面提供了 TextView 和 Button 控件，下面则是在 Activity 程序的 onCreate 方法中，将 Button 的“按下按钮事件”委托给 OnClickListener 监听器对象：

```
//获取 Button 对象的实体
btn = (Button)findViewById(R.id.button1);

//获取 TextView 对象的实体
txt = (TextView)findViewById(R.id.txt1);

//委托 OnClick 事件
btn.setOnClickListener(new View.OnClickListener() {
 //发生 OnClick 事件时对应的处理方法
 public void onClick(View arg0) {
  txt.setText("已经发送");
 }
});
```

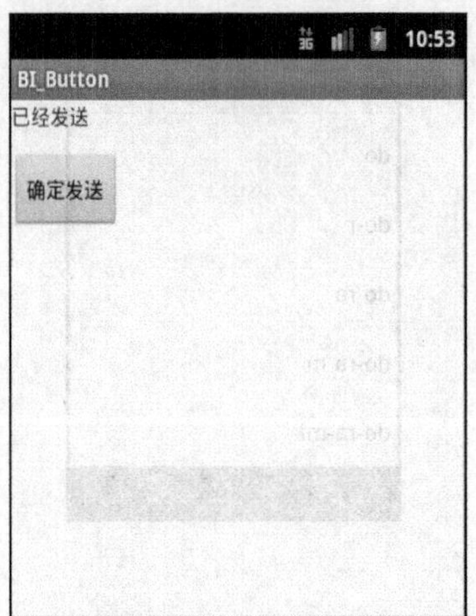

5.6 ImageView 控件

ImageView 是一个继承自 android.view.View 的 UI 控件，程序员可以使用该控件在屏幕上显示图片。下面就是布局文件中的声明：

```
<ImageView
android:layout_width="wrap_content"
android:layout_height="wrap_content"
android:src="@drawable/bg"/>
```

Android 平台将使用@drawable 声明，根据屏幕分辨率，到合适的 drawable 目录中找到文件名为 bg 的图片。要注意的是，如果图片是动画 GIF 文件，ImageView 只会显示 GIF 图片文件的第一帧。执行结果如右图所示。

除了在布局文件中设置 ImageView 的图片资源外，程序员也可以在程序中进行设置的工作。下面是第一种设置图片资源的方法：

```
//获取 ImageView 对象实体
ImageView img = (ImageView)this.findViewById(R.id.img1);

//设置图片资源
img.setImageResource(R.drawable.bg);
```

第二种方法和第一种方法类似，同样都是先取得图片资源，再传送给 ImageView 控件：

```
//获取 ImageView 对象实体
ImageView img = (ImageView)this.findViewById(R.id.img1);
```

```
//设置图片资源
img.setImageDrawable(this.getResources().getDrawable(R.drawable.bg));
```

第三种方法比较复杂，程序员必须先将图片的内容从文件中抓取到 Bitmap 对象，再将 Bitmap 对象当成参数设置到 ImageView 对象中：

```
//获取 ImageView 对象实体
ImageView img = (ImageView)this.findViewById(R.id.img1);

//取得图片文件，并转换为 Bitmap 对象
Bitmap bitmap = BitmapFactory.decodeFile("/sdcard/bg.jpg");

//将 Bitmap 对象传送给 ImageView 对象
img.setImageBitmap(bitmap);
```

5.7 ImageButton 控件

ImageButton 虽然继承自 android.widget.ImageView 类，但是它除了用来显示图片文件内容外，还具有“按钮”的作用。下面是在布局文件中的声明：

```
<TextView android:id="@+id/txt1"
 android:layout_width="fill_parent"
 android:layout_height="wrap_content"
 android:text="please press button"/>
<ImageButton android:id="@+id/button1"
             android:layout_width="wrap_content"
             android:layout_height="wrap_content"
             android:src="@drawable/icon"/>
```

与 Button 控件不同的地方在于，ImageButton 使用 android:src 属性设置要在按钮上显示的图片资源。在下面的 Activity 程序段中，同样使用 findViewById 方法获取 TextView 和 ImageButton 对象的实体，并将 ImageButton 的 OnClick 事件委托给 OnClickListener 监听器对象：

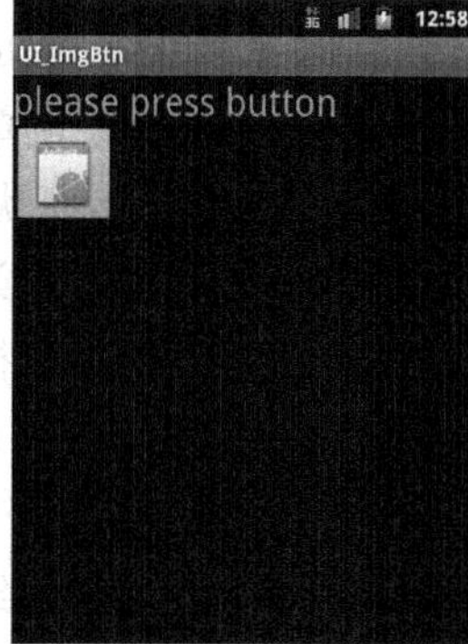


```
//获取 ImageButton 对象实体
btn = (ImageButton)findViewById(R.id.button1);

//获取 textView 对象实体
txt = (TextView)findViewById(R.id.txt1);

//委托 OnClick 事件
btn.setOnClickListener(new View.OnClickListener() {
public void onClick(View arg0) {
 txt.setText("Please press button");
 }
});
```

5.8 RadioGroup 和 RadioButton 控件

Android 提供了单选按钮的功能，要实现该功能，需要 RadioGroup 和 RadioButton 的相互配合。

首先是 RadioGroup，它继承了 android.widget.LinearLayout，而 LinearLayout 则是继承了 android.view.ViewGroup 类，正如前面所介绍的，继承 ViewGroup 的类都具有容器的特性，这指的是可以在 RadioGroup 上放置其他控件，即 RadioButton。

RadioButton 继承了 android.widget.CompoundButton，而 CompoundButton 继承自 android.widget.Button，因此 RadioButton 就是一般的 Widget 控件。

下面是典型的在布局文件中，对 RadioGroup 和 RadioButton 的声明：

```
<RadioGroup
    android:id="@+id/group1"
    android:layout_width="fill_parent"
    android:layout_height="wrap_content"
    android:orientation="vertical"
    android:checkedButton="@+id/btn1">
  <RadioButton android:id="@+id/btn1"
    android:text="向左走"
    android:layout_width="wrap_content"
    android:layout_height="wrap_content"/>
  <RadioButton android:id="@+id/btn2"
    android:text="向右走"
    android:layout_width="wrap_content"
    android:layout_height="wrap_content"/>
</RadioGroup>
```

上面的程序段说明了 RadioGroup 标签包含了两个 RadioButton 标签，形成了所谓的“群组”。RadioGroup 的 android:orientation 说明单选按钮的排列方式为纵向排列，属性 android:checkedButton 默认了选取的选项内容，RadioButton 的 android:text 属性标示单选按钮所要显示的文字内容。

右图为该示例的执行结果。

如何得知用户选取的选项是什么呢？程序员可将 RadioGroup 控件的“选取改变事件”，也就是将 OnCheckedChange 委托给 OnCheckedChangeListener 监听器对象，一旦用户变更选项而引发事件时，就可以从对应的参数得知选项是什么了。

```
//获取相关对象的实体
```

```
txt1 = (TextView)findViewById(R.id.txt1);
group1 = (RadioGroup)findViewById(R.id.group1);
btn1 = (RadioButton)findViewById(R.id.btn1);
btn2 = (RadioButton)findViewById(R.id.btn2);

//委托 OnCheckedChange 事件
group1.setOnCheckedChangeListener(new OnCheckedChangeListener() {
 public void onCheckedChanged(RadioGroup group, int checkedId) {
  if (checkedId == btn1.getId()) {
   txt1.setText("你选择按钮一");
  } else if (checkedId == btn2.getId()) {
   txt1.setText("你选择按钮二");
  }
 }
});
```

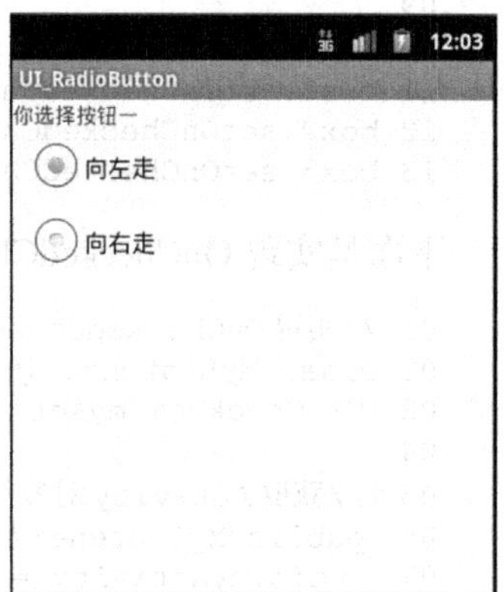

如上所示，当使用者选择单选按钮时，Android 平台就会回复监听器对象的 onCheckedChanged 方法，同时传入引发事件的 RadioGroup 对象实体，以及已引发事件 RadioButton 的 ID。经过上述简单的对比逻辑后，就可以得知选取的选项是什么了。执行结果如图所示。

可以使用下面的代码设置单选选项：

```
//设置选择按钮二
btn2.setChecked(true);
```

5.9 CheckBox 控件

除了单选按钮外，Android 还提供了多选按钮控件。CheckBox 继承了 android.widget.CompoundButton，而 CompoundButton 继承了 android.widget.Button。下面为布局中 CheckBox 的声明方式：

```
<CheckBox
 android:id="@+id/box1"
 android:text="Android 技术"
 android:layout_width="wrap_content"
 android:layout_height="wrap_content"
 android:checked="true" />
```

因为 android:checked 设置为 true，所以当程序启动后，该选项被设置为勾选的状态，如图所示。

同样地，要得知用户选取的选项是什么，程序员可将 CheckBox 的“选取改变事件”，也就是将 OnCheckedChange

委托给 OnCheckedChangeListener 监听器对象，参见如下的 Activity 程序段：

```
//获取相关对象的实体
txt1 = (TextView)findViewById(R.id.txt1);
box1 = (CheckBox)findViewById(R.id.box1);
box2 = (CheckBox)findViewById(R.id.box2);
box3 = (CheckBox)findViewById(R.id.box3);

//创建监听器对象，并传入 Activity 作为参考值
MyListener myListener = new MyListener(this);

//委托 OnCheckedChange 事件
box1.setOnCheckedChangeListener(myListener);
box2.setOnCheckedChangeListener(myListener);
box3.setOnCheckedChangeListener(myListener);
```

下面是实现 OnCheckedChangeListener 接口的监听器类程序内容：

```
//实现 OnCheckedChangeListener 的实体
class MyListener implements CheckBox.OnCheckedChangeListener {
 UI_CheckBox myActivity;

 //获取 Activity 对象的参考值
 public MyListener(UI_CheckBox myActivity) {
  this.myActivity = myActivity;
 }

 public void onCheckedChanged(CompoundButton cBtn, boolean isChecked) {
  String str = "具备的技能：";

  //判断哪些选项被选取
  if (myActivity.box1.isChecked())
    str += "Android ";

  if (myActivity.box2.isChecked())
    str += "云 ";

  if (myActivity.box3.isChecked())
    str += "Java ";

  //显示信息
  myActivity.txt1.setText(str);
 }
}
```

如上所示，在创建 MyListener 对象的实体时，也同时传入 Activity 对象的参考值，这样才能在程序执行时参考在 Activity 中声明的变量，例如 TextView、CheckBox。监听器对象中的 onCheckedChanged 方法，一一核查每个 CheckBox 对象的状态，判断是否被选取。如果被选取，则将适当的信息附加在字符串变量后，最后将字符串变量的内容显示在 TextView 上。执行结果如下图所示。

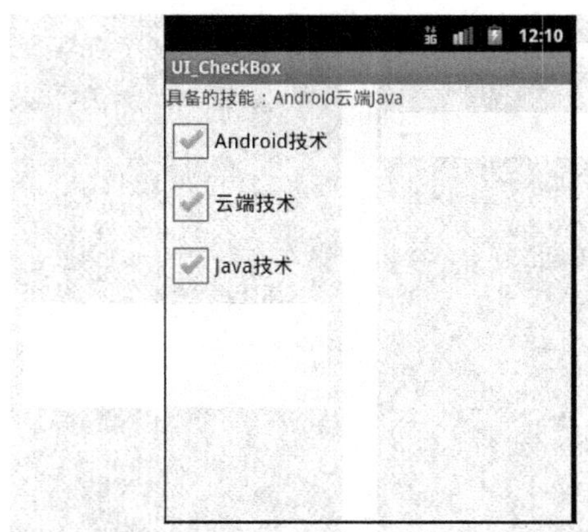

5.10 Spinner 控件

Android 窗口程序提供了下拉列表的方式，让用户从一系列选项中挑选项目，这时就需要 Spinner 控件。

Spinner 继承了 android.widget.AbsSpinner，AbsSpinner 则继承了 android.widget.AdapterView，AdapterView 继承自 android.view.ViewGroup。简单地说，Spinner 也具有容器的特性，所以能将选项内容添加到 Spinner 上。

Spinner 类似于 HTML 中的 select 下拉列表，不同点在于：使用 Spinner 时，会弹出一个包含所有选项的列表窗口，这时父画面，也就是 Activity 的所有窗口动作将被冻结，直到用户选取完毕，选项列表窗口被隐藏后才可以继续其他窗口动作。下面是 Spinner 在布局中的声明：

```
<Spinner
 android:id="@+id/spin1"
 android:layout_width="fill_parent"
 android:layout_height="wrap_content"/>
```

下面则是尝试在 Spinner 控件中加入选项：

```
//获取相关对象的实体
TextView txt1 = (TextView)findViewById(R.id.txt1);
Spinner spin1 = (Spinner)findViewById(R.id.spin1);

//设置 Spinner 的选项
ArrayAdapter<String> adapter =
   new ArrayAdapter<String>(this, android.R.layout.simple_spinner_item,
dinner);
spin1.setAdapter(adapter);
```

其中的 ArrayAdapter 已在前面介绍过，执行结果如下图所示。

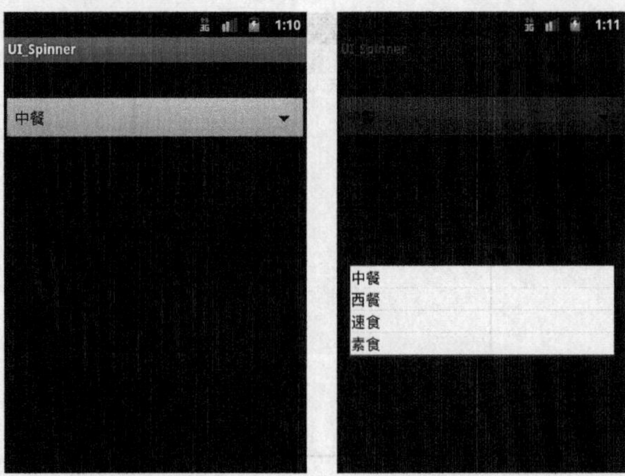

为取得用户的选项，程序员可将 Spinner 对象的“选项被选择事件”，也就是 OnItemSelected 委托给 OnItemSelectedListener 监听器对象处理：

```
//委托事件处理
spin1.setOnItemSelectedListener(new Spinner.OnItemSelectedListener(){

 //选项被选取
 public void onItemSelected(AdapterView<?> arg0, View arg1,
int arg2, long arg3) {
  txt1.setText("你选择的是:" + dinner[arg2]);
 }

 //没有选取
 public void onNothingSelected(AdapterView<?>
arg0) {
 }
});
```

实现 OnItemSelectedListener 接口的对象时，必须重写 onItemSelected 和 onNothingSelected 两个成员函数，当用户选取选项时，将回调 onItemSelected 方法进行处理。如上所示，通过 onItemSelected 的第二个参数就可以获取用户选项的索引值，进而取得用户的选项。执行结果如图所示。

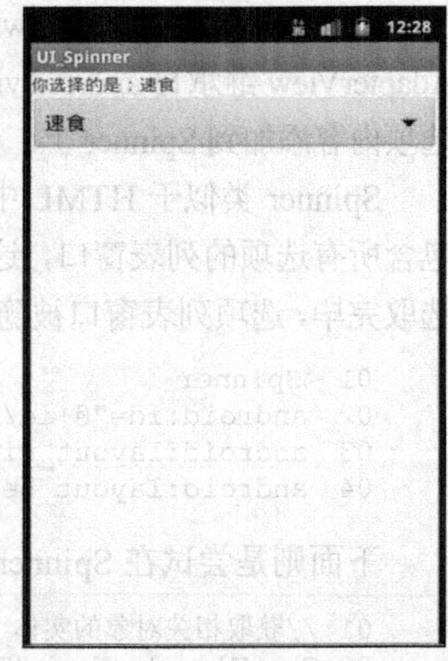

5.11 DatePicker 和 TimePicker 控件

DatePicker 和 TimePicker 都继承自 android.widget.FrameLayout，而 FrameLayout 继承了 android.view.ViewGroup，因而，这两个控件由一群 View 对象组成，共同提供功能。其中

DatePicker 提供用户选择日期的操作接口，而 TimePicker 提供使用者选择时间功能。以下为布局文件的声明内容：

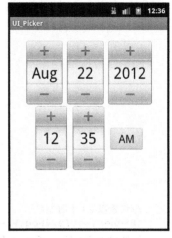

```
<DatePicker
android:id="@+id/dPicker"
android:layout_width="fill_parent"
android:layout_height="wrap_content"/>
<TimePicker
android:id="@+id/tPicker"
android:layout_width="fill_parent"
android:layout_height="wrap_content"/>
```

执行结果如右图所示。

当启动程序时，DatePicker 和 TimePicker 默认显示手机设备上的日期和时间。可以参考下面的做法设置其他的日期时间：

```
//设置日期
dPicker.updateDate(2011, 6, 8);

//设置时间
tPicker.setCurrentHour(new Integer(13));
tPicker.setCurrentMinute(new Integer(14));
```

请注意，设置的月份数字将比实际月份少一，也就是当月份设置为 6 时，实际代表的月份为 7 月。

由于 TimePicker 默认的是 12 小时制表示法，并使用 am/pm 按钮设置上午和下午，可以使用下面的代码调整为使用 24 小时制：

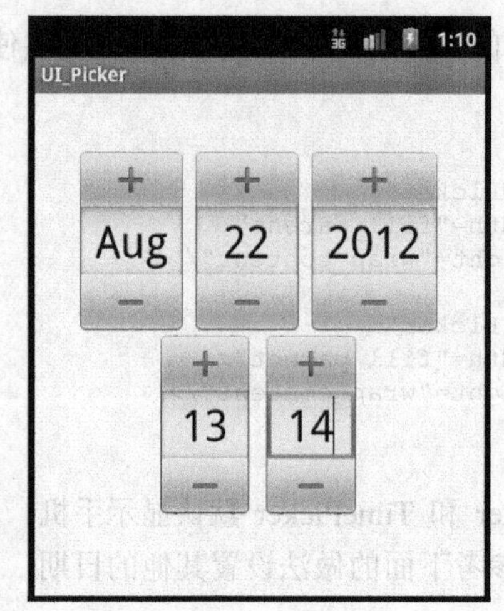


```
//设置以 24 小时制显示
tPicker.setIs24HourView(new Boolean(true));
```

在某些情况下，可能会在使用者改变日期或时间时进行相应的工作。这时，DatePicker 可以将“日期选取变更事件”，也就是 OnDateChanged 委托给 OnDateChangedListener 监听器对象。而 TimePicker 可以将“时间选取变更事件”，也就是 OnTimeChanged 委托给 OnTimeChangedListener 监听器对象。

与一般委托方法不同的是，DatePicker 并没有提供 setOnDateChangedListener 可以进行委托事件的工作，而必须使用 init 方法，在启用控件的同时，设置年、月、日并指定委托的 OnTimeChangedListener 监听器对象。参见下面的程序段：

```
//设置启动时的日期，以及委托事件处理
dPicker.init(2011, 5, 8, new DatePicker.OnDateChangedListener(){
 public void onDateChanged(DatePicker datePicker, int yyyy, int mm, int dd) {
   txt1.setText("你选择的日期：" + yyyy + "/" + (mm + 1) + "/" + dd);
 }
});
```

TimePicker 控件在委托 OnTimeChanged 事件时，和其他 Widget 一样：

```
//进行时间委托处理
tPicker.setOnTimeChangedListener(new TimePicker.OnTimeChangedListener() {
 public void onTimeChanged(TimePicker timePicker, int hh, int mn) {
  txt2.setText("你选择的时间：" + hh + ":" + mn);
 }
});
```

执行结果如右图所示。

5.12 AlertDialog 控件

很多情况下，UI 程序使用弹出式对话框来提高操作界面的友好程度，例如当使用者选择“删除”按钮时，系统就会弹出对话框，确认使用者是否真的要执行删除的动作。

提供这种对话框功能的控件就是 AlertDialog，它继承自 android.app.Dialog，是一种非常特殊的 UI 控件，使用时一般并不会在布局文件中声明，而是直接在执行过程中动态地创建对象实体。

除此之外，AlertDialog 会和父 UI 控件，也就是 Activity 形成父子窗口的关系。建立 AlertDialog 和 Activity 之间的关联后，当显示 AlertDialog 时，Activity 将冻结所有窗口动作，呈现被锁定的情况，直到关闭 AlertDialog，Activity 才会恢复所有的窗口动作。

令人惊讶的是，AlertDialog 不只提供了一种操作方式，它还提供了多种类型的用户接口，例如单选按钮接口、多选按钮接口等，以下将分别介绍它们。然而从 JavaDoc 得知，Android 并没有提供 public 的 AlertDialog 构造函数，因此，程序员无法直接使用 new 关键词创建 AlertDialog 对象实体，而必须使用一种巢状式的程序技术——AlertDialog.Builder 对象来使用 AlertDialog。

创建 AlertDialog.Builder 对象实体的程序示例如下：

```
//单击按钮显示 AlertDialog
btn1.setOnClickListener(new View.OnClickListener() {
 //单击按钮
 public void onClick(View view) {
   AlertDialog.Builder builder = new AlertDialog.Builder(UI_Dialog.this);
   builder.setTitle("原始 AlertDialog");
   builder.setMessage("没有任何修饰");
```

```
        builder.show();
    }
});
```

执行程序，单击按钮后会弹出如下对话窗口。

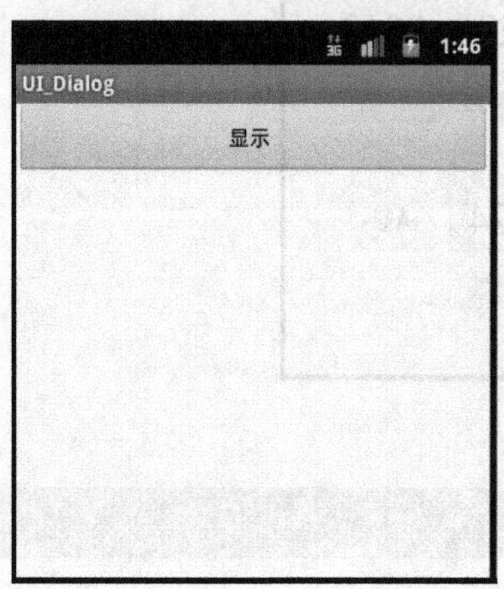

由于目前的 AlertDialog 并没有添加任何按钮，同时也没有委托任何事件，那么要怎么关闭对话框呢？很简单，只要单击硬件的返回键即可关闭对话框。

有趣的是，AlertDialog.Builder 的构造函数返回的是一个 Builder 对象，而 Builder 对象的 setTitle 会返回对象本身，setMessage 会返回 Builder 对象本身。因此上面的程序代码可以简化成如下代码：

```
new AlertDialog.Builder(UI_Dialog.this).setTitle("原始AlertDialog").setMessage
("没有任何修饰").show();
```

但是，由于缺乏可读性，笔者不建议这样的程序风格，要谨记的是，确保系统的可维护性才是一个负责任的工程师。

程序员可以调用下面 3 个成员函数来创建 AlertDialog 的 3 个按钮，并委托其单击事件给适当的监听器对象：

```
//创建左按钮
builder.setPositiveButton(String, DialogInterface.OnClickListener);

//创建中间按钮
builder.setNeutralButton(String, DialogInterface.OnClickListener);

//创建右按钮
builder.setNegativeButton(String, DialogInterface.OnClickListener);
```

如上所述，成员函数的第 1 个参数设置按钮中的文字，而第 2 个参数准备委托的监听器对象。执行结果如下页右图所示。

程序员也可以使用 setItems 成员函数，创建一个具有列表选项的对话框：

```
String[] stations = {"西直门", "大钟寺","知春路", "五道口", "上地","西二旗", "龙泽", "回龙观", "霍营", "立水桥", "北苑", "望京西","芍药居","光熙门","柳芳", "东直门"};

……

AlertDialog.Builder builder = new AlertDialog.Builder(UI_Dialog.this);
builder.setTitle("具有列表的对话框");

//创建列表选项,同时委托事件
builder.setItems(stations, new DialogInterface.OnClickListener(){
 public void onClick(DialogInterface dialog, int inx) {
  txt1.setText("您选择的是" + stations[inx]);
 }
});

builder.show();
```

如上所示，setItems 成员函数的第 1 个参数用来存储列表选项的字符串数组，第 2 个参数用来处理选项选取事件的监听器对象。当用户点击列表中的选项引发事件时，就会在 TextView 上显示选取的选项内容，如下图所示。

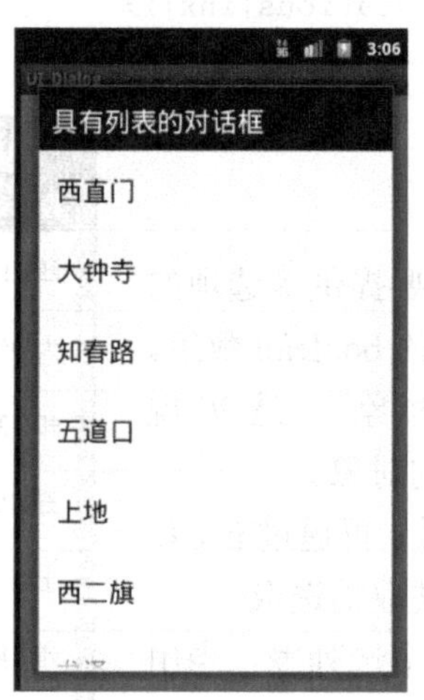

AlertDialog 还提供单选功能，调用 setSingleChoiceItems 成员函数时，传入的第 1 个参数是存储选项内容的字符串数组，第 2 个参数是默认的选项索引值，第 3 个参数是处理选项选取事件的监听器对象：

```
//显示单选列表的对话框
builder.setSingleChoiceItems(stations, 0, new DialogInterface.OnClickListener(){
 public void onClick(DialogInterface dialog, int inx) {
  txt1.setText("您选择的是" + stations[inx]);
 }
});
```

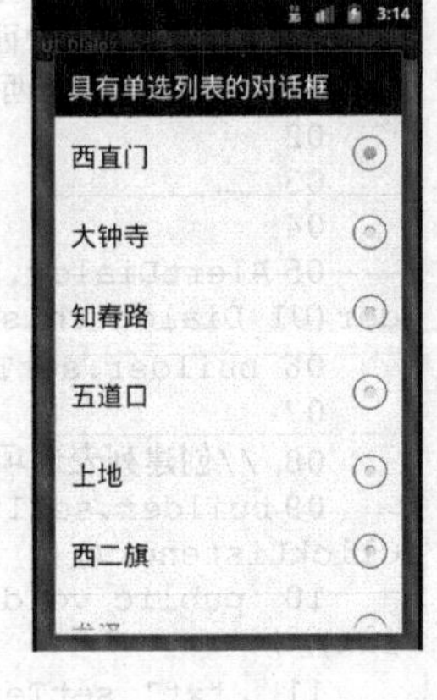

同样地，当使用者点击列表中的选项而引发事件时，就会在TextView上显示选取的选项内容，如右图所示。

使用setMultiChoiceItems可以创建一个具有多选功能的AlertDialog：

```
String[] stations = {"西直门", "大钟寺","知春路", "五道口
", "上地","西二旗", "龙泽", "回龙观", "霍营", "立水桥", "北苑", "
望京西","芍药居","光熙门","柳芳", "东直门"};
boolean[] isChk = {false,false,false,false,false,false,false,false,
false,false,false,};

......

//显示具有多选列表的对话框
builder.setMultiChoiceItems(stations, isChk,
  new DialogInterface.OnMultiChoiceClickListener(){
 public void onClick(DialogInterface dialog, int inx, boolean isChked) {
  isChk[inx] = isChked;
  Log.v("dialogTest", "do here");

  //判断选取或取消选取
  if (isChked) {
   Log.v("dialogTest", "您选择的是" + stations[inx]);
  } else {
   Log.v("dialogTest", "您取消的是" + stations[inx]);
  }
 }
});
```

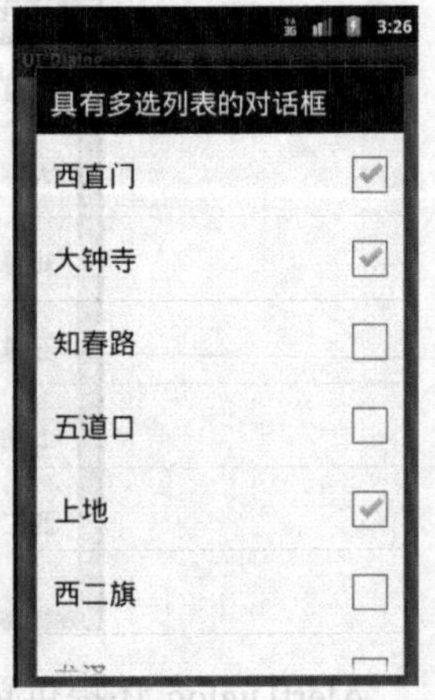

由上可知，在提供多选项时，程序员除了需要提供多选项的内容外，还需要提供一个对应每个选项选取状态的boolean数组。此外，多选项被选取时的委托监听器对象，是实现DialogInterface.OnMultiChoiceClickListener接口的对象。

当用户勾取选项时，将回调onClick成员函数，再通过inx和isChked两个变量就可以知道哪个选项被勾取或被取消选取。

需要注意的是，对于一般列表、单选列表或多选列表，当用户选取选项时，虽然已经将选取事件委托给适当的监听器，然而AlertDialog对话框并不会在选择后立即关闭，使用者还必须单击AlertDialog的三个按钮之一，才会关闭对话框。

上面的操作方式并不是很友好，为提供点击选项后立即关闭 AlertDialog 对话框的功能，程序员可以使用 AlertDialog.Builder 的 create 成员函数获取所创建的 AlertDialog 对象实体，然后调用 AlertDialog 对象的 dismiss 成员函数。通过这种间接的方式，可以在用户选取选项后关闭 AlertDialog 对话框。参见下面的程序段：

```
//声明对话框对象，准备存储对象实体的参考值
AlertDialog aDialog;

……

//单击按钮后，显示 AlertDialog
btn.setOnClickListener(new View.OnClickListener() {
 public void onClick(View view) {
  //创建 AlertDialog 对象实体
  AlertDialog.Builder builder = new AlertDialog.Builder(CEOS.this);
  builder.setTitle("测试关闭对话框");

  //获取对话框的参考值
  aDialog = builder.create();

  //添加对话框选项
  String[] yyyydd = {"201106", "201105", "201104", "201103", "201102",};

  //创建列表选项,同时委托事件
  builder.setItems(yyyydd, new DialogInterface.OnClickListener(){
    public void onClick(DialogInterface dialog, int inx) {
    //隐藏对话框
    aDialog.dismiss();
    }
  });

  //显示对话框
  builder.show();
 }
});
```

另外，setMessage 不可以和列表一起使用，否则会因为发生冲突而无法显示信息或选项。

5.13 DatePickerDialog 和 TimePickerDialog 控件

DatePickerDialog 和 TimePickerDialog 与前面所介绍的 DatePicker 和 TimePicker 一样，都为使用者提供可以选择日期和时间的 UI 控件。不同的地方在于，DatePickerDialog 和 TimePickerDialog 都继承自 android.app.AlertDialog，因此它们都以弹出式对话框的方式提供

用户操作接口。

DatePickerDialog 的构造函数如下：

```
DatePickerDialog(Context context,
                 OnDateSetListener listener,
                 int yyyy,
                 int mm,
                 int dd)
```

在创建 DatePickerDialog 对象实体时，需要传入 4 个参数，其中：Context 为父 UI 控件，也就是 Activity 对象本身。这是因为继承自 Dialog 的对象都具有父子窗口的特性，即当子窗口也就是 Dialog 显示时，父窗口即 Activity 将冻结所有窗口动作，要等到子窗口关闭后，才可以继续其他动作。

DatePickerDialog 构造函数的第 2 个参数即为处理“日期设置事件”的监听器对象，也就是实现 OnDateSetListener 接口的对象。第 3 到第 5 个参数，分别是 DatePickerDialog 显示时默认的时间。在创建 DatePickerDialog 的对象实体后，调用该对象的 show 成员函数就会显示日期选择对话框。

TimePickerDialog 的构造函数如下：

```
TimePickerDialog(Context context,
                 OnTimeSetListener listener,
                 int hh,
                 int mn,
                 boolean is24HourView)
```

同样地，TimePickerDialog 构造函数的第 1 个参数也是 Context 对象，而第 2 个参数是 OnTimeSetListener 对象，程序员可以将“时间设置事件”委托给实现该接口的对象。而第 3、4 个参数，是 TimePickerDialog 显示时默认的时间和分钟，第 5 个参数说明是否要以 24 小时制来显示时间。调用 TimePickerDialog 对象的 show 成员函数可以显示时间选择对话框。

本节示例在 Activity 中提供了两个 Button 对象，并委托 Button 的 OnClickListener 事件。一旦用户单击第一个按钮，就创建 DatePickerDialog 的对象实体，并让用户选择日期。同理，单击第二个按钮则创建 TimePickerDialog 的对象实体，并让用户选择时间。当用户选择日期和时间后，将在 TextView 上显示所选择的结果。

下面为实现第一个按钮功能的程序段：

```
//单击按钮时，显示 DatePickerDialog
btn1.setOnClickListener(new View.OnClickListener() {
//单击第一个按钮
public void onClick(View view) {
 //创建 DatePickerDialog 的对象实体
 new DatePickerDialog(UI_PickerDialog.this, new OnDateSetListener() {
```

```
    //选择日期
    public void onDateSet(DatePicker dPicker, int yyyy, int mm, int dd) {
     txt1.setText("你选择的日期: " + yyyy + "/" + (mm + 1) + "/" + dd);
    }
  }, 2011, 5, 8).show();
 }
});
```

实现第二个按钮功能的程序段：

```
//单击按钮时，显示 TimePickerDialog
btn2.setOnClickListener(new View.OnClickListener() {
 //单击第二个按钮
 public void onClick(View view) {
  //创建 TimePickerDialog 的对象实体
  new TimePickerDialog(UI_PickerDialog.this, new OnTimeSetListener() {
   //选择时间
   public void onTimeSet(TimePicker tPicker, int hh, int mn) {
     txt2.setText("你选择的时间: " + hh + ":" + mn);
   }
  }, 13, 14, true).show();
 }
});
```

执行结果如下图所示。

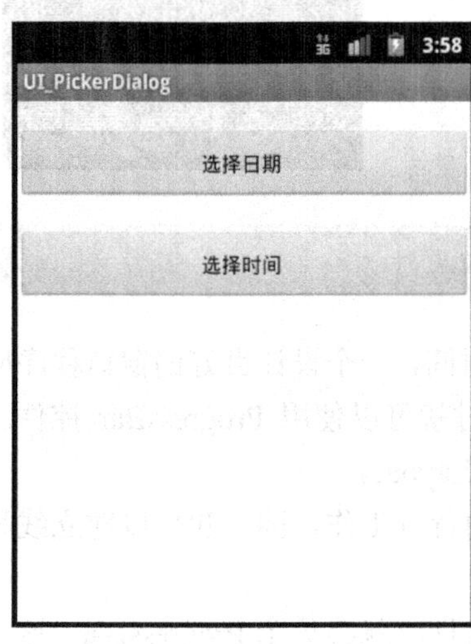

5.14 Toast 控件

Toast 的显示方式类似于对话框控件，不同的地方在于，对话框通常会冻结父窗口的动作，同时需等到使用者执行其他动作，例如单击按钮等，才会关闭 Dialog，而 Toast 只是显示一闪而过的信息，在显示信息后就会自动关闭，消失在屏幕上。

因为和对话框控件相似，因此，无须在布局文件中声明，就可以直接在程序代码中创建对象实体。如下所示为 Toast 控件的使用方法。MakeText 是一个 static 成员函数，被调用后将创建并返回 Toast 对象的实体：

```
    //获取 EditText 所输入的文字，并且显示在 Toast 控件中
    Toast.makeText(UI_Toast.this, edit.getText(),
Toast.LENGTH_LONG).show();
```

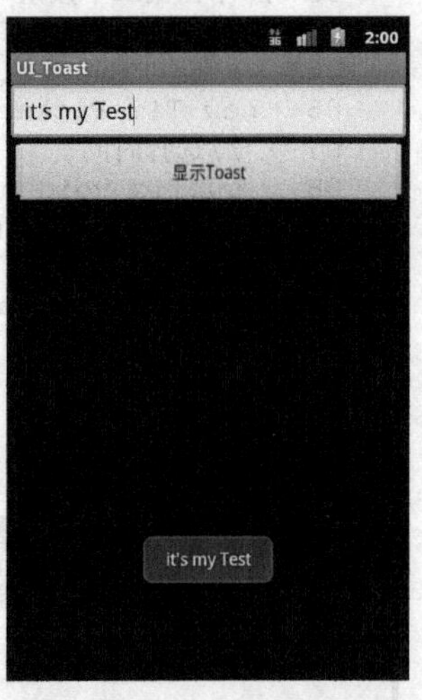

上面的第 1 个参数为 Activity 对象本身，第 2 个参数是所要显示的信息，即抓取从 EditView 所输入的文字，第 3 个参数是 Toast 显示的时间长度，有 Toast.LENGTH_LONG 和 Toast.LENGTH_SHORT 两种。

该示例执行结果如右图所示，显示 Toast 时，用户仍然可以在 EditText 对象中输入数据。

5.15 ProgressBar 控件

在程序执行过程中，假设有一段工作需要较长的运行时间，一个设计良好的窗口程序应该提供给用户一些信息，提醒用户该工作仍在执行中，这时就可以使用 ProgressBar 控件。ProgressBar 继承自 View 类，因此它只是一个 Widget 而非 Layout。

当显示 ProgressBar 时，通常都会搭配一个时间较长的背景工作，因此我们以建立线程的方式进行模拟。

在该示例中，当用户单击按钮，即模拟背景工作开始执行时就会显示 ProgressBar。这时将触发一个线程对象，建立另一条线程并且进行计数的工作，一旦计数完毕，就通知主程序，并关闭 ProgressBar。

由于线程一旦被创建，将无法碰触到原 Activity 中的控件，因而在 Activity 中必须创建一个继承自 Handler 的 Inner 类，用以接收信息。当线程完成工作后，只要将信息传送给 Handler 对象，再委托 Handler 对象进行关闭隐藏 ProgressBar 的工作即可。

本示例的布局文件的内容如下：

```
<TextView
 android:id="@+id/txt"
 android:layout_width="fill_parent"
 android:layout_height="wrap_content"
 android:text=""/>
<ProgressBar
 android:id="@+id/pBar"
 android:layout_width="wrap_content"
 android:layout_height="wrap_content"
 android:visibility="gone"/>
<Button
 android:id="@+id/btn"
 android:layout_width="fill_parent"
 android:layout_height="wrap_content"
 android:text="开始工作"/>
```

如上所述，TextView 显示工作开始和结束时的信息，ProgressBar 则显示工作执行中 Button 对象将触发背景工作。下面为 Activity 的完整程序代码：

```
package com.freejavaman;

import android.app.Activity;
import android.os.*;
import android.view.View;
import android.widget.*;

//Activity 实现 Runnable 对象，准备执行另一个 Thread
public class UI_ProgressBar extends Activity implements Runnable {

 TextView txt;
 ProgressBar pBar;
 Button btn;

 public void onCreate(Bundle savedInstanceState) {
   super.onCreate(savedInstanceState);
   setContentView(R.layout.main);

   //获取对象实体
   txt = (TextView)this.findViewById(R.id.txt);
   pBar = (ProgressBar)this.findViewById(R.id.pBar);
   btn = (Button)this.findViewById(R.id.btn);

   //委托单击按钮事件
   btn.setOnClickListener(new View.OnClickListener() {
    public void onClick(View v) {
     txt.setText("开始执行工作");

     //显示 PorgressBar
     pBar.setVisibility(View.VISIBLE);

```

```
      //创建线程,并且委托给实现 Runnable 接口的对象
      Thread myThread = new Thread(UI_ProgressBar.this);
       myThread.start();
      }
     });
   }

   //创建 handler 对象，准备接收信息
   Handler handler = new Handler(){
    public void handleMessage(Message msg) {
     super.handleMessage(msg);
     pBar.setVisibility(View.GONE);
     txt.setText("工作结束");
    }
   };

   //创建线程，模拟背景中的程序
   public void run() {
    try {
     //暂停 5 秒，模拟背景工作执行中
     Thread.sleep(10000);
    }catch (Exception e) {
    }
    handler.sendEmptyMessage(0);
   }
}
```

由执行结果可看到左上角不停旋转圆圈标志的 ProgressBar。

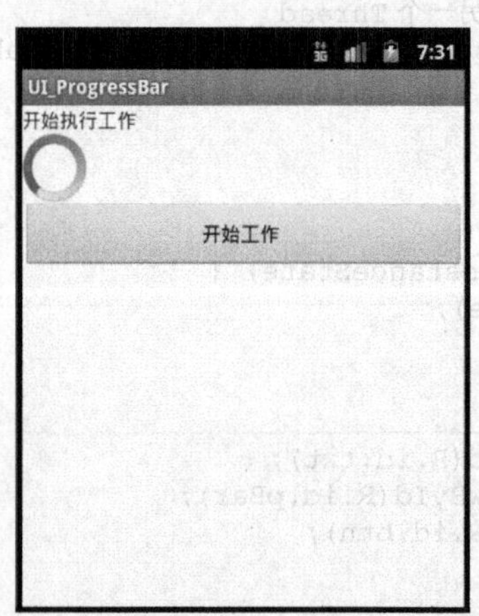

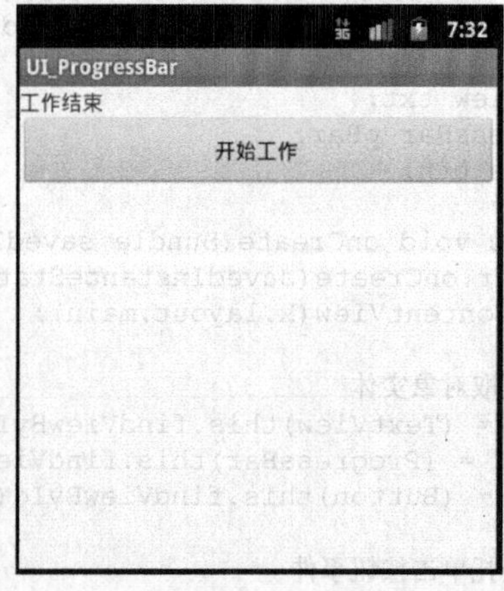

5.16 SeekBar 控件

编写多媒体窗口程序时，常常需要提供进度条控件，例如，调整音量、调整明暗度等工

作，这需要依赖 SeekBar 控件。

SeekBar 继承自 android.widget.AbsSeekBar，而 AbsSeekBar 继承了 ProgressBar。下面是 SeekBar 在布局文件中的声明：

```
<SeekBar
 android:id="@+id/seekbar"
 android:layout_width="fill_parent"
 android:layout_height="wrap_content"
 android:max="200"
 android:progress="50"/>
```

android:max 属性声明整个滚动条的最大值，而 android:progress 则是声明初始值，执行结果如右图所示。

在 Activity 程序中，可以将 SeekBar 对象的 OnSeekBar Change 事件，即使用者拖动进度条的事件，委托给实现 OnSeekBarChangeListener 接口的对象。如果进度条的内容值被改变，将回调 onProgressChanged 方法，当使用者开始拖动进度条时，将回调 onStartTrackingTouch 方法；同理，当使用者停止拖动进度条时，将回调 onStopTrackingTouch 方法。参见下面的程序段：

```
//进行委托的工作
seekbar.setOnSeekBarChangeListener(new SeekBar.OnSeekBarChangeListener() {
 public void onStartTrackingTouch(SeekBar mySeekBar) {
  txt.setText("开始拖动进度条");
 }

 public void onStopTrackingTouch(SeekBar mySeekBar) {
  txt.setText("停止拖动进度条");
 }

 public void onProgressChanged(SeekBar mySeekBar,
                              int progress,
                              boolean fromUser) {
  txt.setText("执行拖动进度条:" + progress);
 }
});
```

执行结果如右图所示。

5.17 RatingBar 控件

RatingBar 也是 Android 内建的一个有趣的 UI 控件，它提供给用户通过单击拖曳进行评级的方式。从使用上来说，它类似于 SeekBar，然而用户接口却活泼很多。

RatingBar 继承了 android.widget.AbsSeekBar，而 AbsSeekBar 继承了 ProgressBar。下面为 RatingBar 在布局文件中的声明：

```
<RatingBar
  android:id="@+id/rtbar"
  android:layout_width="wrap_content"
  android:layout_height="wrap_content"
  android:numStars="5"
  android:rating="2"
  android:isIndicator="false"
  android:stepSize="0.5"/>
```

属性 android:numStars 说明评分的总分，也就是星星的个数；android:rating 声明初始的星星数量；如果 android:isIndicator 为 false，表示使用者可以进行评分，反之，如果为 true，表示不可以进行评分；android:stepSize 说明评分的步长，必须是浮点型。执行结果如右图所示。

在 Activity 程序中，可以将 OnRatingBarChange 事件，即使用者进行评分的事件，委托给 OnRatingBarChangeListener 监听器对象，取得用户所点击的评分值。

```
//进行委托的工作
rtbar.setOnRatingBarChangeListener(new RatingBar.OnRatingBarChangeListener() {
public void onRatingChanged(RatingBar ratingBar,float rating,boolean fromUser) {
  txt.setText("分数: " + rating + "/" + ratingBar.getNumStars());
}
});
```

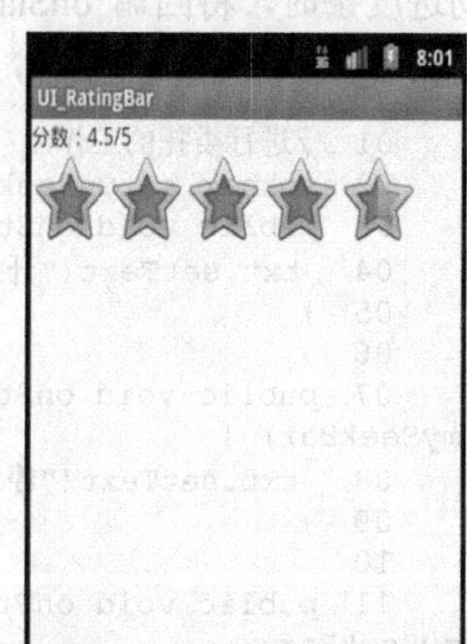

执行结果如右图所示。

5.18 ListActivity 和 ListView 控件

ListActivity 和 ListView 都使用列表方式，允许使用者以拖曳的方式显示较多的内容。其中 ListActivity 继承自 android.app.Activity，因此它是一种“改良型”的 Activity，允许直接在 Activity 中显示多项数据；而 ListView 继承了 android.widget.AbsListView，属于 android.view.ViewGroup 的子类，不同的地方在于 ListView 将弹出一个视图框，以列表方式显示用户数据。

程序员必须先在布局文件中做如下声明，才能使用 ListActivity。这个声明使用 Android 默认的 ListView 对象作为 ListActivity 显示的基础：

```
<ListView
 android:id="@android:id/list"
 android:layout_width="wrap_content"
 android:layout_height="wrap_content"/>
```

同时，Activity 也必须声明继承自 ListActivity 类：

```
public class UI_ListActivity extends ListActivity {
......
}
```

这样，就可以直接将要显示的数据丢给具有列表功能的 Activity 本身进行显示：

```
//要显示的数据内容
String[] stations = {"西直门", "大钟寺","知春路", "五道口", "上地","西二旗", "龙泽", "回龙观", "霍营", "立水桥", "北苑", "望京西","芍药居","光熙门","柳芳", "东直门"};

//生成数据数组
ArrayAdapter<String> adapter =
  new ArrayAdapter<String>(this, android.R.layout.simple_list_item_1, stations);

//this 为 Activity 本身
this.setListAdapter(adapter);
```

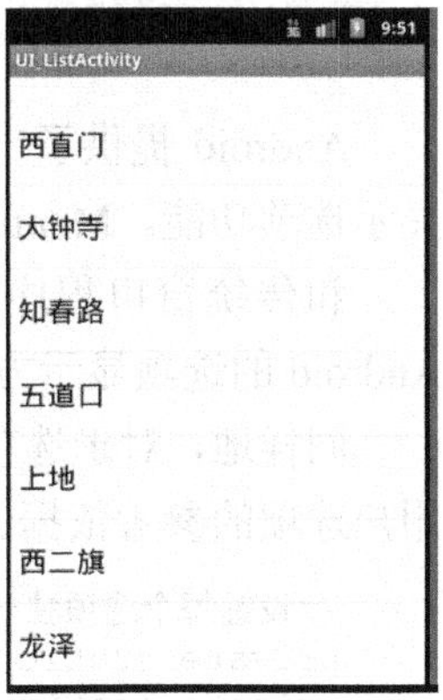

输出结果如右图所示。

使用 ListView 的方式就更简单了，只要把它当成一般的 UI 控件使用即可。在布局文件中声明如下内容：

```
<ListView
 android:id="@+id/myListView"
 android:layout_width="wrap_content"
 android:layout_height="wrap_content"/>
```

在 Activity 中，同样可以使用 findViewById 获取 ListView 的对象实体，并将要显示的数据传送给 ListView 来显示：

```
//要显示的数据内容
String[] stations = {"西直门", "大钟寺","知春路", "五道口", "上地","西二旗", "龙泽", "回龙观", "霍营", "立水桥", "北苑", "望京西","芍药居","光熙门","柳芳", "东直门"};

//获取 ListView 对象实体
ListView myListView = (ListView)this.findViewById(R.id.myListView);

//生成数据数组
ArrayAdapter<String> adapter =
new ArrayAdapter<String>(this, android.R.layout.simple_list_item_1,
```

```
stations);

//显示 ListView
myListView.setAdapter(adapter);
```

执行结果如右图所示。

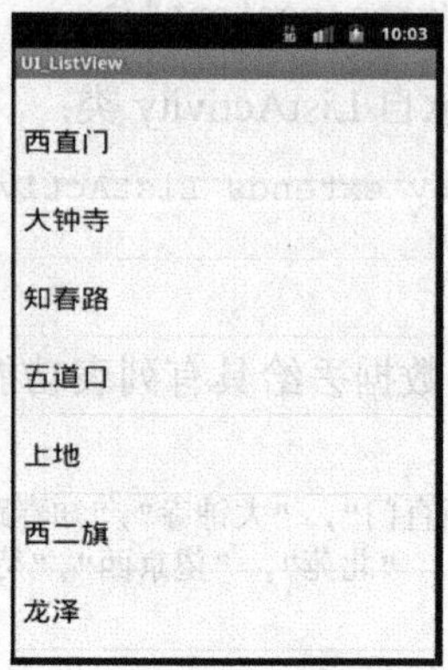

5.19 Menu 控件

Android 提供了一般选项的对象服务，点击手机装置的 Menu 菜单键，屏幕最下方就会显示选项功能。Menu 控件是一个十分特殊的控件，它被封装在 android.view 包中。

和传统窗口程序的概念一样，选项中也会有所谓的子选项，然而受限于屏幕大小，Android 的选项显示方式并不采用树状结构呈现，而是以弹出视图框的方式显示。

同样地，对于选项中的每个选项，程序员都应该提供一个独一无二的标识符，作为判断用户选项的参考依据。如下所示，程序员可以采用累加基数的方式创建标识符数据：

```
//设置每个选项独一无二的 ID
private static final int Item_file = Menu.FIRST;
private static final int Item_save = Menu.FIRST + 1;
private static final int Item_saveAs = Menu.FIRST + 2;
private static final int Item_edit = Menu.FIRST + 3;
private static final int Item_copy = Menu.FIRST + 4;
private static final int Item_delete = Menu.FIRST + 5;
```

创建选项时，设计师必须重写 onCreateOptionsMenu（Menu）成员函数，并在该函数内实现所有选项之间的关联：

```
//创建选项对象
public boolean onCreateOptionsMenu(Menu menu) {
 //创建第一个 Menu
 SubMenu sub1 = menu.addSubMenu(Menu.NONE, Item_file, 0, "文件");
```

```
sub1.add(Menu.NONE, Item_save, 0, "保存");
sub1.add(Menu.NONE, Item_saveAs, 1, "另存为");

//创建第二个 Menu
SubMenu sub2 = menu.addSubMenu(Menu.NONE, Item_edit, 1, "编辑");
sub2.add(Menu.NONE, Item_copy, 0, "复制");
sub2.add(Menu.NONE, Item_delete, 1, "删除");

return super.onCreateOptionsMenu(menu);
}
```

如上所示，调用 Menu 对象的 addSubMenu 函数可以获取子选项的参考值。addSubMenu 选项的第 1 个参数是群组标识符，可以将每一个选项进行分组，如果没有这个需求，可以传入 NONE；第 2 个参数是选项独一无二的标识符；第 3 个参数是显示时的排列顺序；第 4 个参数是选项所要显示的文字。

取得子选项——SubMenu 的参考值后，也可在子选单上添加选项。如上所示，利用 add 成员函数进行添加新选项的工作。第 1 个参数同样是群组标识符，若无特殊需求，直接传入 NONE 即可；第 2 个参数为该选项独一无二的标识符；第 3 个参数为显示时的排列顺序；第 4 个参数则是选项所要显示的文字。

执行上面的程序代码，当用户单击硬件的 Menu 键后，就会出现右图所示的选项。

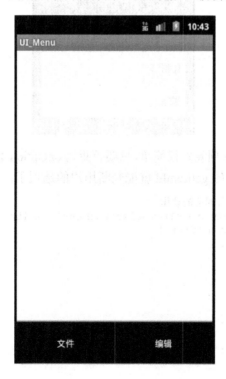

在单击第一个选项，也就是“文件”后，马上就会弹出对应的子选项，如右图所示。

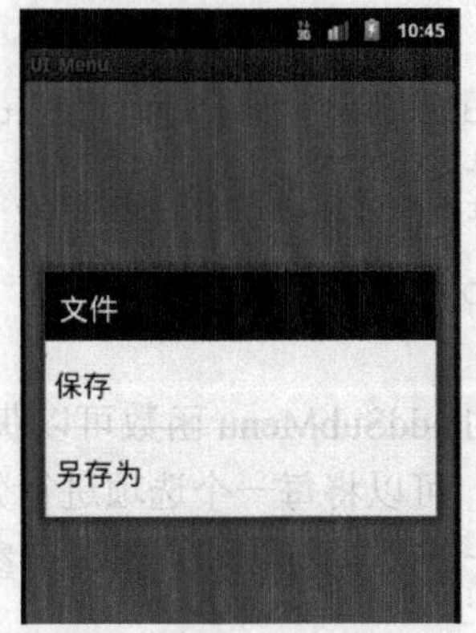

同样地，单击第二个选项，也就是“编辑”后，也会弹出对应的子选项，如下图所示。

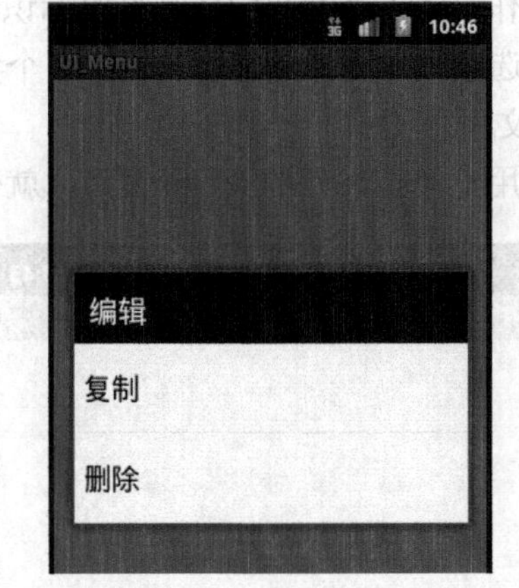

那么如何得知用户的选项呢？很简单，只要再重写 onOptionsItemSelected 成员函数即可。如下所示，使用 MenuItem 的 getItemId 就能判断用户的选项了：

```
//根据选项的 ID，进行对应的动作
public boolean onOptionsItemSelected(MenuItem item) {
 switch(item.getItemId()) {
   case Item_file:
       break;
   case Item_save:
         break;
   case Item_saveAs:
       break;
   case Item_edit:
       break;
   case Item_copy:
       break;
```

```
  case Item_delete:
      break;
  default:break;
 }
 return super.onOptionsItemSelected(item);
}
```

5.20 SlidingDrawer 控件

SlidingDrawer 是一个十分有用的 UI 控件，它提供类似于抽屉的功能，可以让程序员将一大堆信息或功能选项都放到这个“抽屉”中，再由使用者决定抽屉的开和关来保持屏幕的整洁度。SlidingDrawer 继承自 android.view.ViewGroup，因此它也是一种复合 UI 控件，同时还具有容器的功能。

在 SlidingDrawer 的设置中，最重要的两个属性分别是 handle 和 content。其中，handle 指定开启和关闭 SlidingDrawer 的 UI 控件是什么；而 content 通常指向一个 Layout 控件，该 Layout 用来摆放“抽屉里的物品”。典型的 SlidingDrawer 布局内容如下：

```
<SlidingDrawer
 android:id="@+id/myDrawer"
 android:layout_width="fill_parent"
 android:layout_height="fill_parent"
 android:handle="@+id/btn"
 android:content="@+id/content"
 android:orientation="horizontal">
 <Button
   android:id="@+id/btn"
   android:layout_width="wrap_content"
   android:layout_height="wrap_content"
   android:text="开/关"/>
 <LinearLayout
   android:id="@+id/content"
   android:layout_width="fill_parent"
   android:layout_height="fill_parent"
   android:background="#ffffff">
   <TextView
     android:layout_width="fill_parent"
     android:layout_height="wrap_content"
     android:text="Hello World! Android!"/>
 </LinearLayout>
</SlidingDrawer>
```

SlidingDrawer 标签必须完整地封装 handle 和 content。在该示例中，将用一个 Button 控件当成 SlidingDrawer 的 handle，而将 LinearLayout 当成 content。会在 SlidingDrawer 的 content，摆放一个呈现文字的 TextView 控件。执行结果如右上图所示。

用户直接单击按钮或对按钮进行拖曳，都能够启动 SlidingDrawer 的开或关，如右图所示。

如果觉得选项呈现过于单调，还可将 SlidingDrawer 的选项调整为使用图标的方式，下面使用 ImageView 来代替：

```
<TableLayout
  android:id="@+id/content"
  android:layout_width="fill_parent"
  android:layout_height="fill_parent"
  android:background="#CDFEFF">
  <TableRow>
    <ImageView
     android:layout_width="wrap_content"
     android:layout_height="wrap_content"
     android:src="@drawable/cloudiness"/>
    <ImageView
     android:layout_width="wrap_content"
     android:layout_height="wrap_content"
     android:src="@drawable/fog"/>
  </TableRow>
  <TableRow>
    <ImageView
     android:layout_width="wrap_content"
     android:layout_height="wrap_content"
     android:src="@drawable/rain"/>
    <ImageView
     android:layout_width="wrap_content"
     android:layout_height="wrap_content"
     android:src="@drawable/snow"/>
  </TableRow>
  <TableRow>
    <ImageView
     android:layout_width="wrap_content"
     android:layout_height="wrap_content"
     android:src="@drawable/sun"/>
    <ImageView
     android:layout_width="wrap_content"
     android:layout_height="wrap_content"
     android:src="@drawable/thunderstorm"/>
  </TableRow>
</TableLayout>
```

可得到较美的执行结果，如右图所示。

当使用者打开 SlidingDrawer 时，将同时引发“抽屉打开事件”，这时程序员可以将 onDrawerOpen 事件委托给 OnDrawerOpenListener 监听器对象进行处理：

```
//获取对象实体
SlidingDrawer sDrawer = (SlidingDrawer)this.findViewById(R.id.myDrawer);

//委托抽屉打开事件
```

```
sDrawer.setOnDrawerOpenListener(new OnDrawerOpenListener(){
 public void onDrawerOpened() {
  Log.v("UI_SlidingDrawer", "抽屉打开");
 }
});
```

同样的道理，当使用者关闭 SlidingDrawer 时，将引发“抽屉关闭事件”，这时程序员可以将 onDrawerClose 事件，委托给 OnDrawerCloseListener 监听器对象进行处理：

```
//获取对象实体
SlidingDrawer sDrawer = (SlidingDrawer)this.findViewById(R.id.myDrawer);

//委托抽屉关闭事件
sDrawer.setOnDrawerCloseListener(new OnDrawerCloseListener(){
 public void onDrawerClosed() {
  Log.v("UI_SlidingDrawer", "抽屉关闭");
 }
});
```

5.21 WebView 控件

WebView 继承自 android.widget.AbsoluteLayout，而 AbsoluteLayout 则继承了 android.view.ViewGroup。WebView 是一个非常特殊的 UI 控件，由于它可以读取并解析网页内容，因而程序员甚至可以使用 WebView 对象开发一个属于自己的浏览器程序。如下所示是 WebView 在布局文件中的声明内容：

```
<WebView
 android:id="@+id/myWeb"
 android:layout_width="fill_parent"
 android:layout_height="fill_parent" />
```

由于观看网页时，往往都必须连接到因特网，因而必须在 Android 程序的全局配置文件——AndroidManifest.xml 中声明程序的权限。

```
<?xml version="1.0" encoding="utf-8"?>
<manifest xmlns:android="http://schemas.android.com/apk/res/android"
  package="com.freejavaman"
  android:versionCode="1"
  android:versionName="1.0">
<uses-sdk android:minSdkVersion="8" />

<application android:icon="@drawable/icon" android:label="@string/app_name">
  <activity android:name=".UI_WebView"
            android:label="@string/app_name">
   <intent-filter>
    <action android:name="android.intent.action.MAIN" />
    <category android:name="android.intent.category.LAUNCHER" />
```

```
    </intent-filter>
  </activity>
</application>
<uses-permission android:name="android.permission.INTERNET" />
</manifest>
```

执行结果如下图所示。

神奇的是，几乎在没有编写一行程序的情况下，就已经完成一个浏览器程序了。其实WebView 的核心和 Apple 操作系统的 Safari 浏览器一样，具有强大的功能。

然而当使用者尝试缩放网页内容时，会发现默认的 WebView 控件并不提供该功能，为此，程序员可以在 Activity 中加入如下代码：

```
//获取 WebView 对象实体
WebView myWeb = (WebView)this.findViewById(R.id.myWeb);

//获取 WebView 的设置值
WebSettings setting = myWeb.getSettings();
setting.setBuiltInZoomControls(true);
```

如上所述，WebSetting 对象将封装所有关于 WebView 控件的设置值，因此只需要改变 WebSetting 的参数设置，就可以达到控制 WebView 的目的。

上面所说的 setBuiltInZoomControls 使用内建的缩放逻辑，当然程序员也可以换成自己的缩放规则，毕竟 Android 的世界是自由的。

与一般浏览器一样，WebView 也支持浏览实体文件的功能。在 Android 项目的 assets 目录中放入一个图片文件 android.gif，和一个 HTML 文件 android.html，该 HTML 的内容如下：

```
<html>
<head><title>PageTest</title></head>
<body>
<img src="android.gif">
</body>
</html>
```

另外可以使用下面的指令浏览该实体文件：

```
//获取 WebView 对象实体
WebView myWeb = (WebView)this.findViewById(R.id.myWeb);
myWeb.loadUrl("file:///android_asset/android.html");
```

执行结果如下图所示。

虽然本节示例使用的 GIF 文件是一个动画 GIF 文件，然而利用模拟器进行测试时，却看不出效果，只会显示 GIF 文件的第一帧。如果直接在手机装置执行，例如 HTC Desire HD 等，就能看到动画的效果。模拟器终究只是模拟而已，无法百分之百地呈现真实的情况。

WebView 还内建了很多有用的默认功能，例如通过设置 WebSetting 控件中的参数，程序员可以开启或关闭该控件对 JavaScript 语法的支持以及对 Plugin 的支持，例如 Flash 即为网页 Plugin 的一种。

```
//获取 WebView 的设置值
WebSettings setting = myWeb.getSettings();
setting.setBuiltInZoomControls(true);

//启动 JavaScript
```

```
setting.setJavaScriptEnabled(true);

//启动 plugin
setting.setPluginsEnabled(true);
```

值得一提的是，具有 Ajax 的网页其实也是 Javascript 网页的一种，因此如果要连接到具有 Ajax 的网站，还必须将 setJavaScriptEnabled 设置为 true。

此外，WebView 也支持非实体文件的网页呈现。简单地说，程序员可以在程序中动态地拼凑一个 HTML 的原始文件内容，然后丢给 WebView 进行呈现。参见下面的程序段：

```
//动态组合网页内容
String str = "<html>";
str += "<head><title>PageTest</title></head>";
str += "<body>";
str += "<a href=\"http://android.com\">Android Offical Site</a>";
str += "</body>";
str += "</html>";
myWeb.loadData(str, "text/html", "UTF8");
```

WebView 的 loadData 成员函数中，第 1 个参数为动态网页内容，第 2 个参数为 MIME 类型，第 3 个参数则为编码方式。执行结果如右图所示。

当使用者好不容易花了许多时间下载完网页，正准备开始浏览时，却可能因为手机方向的改变，例如从纵向使用变成横向使用，由于并没有默认保留网页之前的内容，因而当 Activity 的 onCreate 被调用时，又会重新进行网络联机，花费额外的时间重新下载网页内容。对于任何使用者来说，这种情况都应该是一次非常不愉快的使用经验。

因此，程序员可以重写 Activity 的 onSaveInstanceState 成员函数，也就是当手机的方向改变等情况发生时，可以将 WebView 对象的状态保存在 Bundle 对象中，参见如下所示：

```
//将 WebView 的状态存储在 Bundle 对象中
protected void onSaveInstanceState(Bundle outState) {
 myWeb.saveState(outState);
}
```

当 Android 平台调用 Activity 的 onCreate 成员函数，并传入 Bundle 对象时，可以再从 Bundle 获取 WebView 之前的状态：

```
public void onCreate(Bundle savedInstanceState) {

......

//判断是否有上一次的状态，如果有，则获取之前的状态
```

```
//反之，重新下载网页
if (savedInstanceState != null) {
 myWeb.restoreState(savedInstanceState);
} else {
 myWeb.loadUrl("http://www.android.com");
}
```

这样就能大幅提升 WebView 的执行效率。除了上述方法外，第 2 种解决方案也可以达到提高效率的目的。程序员只需要重写 onConfigurationChanged，而且不用编写任何程序代码，其方法如下所示：

```
//配置文件改变时，应该要调用的成员函数
public void onConfigurationChanged(Configuration newConfig){
 super.onConfigurationChanged(newConfig);
}
```

该方案需要再调整 Android 程序的全局配置文件 - AndroidManifest.xml，在其中添加 android:configChanges 属性的设置：

```
<application android:icon="@drawable/icon"
         android:label="@string/app_name">
 <activity android:name=".UI_WebView"
         android:label="@string/app_name"
        android:configChanges="orientation">
  <intent-filter>
   <action android:name="android.intent.action.MAIN" />
   <category android:name="android.intent.category.LAUNCHER" />
  </intent-filter>
 </activity>
</application>
```

这样，当手机装置的使用方向改变时，WebView 就不会执行重新下载网页内容的工作。当然，还有一种更简单的方式，就是在 AndroidManifest.xml 中添加 android:screenOrientation 属性的设置，让 Android 永远工作在肖像模式（portrait），也就是纵向使用，那么就不会有手机转向的问题发生了。

```
<activity android:name=".UI_WebView"
      android:label="@string/app_name"
      android:screenOrientation="portrait">
```

使用 WebView 的另外一个令人困扰的问题是，当使用者浏览网页并点击网页中的超链接时，Android 程序居然启动手机端默认的浏览器，而非直接将连接过去的网页显示在 WebView 中。

要解决该问题并不难，程序员可以使用 WebView 的 setWebViewClient，并传入一个 WebViewClient 对象，之后所有在 WebView 上执行的动作都将委托给 WebViewClient 对象进行处理。这样，当使用者进行超链接后，将不再启动默认的浏览器，而可以留给 WebViewClient

进行处理。下面即为程序段：

```
myWeb.setWebViewClient(new WebViewClient() {

public void onPageFinished(WebView view, String url) {
 super.onPageFinished(view, url);
}

public void onPageStarted(WebView view, String url,
Bitmap favicon) {
 Toast.makeText(UI_WebView.this, "开始下载网页",
Toast.LENGTH_SHORT).show();
  super.onPageStarted(view, url, favicon);
 }
});
```

当点击超链接开始进行网页下载时，该程序将调用 onPageStarted 成员函数，在完成网页下载时调用 onPageFinished。如右图所示，加入 Toast 控件的使用，当开始进行开启网页时就会弹出 Toast 并显示提示信息。

5.22 JavaScript 应用

在本章最后，笔者再来介绍一个日后可能会用到的程序技巧。具有 Java Applet 程序经验的读者应该还记得，在较为高级的应用中，HTML 网页中的 JavaScript 甚至可以调用 Java Applet 中的成员函数，反之亦然。Android 环境也支持这种运行的沟通模式，HTML 网页中的 JavaScript 可以使用 WebView 调用 Activity 中的成员函数，同样地，Activity 也可以通过 WebView 调用 HTML 网页中的 JavaScript。

```
<html>
<head>
 <title>JavaScript Test</title>
 <meta http-equiv="Content-Type" content="text/html; charset=big5">
</head>
<body>
 <input type="button" value="调用Activity" onClick="window.myActivity.showToast()"/>
</body>
</html>
```

如上所示，该 HTML 网页提供一个按钮，当用户单击该按钮时，将调用 window.myActivity.showToast()，其中 window 指的是 WebView 控件，而 myActivity 则是由 WebView 指定提供服务的对象别名，最后，showToast 是提供服务对象的成员函数。

对应上面的 HTML 内容，我们在 Activity 中对 WebView 做如下设置：

```
//获取 WebView 对象实体
myWeb = (WebView)this.findViewById(R.id.myWeb);

//获取 WebView 的设置值
WebSettings setting = myWeb.getSettings();

//启用 JavaScript
setting.setJavaScriptEnabled(true);

//根据别名,指向提供服务的对象
myWeb.addJavascriptInterface(this, "myActivity");

//开启具有 JavaScript 的测试网页
myWeb.loadUrl("file:///android_asset/javascriptTest.html");
```

WebView 的 addJavascriptInterface 成员函数指定提供服务的对象是什么，以及该对象的别名。在本节示例中，由于传入的是 this，也就是 Activity 本身，因而需要在 Activity 中提供如下的成员函数：

```
//JavaScript 调用的成员函数
public void showToast() {
Toast.makeText(UI_WebView.this, "来自JavaScript 的调用", Toast.LENGTH_SHORT).show();
}
```

综上所述，当用户按下网页中的按钮时，将调用别名为 myActivity 的对象，而该对象提供的成员函数名为 showToast，最后，showToast 提供的服务会弹出一个 Toast 对话框。

本示例的执行结果如下图所示。

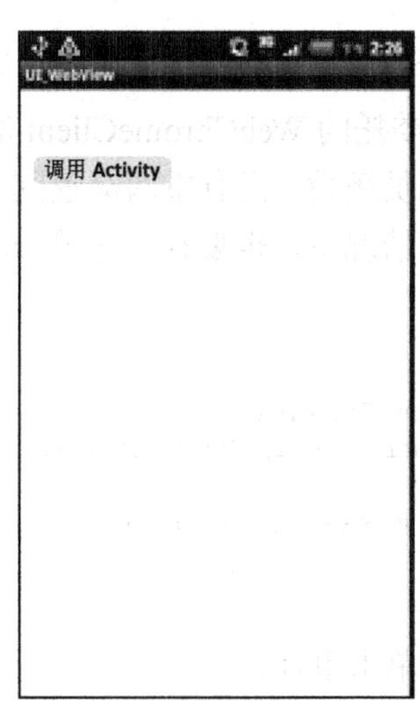

需要注意的是，在某些版本的模拟器上，执行上面的功能时，可能会因为模拟器本身的 Bug 造成无法测试。虽然 Google 已经知道这一问题，但还没有修复，读者可以使用实机或

其他版本的模拟器来测试。

由 JavaScript 调用 Activity 可正确地执行，反过来说，Activity 应该如何调用 HTML 中的 JavaScript 呢？如下所示为在 Activity 中，配置一个 Button 和一个 WebView 控件：

```
<Button
  android:id="@+id/btn"
  android:layout_width="wrap_content"
  android:layout_height="wrap_content"
  android:text="调用 JavaScript" />
<WebView
  android:id="@+id/myWeb"
  android:layout_width="fill_parent"
  android:layout_height="fill_parent"
  android:focusable="true"/>
```

现在的需求是当用户按下 Activity 中的按钮时，调用 HTML 中的 JavaScript。我们规划 Activity 中的程序代码如下：

```
//获取 WebView 对象实体
btn = (Button)this.findViewById(R.id.btn);
myWeb = (WebView)this.findViewById(R.id.myWeb);

//获取 WebView 的设置值
WebSettings setting = myWeb.getSettings();

//启动 JavaScript
setting.setJavaScriptEnabled(true);

//打开具有 JavaScript 的测试网页
myWeb.loadUrl("file:///android_asset/javascriptTest2.html");
```

除了上述基本的设置外，程序员还必须指定委托的 WebChromeClient 对象。当网页中执行 alert 之类的 JavaScript 时，将回调 onJsAlert 成员函数。没有重写会返回 true，这时网页中的 alert 窗口就不会显示，因此，就算在不处理的情况下，也要往上丢给 super 父类处理。参见下面的程序段：

```
//补捉网页中的 alert 事件
myWeb.setWebChromeClient(new WebChromeClient(){
  public boolean onJsAlert(WebView view, String url, String message, JsResult result)
{
   return super.onJsAlert(view, url, message, result);
  }
});
```

当然，也必须运行委托 Activity 的 Button 的单击事件：

```
//单击按钮时，调用 JavaScript
btn.setOnClickListener(new View.OnClickListener() {
 public void onClick(View view) {
  myWeb.loadUrl("javascript:htmlAlert()");
```

```
  }
});
```

单击 Activity 中的 Button 控件后，将再通过 WebView 调用其中的 javascript 函数 htmlAlert。最后，就是提供 javascript 的 HTML 了：

```
<html>
<head>
 <title>JavaScript Test</title>
 <meta http-equiv="Content-Type" content="text/html; charset=big5">
 <script language="JavaScript">
 <!--
  function htmlAlert(){
   alert("来自 Activity 的调用");
  }
  //-->
</script>
</head>
<body>
 <input type="button" value="Test" onClick="htmlAlert()"/>
</body>
</html>
```

执行结果如下图所示。

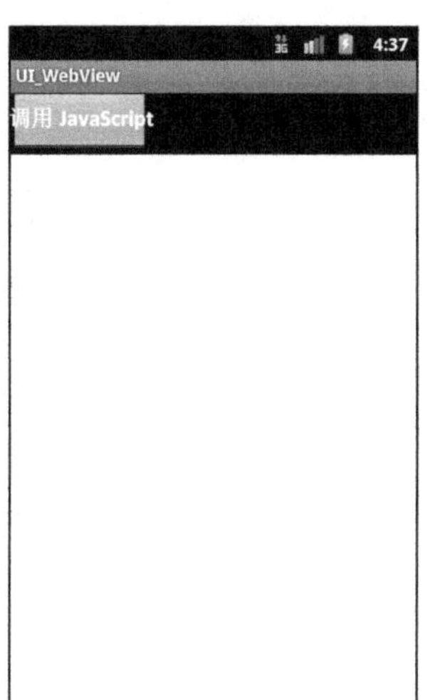

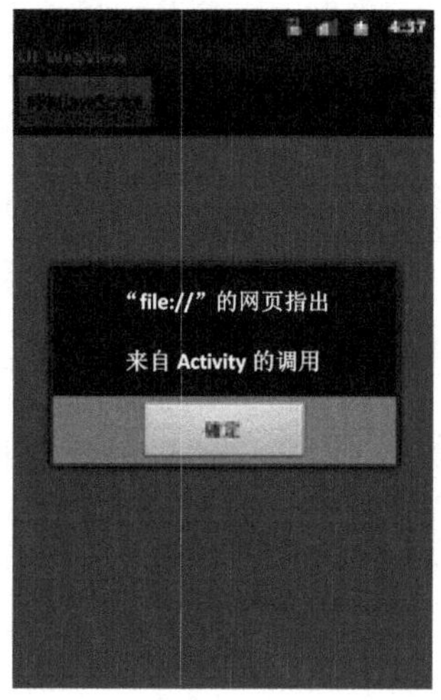

用户单击 Activity 中的 Button 控件后，将调用 HTML 中的 javascript，进而显示 alert 对话框。

这种在 Activity 和 HTML 之间进行信息传递的运行模式是十分有趣的，当然还有更多的应用。假设 WebView 所连接的网页是由后端的 Servlet 或 JSP 动态产生的，则在 Activity、HTML javascript 和 Server 和 JSP 交互运行的情况下，一定能产生更多有趣的应用。这部分就留给 hungry 的读者思考了。

第 3 篇

应用组件篇

Chapter 6

深入探讨 Activity 应用组件

前几章介绍了编写 Activity 窗口程序的基本观念。一个架构完整的 Android 程序往往使用多个画面，它可能是同一个 Activity 搭配多个布局文件来实现，也可能是多个 Activity 搭配多个布局文件来实现。本章介绍的就是这些话题，我们将深入探讨 Activity 的行为，以及较为复杂的交互运行模式。

6.1 单个 Activity 对应多个布局

首先在一个项目中创建一个 Activity 程序，它提供如下两个布局文件。

layout1.xml 段

```
<TextView
 android:layout_width="fill_parent"
 android:layout_height="wrap_content"
 android:text="我是画面 1"/>
<Button
  android:id="@+id/btn1"
  android:layout_width="fill_parent"
  android:layout_height="wrap_content"
  android:text="我是按钮 1"/>
```

layout2.xml 段

```
<TextView
 android:layout_width="fill_parent"
 android:layout_height="wrap_content"
 android:text="我是画面 2"/>
<Button
 android:id="@+id/btn2"
 android:layout_width="fill_parent"
 android:layout_height="wrap_content"
 android:text="我是按钮 2"/>
```

OneActivityTwoLayout.java 段

```
//一开始使用第 1 个布局
setContentView(R.layout.layout1);

//获取按钮的对象实体
btn1 = (Button)findViewById(R.id.btn1);

//单击按钮 1，切换使用第 2 个布局文件
btn1.setOnClickListener(new View.OnClickListener() {
 public void onClick(View view) {
  //选择使用布局 2
  setContentView(R.layout.layout2);
```

```
Button btn2 = (Button)OneActivityTwoLayout.this.findViewById(R.id.btn2);

//单击按钮 2，切换使用第 1 个布局文件
btn2.setOnClickListener(new View.OnClickListener() {
 public void onClick(View view) {
  //选择使用布局 1
  setContentView(R.layout.layout1);

  //再一次获取布局文件中的按钮
  Button btn1_1 = (Button)OneActivityTwoLayout.this.findViewById(R.id.btn1);

  if (btn1 == btn1_1)
   Log.v("MyTest", "it's same");
  else
   Log.v("MyTest", "it's NOT same");

  //...无穷的程序逻辑
 }
 });
}
});
```

本示例程序在一开始时，设置使用第 1 个布局文件，通过使用 findViewById(R.id.btn1) 参考配置于画面的按钮对象。或许读者会问，是否可以使用 findViewById(R.id.btn2)获取第 2 个布局中的按钮呢？

答案是否定的。因为如果使用 findViewById(R.id.btn2)，Android 平台会认为使用者所要获取的是第 1 个布局中 ID 为 btn2 的按钮控件。然而由于该画面并未声明这样的组件，所以 findViewById(R.id.btn2)将返回 NULL。

该示例在获取第 1 个画面 btn1 的按钮对象后，就将它的 OnClick 事件委托出去，而在处理事件的函数使用 setContentView(R.layout.layout2)将屏幕切换到由第 2 个布局文件所声明的画面，这时，findViewById(R.id.btn2)就可以获取第 2 个画面中 ID 为 btn2 的按钮的对象实体了。

同样地，也将第 2 个画面 btn2 的按钮单击事件委托出去，并在处理事件的成员函数中，使用 setContentView(R.layout.layout1)将屏幕切回到第 1 个画面。这时，通过 findViewById(R.id.btn1)获取第 1 个画面 btn1 的按钮。

眼尖的读者应该已经发现，现在获取的 btn1 对象，和一开始时获取的 btn1 对象的参考值并不同。因此，它们不属于同一个对象实体。由于目前的按钮对象是一个新对象，就算屏幕已经回到第 1 个画面，单击画面中的按钮也没有委托事件，画面依然无法切换到画面 2。

这时，设计师可以修改程序，将 btn1 按钮的事件委托出去，然而该处理函数所获取的 btn2 对象的实体也不是之前的 btn2 对象实体，因此，并没有将事件处理委托出去，只好继续修改下去，这终将造成程序逻辑的无限循环。

如何解决这个棘手的问题呢？同一个 Activity 是否不能指定两个不同的布局？其实是有

解决方案的。如下所示，我们先在 Activity 的 onCreate 函数中设置显示第 1 个布局内容，同时，将按钮对象的单击事件委托出去，并在处理程序中调用显示第 2 个画面的函数。

```
public void onCreate(Bundle savedInstanceState) {
 super.onCreate(savedInstanceState);

 //一开始使用第 1 个布局
 setContentView(R.layout.layout1);

 //获取按钮的对象实体
 Button btn1 = (Button)this.findViewById(R.id.btn1);

 //单击按钮 1，切换使用第 2 个布局文件
 btn1.setOnClickListener(new View.OnClickListener() {
  public void onClick(View view) {
   displayLayout2();
  }
 });
}
```

如下为 displayLayout2 的内容，除了将画面切换到第 1 个画面外，还同时获取了第 1 个画面的按钮对象，并委托其单击事件，而在处理事件的成员函数中调用显示第 1 个画面的函数。

```
//显示第 2 个画面
private void displayLayout2() {
 //跳到第 2 个画面
 setContentView(R.layout.layout2);

 //获取第 2 个画面中的按钮
 Button btn2 = (Button)this.findViewById(R.id.btn2);

 //单击按钮，切换使用第 1 个布局文件
 btn2.setOnClickListener(new View.OnClickListener() {
  public void onClick(View view) {
   displayLayout1();
  }
 });
}
```

用同样的方法编写 displayLayout1 函数：

```
//显示第 1 个画面
private void displayLayout1() {

 //跳到第 1 个画面
 setContentView(R.layout.layout1);

 //获取第 1 个画面中的按钮
 Button btn1 = (Button)this.findViewById(R.id.btn1);

 //单击按钮，切换使用第 2 个布局文件
```

```
btn1.setOnClickListener(new View.OnClickListener() {
 public void onClick(View view) {
  displayLayout2();
 }
});
}
```

这样，在 displayLayout1 和 displayLayout2 两个成员函数交互运行下，就可以实现一个 Activity 支持两个布局切换的目的了。执行结果如下图所示。

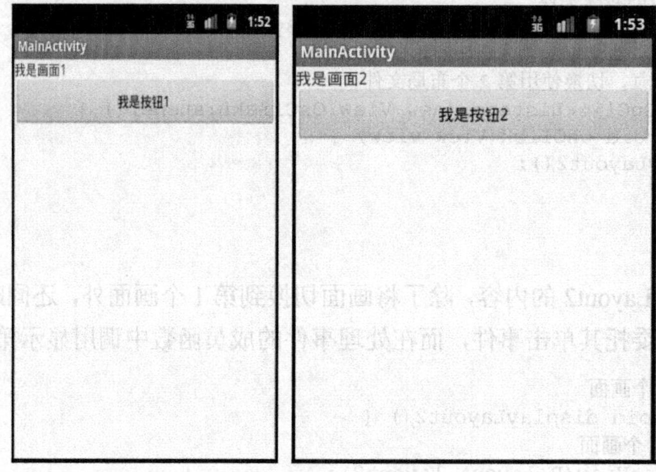

6.2 多个 Activity 对应多个布局

一个尽职的工程师在开发系统时，应该把“系统的易维护性”放在首位。上一节介绍的一个 Activity 支持两个布局的实现方式不仅较难理解，而且以后维护起来十分麻烦。试想，如果要显示的画面不仅两个，而是十几个时，需把所有画面逻辑和控件都放在同一个 Activity 中，维护起来将是相当费工夫的。

为改善该困境，程序员可在同一个项目中实现两个 Activity 程序，而这两个 Activity 分别使用不同的布局文件。本示例使用的布局文件是上一个示例的文件。下面是第 1 个 Activity 的程序内容：

```
package com.freejavaman;

import android.app.Activity;
import android.content.Intent;
import android.os.Bundle;
import android.util.Log;
import android.view.View;
```

```
import android.widget.Button;

public class Activity1 extends Activity {

 public void onCreate(Bundle savedInstanceState) {
   super.onCreate(savedInstanceState);

   //一开始使用第 1 个布局
   setContentView(R.layout.layout1);

   //获取按钮的对象实体
   Button btn1 = (Button)this.findViewById(R.id.btn1);

   //单击按钮 1，切换使用第 2 个布局文件
   btn1.setOnClickListener(new View.OnClickListener() {
    public void onClick(View view) {
     //创建 Intent 对象实体
     Intent intent = new Intent();

     //设置 from 和 to 的 Activity
     intent.setClass(Activity1.this, Activity2.class);
     Activity1.this.startActivity(intent);
     Activity1.this.finish();
    }
   });
  }
}
```

其中指定使用第 1 个布局，同时获取第 1 个画面中的按钮对象实体后，再将该单击事件委托出去。而在处理事件的成员函数中，使用了一个新看到的名为 Intent 的对象：

```
//创建 Intent 对象实体
Intent intent = new Intent();

//设置 from 和 to 的 Activity
intent.setClass(Activity1.this, Activity2.class);
Activity1.this.startActivity(intent);
Activity1.this.finish();
```

Intent 的原意为“意图”，因此，Intent 对象可被解释为用来告诉 Android 平台关于画面切换的意图，也就是说，准备要从某个 Activity 切换到另一个 Activity。

setClass 函数的第 1 个参数说明来源（from）的 Activity 是什么，程序员必须传入当前 Activity 的对象实体。而第 2 个参数说明目的（target）的 Activity 是什么。不同的是，必须传入描述目的 Activity 的类的对象，也就是.class。

当程序员调用当前 Activity 的 startActivity 函数时，底层的 Android 平台就会执行 Activity 切换的工作。而调用当前 Activity 对象的 finish 函数时，会将 Activity 安排到待销毁的队列中，但 Android 程序的进程（process）还存在于操作系统中。

同样的道理，下面实现了第 2 个 Activity 程序：

```
package com.freejavaman;

import android.app.Activity;
import android.content.Intent;
import android.os.Bundle;
import android.util.Log;
import android.view.View;
import android.widget.Button;

public class Activity2 extends Activity {
 public void onCreate(Bundle savedInstanceState) {
   super.onCreate(savedInstanceState);

   //一开始使用第 2 个布局
   setContentView(R.layout.layout2);

   //获取按钮的对象实体
   Button btn2 = (Button)this.findViewById(R.id.btn2);

   //单击按钮 2，切换使用第 1 个布局文件
   btn2.setOnClickListener(new View.OnClickListener() {
    public void onClick(View view) {
     //创建 Intent 对象实体
     Intent intent = new Intent();

     //设置 from 和 to 的 Activity
     intent.setClass(Activity2.this, Activity1.class);
     Activity2.this.startActivity(intent);
     Activity2.this.finish();
    }
   });
  }
}
```

读者可以看到，在第 2 个画面的按钮事件处理函数中，setClass 函数的传入值恰好和第 1 个 Activity 相反，这样就能实现画面切换了。

需要注意的是，由于示例 Android 程序具有多个 Activity 程序，所以所有的 Activity 都必须在 AndroidManifest.xml 声明，即如下所示的段：

```
<activity android:name="Activity1"
      android:label="@string/app_name">
 <intent-filter>
  <action android:name="android.intent.action.MAIN" />
  <category android:name="android.intent.category.LAUNCHER" />
 </intent-filter>
</activity>
<activity android:name="Activity2" />
```

action 标签说明 Activity1 为第一个启动的 Activity 程序。需要注意的是，和传统的 Java

窗口程序不同，所有的 Activity 地位都是相等的，除非通过 action 标签的设置，否则没有所谓的“主类”。如果将上面的 action 标签的内容设置为 Activity2，将最先启动 Activity2。

执行示例程序后，果然可以顺利地进行 Activity 间的切换了。然而在内存中，究竟创建了几个 Activity 的对象实体呢？为解答这个问题，需要在两个 Activity 中分别添加下面的程序代码，即构造函数和 finalize 函数：

```
//统计有多少对象实体
public static int myCnt = 0;

//创建对象实体时，将计数值加一
public Activity1() {
 super();
 synchronized(Activity1.class) {
  Activity1.myCnt++;
  Log.v("DeepActivity", "constructor Activity1 cnt:" + Activity1.myCnt);
 }
}

//在执行 GC 前会被调用的函数
protected void finalize() throws Throwable {
 super.finalize();
 synchronized(Activity1.class) {
  Activity1.myCnt--;
  Log.v("DeepActivity", "finalize Activity1 cnt:" + Activity1.myCnt);
 }
}
```

如上所示，我们在 Activity 中添加一个类级变量——myCnt，用来统计该类总共被创建了几个对象实体。运行原理很简单，要创建对象实体，必须调用类的构造函数。利用该特性，在构造函数中即可进行 myCnt 加一的动作。由于变量属于类级（通过 static 声明），所以可以“跨对象实体”存在。

另外，由于 Java 语言没有类似 C++的析构函数，所以我们可以利用底层的 JVM 在进行垃圾回收时，先调用对象的 finalize 函数的特性，在 finalize 函数中进行 myCnt 减一的动作。这样，通过 Log 观察 myCnt 的内容，就可以知道在内存中创建了多少个 Activity 的对象实体。

为避免线程间异步的情况发生，必须适时地使用 synchronized(Activity1.class)声明程序区段的同步：

```
constructor Activity1 cnt:1
constructor Activity2 cnt:1
constructor Activity1 cnt:2
constructor Activity2 cnt:2
constructor Activity1 cnt:3
constructor Activity2 cnt:3
constructor Activity1 cnt:4
constructor Activity2 cnt:4
constructor Activity1 cnt:5
```

```
constructor Activity2 cnt:5
constructor Activity1 cnt:6
constructor Activity2 cnt:6
constructor Activity1 cnt:7
constructor Activity2 cnt:7
constructor Activity1 cnt:8
constructor Activity2 cnt:8
constructor Activity1 cnt:9
constructor Activity2 cnt:9
constructor Activity1 cnt:10
constructor Activity2 cnt:10
finalize Activity2 cnt:10
finalize Activity2 cnt:10
finalize Activity1 cnt:9
finalize Activity2 cnt:9
finalize Activity1 cnt:8
finalize Activity2 cnt:8
finalize Activity1 cnt:7
finalize Activity2 cnt:7
finalize Activity1 cnt:6
finalize Activity2 cnt:6
finalize Activity1 cnt:5
finalize Activity2 cnt:5
finalize Activity1 cnt:4
finalize Activity2 cnt:4
finalize Activity1 cnt:3
finalize Activity2 cnt:3
finalize Activity1 cnt:2
```

由上可知，在进行画面切换时，居然有超过一个以上的 Activity 对象实体被创建。虽然在同一时间只有一个 Activity 处于可视且活动的状态，然而底层的 JVM 会在适当的时间，将不会再被用到的 Activity 进行垃圾回收的工作，因此，程序员只需专注在逻辑设计，而不用担心其他的事情。

读者是否感觉这种多个 Activity 对应多个布局的运行方式比较容易理解，维护起来也比较简单一些呢？

6.3 再探 Activity 生命周期

现在 Android 程序已经具有多个 Activity 了。在多个 Activity 交互运行下，其生命周期是否和之前介绍的一样呢？就让我们再验证一下吧！请重写 Activity 的回调函数，并添加输出 Log 的指令：

```
protected void onDestroy() {
 super.onDestroy();
 Log.v("DeepActivity", "Activity1 destroy");
}
```

```

protected void onPause() {
 super.onPause();
 Log.v("DeepActivity", "Activity1 pause");
}

protected void onRestart() {
 super.onRestart();
 Log.v("DeepActivity", "Activity1 restart");
}

protected void onResume() {
 super.onResume();
 Log.v("DeepActivity", "Activity1 resume");
}

protected void onStart() {
 super.onStart();
 Log.v("DeepActivity", "Activity1 start");
}

protected void onStop() {
 super.onStop();
 Log.v("DeepActivity", "Activity1 stop");
}
```

当 Android 开始执行时，由 Log 观察到的结果如下：

```
Activity1 constructor
Activity1 create
Activity1 start
Activity1 resume
```

当 Activity1 被创建，也就是执行完构造函数后，Android 底层会依照 onCreate、onStart、onResume 的顺序调用对应的成员函数，最后，Android 将停留在执行状态，也就是用户可以和 UI 组件进行交互的状态。

如果这时将手机锁定，也就是让 Activity1 退到背景，那么 Activity1 的 onPause 函数将被调用：

```
Activity1 pause
```

如果解除手机的硬件锁，Activity1 将再一次回到前景，onResume 函数将被调用。

```
Activity1 resume
```

OnResume 函数被调用后，Activity 将再一次处于执行的状态，使用者可以和 Activity 中的 UI 组件再一次进行交互。当用户单击第 1 个画面的按钮时，由 Log 观察到的结果如下：

```
Activity1 pause
Activity2 constructor
Activity2 create
Activity2 start
```

```
Activity2 resume
Activity1 stop
Activity1 destroy
```

由于 Activity1 准备退到背景，同样地，onPause 函数会被再次调用。而当 Activity1 变成“不再可视”的状态后，Activity2 才会被创建。Activity2 也会依照 onCreate、onStart、onResume 的顺序被 Android 底层调用。最后，Activity2 在屏幕中时，会调用 Activity1 的 onStop 和 onDestroy 结束整个生命周期。

反之亦然，当使用者单击第 2 个画面的按钮时，Activity2 也会退到背景，并创建 Activity1 的对象实体，再依序调用相关函数，最后结束 Activity2 生命周期。

```
Activity2 pause
Activity1 constructor
Activity1 create
Activity1 start
Activity1 resume
Activity2 stop
Activity2 destroy
```

当 Activity 处于执行状态，如果用户单击硬件的 Back 键时又会发生什么状况呢？

```
Activity1 pause
Activity1 stop
Activity1 destroy
```

Activity 在退回到背景后，会立即调用 onStop 和 onDestroy 进行垃圾回收的工作。

如果用户从手机的应用程序管理器重新单击该 Android 程序时，由于这时不存在任何 Activity 对象实体，所以 Android 将会创建指定 Activity 的对象实体，整个生命周期也将重头开始，如下所示：

```
Activity1 constructor
Activity1 create
Activity1 start
Activity1 resume
```

调用了 onDestroy 的 Activity 才会进入生命的终点，也才有机会释放资源，准备加入垃圾回收的行列。读者还记得在本节中按钮控件委托的事件处理函数吗？

```
//单击按钮 1，切换使用第 2 个布局文件
btn1.setOnClickListener(new View.OnClickListener() {
 public void onClick(View view) {
  //创建 Intent 对象实体
  Intent intent = new Intent();

  //设置 from 和 to 的 Activity
  intent.setClass(Activity1.this, Activity2.class);
  Activity1.this.startActivity(intent);
  //Activity1.this.finish();
```

```
11  }
12 });
```

如果在进行画面切换时，设计师没有执行当前Activity的finish函数，那么在进行Activity切换时，底层Android平台将不会调用onDestroy函数，会出现如下的执行结果：

```
Activity1 pause
Activity2 constructor
Activity2 create
Activity2 start
Activity2 resume
Activity1 stop
(Activity1 destroy)
```

这样，在执行一段时间后，可能会因为无法适时释放内存而出现问题。另外，由于Activity采用层层堆栈的方式呈现，因而如果没有在程序中调用finish函数，当用户单击手机的Back键，屏幕将会回到上一个画面，也就是上一个 Activity 对象。下面列出了使用者在浏览Activity2后单击Back键，画面回到上一界面。

Activity1：

```
Activity1 constructor
Activity1 create
Activity1 start
Activity1 resume
Activity1 pause
Activity2 constructor
Activity2 create
Activity2 start
Activity2 resume
Activity1 stop
Activity2 pause
Activity1 restart
Activity1 start
Activity1 resume
Activity2 stop
Activity2 destroy
```

Android之所以还可以回到上一个画面，也就是上一个Activity，最主要的原因是Android底层依然保存着没有调用finish函数的Activity的参考值。因此，可以根据对象参考值“切换”回到上一个画面。

有趣的是，当使用者准备从第2个画面回到上一页时，就算程序员没有调用finish函数，Android底层仍会自行调用第2个Activity的destroy函数释放对象实体。

这种设计是十分巧妙的，因为在回到上一页后，并不知道使用者接下来会切换到哪一个画面（Activity）。因此，考虑到对内存的节约，释放当前画面的Activity方可达到资源回收的目的。

在重复单击Back键后，终于回到第1个Activty，这时使用者继续单击Back键，第1个Activity也会调用destroy而释放内存。

另一种情况是，当 Activity 处于执行状态时，如果用户单击 Home 键，将会有什么样的结果呢？

```
Activity1 pause
Activity1 stop
```

这时 Activity 会先退到背景，然后调用 onPause 函数。进入“不再可视”的状态后，会再次调用 onStop 函数。与上一个示例不同的地方是，这种情况下不会调用 onDestroy 函数。

如果用户再从手机的应用程序管理器重新单击该 Android 程序，底层的平台不会创建新的对象实体，而是获取刚刚退到背景的 Activity 对象实体，并且先调用它的 onRestart 函数：

```
Activity1 restart
Activity1 start
Activity1 resume
```

综上所述，无论是用户使用手机锁，还是单击 Back 键或 Home 键，最关键的两个成员函数都是 onPause 和 onResume。因此，如果系统具有保存用户输入数据的需求，可以在调用 onPause 函数时进行暂存输入数据的工作，而在调用 onResume 函数时进行数据存回 UI 组件的工作。

6.4 Activity 间的值传递

前几节介绍了如何通过 Intent 对象指定从某个 Activity 切到另一个 Activity。使用 android.os.Bundle 对象可以将数据从一个 Activity 传递到另一个 Activity。下面的示例提供了两个布局文件，第 1 个画面提供给用户输入文本的 EditText，第 2 个画面则单纯地提供一个 TextView 来显示由前一个画面传递过来的数据内容。

pass1.xml 段

```
<EditText
  android:id="@+id/edit"
  android:layout_width="fill_parent"
  android:layout_height="wrap_content"/>
<Button
  android:id="@+id/btn"
  android:layout_width="fill_parent"
  android:layout_height="wrap_content"
  android:text="发送"/>
```

pass2.xml

```
<TextView
  android:id="@+id/txt"
```

```
 android:layout_width="fill_parent"
 android:layout_height="wrap_content"/>
```

第 1 个 Activity 的程序段如下：

```
//单击按钮 1，传送用户输入的数据
btn.setOnClickListener(new View.OnClickListener() {
 public void onClick(View view) {
  //创建 Intent 对象实体
  Intent intent = new Intent();

  //设置 from 和 to 的 Activity
  intent.setClass(PassActivity1.this, PassActivity2.class);

  //创建要传送的数据
  Bundle bundle = new Bundle();
  bundle.putString("userInput", edit.getText().toString());

  //将数据设置到 Intent 对象中
  intent.putExtras(bundle);

  PassActivity1.this.startActivity(intent);
  PassActivity1.this.finish();
 }
});
```

读者可将 Bundle 对象视为 Hashtable 对象一样使用，Bundle 对象的 putString 函数的第 1 个参数是参数名称，或称为键值；第 2 个参数是要传递的数据内容。本示例是获取用户从 EditText 控件输入的文字。

接着通过 Intent 对象的 putExtras 函数，将 Bundle 对象封装，准备送到第 2 个 Activity。下面为 Activity2 的程序段：

```
//获取对象实体
TextView txt = (TextView)this.findViewById(R.id.txt);

//获取传送过来的 Bundle 对象
Bundle bundle = this.getIntent().getExtras();

//获取数据内容
String userInput = bundle.getString("userInput");

//显示在 TextView 中
txt.setText("使用者输入：" + userInput);
```

由上可知，通过 Activity 的 getIntent 函数可取得由其他 Activity 传送的 Intent 对象，并进而取得封装在其中的 Bundle 对象。最后，再由该 Bundle 对象的 getString 函数获取用户在第 1 个画面中输入的数据，并使用 TextView 对象将它显示在屏幕上，见下图。

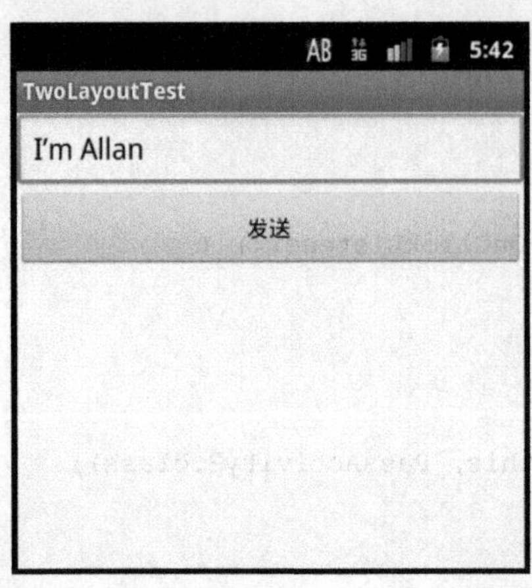

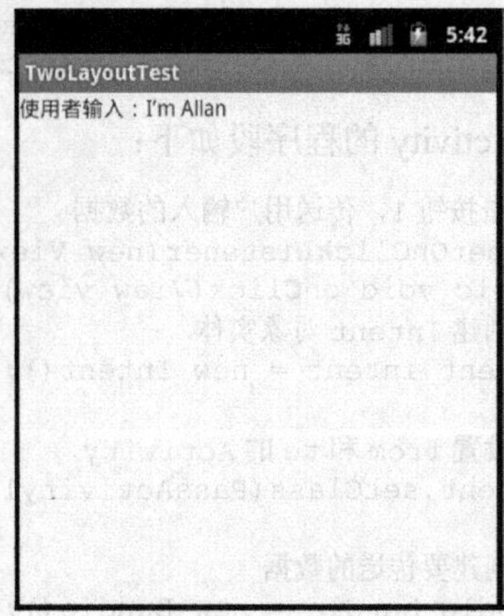

如果信息的传送不是单向的，从第 1 个画面传送给第 2 个画面后也希望能够取得响应，能否做到这点呢？答案是肯定的。

在第 1 个画面中添加一个 TextView 显示返回的信息，在第 2 个画面中添加一个按钮，准备将收到的信息传回第 1 个画面。参见下面两个调整后的布局文件。

pass1.xml

```
<TextView
  android:id="@+id/txt"
  android:layout_width="fill_parent"
  android:layout_height="wrap_content"/>
<EditText
  android:id="@+id/edit"
  android:layout_width="fill_parent"
  android:layout_height="wrap_content"/>
<Button
  android:id="@+id/btn"
  android:layout_width="fill_parent"
  android:layout_height="wrap_content"
  android:text="发送"/>
```

pass2.xml

```
<TextView
  android:id="@+id/txt"
  android:layout_width="fill_parent"
  android:layout_height="wrap_content"/>
<Button
  android:id="@+id/btn"
  android:layout_width="fill_parent"
  android:layout_height="wrap_content"
  android:text="传回"/>
```

此外，在 Activity1 的 onCreate 中添加如下代码，用来接收稍后将由 Activity2 传回的信息。由于在一开始执行 Android 程序时，任何人都不会给 Activity1 传送信息，因而 Bundle 对象有可能是 null。因此必须将 try…catch 封装到 Activity1 取回返回值的代码中。

```
try {
 //获取返回的 Bundle 对象
 Bundle bundle = this.getIntent().getExtras();

 //获取数据内容
 String userReturn = bundle.getString("userReturn");

 //显示在 TextView 中
 txt.setText("使用者传回: " + userReturn);
} catch (Exception e) {
 Log.e("DeepActivity", "error:" + e);
}
```

在 Activity2 中也必须添加下面的代码，让用户在单击“返回按钮”时，能将刚刚取得的内容稍微“加工”后再传给 Activity1：

```
//单击按钮，将取得的数据加工后再传给 Activity1
btn.setOnClickListener(new View.OnClickListener() {
 public void onClick(View view) {
  //创建 Intent 对象实体
  Intent intent = new Intent();

  //设置 from 和 to 的 Activity
  intent.setClass(PassActivity2.this, PassActivity1.class);

  //创建要传回的数据
  Bundle bundle = new Bundle();
  bundle.putString("userReturn", "return to you: " + userInput);

  //将数据设置到 Intent 对象中
  intent.putExtras(bundle);

  PassActivity2.this.startActivity(intent);
  PassActivity2.this.finish();
 }
});
```

执行结果如下图所示。

虽然上面的运行方式实现了在 Activity 之间进行数据的发送和回收。然而这种模式却没有一个保证机制证明传回的数据就是我们预期的内容。简单地说，Activity1 所接收的传回数据，也有可能是其他 Activity 传入的。

此外，因为调用了 finish 函数，所以接收返回值的 Activity 已经不是同一个对象实体了。这时，需要依赖 startActivityForResult 来实现上面的要求。

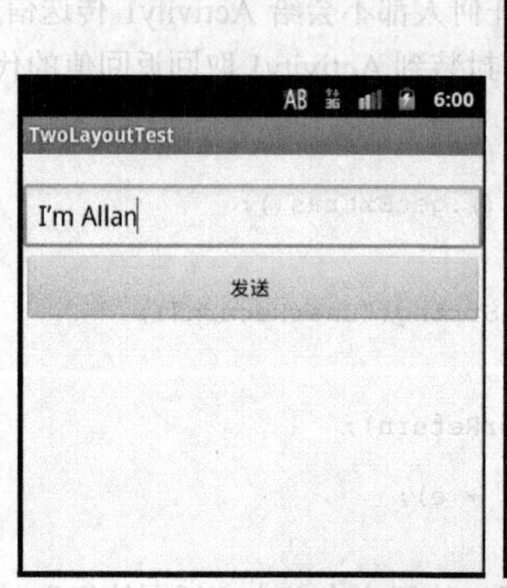

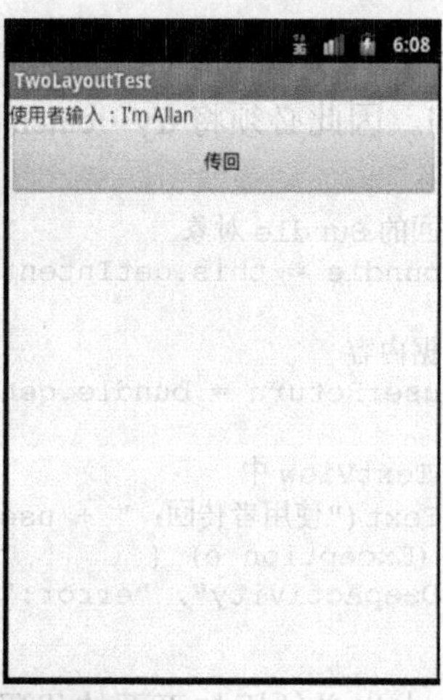

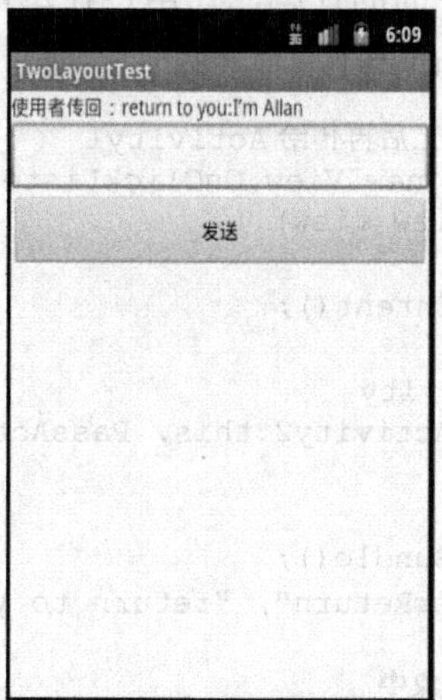

如下所示，在进行页面转换时不再调用原本的 startActivity(intent)，而是调用 startActivityForResult(intent, 16888)，把第 2 个字段的数值当作 Activity 进行数据传递时的确认码，Activity1 在接收返回的数据时，可以根据确认码是否相同来判断数据是否是我们预期的。需要注意的是，不要添加 Activity1.this.finish( )：

```
//创建 Intent 对象实体
Intent intent = new Intent();

//设置 from 和 to 的 Activity
intent.setClass(Activity1.this, Activity2.class);
Activity1.this.startActivityForResult(intent, 16888);
```

下面是 Activity2 的程序段。同样地，可以使用 getIntent 获取 Intent 对象，再由 getExtras 获取封装在其中的 Bundle 数据对象。最后，再加上额外信息，准备将数据传回 Activity1。

```
//获取传送来的数据
Intent intent = getIntent();
Bundle bundle = intent.getExtras();

//设置传回的数据
bundle.putString("userReturn", "return to you: " + userInput);
intent.putExtras(bundle);
```

下面是执行传回数据的代码，第 1 个参数是该数据的确认码：

```
PassActivity2.this.setResult (16888, intent);
```

需要在第 1 个 Activity 中重写下面的函数来获取传回值：

```
//获取返回的 Intent
protected void onActivityResult(int requestCode, int resultCode, Intent intent) {
 //获取其中的数据
 if (resultCode == 16888) {
  Bundle bundle = intent.getExtras();
  String userReturn = bundle.getString("userReturn");

  //显示在 TextView 中
  txt.setText("使用者传回: " + userReturn);
 }
}
```

上面的 resultCode 就是 Activity2 设置的验证码。如果发送的验证码和传回的验证码相同，就能确认数据的正确性。

使用 startActivityForResult 获取返回值是一种十分重要的 Activity 运行方式。举例来说，在数据表单系统中往往需要提供多个画面，让用户输入多页数据，如果没有通过 startActivityForResult 实现“回上一页”的功能，Android 必须多次创建 Activity 的对象实体，这将会是一件很不经济、很浪费时间的事。

这种情况不仅出现在实现具有“回上一页”功能的程序，只要具有在初始阶段需要加载大量数据、花费大量网络时间等的 Android 程序都可能出现上面的情况。

虽然 Android 可以在回调 Activity 的 onCreate 成员函数时使用 Bundle 对象取回对象前的状态，然而 Bundle 对象并不是用来存储大量数据的，同时这些大量的数据还可能必须被串行化（serialized）和反串行化（deserialized），可能会大幅降低执行效率。

因此，必须另有一项机制让程序员暂存大量的数据，同时可以在回到上一画面时快速地取回数据。这时必须重写 Activity 的 onRetainNonConfigurationInstance 和 getLastNonConfigurationInstance 成员函数。

在回调 onStop 和 onDestroy 之间会再次调用 onRetainNonConfigurationInstance 函数。因此，程序员可以重写该函数，返回一个存储大量数据的对象，这时 Android 底层将会妥善地存储这一包含大量数据的对象。

当 Activity 再次被创建，即回调 onCreate 时，可以调用 getLastNonConfigurationInstance 取回存储大量数据的对象，用来快速恢复数据的显示。在上面两个成员函数的交互运行下，就能大幅提高程序执行效率。

onRetainNonConfigurationInstance 返回的数据对象最好不要是一个和 Activity 高度耦合的对象，例如，Drawable、Adapter、View 或任何和 Context 相关的对象。否则可能因为对象之间参考值交互参考而永远都无法获选成为候选人，进而被内存资源回收（garbage-collected）而造成内存泄露（memory leak）。

本章对 Activity 做了深入的介绍，大约 80% 以上的 Android 程序以 Activity 的形式存在，因此，在进入更深的课题前，读者一定要熟悉 Activity 的编写和运行。

Chapter 7

数据的存储

截至目前为止我们所探讨的话题都将使用过程中产生的数据暂存在内存，一旦手机没电或重新开关机，内存中的数据也会随之消失。为了解决数据存储的需求，Android 提供了 3 种不同的机制：SharedPreferences、File 和 SQLite 来保存数据，这就是本章的主题。

7.1 SharedPreferences 存储法

SharedPreferences 是以文件的形式存储用户数据的。然而该文件并不是普通的文本文件，而是基于“键-值”对应关系的 XML 文件，下面是典型的在 Activity 中获取 SharedPreferences 对象实体的方法：

```
    SharedPreferences pre = this.getSharedPreferences("myPreference", Activity.
MODE_PRIVATE);
```

getSharedPreferences 成员函数的第一个参数说明存储数据的文件名是 myPreference.xml，该文件将存放在/data/data/<包名>/shared_prefs 目录中。举例来说，如果包名为 com.freejavaman，那么生成的 XML 文件将存放于/data/data/com.freejavaman/shared_prefs 目录中。

getSharedPreferences 成员函数的第二个参数用来说明该文件的存取权限是什么，共有以下几种。

参数名称	参数说明
Activity.MODE_PRIVATE	私有数据，其他 Android 程序不可以读写 拥有该 Preference 的 Android 程序在写入数据时，将会覆盖上一次存储的文件
Activity.MODE_WORLD_READABLE	其他 Android 程序可以读取 Preference 的内容
Activity.MODE_WORLD_WRITEABLE	其他 Android 程序可以写入数据到 Preference
Activity.MODE_WORLD_READABLE +Activity.MODE_WORLD_WRITEABLE	其他 Android 程序可以读写该 Preference

SharedPreferences 接口对象同时提供了下面的成员函数，以便让程序员获取存储在 Preference 中的数据，如下表所示。

成员函数名称	成员函数说明
contains(String key)	返回值为 boolean，判断键是否存在
getAll()	返回一个包含所有在 XML 文件中数据的 Map 数据结构
getBoolean(String key, boolean value)	返回和键对应的布尔型数据 如果数据不存在，返回默认值，即第二个参数设置的值 当数据存在，但数据类型不符时，发出 ClassCastException 异常
getFloat(String key, float value)	返回和键对应的浮点型数据 如果数据不存在，返回默认值，即第二个参数设置的值 当数据存在，但数据类型不符时，发出 ClassCastException 异常

续表

成员函数名称	成员函数说明
getInt(String key, int value)	返回和键对应的整型数据 如果数据不存在，返回默认值，即第二个参数设置的值 当数据存在，但数据类型不符时，发出 ClassCastException 异常
getLong(String key, long value)	返回和键对应的长整型数据 如果数据不存在，返回默认值，即第二个参数设置的值 当数据存在，但数据类型不符时，发出 ClassCastException 异常
getString(String key, String value)	返回和键对应的字符型数据 如果数据不存在，返回默认值，即第二个参数设置的值 当数据存在，但数据类型不符时，发出 ClassCastException 异常
edit()	返回实现 SharedPreferences.Editor 接口的对象

SharedPreferences 接口对象提供了很多返回数据的方法，那么如何写入数据呢？答案是必须通过 SharedPreferences 对象的内部类——Editor 对象。如上表所示，调用 SharedPreferences 的 edit()成员函数后，即可获得 SharedPreferences.Editor 接口对象的实体。

SharedPreferences.Editor 接口定义了下面的成员函数，帮助将数据写入 XML 文件，如下表所示。

成员函数名称	成员函数说明
getAll()	返回一个包含所有在 XML 文件中数据的 Map 数据结构
putBoolean(String key, boolean value)	存储布尔型数据
putFloat(String key, float value)	存储浮点型数据
putInt(String key, int value)	存储整型数据
putLong(String key, long value)	存储长整型数据
putString(String key, String value)	存储字符型数据
remove(String key)	删除键对应的数据
clear()	清除所有 Preference 中的数据

从提供的成员函数观察，SharedPreferences 的使用和存取 Map 数据结构的方式非常类似，都是基于“键-值”的方式来设计成员函数。

现在来看个 SharedPreferences 的典型使用示例。我们在 Activity 中提供一个 EditText 和一个 Button 对象。当用户单击按钮时，程序会将 EditText 控件中输入的数据存储在 SharedPreferences 上，而当 Activity 回到前景调用 onStart 函数时，就从 SharedPreferences 中取回数据，并显示在 EditText 上，如下面程序所示。

■ 布局文件

```
<?xml version="1.0" encoding="utf-8"?>
```

```
<LinearLayout xmlns:android="http://schemas.android.com/apk/res/android"
    android:orientation="vertical"
    android:layout_width="fill_parent"
    android:layout_height="fill_parent">
 <EditText
    android:id="@+id/edit"
    android:layout_width="fill_parent"
    android:layout_height="wrap_content"/>
 <Button
    android:id="@+id/saveBtn"
    android:layout_width="wrap_content"
    android:layout_height="wrap_content"
    android:text="存储" />
</LinearLayout>
```

Preference 写入程序源文件

```
package com.freejavaman;

import android.app.Activity;
import android.content.*;
import android.os.Bundle;
import android.util.Log;
import android.view.View;
import android.widget.*;

public class SPWriter extends Activity {
 EditText edit;
 Button saveBtn;
 SharedPreferences pre;
 SharedPreferences.Editor preEdit;

 public void onCreate(Bundle savedInstanceState) {
  super.onCreate(savedInstanceState);
  setContentView(R.layout.main);

  edit = (EditText)this.findViewById(R.id.edit);
  saveBtn = (Button)this.findViewById(R.id.saveBtn);

  //获取 SharedPreferences 对象
  pre = this.getSharedPreferences("myPreference", Activity.MODE_PRIVATE);
  preEdit = pre.edit();

  //单击按钮，执行数据存储
  saveBtn.setOnClickListener(new View.OnClickListener() {
   public void onClick(View view) {
    //获取用户输入的数据
    preEdit.putString("myName", edit.getText().toString());

    //写入暂存的数据
    preEdit.commit();
   }
  });
 }
```

```

protected void onStart() {
 super.onStart();
 //取回暂存的数据，并显示到输入框
 edit.setText(pre.getString("myName", ""));
 }
}
```

如上所示，没有执行 commit 指令时，所有的数据都只被存储在内存中，并不会真正地被写入 XML 文件。执行结果如右图所示。

前面提到数据将会被存储在“/data/data/ <包名>/shared_prefs”目录的 myPreference.xml 中，那么是否可以下载这个 XML 文件并观察其内容呢？答案是肯定的。打开 DOS 窗口，将目录切换到 adb.exe 存储的目录。

输入 adb devices，并观察手机装置是否正确连接，例如出现下面的信息：

```
List of devices attached
HT11NRX04732    device
```

确认手机装置正确连接后，再输入下面的指令。需要注意的是，本节的包名为 com.freejavaman。

```
adb pull /data/data/com.freejavaman/shared_prefs/myPreference.xml ./myPrefe
rence.xml
```

执行结果如下所示：

```
failed to copy '/data/data/com.freejavaman/shared_prefs/myPreference.xml' to './
myPreference.xml': Permission denied
```

为什么无法下载 XML 文件呢？原因在于使用 getSharedPreferences 时所设置的访问权限为 Activity.MODE_PRIVATE。只有拥有该 SharedPreferences 的 Android 程序才具有存取的权限。

将权限调整为 Activity.MODE_WORLD_READABLE，并重新执行程序，最后再执行 adb pull 即可顺利下载该 XML 文件，其内容如下：

```
<?xml version='1.0' encoding='utf-8' standalone='yes' ?>
<map>
<string name="myName">I'm Allan</string>
</map>
```

为了测试 SharedPreferences 的权限设置是否可被正确地执行，接下来再编写读取 SharedPreferences 的 Android 程序，该程序必须重新创建一个项目，并使用不同的包名。如下为读取程序的布局文件内容：

```
<?xml version="1.0" encoding="utf-8"?>
<LinearLayout xmlns:android="http://schemas.android.com/apk/res/android"
    android:orientation="vertical"
    android:layout_width="fill_parent"
    android:layout_height="fill_parent">
 <TextView
    android:id="@+id/txt"
    android:layout_width="fill_parent"
    android:layout_height="wrap_content"
    android:text=""/>
</LinearLayout>
```

这个 Android 程序提供了一个 TextView 组件，并在启动 Activity 的同时读取由上一个示例程序写入 SharedPreferences 的数据，并将其显示到 TextView 控件上。

■ SharedPreferences 读取程序源文件

```
package com.test;

import android.app.Activity;
import android.content.*;
import android.os.Bundle;
import android.util.Log;
import android.view.View;
import android.widget.*;

public class SPReader extends Activity {
 TextView txt;
 Context saveContext;
 SharedPreferences pre;

 public void onCreate(Bundle savedInstanceState) {
  super.onCreate(savedInstanceState);
  setContentView(R.layout.main);

  //获取 TextView 对象实体
  txt = (TextView)this.findViewById(R.id.txt);

  try {
   //获取指定的 Content
   saveContext = createPackageContext("com.freejavaman",
                                     Activity.MODE_WORLD_READABLE);

   //获取 SharedPreferences 对象
   pre = saveContext.getSharedPreferences("myPreference",
                                     Activity.MODE_WORLD_READABLE);
  } catch (Exception e){
  Log.e("sp", "error:"+e);
  }
 }

 protected void onStart() {
```

```
    super.onStart();
    //取回暂存的数据，并显示到输入框
    if (pre != null)
     txt.setText("存储的数据：" + pre.getString("myName", ""));
    else
     txt.setText("存储的数据：无法取得");
  }
}
```

上面的程序中比较特别的是 createPackageContext 成员函数，它将根据第一个参数设置的包名创建一个对应到该包的 Context 对象。简单地说，就是切换到和指定包相同的存取位置。

再通过 Context 对象的 getSharedPreferences 函数获取对应存储在“/data/data/com.freejavaman/shared_prefs/”目录中 myPreference.xml 的 SharedPreferences 接口对象。通过 SharedPreferences 接口对象的 getXXX 成员函数获取存储在 SharedPreferences 中的数据。

读者可以试着在写入程序中置换不同的访问权限，并执行读取程序观察各种可能的变化。例如当写入程序权限设置为 MODE_WORLD_WRITEABLE 时，即使读取程序设置为 MODE_WORLD_READABLE，读取程序依然无法获取 SharedPreferences 中的数据。

7.2 文件存储法

除了 SharedPreferences 外，Android 还提供了一般文件的存取功能。设计师可以通过所继承的 openFileOutput 函数获取 java.io.FileOutputStream；可以使用 openFileInput 函数获取 java.io.FileInputStream。

仿照上一节的示例，我们在 Activity 中提供了一个 EditText 和一个 Button 对象。当用户单击按钮时，程序将 EditText 控件中输入的数据存储到某个文件中，而当 Activity 回到前景调用 onStart 函数时，从该文件中取回数据，并显示在 EditText 中，见下面的程序。

■ 布局文件

```
<?xml version="1.0" encoding="utf-8"?>
<LinearLayout xmlns:android="http://schemas.android.com/apk/res/android"
    android:orientation="vertical"
    android:layout_width="fill_parent"
    android:layout_height="fill_parent">
 <EditText
    android:id="@+id/edit"
    android:layout_width="fill_parent"
    android:layout_height="wrap_content"/>
 <Button
    android:id="@+id/saveBtn"
```

```
    android:layout_width="wrap_content"
    android:layout_height="wrap_content"
    android:text="存储" />
</LinearLayout>
```

■ 文件写出程序的源文件

```
package com.freejavaman;

import java.io.*;
import android.app.Activity;
import android.os.Bundle;
import android.util.Log;
import android.view.View;
import android.widget.*;

public class FileWriter extends Activity {
  EditText edit;
  Button saveBtn;

  public void onCreate(Bundle savedInstanceState) {
   super.onCreate(savedInstanceState);
   setContentView(R.layout.main);

   edit = (EditText)this.findViewById(R.id.edit);
   saveBtn = (Button)this.findViewById(R.id.saveBtn);

   //单击按钮执行数据存储
   saveBtn.setOnClickListener(new View.OnClickListener() {
    public void onClick(View view) {
     try {
      //获取用户输入的数据
      FileOutputStream fout =
        FileWriter.this.openFileOutput("myFile",Activity. MODE_PRIVATE);
      fout.write(edit.getText().toString().getBytes());
      fout.close();
      Log.v("file", "write file ok");
     } catch (Exception e) {
      Log.e("file", "write file err:" + e);
     }
    }
   });
  }

  protected void onStart() {
   super.onStart();
   try {
    //打开文件输入数据流
    FileInputStream fin = FileWriter.this.openFileInput("myFile");

    //获取文件内容长度
    byte[] datas = new byte[fin.available()];
    fin.read(datas);
```

```

  //取回暂存的数据,并显示到输入框
  edit.setText(new String(datas));
  fin.close();
  Log.v("file", "read file ok");
 } catch (Exception e) {
 Log.e("file", "read file err:" + e);
 }
}
}
```

如上所示，通过 openFileOutput 成员函数获取 FileOutputStream 对象时，第一个参数是设置要写出的文件名，第二个参数是文件的访问权限。和 SharedPreferences 一样，文件访问权限也有以下几种。

参数名称	参数说明
Activity.MODE_PRIVATE	私有数据，其他 Android 程序不可以读写 拥有该文件的 Android 程序在写入数据时，将覆盖上一次存储的文件
Activity.MODE_APPEND	此为私有数据，其他 Android 不可以读写 拥有该文件的 Android 程序在写入数据时，会将新数据附加到文件后面
Activity.MODE_WORLD_READABLE	其他 Android 程序可以读取该文件的内容
Activity.MODE_WORLD_WRITEABLE	其他 Android 程序可以在在文件中写入数据
Activity.MODE_WORLD_READABLE + Activity.MODE_WORLD_WRITEABLE	其他 Android 程序可以读写该文件

使用文件存储数据的访问权限比使用 SharedPreferences 时多了一个添加模式（MODE_APPEND）。这是因为使用 SharedPreferences 存储数据是基于 XML 格式存储的，整个 XML 文件内容都将被替代，因此不需要额外设置支持添加模式。

但在使用文件存储时并不一定是这样，某些情况下程序员只想在文件中添加新的数据。因此，使用文件存储数据时才会多出一个访问控制权限。

那么写出的文件会被存储在哪里呢？和 SharedPreferences 一样，文件也会被存放在 Android 程序的数据目录，以本节示例为例，将被存放在/data/data/com.freejavaman/files 目录中。

同样地，我们可使用 adb 工具获取存储的文件。需要注意的是，写出程序的访问权限至少要设置为 MODE_WORLD_READABLE，否则 adb 工具将因权限问题而无法读取文件。

```
adb pull /data/data/com.freejavaman/files/myFile ./myFile
```

如下即为文件内容：

```
I'm Allan
```

SharedPreferences 和文件这两种存储方式相辅相成。SharedPreferences 通过“键-值”的方式存储数据，因而可以应用在需要具有对应功能的情况，例如存储配置文件数据等。而以文件方式存储数据采用的是二进制（binary）方式存储，因此存储内容的种类除了可以是纯文本外，还可以是图片、影片、声音等。

如上所述，本节也提供了一个读取文件内容的 Activity 程序，为了测试不同 Android 程序之间的访问权限，设置读取程序使用不同的项目和包名，见下面的程序。

■ 布局文件

```
<?xml version="1.0" encoding="utf-8"?>
<LinearLayout xmlns:android="http://schemas.android.com/apk/res/android"
    android:orientation="vertical"
    android:layout_width="fill_parent"
    android:layout_height="fill_parent">
 <TextView
    android:id="@+id/txt"
    android:layout_width="fill_parent"
    android:layout_height="wrap_content"
    android:text=""/>
</LinearLayout>
```

■ 文件读取程序的源文件

```
package com.test;

import java.io.FileInputStream;
import android.app.Activity;
import android.content.Context;
import android.os.Bundle;
import android.util.Log;
import android.widget.TextView;

public class FileReader extends Activity {
  TextView txt;

  public void onCreate(Bundle savedInstanceState) {
   super.onCreate(savedInstanceState);
   setContentView(R.layout.main);

   //获取对象实体
   txt = (TextView)this.findViewById(R.id.txt);
  }

  protected void onStart() {
   super.onStart();
   try {
    //打开文件输入数据流
    Context saveContext = createPackageContext("com.freejavaman",
                                  Activity.MODE_WORLD_READABLE);
    FileInputStream fin = saveContext.openFileInput("myFile");

    //获取文件内容长度
```

```
   byte[] datas = new byte[fin.available()];
   fin.read(datas);

   //取回暂存的数据,并显示到输入框
   txt.setText("存储的数据: " + new String(datas));

   fin.close();
   Log.v("file", "read file ok");
  } catch (Exception e) {
   Log.e("file", "read file err:" + e);
  }
 }
}
```

同样地，我们必须使用 createPackageContext 函数获取写入程序相同存取位置的 Context 对象，再通过该 Context 对象对应到“/data/data/Activity 包名/files/”目录上。

7.3 读写外部文件法

文件是不是一定要存储在数据目录，也就是“/data/data/Activity 包名/files/”中呢？设计师可以像编写一般 I/O 程序一样，将文件存储在要存放的地方。如下所示为调整后的写文件程序，用户可以使用这个 Android 程序将文件存储在 SD 卡上。

■ SD 卡写文件程序示例

```
package com.freejavaman;

import java.io.*;
import android.app.Activity;
import android.os.Bundle;
import android.util.Log;
import android.view.View;
import android.widget.*;

public class SDCardWriter extends Activity {
  EditText edit;
  Button saveBtn;

  public void onCreate(Bundle savedInstanceState) {
   super.onCreate(savedInstanceState);
   setContentView(R.layout.main);

   edit = (EditText)this.findViewById(R.id.edit);
   saveBtn = (Button)this.findViewById(R.id.saveBtn);

   //单击按钮，执行数据存储
   saveBtn.setOnClickListener(new View.OnClickListener() {
```

```
    public void onClick(View view) {
     try {
      //打开文件数据流
      File file = new File("/sdcard/sdcardFile.txt");
      FileOutputStream fout = new FileOutputStream(file);

      //写出文件
      fout.write(edit.getText().toString().getBytes());
      fout.close();
      Log.v("file", "write file ok");
     } catch (Exception e) {
      Log.e("file", "write file err:" + e);
     }
    }
   });
  }

  protected void onStart() {
   super.onStart();
    try {
     //打开文件输入数据流
     File file = new File("/sdcard/sdcardFile.txt");
     FileInputStream fin = new FileInputStream(file);

     //获取文件内容长度
     byte[] datas = new byte[fin.available()];
     fin.read(datas);

     //取回暂存的数据,并显示到输入框
     edit.setText(new String(datas));

     fin.close();
     Log.v("file", "read file ok");
    } catch (Exception e) {
     Log.e("file", "read file err:" + e);
    }
  }
}
```

和上一节示例不同的地方在于，Activity 程序直接使用 File 类指定要存取的目录和文件名。同时也没有设置访问权限，例如 MODE_WORLD_READABLE 等：

```
//打开文件写出数据流
File file = new File("/sdcard/sdcardFile.txt");
FileOutputStream fout = new FileOutputStream(file);
```

不用设置访问权限，也意味着对于写出的文件 Android 不具有直接的管理权限，任何可以接触到文件的操作系统用户执行的程序都可以读写该文件。话虽如此，这种传统的写文件方式还是有限制的。

假设设置的目录和文件名为“/data/myFile.txt”，由于手机的操作系统用户一般只具有

user 权限，因此对于“/data”目录是不具备访问权限的，在写文件时将会发生如下的异常事件：

```
java.io.FileNotFoundException: /data/myFile.txt (Permission denied)
```

此外，虽然 user 权限可以存取“/sdcard”目录，但由于该目录挂载到（mount）外部存储装置——SD 卡，因此程序员必须在 AndroidManifest.xml 中做如下声明：

```
<?xml version="1.0" encoding="utf-8"?>
<manifest xmlns:android="http://schemas.android.com/apk/res/android"
     package="com.freejavaman"
     android:versionCode="1"
     android:versionName="1.0">
 <uses-sdk android:minSdkVersion="8" />
  <application android:icon="@drawable/icon" android:label="@string/app_name">
   <activity android:name=".SDCardWriter"
     android:label="@string/app_name">
     <intent-filter>
      <action android:name="android.intent.action.MAIN" />
      <category android:name="android.intent.category.LAUNCHER" />
     </intent-filter>
   </activity>
 </application>
 <uses-permission android:name="android.permission.WRITE_EXTERNAL_STORAGE" />
</manifest>
```

介绍了写文件程序示例，我们也提供了对应的读文件程序：

```
package com.test;

import java.io.*;
import android.app.Activity;
import android.content.Context;
import android.os.Bundle;
import android.util.Log;
import android.widget.TextView;

public class SDCardReader extends Activity {
 TextView txt;

 public void onCreate(Bundle savedInstanceState) {
  super.onCreate(savedInstanceState);
  setContentView(R.layout.main);

  //获取对象实体
  txt = (TextView)this.findViewById(R.id.txt);
 }

 protected void onStart() {
  super.onStart();
   try {
    //打开文件输入数据流
```

```
    File file = new File("/sdcard/sdcardFile.txt");
    FileInputStream fin = new FileInputStream(file);

    //获取文件内容长度
    byte[] datas = new byte[fin.available()];
    fin.read(datas);

    //取回暂存的数据,并显示到输入框
    txt.setText("存储的数据: " + new String(datas));

    fin.close();
    Log.v("file", "read file ok");
   } catch (Exception e) {
    Log.e("file", "read file err:" + e);
   }
 }
}
```

和写文件程序不同的是，读文件程序不用在 AndroidManifest.xml 种声明任何访问权限。

7.4 SQLite 存储法

为了给程序员提供更多的选择，Android 平台还支持 SQLite 数据库引擎。SQLite 是一个嵌入式、以文件为基础的数据库。和一般数据库不同的地方在于，SQLite 并没有服务端的进程（process），纯粹通过函数库的使用达到存取数据的目的。

由于所有的数据都被存储在文件中，而文件又可以被自由地复制到不同的平台，因此，它和 Java 语言的配合算得上是天衣无缝。

7.4.1 启动或创建数据库

Android 启动或创建 SQLite 数据库的代码如下：

```
SQLiteDatabase db = SQLiteDatabase.openOrCreateDatabase("/data/data/<包名>/mydb.db", null);
```

openOrCreateDatabase 静态成员函数的第一个参数是指定文件类型的数据库的绝对存储路径，第二个参数是创建 Cursor 类的工厂对象（factory class），设置为 null 表示使用默认的工厂组件。如果要启动的数据库不存在，openOrCreateDatabase 将自动创建一个新的数据库。

和传统 Java 数据库程序不同的地方在于，使用 SQLite 数据库时并不需要指定 JDBC 驱动程序，因为 SQLite 只是一般的文件存取，只是它存取的过程看起来像是在和数据库管理系统沟通而已。因此，不需要使用 JDBC 作为应用程序和数据库管理系统沟通的媒介。

和使用 SharedPreferences 或文件不同，SQLite 需要具有访问权限的设置。访问权限的管理基本上是通过文件本身存储的目录决定的。

如上所述，假设将数据库创建在包的数据目录下，即“/data/data/ <包名>”时，那么在其他 Android 程序没有访问权限的情况下，要尝试获取数据库时会发生如下的异常事件，这样就能达到数据保护的目的：

```
android.database.sqlite.SQLiteException: unable to open database file
```

相反，假设创建的数据库希望所有 Android 程序都可以存取，这时就可以将数据库创建在一个“公共的存储位置”，如 SD 卡。如下所示：

```
SQLiteDatabase db = SQLiteDatabase.openOrCreateDatabase("/sdcard/mydb.db",
null);
```

如果要将数据库创建在 SD 卡上，程序员必须在 AndroidManifest.xml 中声明访问权限：

```
<uses-permission android:name="android.permission.WRITE_EXTERNAL_STORAGE" />
```

7.4.2 创建数据库表

启动或创建数据库后，就可以创建数据库表了。程序员可以通过下面的代码创建表：

```
//创建表的 SQL 语法
String sql = "CREATE TABLE passenger (_id integer primary key autoincrement,"
+ "name text," + "addr text)";

//执行创建表的代码
try {
 db.execSQL(sql);
} catch (Exception e){
 Log.e("sql", "error(1):" + e);
}
```

我们创建了一个名为 passenger 的表，其中_id 为主键，它将随着数据量的增加自动进行递增。第二个和第三个字段都为文本，表示旅客的姓名和地址。

可以使用 execSQL 函数在数据库上创建指定的表。需要注意的是，由于可能已经创建了该表，因而必须使用 try…catch 语法对 execSQL 指令予以保护。如果已经创建了该数据库表，虽然不会重新创建它，但会引发如下的异常事件：

```
android.database.sqlite.SQLiteException: table passenger already exists:
CREATE TABLE passenger(_id integer primary key autoincrement,name text,addr text)
```

7.4.3 添加数据

SQLite 提供两种添加数据的方法，第一种方式和传统方式相同，不再详细介绍了：

```
//添加数据的传统 SQL 语法
String sql = "INSERT INTO passenger(name, addr) VALUES('Allan', 'TPE')";
db.execSQL(sql);
```

第二种方式比较接近于面向对象的思维方式，程序员必须将数据封装在 ContentValues 对象中。ContentValues 对象和 Map 对象的使用相同，采用的都是“键-值”方式设置数据：

```
//以面向对象方式添加数据
ContentValues values = new ContentValues();
values.put("name", "freejavaman");
values.put("addr", "BAC");
db.insert("passenger", null, values);
```

如上所示，执行 insert 指令后，就会在数据库表中添加新数据。

7.4.4 修改数据

SQLite 同样提供了两种修改数据的方法，下面是直接执行 SQL 语法的传统方式：

```
//修改数据的传统 SQL 语法
String sql = "UPDATE passenger set name='Allan' WHERE name='freejavaman'";
db.execSQL(sql);
```

第二种方式也是采用面向对象的思维方式，将要修改的数据和条件封装在对象中：

```
//修改数据，面向对象方式
ContentValues values = new ContentValues();
values.put("name", "Allan"); //设置列值

//设置修改的 where 条件
String whereClause = "name=? AND addr=?";
String[] whereArgs = {"freejavaman", "BAC"};
db.update("passenger", values, whereClause, whereArgs);
```

ContentValues 对象同样封装了要设置的数据内容，不同的地方在于，执行更新数据库表的 update 成员函数中，第三个和第四个参数分别代表 SQL 指令 Where 条件的列名和数据内容；其中，whereClause 为 Where 条件的列名，和编写传统 Java 数据库程序时使用 PreparedStatement 一样，通过“?”替代写入的数据内容；而 whereArgs 字符串数组存储的是 WHERE 条件的数据值。

7.4.5 查询数据

从前面几节可以看出，在使用 SQLite 时，直接执行 SQL 语法，如创建数据库表、添加、修改和删除数据，都是使用 execSQL 函数完成。

那么数据查询呢？可惜并没有提供直接输入 SQL 查询语法的方式。和上一节介绍的修

改数据的方式类似，设置查询条件，再使用 query 成员函数来查询数据。如下所示为 SQLite 的查询成员函数：

```
db.query(table, columns, selection, selectionArgs, groupBy, having, orderBy)
```

每个参数所代表的意义如下表所示。

参数名称	代表意义
table	要查询的数据库表名
columns	要查询的字段
selection	查询时 Where 条件的列名
selectionArgs	查询时 Where 条件的数据内容
groupBy	查询时 Group By 的字段
having	查询时 Having 条件，如 age > 30
orderBy	查询时 Order By 排序条件

下面为典型的使用示例：

```
//根据条件进行查询
String[] columns = {"name,addr"};
String selection = "name=? AND addr=?";
String[] selectionArgs = {"Allan","TPE"};
Cursor cursor = db.query("passenger", columns, selection,
                         selectionArgs, null, null, null);
```

当 columns 参数为 null 时，表示查询所有的字段。当 selection 和 selectionArgs 为 null 时，表示没有设置 Where 条件，将查询所有记录。

执行 query 指令会得到一个 Cursor 对象，通过该对象就可以浏览整个查询结果。下面是 Cursor 对象提供的成员函数。

函数名称	功能说明
getCount	获取查询结果的总数
isFirst	判断是否指向第一个记录
isLast	判断是否指向最后一个记录
moveToFirst	将指针移动到第一个记录
moveToLast	将指针移动到最后一个记录
move(int)	将指针移动到指定的记录
moveToNext	将指针移动到下一个记录
moveToPrevious	将指针移动到上一个记录
getColumnCount	获取查询结果的字段数
getColumnIndexOrThrow(String)	根据域名查询字段索引
getColumnName(int)	根据字段索引查询列名

续表

函数名称	功能说明
GetColumnNames	获取所有列名，并存储在字符串数组中
getDouble(int)	根据字段索引获取 Double 型数据
getFloat(int)	根据字段索引获取 Float 型数据
getShort(int)	根据字段索引获取 Short 型数据
getInt(int)	根据字段索引获取 Int 型数据
getLong(int)	根据字段索引获取 Long 型数据
getString(int)	根据字段索引获取 String 型数据

下面是典型的查询结果表，获取所有数据的方法：

```
if (cursor.moveToFirst()) {
 do {
  String name = cursor.getString(0);
  String addr = cursor.getString(1);

  //显示在 Log 中
  Log.v("sql", "name:" + name + ", addr:" + addr);
 } while (cursor.moveToNext());
}
```

在上面的程序段中，如果查询结果为空值，即没有任何记录时，moveToFirst 的返回值应该是 false。反之，如果结果为非空值，那么调用 moveToFirst 的结果应为 true，同时，指针将移动到第一个记录。

由于指针已指向第一个记录，因此程序员必须通过 do…while 指令抓取所有的数据，因为该程序运行到现在至少会有一个记录。

7.4.6 删除数据

SQLite 同样支持传统 SQL 语法和面向对象的方式来删除数据。下面是传统的 SQL 语法：

```
//删除数据的传统 SQL 语法
String sql = "DELETE FROM passenger WHERE addr='BAC'";
db.execSQL(sql);
```

面向对象的使用方式如下：

```
//删除数据的面向对象方式
String whereClause = "addr=?";
String[] whereArgs = {"TPE"};
db.delete("passenger", whereClause, whereArgs);
```

删除数据的示例和前面所述的基本相同，在此不再详述。

Chapter 8

Service 应用组件

Android 提供了 4 种不同的程序运行和编写方式，第一种是我们前几章介绍的 Activity，它是贴近使用者，同时也是最复杂的程序类型。现在要介绍的第二种 Android 程序类型称为 Service。下面的两章分别介绍 Broadcast/Receiver 和 Content Provider。

8.1 Service 漫谈

Service 是一种在背景执行的服务程序，主要的目的不是和使用者互动，因此不需要提供用户接口（UI），它提供了让其他程序调用的服务函数。

下面看一个典型的示例，说明如何启动和关闭 Service。我们在布局中设置两个按钮控件，分别提供“启动服务”和“停止服务”的功能：

```
<Button
  android:id="@+id/btn1"
  android:layout_width="fill_parent"
  android:layout_height="wrap_content"
  android:text="启动服务"/>
<Button
  android:id="@+id/btn2"
  android:layout_width="fill_parent"
  android:layout_height="wrap_content"
  android:text="停止服务"/>
```

在 Activity 中使用 findViewById 函数分别获取上面两个 Button 控件的对象实体，同时将单击事件委托给适当的监听器对象：

```
//启动服务的按钮
Button btn1 = (Button)this.findViewById(R.id.btn1);
Button btn2 = (Button)this.findViewById(R.id.btn2);

//委托事件，启动服务
btn1.setOnClickListener(new OnClickListener(){
 public void onClick(View view) {
  try {
   Intent intent = new Intent();
   intent.setAction("MyServiceNickName");
   ServiceLauncher.this.startService(intent);
   Log.v("serviceTest", "try to start service");
  } catch (Exception e) {
   Log.e("serviceTest", "try to start service, error:" + e);
  }
 }
});

//委托事件，停止服务
btn2.setOnClickListener(new OnClickListener(){
```

```
public void onClick(View view) {
 try {
  Intent intent = new Intent();
  intent.setAction("MyServiceNickName");
  ServiceLauncher.this.stopService(intent);
  Log.v("serviceTest", "try to stop service");
 } catch (Exception e) {
  Log.e("serviceTest", "try to stop service, error:" + e);
 }
}
});
```

如上所示，通过 Activity 继承的 startService 和 stopService 可以启动和关闭一个 Service。而 Intent 对象的 setAction 是指定要进行互动的服务名称。那么，该在什么地方声明这个名称呢？当然就是在全局配置文件——AndroidManifest.xml 中：

```
<application android:icon="@drawable/icon"
            android:label="@string/app_name">
 <activity android:name=".ServiceLauncher"
          android:label="@string/app_name">
  <intent-filter>
   <action android:name="android.intent.action.MAIN" />
   <category android:name="android.intent.category.LAUNCHER" />
  </intent-filter>
 </activity>
 <service android:name="MyService">
  <intent-filter>
   <action android:name="MyServiceNickName"/>
  </intent-filter>
 </service>
</application>
```

如上所示，在<service>的声明中，MyService 是 Service 程序的类名，MyServiceNickName 是在 Activity 中使用 Intent 的 setAction 成员函数指定启动和关闭的 Service 的别名。万事俱备后，就可以开始编写 Service 程序了。

编写 Service 程序并不困难，只需要继承类 android.app.Service，并实现其中的抽象成员函数 onBind(android.content.Intent) 即可。下面为本节示例的源代码：

```
package com.freejavaman;

import android.app.Service;
import android.content.Intent;
import android.os.IBinder;
import android.util.Log;

public class MyService extends Service{

 //必须要实现的成员函数
 public IBinder onBind(Intent intent) {
  Log.v("serviceTest", "service bind");
```

```
  return null;
 }

 public void onCreate() {
  super.onCreate();
  Log.v("serviceTest", "service create");
 }

 public void onStart(Intent intent, int startId) {
  super.onStart(intent, startId);
  Log.v("serviceTest", "service start");
 }

 public void onDestroy() {
  super.onDestroy();
  Log.v("serviceTest", "service destroy");
 }
}
```

读者应该已经非常熟悉 onCreate、onStart、onDestroy 这些成员函数了，即当 Service 被初始、启动或关闭时，会被底层 Android 平台调用的函数。比较特别的是 onBind 函数。

在本章开始时曾提到，Service 除了是在背景执行的程序外，还常常为其他程序提供服务。当其他程序使用该服务时，首先和 Service 程序进行绑定（bind）的动作，这时就会调用 Service 程序中的 onBind 成员函数。onBind 函数将返回继承自 android.os.Ibinder 类的对象，通过该对象就可以存取所需的服务了。读者到目前为止只需要具备上面的知识即可。

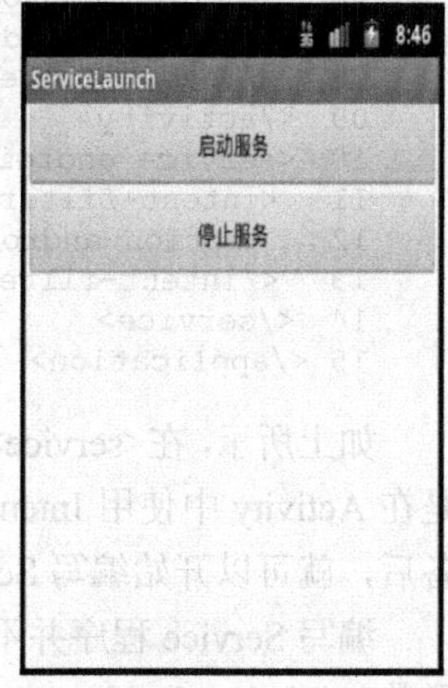

在编写完所有程序后，就可以进行测试了。执行结果如右图所示，由于本节示例并未提供任何实质性的服务，因此只能从 Log 中观察 Service 运行的情况。

```
VERBOSE/serviceTest(278): try to start service
VERBOSE/serviceTest(278): service create
VERBOSE/serviceTest(278): service start
VERBOSE/serviceTest(278): try to stop service
VERBOSE/serviceTest(278): service destroy
```

8.2 服务提供商

上一节介绍的只是如何启动和关闭（enable/disable）Service 程序。如何在 Service 中提供实质性的服务（service provider）是本节的重点。

好的程序架构或系统运行概念都得经得起岁月的考验，它也会成为后继者仿效的对象。和 COM、CORBA 或 Java RMI 一样，Android 程序也是通过远程过程调用（Remote Procedure

Call, RPC）的运行模式实现存取 Service 程序提供的服务。

谈到 RPC，最先想到的就是定义要提供的服务，接着就是通过工具自动产生存取该服务接口的代理人程序（stub）。简单地说，“代理人程序”就是帮上层的应用程序处理掉一些烦琐的工作，例如网络联机等，而让程序员专注在功能逻辑的提供上。Android 也是这样。

首先，需要定义在 Service 程序中要提供的功能。在 Android 程序中，设计师必须定义在扩展名为 aidl 的文件中。所谓的 AIDL 就是 Android Interface Definition Language 的缩写，读者可能会感到困惑，是否又需要学习一种新的“定义语言”，其实 AIDL 文件的编写和 Java 接口（interface）类似。来看个示例吧：

```
package com.freejavaman;

interface BMIInterface {

 void setWeight(float w);
 void setHeight(float h);
 float getBMI();
}
```

该示例提供了计算 BMI 的服务。从上面的代码可以得知，该服务将提供一个 setWeight(float) 的函数，允许其他程序传入体重信息，setHeight(float) 用于接收身高的输入信息，最后的 getBMI 函数可以取得 BMI 的计算结果。

定义好上述功能接口后编译整个 Android 项目。Eclipse 将自动生成上述接口的 Java 程序，如下所示：

```
/*
 * This file is auto-generated.  DO NOT MODIFY.
 * Original file: D:\\Android\\eclipse\\workspace\\ServiceLauncher\\src\\
com\\freejavaman\\BMIInterface.aidl
 */
package com.freejavaman;
public interface BMIInterface extends android.os.IInterface
{
/** Local-side IPC implementation stub class. */
public static abstract class Stub extends android.os.Binder implements
com.freejavaman.BMIInterface
{
private static final java.lang.String DESCRIPTOR = "com.freejavaman.
BMIInterface";
/** Construct the stub at attach it to the interface. */
public Stub()
{
this.attachInterface(this, DESCRIPTOR);
}
......
```

读者不必了解上述程序的详细内容，只需要知道它处理掉许多琐碎的底层工作。那么，要从什么地方开始设计要提供的功能呢？程序员必须定义一个继承自 BMIInterface.Stub 的类：

```
package com.freejavaman;

import android.os.RemoteException;

public class BMIImplement extends BMIInterface.Stub {

 private float weight, height;

 //设置体重信息
 public void setWeight(float w) throws RemoteException {
  this.weight = w;
 }

 //设置身高信息
 public void setHeight(float h) throws RemoteException {
  this.height = h;
 }

 //获取计算结果
 public float getBMI() throws RemoteException {
  return weight/(height * height);
 }
}
```

这样，通过继承 BMIInterface.Stub，整个代理工作就算完成了。接下来就可以编写一个 Activity 程序启动该服务：

```
package com.freejavaman;

import android.app.Activity;
import android.content.Intent;
import android.os.Bundle;
import android.util.Log;
import android.view.View;
import android.view.View.OnClickListener;
import android.widget.Button;

public class BMIServiceLauncher extends Activity {

 public void onCreate(Bundle savedInstanceState) {
  super.onCreate(savedInstanceState);
  setContentView(R.layout.main2);

  try {
   Intent intent = new Intent();
   intent.setAction("BMIServiceNickName");
   BMIServiceLauncher.this.startService(intent);
   Log.v("bmiService", "try to start service");
  } catch (Exception e) {
   Log.e("bmiService", "try to start service, error:" + e);
  }
```

```

  //隐藏Activity
  this.finish();
 }
}
```

上面的示例程序并不打算通过 GUI 和用户互动，因此在程序执行后，立即调用 finish 函数将造成没有任何 Activity 对象实体，而只有所要提供的服务在背景执行的情形。如下即为在 AndroidManifest.xml 中的声明和实现的 Service 程序：

```
……
<service android:name="BMIService">
<intent-filter>
<action android:name="BMIServiceNickName"/>
</intent-filter>
</service>
……
```

■ BMIService.java

```
package com.freejavaman;

import com.freejavaman.BMIInterface.Stub;
import android.app.Service;
import android.content.Intent;
import android.os.IBinder;
import android.util.Log;

public class BMIService extends Service{
 private Stub bmi = new BMIImplement();

 //必须要实现的成员函数
 public IBinder onBind(Intent arg0) {
  Log.v("bmiService", "service bind");
  return bmi;
 }
}
```

如上所示，该 Service 程序重写的 onBind 成员函数的返回对象即为实现并提供服务的对象。

读者可以尝试执行该示例程序，它并未显示任何用户接口，但通过 Android 的进程管理工具（process manager）可以看到它确实在背景执行。

8.3 服务使用者

接着来介绍服务的客户端程序（Service client），也就是服务使用者（service user）。本客户端程序将提供一个用来显示 BMI 计算结果的 TextView 控件，以及两个分别让用户输入体重和身高数据的 EditView 控件，最后还需要提供一个 Button 作为程序运行的驱动按钮。下面为布局文件的内容：

```
<?xml version="1.0" encoding="utf-8"?>
<LinearLayout xmlns:android="http://schemas.android.com/apk/res/android"
  android:orientation="vertical"
  android:layout_width="fill_parent"
  android:layout_height="fill_parent">
 <TextView
  android:id="@+id/txt"
  android:layout_width="fill_parent"
  android:layout_height="wrap_content"
  android:text="BMI:"/>
 <EditText
  android:id="@+id/editW"
  android:layout_width="fill_parent"
  android:layout_height="wrap_content"
  android:hint="输入体重"
  android:text="0"/>
 <EditText
  android:id="@+id/editH"
  android:layout_width="fill_parent"
  android:layout_height="wrap_content"
  android:hint="输入身高"
  android:text="0"/>
 <Button
  android:id="@+id/btn"
  android:layout_width="fill_parent"
  android:layout_height="wrap_content"
  android:text="计算 BMI"/>
</LinearLayout>
```

客户端的 Activity 程序如下所示：

```
package com.test;

import com.freejavaman.*;
import android.app.*;
import android.content.*;
import android.os.*;
import android.util.Log;
import android.view.View;
import android.view.View.OnClickListener;
import android.widget.*;

public class ServiceUser extends Activity {
 TextView txt;
 EditText editW;
 EditText editH;
 Button btn;

 //创建 Server 联机的对象
 private ServiceConnection conn = new ServiceConnection() {
```

```
  public void onServiceConnected(ComponentName cName, IBinder iBinder) {
   try {
    BMIInterface bmi = BMIInterface.Stub.asInterface(iBinder);
    if (bmi != null) {
      Log.v("bmiService", "service interface is NOT null");

      //获取用户输入的体重和身高数据
      float w = new Float(editW.getText().toString()).floatValue();
      float h = new Float(editH.getText().toString()).floatValue();

      //设置身高体重数据
      bmi.setWeight(w);
      bmi.setHeight(h);

      //获取计算结果
      float bmiResult = bmi.getBMI();
      txt.setText("BMI:" + bmiResult);
    } else {
     Log.v("bmiService", "service interface is NULL");
     txt.setText("BMI:无法取得服务");
    }
   } catch (android.os.RemoteException e) {
    Log.e("bmiService", "service connection error:" + e);
   }
  }

  public void onServiceDisconnected(ComponentName cName) {
  }
 };

 public void onCreate(Bundle savedInstanceState) {
   super.onCreate(savedInstanceState);
   setContentView(R.layout.main);

   txt = (TextView)this.findViewById(R.id.txt);
   editW = (EditText)this.findViewById(R.id.editW);
   editH = (EditText)this.findViewById(R.id.editH);
   btn = (Button)this.findViewById(R.id.btn);

   //委托单击事件
   btn.setOnClickListener(new OnClickListener() {
    public void onClick(View arg0) {
     try {
      //获取计算 BMI 的服务
      Intent intent = new Intent();
      intent.setAction("BMIServiceNickName");
      if (ServiceUser.this.bindService(intent, conn, Service.BIND_AUTO_CREATE)) {
      Log.v("bmiService", "绑定成功");
      } else {
        Log.v("bmiService", "绑定失败");
        txt.setText("BMI:无法取得服务");
      }
```

```
      } catch (Exception e) {
        Log.e("bmiService", "use bmi service error:" + e);
      }
    }
   });
 }
}
```

如上所示，当用户单击 Button 控件时，表示通过 Activity 的 bindService 函数绑定指定的服务。bindService 函数的第二个参数是 ServiceConnection 对象，它被用来监控服务使用过程中的状态，如上的 onServiceConnected 即为 Service 取得联机时被触发的返回函数，onServiceDisconnected 是 Service 中断联机时被触发的函数。

和 Service 建立联机后，就可以尝试使用它提供的服务，如下所示：

```
try {
 BMIInterface bmi = BMIInterface.Stub.asInterface(iBinder);
 if (bmi != null) {
  Log.v("bmiService", "service interface is NOT null");

  //获取用户输入的体重和身高数据
  float w = new Float(editW.getText().toString()).floatValue();
  float h = new Float(editH.getText().toString()).floatValue();

  //设置身高体重数据
  bmi.setWeight(w);
  bmi.setHeight(h);

  //获取计算结果
  float bmiResult = bmi.getBMI();
  txt.setText("BMI:" + bmiResult);
 } else {
  Log.v("bmiService", "service interface is NULL");
  txt.setText("BMI:无法取得服务");
 }
} catch (android.os.RemoteException e) {
 Log.e("bmiService", "service connection error:" + e);
}
```

可以通过 BMIInterface.Stub 对象的 asInterface 获取定义服务内容的接口对象，客户端程序无需知道该接口和底层是如何运行的。只需要通过该接口定义的功能直接使用它提供的服务。

本章对 Service 程序设计做了简单的介绍。要提醒读者的是，Service 基本上都执行在 Android 程序的主线程上；也就是说，如果 Service 需要执行花费较长时间的工作，例如下载文件、网络存取时，应该创建自己的线程。

Chapter 9

Broadcast Receiver 应用组件

在前面的章节介绍过，Activity 程序继承了 Java 传统窗口程序的“委托事件处理模式”。本章将介绍另一种“事件处理”，和前者不同的地方在于这种事件处理属于系统层，而非应用层。

9.1 Android 平台对应用程序的广播

什么是系统级的事件呢？举例来说，系统完成启动、用户调整时间日期、电池电量过低等，都属于这一类型的事件。发生这种类型的事件时，Android 平台会使用广播（broadcast）的方式，通知所有注册要处理这些事件的接收器（receiver）。

为实现该机制，Android 平台为每种事件都定义了对应的 Action 常数。接收程序只需要在自己的 AndroidManifest.xml 中声明要接收事件的 Action 常数，在程序安装过程中会同时完成注册的工作。一旦事件发生，Android 平台就广播给所有注册对应 Action 常数的接收器。下表为 Android 平台标准的广播 Action 常数。

常数名称	常 数 值	功能说明
ACTION_TIME_TICK	android.intent.action.TIME_TICK	系统时间改变，每分钟发送一次
ACTION_TIME_CHANGED	android.intent.action.TIME_SET	设置时间
ACTION_TIMEZONE_CHANGED	android.intent.action.TIMEZONE_CHANGED	时区变更
ACTION_BOOT_COMPLETED	android.intent.action.BOOT_COMPLETED	系统完成启动
ACTION_PACKAGE_ADDED	android.intent.action.PACKAGE_ADDED	加入新的应用程序包
ACTION_PACKAGE_CHANGED	android.intent.action.PACKAGE_CHANGED	现存包变更，如组件被停止
ACTION_PACKAGE_REMOVED	android.intent.action.PACKAGE_REMOVED	应用程序包被移除
ACTION_PACKAGE_RESTARTED	android.intent.action.PACKAGE_RESTARTED	重启应用程序
ACTION_PACKAGE_DATA_CLEARED	android.intent.action.PACKAGE_DATA_CLEARED	清除应用程序的数据
ACTION_UID_REMOVED	android.intent.action.UID_REMOVED	删除使用者 ID
ACTION_BATTERY_CHANGED	android.intent.action.BATTERY_CHANGED	电池状态改变
ACTION_POWER_CONNECTED	android.intent.action.ACTION_POWER_CONNECTED	外部电源连接
ACTION_POWER_DISCONNECTED	android.intent.action.ACTION_POWER_DISCONNECTED	外部电源移除
ACTION_SHUTDOWN	android.intent.action.ACTION_SHUTDOWN	准备关机时

有兴趣的读者可在 Android 官网上找到对 Action 常数更详尽的介绍：

- http://developer.android.com/reference/android/content/Intent.html。

本节将尝试编写一个接收“外部电源连接/移除”事件的示例。下面是接收器的源代码：

```
package com.myreceiver;

import android.content.*;
import android.widget.Toast;

public class PowerReceiver extends BroadcastReceiver {

 //接收到广播的信息
 public void onReceive(Context context, Intent intent) {
  Toast.makeText(context, "电源事件发生", Toast.LENGTH_LONG).show();
 }
}
```

该类只需要继承 BroadcastReceiver，并重写 onReceive 成员函数即可。onReceive 是一个回调函数（call back method），当所注册的事件发生时，Android 平台就调用接收程序的 onReceive 函数。在本节示例中，onReceive 函数将会通过 Toast 组件在屏幕上显示一个长信息。

必须要做的另一件事情是建立接收器和事件的关联，即进行广播通知的注册工作，该工作并不难，只需要在 AndroidManifest.xml 做以下声明即可：

```
<?xml version="1.0" encoding="utf-8"?>
<manifest xmlns:android="http://schemas.android.com/apk/res/android"
 package="com.myreceiver"
 android:versionCode="1"
 android:versionName="1.0">

 <uses-sdk android:minSdkVersion="8" />

 <application android:icon="@drawable/icon"
             android:label="@string/app_name">
  <receiver android:name="PowerReceiver">
   <intent-filter>
    <action android:name="android.intent.action.ACTION_POWER_CONNECTED"/>
   </intent-filter>
   <intent-filter>
    <action android:name="android.intent.action.ACTION_POWER_DISCONNECTED"/>
   </intent-filter>
  </receiver>
 </application>
</manifest>
```

我们使用<receiver>标签来设置广播接收器是什么，再使用其子标签<intent-filter>进行注册声明。这样，当发生“外部电源连接”或“外部电源移除”事件时，底层的 Android 平台就会通知 PowerReceiver 接收器（注：回调 PowerReceiver 的 onReceive 成员函数）。

如果将上面的示例程序安装到手机，在抽拔和连接外部电源时就能看到预期的效果，即显示 Toast 长信息。然而如果只想通过 Android 模拟器来测试，该如何观察执行结果呢？

读者可以先启动一个 DOS 窗口，再利用 telnet 连接到手机模拟器提供的服务器端口。(注意：Android 模拟器默认的端口号是 5554，如果读者自行调整过，设置符合环境的端口号。)

```
telnet localhost 5554
```

正确连接到手机模拟器后，DOS 窗口就会出现下面的信息：

```
Android Console: type 'help' for a list of commands
OK
```

这时，读者可以尝试输入下面的指令，模拟将手机外部电源连接或移除的动作：

```
power ac <on/off>
```

如果成功执行，DOS 窗口将出现如下信息：

```
power ac off
OK
```

Action 常数内容意味着进行模拟外部电源连接和移除的动作，这时手机模拟器的执行结果如下图所示。

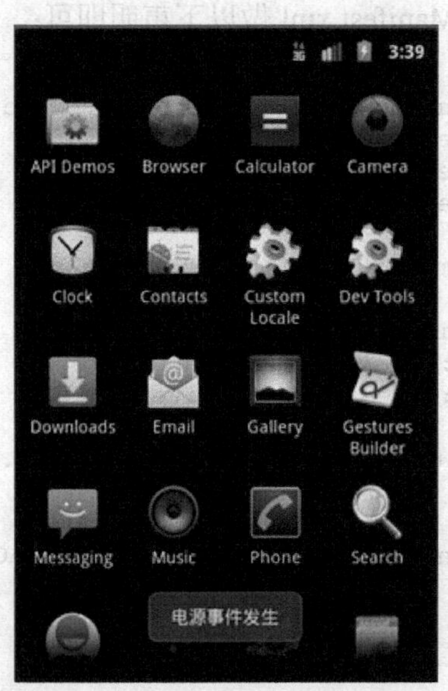

9.2 应用程序间的广播

除了接收来自 Android 平台的广播事件外，应用程序和应用程序之间也可以进行广播通知的动作。下面我们先编写一个广播发送软件，在其中添加一个发送广播通知的按钮控件：

```
<Button
 android:id="@+id/btn"
 android:layout_width="fill_parent"
 android:layout_height="wrap_content"
 android:text="发送广播"/>
```

同时在 Activity 程序中获取该按钮控件的对象实体，并委托其单击事件：

```
package com.mysender;

import android.app.Activity;
import android.content.Intent;
import android.os.Bundle;
import android.view.View;
import android.view.View.OnClickListener;
import android.widget.Button;

public class MySender extends Activity {
 private static final String MyAction1 = "com.mybroadcast.action.Action1";

 public void onCreate(Bundle savedInstanceState) {
   super.onCreate(savedInstanceState);
   setContentView(R.layout.main);

   //获取发送广播系统的按钮
   Button btn = (Button)this.findViewById(R.id.btn);

   //委托单击按钮的事件
   btn.setOnClickListener(new OnClickListener(){
    public void onClick(View view) {
     //创建封装广播信息的对象
     Intent intent = new Intent();

     //设置对象的标识符
     intent.setAction(MyAction1);

     //设置要广播的信息
     intent.putExtra("myMsg", "雨天路滑，小心驾驶~");

     //进行广播
     MySender.this.sendBroadcast(intent);
    }
   });
 }
}
```

同样地，该广播发送软件将要传递的信息封装在 Intent 对象中。不同的地方在于，它使用了 Intent 对象的 setAction 成员函数来设置广播事件的 Action 常数。如上所示，本节设置的 Action 常数内容为“com.mybroadcast.action.Action1”，凡是声明和注册该常数值的接收器都将接收到本示例发送软件的广播通知。最后，再利用继承自 Context 类的 sendBroadcast

成员函数将信息广播出去。发送软件的执行结果如右图所示。

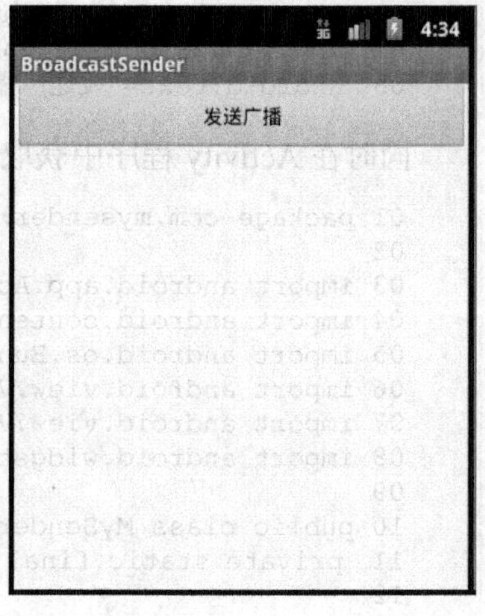

接下来继续编写广播的接收器。如同开始时介绍的，接收器必须在 AndroidManifest.xml 中声明要接收事件的 Action 常数：

```
<?xml version="1.0" encoding="utf-8"?>
<manifest xmlns:android="http://schemas.android.com/apk/res/android"
     package="com.myreceiver"
     android:versionCode="1"
     android:versionName="1.0">
 <uses-sdk android:minSdkVersion="8" />

 <application android:icon="@drawable/icon"
          android:label="@string/app_name">
  <receiver android:name="MyReceiver">
   <intent-filter>
    <action android:name="com.mybroadcast.action.Action1"/>
   </intent-filter>
  </receiver>
 </application>
</manifest>
```

我们利用<receiver>标签的<android:name>属性设置接收器的名称，再利用<intent-filter>标签的<action>子标签设置事件的 Action 常数，这样，当完成安装接收程序时，会同时将相关的信息注册在 Android 平台上。

接着就可以开始编写接收器了。为了能观察接收器的生命周期和运行原理，特地在接收器的构造函数中添加计数对象实体数量的程序代码，同理，在 MyReceiver 类的 finalize 函数中添加扣除对象实体数量的程序代码。这样，通过 Log 的观察就可以知道，目前在内存中有多少个 MyReceiver 接收器的对象实体。

```
package com.myreceiver;

import android.content.*;
import android.util.Log;
import android.widget.Toast;

//没有 GUI，单纯的广播接收器
public class MyReceiver extends BroadcastReceiver {
 private static int cnt = 0;

 public MyReceiver() {
  super();
  MyReceiver.cnt++;
  Log.v("broadcast", "MyReceiver contruct, count:" + MyReceiver.cnt);
 }

```

```
 //接收到广播的信息
 public void onReceive(Context context, Intent intent) {
  String msg = intent.getStringExtra("myMsg");
  Log.v("broadcast", "receive:" + msg);
  Toast.makeText(context, msg, Toast.LENGTH_LONG).show();
 }

 protected void finalize() throws Throwable {
  super.finalize();
  MyReceiver.cnt--;
  Log.v("broadcast", "MyReceiver finalize, count:" + MyReceiver.cnt);
 }
}
```

需要注意的是，本示例的广播发送软件包名为 com.mysender，而接收器的包名为 com.myreceiver。这样就可以模拟两个完全不同的 Android 应用程序之间的广播传递。这也意味着读者在测试示例程序时，必须分两次安装才行。本示例的执行结果如右图所示。

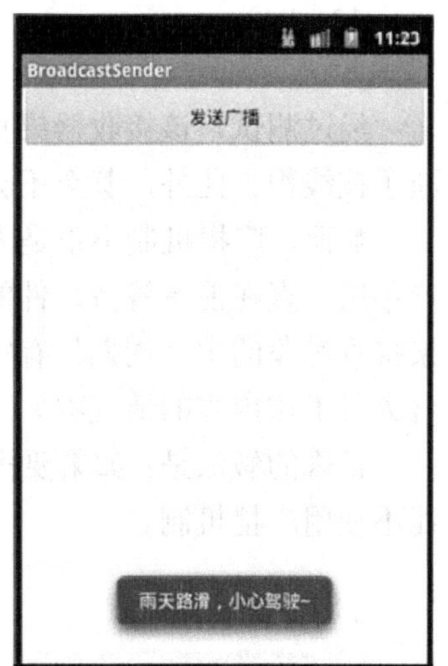

如果用户多按几次发送按钮，接收器在内存中的变化又会如何呢？从 LogCat 得到的观察如下：

```
   VERBOSE/broadcast(300): MyReceiver contruct,
count:1
   VERBOSE/broadcast(300): receive:雨天路滑，小心驾驶~
   VERBOSE/broadcast(300): MyReceiver contruct,
count:2
   VERBOSE/broadcast(300): receive:雨天路滑，小心驾驶~
   VERBOSE/broadcast(300): MyReceiver finalize,
count:1
   VERBOSE/broadcast(300): MyReceiver finalize,
count:0
   VERBOSE/broadcast(300): MyReceiver contruct,
count:1
   VERBOSE/broadcast(300): receive:雨天路滑，小心驾驶~
   VERBOSE/broadcast(300): MyReceiver contruct,
count:2
   VERBOSE/broadcast(300): receive:雨天路滑，小心驾驶~
   VERBOSE/broadcast(300): MyReceiver contruct, count:3
   VERBOSE/broadcast(300): receive:雨天路滑，小心驾驶~
   ……
```

这种通过<receiver>标签设置接收器的做法，当广播事件发生时，Android 平台就会为注册该事件的接收器创建对象实体，并调用该接收对象的 onReceive 成员函数处理对应的业务逻辑。

而在执行完 onReceive 成员函数的工作后，Android 平台底层的垃圾回收机制也会适时地回收不再使用的内存资源。除此之外，根据官方文件的说法，Android 平台会将执行该接收器的进程看成结束状态，中断该进程的运行，以便释放资源给其他执行中的进程。

在这种方式下，继承 BroadcastReceiver 类的接收对象有效的生命周期仅在执行 onReceive 成员函数期间。一旦执行完 onReceive，Android 平台就将接收对象视为结束状态，不再调用使用它。而 Android 平台允许的 onReceive 运行时间也只有短短的 10 秒钟，超过 10 秒以上的工作将可能被 Android 平台中断。如下所示，在示例程序的 onReceive 函数中加上 Thread.sleep 函数模拟工作超过 10 秒的情况：

```
//接收到广播信息
public void onReceive(Context context, Intent intent) {
 String msg = intent.getStringExtra("myMsg");
 Log.v("broadcast", "receive:" + msg);
 Toast.makeText(context, msg, Toast.LENGTH_LONG).show();

 //尝试暂停 30 秒，用来模拟工作超过 10 秒钟的限制
 try {
 new Thread().sleep(1000 * 30);
 Log.v("broadcast", "wake up");
 } catch (Exception e) {
  Log.e("broadcast", "sleep err:" + e);
 }
}
```

经过测试，该接收器果真“睡着”，再也不会“醒过来”了，这意味着 Android 已经中断了该线程。此外，甚至不会弹跳出 Toast 信息框。

然而，广播机制不正是为了实现异步运算而来的吗？简单地说，在“异步”机制中，用户不用一直在前景等待事件的发生，而是希望当关心的事件发生时才会触发后续的工作。如果接收对象的生命周期只有短短的 onReceive 成员函数执行的 10 秒钟，那么要如何处理包含大量工作内容的情况呢？

正规的做法是：如果要执行的是长时间的工作内容，就使用上一章介绍的 Service 机制，而不使用广播机制。

9.3 开启和关闭广播的接收

除了上一节直接通过修改 AndroidManifest.xml 的方式设置接收器和 Action 常数外，程序员也可以在程序中动态地决定“广播事件接收”的开启和关闭。

这种方法中，创建接收对象实体的工作将不会再交给 Android 平台执行，而是在我们编写的程序中进行控制。如下为 AndroidManifest.xml 内容：

```
<?xml version="1.0" encoding="utf-8"?>
<manifest xmlns:android="http://schemas.android.com/apk/res/android"
  package="com.myreceiver"
  android:versionCode="1"
  android:versionName="1.0">

```

```
<uses-sdk android:minSdkVersion="8" />

<application android:icon="@drawable/icon"
             android:label="@string/app_name">
 <activity android:name=".ReceiverSwitch"
           android:label="@string/app_name">
  <intent-filter>
   <action android:name="android.intent.action.MAIN" />
   <category android:name="android.intent.category.LAUNCHER" />
  </intent-filter>
 </activity>
</application>
</manifest>
```

为提供用户自行决定开启和关闭广播接收的功能，接收器必须提供 Activity 程序实现用户接口。AndroidManifest.xml 的内容设置和一般 Activity 程序相同。如下所示为布局文件的部分内容：

```
<Button
 android:id="@+id/onBtn"
 android:layout_width="fill_parent"
 android:layout_height="wrap_content"
 android:text="开启接收"/>
<Button
 android:id="@+id/offBtn"
 android:layout_width="fill_parent"
 android:layout_height="wrap_content"
 android:text="关闭接收"/>
```

具有开关功能的接收器的源代码如下：

```
package com.myreceiver;

import android.app.Activity;
import android.content.*;
import android.os.Bundle;
import android.util.Log;
import android.view.View;
import android.view.View.OnClickListener;
import android.widget.*;

//具有 GUI，可以决定是否开关接收广播事件
public class ReceiverSwitch extends Activity {
 private IntentFilter filter = null;
 private MyReceiver receiver = null;

 public void onCreate(Bundle savedInstanceState) {
  super.onCreate(savedInstanceState);
  setContentView(R.layout.main);

  //开启接收广播的按钮
  Button onBtn = (Button)this.findViewById(R.id.onBtn);
```

```

    //关闭接收广播的按钮
    Button offBtn = (Button)this.findViewById(R.id.offBtn);

    //委托单击按钮的事件
    onBtn.setOnClickListener(new OnClickListener(){
      public void onClick(View view) {
       if (ReceiverSwitch.this.filter == null)
  filter = new IntentFilter("com.mybroadcast.action.Action1");

       if (ReceiverSwitch.this.receiver == null)
  receiver = new MyReceiver();

       Log.v("broadcast", "registerReceiver");
       ReceiverSwitch.this.registerReceiver(receiver, filter);
      }
    });

    //委托单击按钮的事件
    offBtn.setOnClickListener(new OnClickListener(){
      public void onClick(View view) {
 try {
  ReceiverSwitch.this.unregisterReceiver(receiver);
  Log.v("broadcast", "unregisterReceiver");
 } catch (java.lang.IllegalArgumentException e) {
         Log.e("broadcast", "receiverSwitch:" + e);
       }
      }
    });
  }
}
```

为方便说明，分别叙述上面的源代码。下面是开启接收功能的程序代码：

```
if (ReceiverSwitch.this.filter == null)
 filter = new IntentFilter("com.mybroadcast.action.Action1");

if (ReceiverSwitch.this.receiver == null)
 receiver = new MyReceiver();

Log.v("broadcast", "registerReceiver");
ReceiverSwitch.this.registerReceiver(receiver, filter);
```

IntentFilter 是封装 Action 常数等相关信息的对象，在第一次开启接收功能时才会被创建对象实体。本节广播发送软件延用上一节的示例，所以将 Action 常数设置为“com.mybroadcast.action.Action1”。

另外，在第一次启动广播接收功能时，会同时创建接收对象的实体。简单地说，这种自行通过程序进行广播事件接收的程序方式的接收对象在内存中只有一个对象实体。

最后，再使用继承自 Context 类的 registerReceiver 函数，向底层的 Android 平台注册广播通知的要求。执行结果如右图所示。

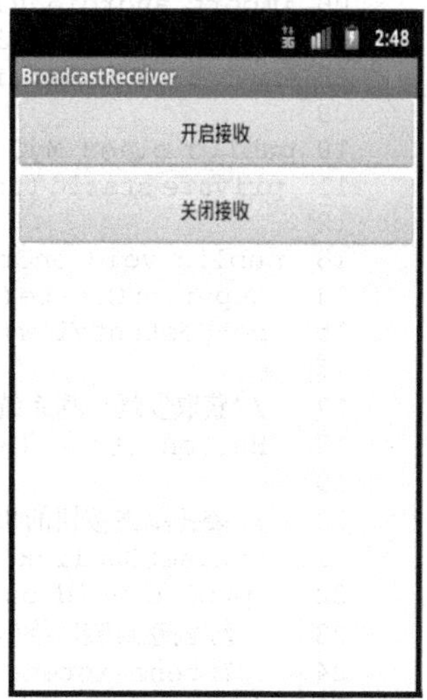

那么，这种自行控制广播接收开启和关闭的方式，是否也存在着 onReceive 函数具有 10 秒钟执行时间的限制呢？经实机测试的结果，onReceive 执行就算超过 10 秒钟的限制，也会继续完成后续的工作。

一般来说，这种在程序中自行通过 Context 类的 registerReceiver 成员函数进行注册广播通知的方式，会将接收程序注册的工作在 Activity 类的 onResume 成员函数中实现，而在 Activity 别的 onPause 函数中进行解除注册的工作。这样一来，当 Android 程序在暂停（paused）阶段时，将不会莫名地持续收到广播通知，除此之外，也能降低整个平台的负担。

9.4 有序广播方式

在 Android 平台中，最主要的广播运行模式有普通广播（normal broadcasts）和有序广播（ordered broadcasts）两种。

普通广播完全是异步（asynchronous）的运行方式，可以通过 Context 类的 sendBroadcast 成员函数发送这类广播通知。所有注册要接收广播通知的接收器的接收顺序是以非预期的随机数形式决定的。

但是基本上都会同时收到广播通知。当然，接收器在收到广播通知开始进行工作时，如果这项工作要耗费大量的系统资源， Android 平台将暂时不通知另一个接收器，这样，所有注册的接收器就似乎并非“同时”收到通知了。

此外，这种运行方式也不能运用接收器的执行结果。例如，将前一个接收器的执行结果传递给下一个接收器形成广播链（broadcast chain）。

和普通广播不同，有序广播方式是通过 Context 对象的 sendOrderedBroadcast 成员函数实现的。在这种运行方式下，接收器可以通过<intent-filter>标签的<android:priority>属性设置接收广播通知的顺序，属性值相同的接收器由 Android 平台决定通知的顺序。

因为本节示例的 AndroidManifest.xml 和布局文件和前一节类似，因此读者可自行参考所附的光盘。如下为本节广播发送软件的源代码：

```
package com.mysender;

import android.app.Activity;
import android.content.Intent;
import android.os.Bundle;
```

```
import android.view.View;
import android.view.View.OnClickListener;
import android.widget.Button;

public class MyOrderedSender extends Activity {
 private static final String MyAction = "com.mybroadcast.action.OrderedAction";

 public void onCreate(Bundle savedInstanceState) {
  super.onCreate(savedInstanceState);
  setContentView(R.layout.main);

  //获取发送广播系统的按钮
  Button btn = (Button)this.findViewById(R.id.btn);

  //委托单击按钮的事件
  btn.setOnClickListener(new OnClickListener(){
   public void onClick(View view) {
    //创建封装广播信息的对象
    Intent intent = new Intent();

    //设置对象的标识符
    intent.setAction(MyAction);

    //设置要广播的信息
    intent.putExtra("myOrderedMsg", "广播开始！");

    //进行广播
    MyOrderedSender.this.sendOrderedBroadcast(intent, null);
   }
  });
 }
}
```

如上所示，使用 sendOrderedBroadcast 成员函数可以发送具有顺序的广播通知。下面是接收器的 AndroidManifest.xml 内容：

```
<?xml version="1.0" encoding="utf-8"?>
<manifest xmlns:android="http://schemas.android.com/apk/res/android"
  package="com.myreceiver"
  android:versionCode="1"
  android:versionName="1.0">
  <uses-sdk android:minSdkVersion="8" />

  <application android:icon="@drawable/icon"
        android:label="@string/app_name">
   <receiver android:name="OrderedReceiver1">
    <intent-filter android:priority="200">
     <action android:name="com.mybroadcast.action.OrderedAction"/>
    </intent-filter>
   </receiver>
   <receiver android:name="OrderedReceiver2">
    <intent-filter android:priority="300">
```

```
    <action android:name="com.mybroadcast.action.OrderedAction"/>
   </intent-filter>
  </receiver>
 </application>
</manifest>
```

通过<receiver>标签设置两个分别命名为 OrderedReceiver1 和 OrderedReceiver2 的接收器。由于 OrderedReceiver2 的<android:priority>属性值大于 OrderedReceiver1，因而 OrderedReceiver2 具有较高的优先权，可以先接收到广播通知。

下面是 OrderedReceiver1 的源代码内容：

```
package com.myreceiver;

import android.content.*;
import android.os.Bundle;
import android.util.Log;

//没有 GUI，单纯的广播接收器
public class OrderedReceiver1 extends BroadcastReceiver {

 //接收到广播信息
 public void onReceive(Context context, Intent intent) {
  //获取收到的广播
  String msg = intent.getStringExtra("myOrderedMsg");
  Log.v("broadcast", "receive(1):" + msg);
 }
}
```

第二个接收器——OrderedReceiver2 的源代码如下：

```
package com.myreceiver;

import android.content.*;
import android.os.Bundle;
import android.util.Log;

//没有 GUI，单纯的广播接收器
public class OrderedReceiver2 extends BroadcastReceiver {

 //接收到广播信息
 public void onReceive(Context context, Intent intent) {
  //获取收到的广播
  String msg = intent.getStringExtra("myOrderedMsg");
  Log.v("broadcast", "receive(2):" + msg);
 }
}
```

从 LogCat 观察到的执行结果证实了具有较高优先等级的 OrderedReceiver2 较早收到广播通知。此外，和前面的接收器相同，同样可以通过传递进来的 Intent 对象获取广播通知的内容：

```
VERBOSE/broadcast(1688): receive(2):广播开始!
VERBOSE/broadcast(1688): receive(1):广播开始!
```

既然接收程序之间具有一定的执行顺序，那么是否可以将前一个接收器的执行结果传递给下一个接收器呢？答案是肯定的，这也正是有序广播机制存在的原因之一。

因为在上面的示例程序中，OrderedReceiver2 具有较高的优先级，接下来就将它当成传递执行结果的第一个程序。调整后的程序代码如下所示：

```
package com.myreceiver;

import android.content.*;
import android.os.Bundle;
import android.util.Log;

//没有 GUI，单纯的广播接收器
public class OrderedReceiver2 extends BroadcastReceiver {

 //接收到广播信息
 public void onReceive(Context context, Intent intent) {
  //获取收到的广播
  String msg = intent.getStringExtra("myOrderedMsg");
  Log.v("broadcast", "receive(2):" + msg);

  //准备传递给下一个接收程序的信息
  Bundle bundle = new Bundle();
  bundle.putString("myResult", "11 x 8 = 88");
  setResultExtras(bundle);
 }
}
```

在上面的示例程序中，通过 Bundle 对象封装准备传递给下一个接收器的信息。最后，再通过 setResultExtras 成员函数将信息传送出去。下面是广播序列中的第二个接收器——OrderedReceiver1 的源代码：

```
package com.myreceiver;

import android.content.*;
import android.os.Bundle;
import android.util.Log;

//没有 GUI，单纯的广播接收器
public class OrderedReceiver1 extends BroadcastReceiver {

 //接收到广播信息
 public void onReceive(Context context, Intent intent) {
  //获取收到的广播
  String msg = intent.getStringExtra("myOrderedMsg");
  Log.v("broadcast", "receive(1):" + msg);

  //获取由上一个广播链中的程序所传递过来的信息
```

```
    Bundle bundle = getResultExtras(false);

    if (bundle == null) {
     Log.v("broadcast", "receive(1):无执行结果");
    } else {
     Log.v("broadcast", "receive(1):执行结果:" + bundle.getString("myResult"));
    }
  }
}
```

根据上面的示例，若 getResultExtras 的传入值是 false，表示如果没有来自上一个接收器传递出来的信息，就不会创建新的 Bundle 对象实体。这样，只需要根据 Bundle 对象是否为 null，就可以知道是否有来自上一个接收器的信息。下面是通过 LogCat 观察到的执行结果：

```
VERBOSE/broadcast(3531): receive(2):广播开始!
VERBOSE/broadcast(3531): receive(1):广播开始!
VERBOSE/broadcast(3531): receive(1):执行结果:11 x 8 = 88
```

除此之外，广播链中的某一个接收器也可以中断整个广播的过程，这意味着不再给下一个接收器传递通知，会停止整个广播的发送。

虽然整个广播通知的机制是利用 Intent 类封装要通知的信息，广播给所有注册的接收器。然而，它和本书前面介绍的利用 Context 类的 startActivity 成员函数在不同的 Activity 之间传递 Intent 的方式是完全不同的。需要注意的是，Activity 之间的 Intent 传递属于前端的工作，而广播机制中的 Intent 传递属于背景层。

9.5 广播通知的权限设置

程序员可以通过不同的方式限制广播通知的接收权限。从发送软件的角度而言，可以对使用 sendBroadcast 和使用 sendOrderedBroadcast 发送广播通知设置权限声明。如下所示，先在 AndroidManifest.xml 中通过<permission>标签声明一个新的接收权限：

```
<?xml version="1.0" encoding="utf-8"?>
<manifest xmlns:android="http://schemas.android.com/apk/res/android"
      package="com.mysender"
      android:versionCode="1"
      android:versionName="1.0">
 <uses-sdk android:minSdkVersion="8" />
 <permission android:protectionLevel="normal"
              android:name="android.permission.myBroadcastPermission"/>

 <application android:icon="@drawable/icon"
             android:label="@string/app_name">
  <activity android:name=".MyOrderedSender"
           android:label="@string/app_name">
   <intent-filter>
```

```
      <action android:name="android.intent.action.MAIN" />
      <category android:name="android.intent.category.LAUNCHER" />
     </intent-filter>
    </activity>
   </application>
</manifest>
```

如上所示，新的权限声明命名为“android.permission.myBroadcastPermission”，由于其类型只是单纯的字符串，因而读者可以选取适合的名称。发送软件在进行广播时，sendBroadcast 或 sendOrderedBroadcast 成员函数都可以使用该权限声明。下面为调整后的 MyOrderedSender：

```
package com.mysender;

import android.app.Activity;
import android.content.Intent;
import android.os.Bundle;
import android.view.View;
import android.view.View.OnClickListener;
import android.widget.Button;

public class MyOrderedSender extends Activity {

 private static final String MyAction = "com.mybroadcast.action.OrderedAction";

 public void onCreate(Bundle savedInstanceState) {
  super.onCreate(savedInstanceState);
  setContentView(R.layout.main);

  //获取发送广播系统的按钮
  Button btn = (Button)this.findViewById(R.id.btn);

  //委托单击按钮的事件
  btn.setOnClickListener(new OnClickListener(){
   public void onClick(View view) {
    //创建封装广播信息的对象
    Intent intent = new Intent();

    //设置对象的标识符
    intent.setAction(MyAction);

    //设置要广播的信息
    intent.putExtra("myOrderedMsg", "广播开始！");

    //进行广播
    MyOrderedSender.this.sendOrderedBroadcast(intent, "android.permission.myBroadcastPermission");
   }
  });
 }
}
```

如果接收程序没有在所属的 AndroidManifest.xml 中使用<uses-permission>标签声明接受这个访问权限，就无法再收到广播通知。如下所示，如果不使用<uses-permission>，在广播发送后就会出现下面的错误信息：

```
    WARN/ActivityManager(58): Permission Denial: receiving Intent
{ act=com.mybroadcast. action.OrderedAction (has extras) } to com.myreceiver
requires android.permission. myBroadcastPermission due to sender com.mysender (uid
10037)
```

因此，必须修改接收程序的 AndroidManifest.xml。接收程序只有在声明权限后才可以正常地接收广播通知：

```
<?xml version="1.0" encoding="utf-8"?>
<manifest xmlns:android="http://schemas.android.com/apk/res/android"
    package="com.myreceiver"
    android:versionCode="1"
    android:versionName="1.0">
 <uses-sdk android:minSdkVersion="8" />
 <uses-permission android:name="android.permission.myBroadcastPermission" />

 <application android:icon="@drawable/icon" android:label="@string/app_name">
  <receiver android:name="OrderedReceiver1">
   <intent-filter android:priority="200">
    <action android:name="com.mybroadcast.action.OrderedAction"/>
   </intent-filter>
  </receiver>
  <receiver android:name="OrderedReceiver2">
   <intent-filter android:priority="300">
    <action android:name="com.mybroadcast.action.OrderedAction"/>
   </intent-filter>
  </receiver>
 </application>
</manifest>
```

反之，也可以从接收程序的角度限制广播通知的接收与否。假设接收程序已经在所属的 AndroidManifest.xml 中使用了<uses-permission>标签。然而在发送软件中没有在所属的 AndroidManifest.xml 中使用<permission>标签，同时在使用 sendBroadcast 或 sendOrdered Broadcast 成员函数时也没有输入该权限声明。

那么，在广播事件发生时，接收程序也无法收到广播通知。这意味着如果不是接收程序认可权限的发送软件，接收程序也不愿意接收该广播的通知。

9.6 应用程序对用户的通知

前面介绍的广播通知包含了 Android 平台对应用程序和应用程序之间的广播通知，那么对于手机的使用者呢？举例来说，当发生一个系统事件时，Android 平台会尝试发送广播通知给接收程序，这时接收程序要如何告知用户呢？

我们可以使用 Notification 和 NotificationManager，通过通知信息、提示音、振动、闪光灯等多种方式通知用户，以实现异步运行的真正精神。

本节提供的示例程序将尝试示范如何开启和关闭一个通知信息。下面是对应的布局文件内容：

```
<?xml version="1.0" encoding="utf-8"?>
<LinearLayout xmlns:android="http://schemas.android.com/apk/res/android"
    android:orientation="vertical"
    android:layout_width="fill_parent"
    android:layout_height="fill_parent">
  <Button
    android:id="@+id/sendBtn"
    android:layout_width="fill_parent"
    android:layout_height="wrap_content"
    android:text="发出通知"/>
  <Button
    android:id="@+id/cancelBtn"
    android:layout_width="fill_parent"
    android:layout_height="wrap_content"
    android:text="取消通知"/>
</LinearLayout>
```

下面是对应的 AndroidManifest.xml，和一般的 Activity 程序相同：

```
<?xml version="1.0" encoding="utf-8"?>
<manifest xmlns:android="http://schemas.android.com/apk/res/android"
    package="com.myreceiver"
    android:versionCode="1"
    android:versionName="1.0">
 <uses-sdk android:minSdkVersion="8" />

 <application android:icon="@drawable/icon"
         android:label="@string/app_name">
  <activity android:name=".ReceiverNotification"
         android:label="@string/app_name">
   <intent-filter>
    <action android:name="android.intent.action.MAIN" />
    <category android:name="android.intent.category.LAUNCHER" />
   </intent-filter>
  </activity>
 </application>
</manifest>
```

接下来就是重头戏了，下面是示例程序的 Activity 源代码：

```
package com.myreceiver;

import android.app.*;
```

```
import android.content.*;
import android.os.Bundle;
import android.util.Log;
import android.view.View;
import android.view.View.OnClickListener;
import android.widget.*;

//发送通知信息的示例程序
public class ReceiverNotification extends Activity {
 private NotificationManager nMgr = null;
 private Notification notice = null;

 public void onCreate(Bundle savedInstanceState) {
  super.onCreate(savedInstanceState);
  setContentView(R.layout.main2);

  //开启 Notification
  Button sendBtn = (Button)this.findViewById(R.id.sendBtn);

  //关闭 Notification
  Button cancelBtn = (Button)this.findViewById(R.id.cancelBtn);

  //取得 Notification 管理组件
  nMgr = (NotificationManager)this.getSystemService(this.NOTIFICATION_SERVICE);

  //创建要封装通知内容的组件
  notice = new Notification();

  //设置在状态区显示的图标
  notice.icon = R.drawable.icon;

  //设置在状态区显示的提示文字
  notice.tickerText = "Notification 测试";

  //设置状态区显示的时间
  notice.when = System.currentTimeMillis();

  //委托单击按钮的事件
  sendBtn.setOnClickListener(new OnClickListener(){
   public void onClick(View view) {
    Intent intent =
     new Intent(ReceiverNotification.this, ReceiverNotification.class);
    PendingIntent pIntent =
     PendingIntent.getActivity(ReceiverNotification.this, 0, intent, 0);
    notice.setLatestEventInfo(ReceiverNotification.this,
                                    "我是content 标题", "我是content 文字", pIntent);
    //发送 Notice
    nMgr.notify(168, notice);
   }
  });

  //委托单击按钮的事件
```

```
cancelBtn.setOnClickListener(new OnClickListener(){
 public void onClick(View view) {
  nMgr.cancel(168);
 }
});
}
}
```

示例程序利用 getSystemService 函数取得 NotificationManager 的对象实体，简单地说，NotificationManager 是帮助应用程序发送通知信息的管理组件。

紧接着获取 Notification 对象实体。Notification 为封装通知内容等信息的组件。该示例设置在状态区采用来显示信息的方式。

当使用者单击“发出通知”按钮时，会通过 Intent 对象告知通知发送的程序是什么等信息。同时使用 PendingIntent 对象封装 Intent 对象，系统会对 PendingIntent 附加额外的描述信息，并发送给其他应用程序。

再通过 Notification 对象的 setLatestEventInfo 函数设置要显示的信息内容，同时传入 PendingIntent 对象。最后通过 NotificationManager 的 notify 函数发送通知。Notification Manager 和 Activity 之间是通过 PendingIntent 对象来进行连接的。

该程序开始启动时的画面如右图所示。

在单击“发出通知”按钮时，屏幕上方的状态栏将显示有新通知，如下图所示。

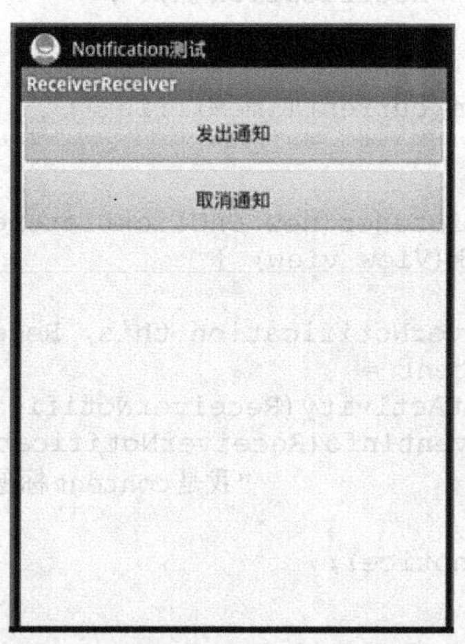

尝试拖拉该状态通知，可得到下图的结果。

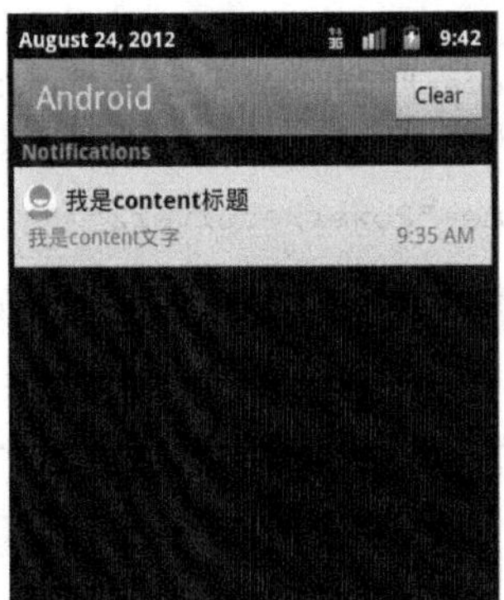

如果这时使用者单击“取消通知”按钮，就可以通过 NotificationManager 的 cancel 成员函数，并搭配刚才设置的识别数值，从状态通知列中移除通知信息。

9.7 Broadcast 和 Notification 的整合

正如之前所介绍的，广播通知机制和 Notification 机制搭配才能形成完善的异步运行。本节的示例将改善外部电源接收程序的功能，当发生外部电源连接或移除事件时，接收程序将同时通过 Notification 机制发出振动效果的通知。下面是 AndroidManifest.xml 的内容：

```
<?xml version="1.0" encoding="utf-8"?>
<manifest xmlns:android="http://schemas.android.com/apk/res/android"
    package="com.myreceiver"
    android:versionCode="1"
    android:versionName="1.0">
 <uses-sdk android:minSdkVersion="8" />
 <uses-permission android:name="android.permission.VIBRATE" />
```

```
 <application android:icon="@drawable/icon" android:label="@string/app_name">
  <activity android:name="PowerNotification" />
  <receiver android:name="PowerReceiver2">
   <intent-filter>
    <action android:name="android.intent.action.ACTION_POWER_CONNECTED"/>
   </intent-filter>
   <intent-filter>
   <action android:name="android.intent.action.ACTION_POWER_DISCONNECTED"/>
   </intent-filter>
  </receiver>
 </application>
</manifest>
```

因为 Notification 需要搭配 Activity，所以提供了名为 PowerNotification 的 Activity 程序。此外，由于要使用手机的振动功能，必须先声明接受“android.permission.VIBRATE”权限，如果没有声明权限，执行程序时会出现下面的错误信息：

```
ERROR/AndroidRuntime(300): Caused by: java.lang.SecurityException: Requires VIBRATE permission
```

下面是调整后的接收程序内容：

```
package com.myreceiver;
import android.content.*;
import android.widget.Toast;
public class PowerReceiver2 extends BroadcastReceiver {
 //接收到广播的信息
 public void onReceive(Context context, Intent intent) {
  Toast.makeText(context, "电源事件发生", Toast.LENGTH_LONG).show();
  //开启 Activity 进行通知工作
  Intent intent2 = new Intent();
  //在新 task 中启动 Activity
  intent2.setFlags(Intent.FLAG_ACTIVITY_NEW_TASK);
  //设置要启用的 Activity
  intent2.setClass(context, PowerNotification.class);
  //启动 Activity
  context.startActivity(intent2);
 }
}
```

现在使用 startActivity 函数可以打开一个 Activity 程序，其源代码如下：

```
package com.myreceiver;
```

```

import android.app.*;
import android.content.*;
import android.os.Bundle;
import android.util.Log;
import android.view.View;
import android.view.View.OnClickListener;
import android.widget.*;

//发送通知信息的示例程序
public class PowerNotification extends Activity {
 public void onCreate(Bundle savedInstanceState) {
  super.onCreate(savedInstanceState);

  //取得 Notification 管理组件
  NotificationManager nMgr =
(NotificationManager)this.getSystemService(this.NOTIFICATION_SERVICE);

  //创建要封装通知内容的组件
  Notification notice = new Notification();

  //使用振动通知
  notice.defaults |= Notification.DEFAULT_VIBRATE;
  long[] dataArray = {0, 100, 200, 300};
  notice.vibrate = dataArray;

  //发送 Notice
  Intent intent = new Intent(this, PowerNotification.class);
  PendingIntent pIntent = PendingIntent.getActivity(PowerNotification.this, 0,
  intent, 0);
  notice.setLatestEventInfo(PowerNotification.this, "", "", pIntent);
  nMgr.notify(168, notice);
 }
}
```

上面获取和使用Notification的方式和上一节相同，比较特别的是设置振动效果的程序代码：

```
//使用振动通知
notice.defaults |= Notification.DEFAULT_VIBRATE;
long[] dataArray = {0, 100, 200, 300};
notice.vibrate = dataArray;
```

设置 Notification.DEFAULT_VIBRATE 前的“|=”运算可以支持多种通知效果，例如加上 |= Notification.DEFAULT_LIGHTS 表示可以使用闪光灯的功能。

9.8 定时广播功能

某些情况下，程序员希望系统能定时执行某些工作，传统的做法是在程序中利用线程和无穷循环，再搭配 Thread.sleep 的方式来完成。然而在 Android 平台上无须如此辛苦，只需要用 AlarmManager 和广播的接收器，就能完成定期执行工作的功能。

本节示例将准备一个定时广播的发送器，该发送器具有开启和关闭定时广播的功能；同时准备一个接收该广播消息用的接收程序。下面是广播发送软件的 AndroidManifest.xml 内容：

```
<?xml version="1.0" encoding="utf-8"?>
<manifest xmlns:android="http://schemas.android.com/apk/res/android"
  package="com.mysender"
  android:versionCode="1"
  android:versionName="1.0">
 <uses-sdk android:minSdkVersion="8" />

 <application android:icon="@drawable/icon"
        android:label="@string/app_name">
  <activity android:name=".MyAlarmSender"
        android:label="@string/app_name">
   <intent-filter>
    <action android:name="android.intent.action.MAIN" />
    <category android:name="android.intent.category.LAUNCHER" />
   </intent-filter>
  </activity>
 </application>
</manifest>
```

和一般的 Activity 程序基本相同。下面是发送软件的布局文件的内容，它定义了开启和关闭广播功能的两个按钮：

```
<?xml version="1.0" encoding="utf-8"?>
<LinearLayout xmlns:android="http://schemas.android.com/apk/res/android"
 android:orientation="vertical"
 android:layout_width="fill_parent"
 android:layout_height="fill_parent">
 <Button
  android:id="@+id/btn"
  android:layout_width="fill_parent"
  android:layout_height="wrap_content"
  android:text="启动警告"/>
 <Button
  android:id="@+id/btn2"
  android:layout_width="fill_parent"
  android:layout_height="wrap_content"
  android:text="关闭警告"/>
</LinearLayout>
```

最后是定期广播发送软件的源代码：

```
package com.mysender;

import android.app.*;
import android.content.Intent;
import android.os.Bundle;
```

```
import android.util.Log;
import android.view.View;
import android.view.View.OnClickListener;
import android.widget.Button;

public class MyAlarmSender extends Activity {
 private static final String MyAction = "com.mybroadcast.alarmAction";
 private AlarmManager alarmMgr = null;
 private PendingIntent pIntent = null;

 public void onCreate(Bundle savedInstanceState) {
  super.onCreate(savedInstanceState);
  setContentView(R.layout.main2);

  //获取警告系统的按钮
  Button btn = (Button)this.findViewById(R.id.btn);
  Button btn2 = (Button)this.findViewById(R.id.btn2);

  //获取 Alarm 管理器
  alarmMgr = (AlarmManager)this.getSystemService(ALARM_SERVICE);

  //创建封装广播信息的对象
  Intent intent = new Intent();

  //设置对象的标识符
  intent.setAction(MyAction);

  //设置要广播的信息
  intent.putExtra("myAlarm", "水开了，要记得关！！");

  pIntent = PendingIntent.getBroadcast(MyAlarmSender.this, 0, intent, 0);

  //委托单击按钮的事件(开启警告)
  btn.setOnClickListener(new OnClickListener(){
   public void onClick(View view) {
    //取得系统时间
    long triggerAtTime = System.currentTimeMillis();

    //每隔 5 秒
    long interval = 5 * 1000;

    //设置 Alarm 通知
    alarmMgr.setRepeating(AlarmManager.RTC_WAKEUP,triggerAtTime,interval, pIntent);

    Log.v("broadcast", "开启警告功能");
   }
  });

  //委托单击按钮的事件(关闭警告)
  btn2.setOnClickListener(new OnClickListener(){
   public void onClick(View view) {
    //关闭 Alarm 通知
```

```
        alarmMgr.cancel(pIntent);

        Log.v("broadcast", "关闭警告功能");
      }
    });
  }
}
```

如上所示，我们使用(AlarmManager)this.getSystemService(ALARM_SERVICE)获取Android平台提供在未来某段时间执行某项功能的系统服务。和前几节的示例相同，使用下面的指令可以封装要广播的信息：

```
//创建封装广播信息的对象
Intent intent = new Intent();

//设置对象的标识符
intent.setAction(MyAction);

//设置要广播的信息
intent.putExtra("myAlarm", "水开了，要记得关！！");

pIntent = PendingIntent.getBroadcast(MyAlarmSender.this, 0, intent, 0);
```

当使用单击开启按钮时会触发下面的程序：

```
//取得系统目前时间
long triggerAtTime = System.currentTimeMillis();

//每隔5秒
long interval = 5 * 1000;

//设置Alarm通知
alarmMgr.setRepeating(AlarmManager.RTC_WAKEUP, triggerAtTime, interval, pIntent);
```

执行AlarmManager的setRepeating函数后，底层的定时广播机制就会在未来某个时间重复发送广播内容。

同样地，单击“关闭”按钮将执行cancel函数停止广播。和前几节示例相同，接收器程序需要在AndroidManifest.xml上设置Action常数，如下所示：

```
<?xml version="1.0" encoding="utf-8"?>
<manifest xmlns:android="http://schemas.android.com/apk/res/android"
  package="com.myreceiver"
  android:versionCode="1"
  android:versionName="1.0">
 <uses-sdk android:minSdkVersion="8" />

 <application android:icon="@drawable/icon"
              android:label="@string/app_name">
  <receiver android:name="AlarmReceiver">
   <intent-filter>
```

```
    <action android:name="com.mybroadcast.alarmAction"/>
   </intent-filter>
  </receiver>
 </application>
</manifest>
```

程序内容并没有比较特别的地方：

```
package com.myreceiver;

import android.content.*;
import android.util.Log;
import android.widget.Toast;

public class AlarmReceiver extends BroadcastReceiver {
 //接收到广播的信息
 public void onReceive(Context context, Intent intent) {
  String alarmMsg = intent.getStringExtra("myAlarm");
  Toast.makeText(context, alarmMsg, Toast.LENGTH_SHORT).show();

  Log.v("broadcast", "收到警告信息");
 }
}
```

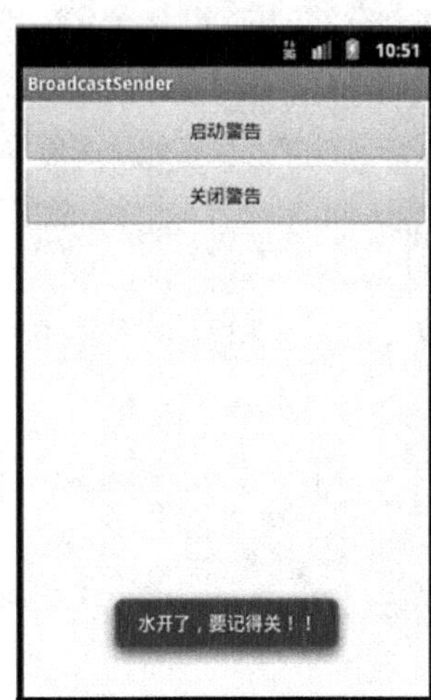

该示例的执行结果如右图所示。

观察 LogCat 可证实每 5 秒可收到广播通知：

```
10:54:16.103: VERBOSE/broadcast(297): 收到警告信息
10:54:21.353: VERBOSE/broadcast(297): 收到警告信息
10:54:26.182: VERBOSE/broadcast(297): 收到警告信息
10:54:31.103: VERBOSE/broadcast(297): 收到警告信息
10:54:36.093: VERBOSE/broadcast(297): 收到警告信息
```

本章深入浅出地讲解了 Android 的广播机制。要想提高软件的可用性，除了用户接口外，不可忽略这些外围的“配套措施”。希望本章能带来抛砖引玉的效果，激发读者更多的创意。

Chapter 10

Content Provider 应用组件

在不考虑权限的情况下，Android 平台的应用程序可通过文件、SQLite 或 Shared Preference 方式达到数据共享的目的。但比较正规的使用方式属于 Android 四大天王的最后一员—Content Provider 内容提供商的方式，这就是本章要介绍的重点。

10.1 Content Provider 基本观念

由于 Android 应用程序都是在自己的进程中执行，彼此之间是相互独立的。Content Provider 提供了统一的管道和使用方式，可以让用户对数据进行新增、删除、修改、查询的动作。这样听起来，有点像是数据库的应用，然而 Content Provider 更特别的地方在于除了提供“数据性质”的资源共享外，其“内容的提供”也可以是“实体的数据”，即多媒体文件，如影像、音乐文件等的管理。

首先来认识几个名词。

Content Provider: Content Provider 是 Android 应用程序之间用来达成数据保存、查询、共享的一种方法。Android 平台已经默认提供多种 provider，这些 provider 被定义在 android.provider 包中。此外，程序员也可以编写自己定义的 Content Provider，这些“内容提供商程序”都必须继承 ContentProvider 类。

ContentResolver: 一般情况下，Content Provider 只存在一个对象实体，应用程序在自己的进程中创建 ContentResolver 的对象实体，再使用 ContentResolver 提供的方法和 Content Provider 间接进行互动。为了实现这种运行模式，在编写 Content Provider 程序时，必须实现特定的 call back 函数，才能具有统一的存取界面。

URI: 为能指定要使用的 Content Provider，并使用该 Content Provider 进行数据的存取，Android 平台特别引进了 URI（uniform resource identifier）的概念。通过 URI 具有独一无二且树状结构的特性，可对数据内容进行唯一寻址。下面是 URI 的示例：

```
content://com.freejavaman.provider.pets/pet/8/name
```

一个完整的 URI 分为 3 部分，即 scheme、主机名（或称为授权名称（authority））和路径（path）。上面示例中的“content://”即为 URI 的 scheme。“content://”是使用 Content Provider 的固定写法，程序员只有这一种方式，遵循即可。

示例中的“com.freejavaman.provider.pets”则是 URI 中的授权名称。每一个在 Android 平台中执行的 Content Provider 都必须具有一个独一无二的授权名称，稍后 ContentResolver 会通过该授权名称取用指定的 Content Provider。

示例的最后一部分——“pet/8/name”是 URI 中的路径。它说明要存取的是 Content Provider 中的哪种数据，上面是别名为“pet”的数据类，而路径中的“8”指定取得 id 为 8

的数据。最后的 name 为取得该数据中名称为“name”的属性。

如果某个 URI 的路径没有指定数据的 id，也就是说，路径中只有“pet”时，表示要取得 Content Provider 中所有种类为“pet”的数据内容。

UriMatcher: UriMatcher 是一个用来辅助进行 URI 比对的工具对象。程序员在实现 Content Provider 时，会接收到来自客户端传入的 URI， URI 的内容可能代表要查询单一数据或所有的数据内容，这时就必须利用 UriMatcher 来达到这个目的。下面是 UriMatcher 的典型使用示例：

```
//URI 中的授权
String authority = "com.freejavaman.provider.pets";

//创建 UriMatcher 的对象实体
UriMatcher uriMatcher = new UriMatcher(UriMatcher.NO_MATCH);
uriMatcher.addURI(authority, "pet", 1);
uriMatcher.addURI(authority, "pet/#", 2);
```

如上所示，调用 UriMatcher 的构造函数时，必须传入一个 int 型参数。传入参数值为“UriMatcher.NO_MATCH”表示创建 URI 树状结构的根节点，即设置一个不和任何路径匹配的默认值。

随后在调用 addURI 函数时，第一个参数是 URI 的授权，第二个参数分别是“pet”和“pet/#”。简单地说，当客户端传入的 URI 是下面的情况：

```
content://com.freejavaman.provider.pets/pet/
```

比对结果将为 1；如果传入的 URI 是下面的各种情况：

```
content://com.freejavaman.provider.pets/pet/1
content://com.freejavaman.provider.pets/pet/6
content://com.freejavaman.provider.pets/pet/8
```

比对结果将为 2。

完成上面的比对设置后，在实现 Provider 的过程中就可以使用下面的指令来判断客户端的使用需求是什么：

```
switch (uriMatcher.match(uri)) {
 case 1:
   //实现取得单一数据的程序代码
   break;
 case 2:
   //实现取得所有数据的程序代码
   break;
 default: throw new IllegalArgumentException("URI 错误:" + uri);
}
```

ContentUris：ContentUris 也是一种操作 URI 的工具对象，只不过它比较偏向于 URI 路径中的 ID 部分。下面是典型的用法：

```
Uri providerURI = Uri.parse("content://com.freejavaman.provider.pets/pet")
Uri idURI = ContentUris.withAppendedId(uri, 8);
content://com.freejavaman.provider.pets/pet/8
```

开始时 providerURI 指向该 Content Provider 的所有数据内容，通过 ContentUris 类的 withAppendedId 成员函数，最后 idURI 包含的完整 URI 如下所示：

```
content://com.freejavaman.provider.pets/pet/8
```

反过来说，ContentUris 也可以帮助程序员获取 URI 路径中的 ID：

```
Uri uri = Uri.parse("content://com.freejavaman.provider.pets/pet/8")
long id = ContentUris.parseId(uri);
```

执行后将得到值为 8 的变量 id。

具备上面的知识后，就可以开始编写测试程序了。首先介绍维护联系人数据的 Content Provider。

10.2 联系人数据的 Content Provider

本节将通过 Android 平台默认的 Content Provider 实现一个可以进行添加、删除、查询、修改联系人数据的程序。由于必须和使用者互动，因而需要先设计用户操作接口，下面是示例程序的布局文件的内容：

```
<TextView android:layout_width="50px"
        android:layout_height="wrap_content"
        android:text="name:"/>
<EditText android:id="@+id/nameEdit"
        android:layout_width="100px"
        android:layout_height="wrap_content"/>
<TextView android:layout_width="50px"
        android:layout_height="wrap_content"
        android:text="tel:"/>
<EditText android:id="@+id/telEdit"
        android:layout_width="100px"
        android:layout_height="wrap_content"/>
<LinearLayout xmlns:android="http://schemas.android.com/apk/res/android"
 android:orientation="horizontal"
 android:layout_width="wrap_content"
 android:layout_height="wrap_content">
 <Button android:id="@+id/btn1"
       android:layout_height="wrap_content"
       android:layout_width="wrap_content"
       android:text="添加"/>
 <Button android:id="@+id/btn2"
```

```
        android:layout_height="wrap_content"
        android:layout_width="wrap_content"
        android:text="删除"/>
<Button android:id="@+id/btn3"
        android:layout_height="wrap_content"
        android:layout_width="wrap_content"
        android:text="修改"/>
<Button android:id="@+id/btn4"
        android:layout_height="wrap_content"
        android:layout_width="wrap_content"
        android:text="查询"/>
</LinearLayout>
```

执行结果如右图所示。

由于该示例将进行联系人数据的存取工作，因而需要在 AndroidManifest.xml 中做如下权限声明：

```
  <uses-permission
android:name="android.permission.WRITE_CONTACTS" />
  <uses-permission
android:name="android.permission.READ_CONTACTS" />
```

需要注意的是，从 2.0 也就是在 API Level 5 后，Android 就大幅调整了联系人数据的 Content Provider 使用方式。在新一代 API 架构中，联系人数据可以整合不同的数据源，但在设计上更为精简。下面是新版联系人数据的 Content Provider 运行概念图。

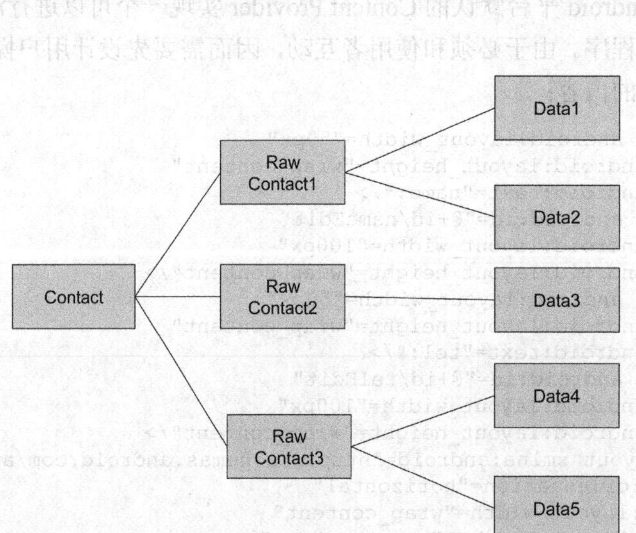

新版联系人数据 Content Provider 运行是基于 3 个数据表来实现的，即 Contacts、Raw Contacts 和 Data。联系人数据最终被存放在通用的 Data 表中，程序员可以根据 MIME 的设置说明数据的真正性质。举例来说，如果 MIME 设置为 Phone.CONTENT_ITEM_TYPE，说明数据内容存储和 Phone 相关的数据；如果设置为 Email.CONTENT_ITEM_TYPE，说明该数据存储和 Email 相关的信息。最后再以 Raw Contact 串接所有的 Data。

Contact 比较像是一种汇整的概念，用来整合相关的 Raw Contact。在实现中，程序员新增一项联系人数据就是新增一个 Raw Contact，然后在该 Raw Contact 中加入适当的 Data 内容。

10.2.1 添加联系人数据

接下来就可以开始编写程序了，首先是添加联系人数据的部分。通过 Activity 提供的 getContentResolver() 成员函数可获取 ContentResolver 工具对象，稍后会利用该对象和联系人数据的 Content Provider 互动。其中，常数 ContactsContract.RawContacts.CONTENT_URI 指定 Raw Contact 的 Content Provider 及其数据类型；常数 ContactsContract.Data.CONTENT_URI 指定 Data 的 Content Provider 及其数据类型：

```
//获取工具组件
ContentResolver cResolver = this.getContentResolver();

//指定 Raw Contract 的 Content Provider
Uri rawURI = ContactsContract.RawContacts.CONTENT_URI;

//指定 Data 的 Content Provider
Uri dataURI = ContactsContract.Data.CONTENT_URI;
```

上面两个 URI 的内容如下：

```
content://com.android.contacts/raw_contacts
content://com.android.contacts/data
```

下面的 ContentValues 组件是一个类似于 Map 数据结构的对象。它采取键-值对的方式进行数据设置的工作。

执行下面的代码就会在 Raw Contact 中，通过 ContentResolver 工具对象的 insert 函数完成添加一个联系人数据的目的：

```
//设置参数内容
ContentValues values = new ContentValues();
values.put(ContactsContract.RawContacts.ACCOUNT_TYPE, "tester@gmail.com");
values.put(ContactsContract.RawContacts.ACCOUNT_NAME, "com.google");

//执行 insert 的动作
Uri dataUri = cResolver.insert(rawURI, values);
```

上面的 RawContacts.ACCOUNT_TYPE 和 RawContacts.ACCOUNT_NAME 通常都是搭配一起使用。在新版的联系人 API 中，联系人数据可以和“用户账号”进行整合。举例来说，如果指定的 ACCOUNT_TYPE 和 ACCOUNT_NAME 指向一个 Google 邮件地址，那么用户有设置账号同步时，就会进行联系人数据同步和整合的工作。程序员可以使用下面的代码查询当前手机设备中完成同步设置的账号：

```
//查询所有的Account
Account[] accounts = AccountManager.get(this).getAccounts();
for (Account acc : accounts){
 Log.d("content", "account name = " + acc.name + ", type = " + acc.type);
}
```

★注：示例中的 this 为 Activity 本身。

AndroidManifest.xml 必须做如下的权限声明才能读取账号数据：

```
<uses-permission android:name="android.permission.GET_ACCOUNTS" />
```

再回到添加联系人的功能设计，下面是示例程序执行后 dataUri 指向的内容：

```
content://com.android.contacts/raw_contacts/19
```

需要注意的是，insert 函数返回的 URI 对象包含刚刚添加的 Raw Contract 的 id，这个 id 是稍后添加 Data 的关键，它就像在数据库程序设计时，主文件和明细文件的关系一样，读者可以将 Raw Contract 的 id 看成对应主文件用的键值。下面的程序代码可以取得 dataUri 中包含的 id 值：

```
//取得Raw Contract的ID
long id = ContentUris.parseId(dataUri);
```

接下来就可以开始进行最重要的添加 Data 的工作了。首先是设置联系人数据的显示名称：

```
//清除之前的参数内容
values.clear();
values.put(ContactsContract.Data.RAW_CONTACT_ID, id);
values.put(ContactsContract.Data.MIMETYPE,
        CommonDataKinds.StructuredName.CONTENT_ITEM_TYPE);
values.put(CommonDataKinds.StructuredName.DISPLAY_NAME,
        nameEdit.getText().toString());
dataUri = cResolver.insert(dataURI, values);
```

调用 ContentValues 组件的 clear 函数可以删除刚刚设置的参数，而不是另外创建一个 ContentValues 的对象实体，因为不管当前的硬件规格如何高档，手机设备毕竟有其限制，因此建议程序员在编写手机程序时最好还是“锱铢必较”，才能编写出高性能的程序。除此之外，还需要注意下面的几个重点。

（1）通过 ContactsContract.Data.RAW_CONTACT_ID 设置对应的 Raw Contract 的 id 值。

（2）通过 CommonDataKinds.StructuredName.CONTENT_ITEM_TYPE 设置该数据是姓名数据。

（3）通过 CommonDataKinds.StructuredName.DISPLAY_NAME 设置该数据用来显示名称。如上即是由使用者输入的姓名字段的内容。

(4)ContentResolver 工具对象的 insert 函数传入的 URI 是 Data 的 URI，而非 Raw Contract 的 URI。

下面就是执行后 dataUri 的内容值：

```
content://com.android.contacts/data/29
```

简单地说，这个联系数据的显示名称会被存储在 Data 中，同时 id 被设置为 29。新增联系人数据的显示名称后，尝试在联系人数据中添加手机号码，同样通过 ContentValues 组件设置和数据相关的信息：

```
//清除之前的参数内容
values.clear();
values.put(ContactsContract.Data.RAW_CONTACT_ID, id);
values.put(ContactsContract.Data.MIMETYPE,
          CommonDataKinds.Phone.CONTENT_ITEM_TYPE);
values.put(CommonDataKinds.Phone.NUMBER, telEdit.getText().toString());
values.put(CommonDataKinds.Phone.TYPE,
          CommonDataKinds.Phone.TYPE_MOBILE);
dataUri = cResolver.insert(dataURI, values);
```

和前面一样，也有需要注意下面这些事项。

(1) 通过 ContactsContract.Data.RAW_CONTACT_ID 设置对应的 Raw Contract id 值。

(2)通过 CommonDataKinds.Phone.CONTENT_ITEM_TYPE 设置这项数据将是和电话相关的数据。

(3) 通过 CommonDataKinds.Phone.NUMBER 设置这项数据的电话号码。如上所示，是由用户输入的号码字段的内容。

(4) 通过 CommonDataKinds.Phone.TYPE_MOBILE 设置这个电话是一个移动电话，设置为 Phone.TYPE_HOME 表示座机。

(5)ContentResolver 工具对象的 insert 函数传入的 URI 是 Data 的 URI，而非 Raw Contract 的 URI。

下面是 dataUri 的内容：

```
content://com.android.contacts/data/30
```

需要注意的是，虽然完成上面的代码后新增了一项联系人数据。然而这时用手机默认的联系人管理工具查看，使用搜索功能可以看到这个联系人数据，但列表上却没有显示刚刚添加的数据。

要在列表中显示这项联系数据，程序员还需要给这项联系人数据指定对应的群组。我们可以使用下面的代码查询当前有哪些联系人群组：

```
//取得联系人群组的 Content Provider
Uri groupURI = android.provider.ContactsContract.Groups.CONTENT_URI;
```

```
//设置要查询的字段
String[] groupFields = new String[] {android.provider.ContactsContract.Groups._ID,
                                     android.provider.ContactsContract.
Groups.TITLE};

//不设置查询条件，表示查询所有数据
Cursor groupCur = this.managedQuery(groupURI, groupFields, null, null, null);

//显示所有查询结果
if (groupCur.moveToFirst()) {
 do {
  //取得群组的 ID 和标题
  int idInx = groupCur.getColumnIndex(android.provider.ContactsContract.Groups._ID);
  int titleInx = groupCur.getColumnIndex(android.provider.ContactsContract.
                                     Groups.TITLE);

  String id = groupCur.getString(idInx);
  String title = groupCur.getString(titleInx);
  Log.v("content", "group, id:" + id + ", title:" + title);
 } while (groupCur.moveToNext());
} else {
 Log.v("content", "no group data");
}
```

最后，再使用下面的代码建立联系人数据和群组之间的关系：

```
//清除之前的参数内容
values.clear();

//设置对应的 Raw Contract ID
values.put(ContactsContract.Data.RAW_CONTACT_ID, id);

//设置存储群组的 ID
values.put(ContactsContract.Data.MIMETYPE,
           GroupMembership.CONTENT_ITEM_TYPE);

//设置群组 ID
values.put(GroupMembership.GROUP_ROW_ID, groupID);
dataUri = cResolver.insert(dataURI, values);
```

如上所示，当 MIMETYPE 设置为 GroupMembership.CONTENT_ITEM_TYPE 时，表示这项数据将使用存储联系人数据的群组 ID，而 GROUP_ROW_ID 存储群组 ID 值。

联系人数据之间的关系十分清楚，完全是树状结构的呈现方式，呼应了本节开始时提到的一个 Raw Contract 可以对应多个 Data。使用者可以通过平台默认的联系人管理功能，验证是否能添加联系人数据。

10.2.2 删除联系人数据

相对于添加功能，删除联系人数据的程序代码相对精简。同样的，先获取 ContentResolver

工具对象和联系人数据的 Raw ContractURI：

```
//取得提供联系人数据的 ContentProvider
ContentResolver cResolver = this.getContentResolver();
Uri rawURI = ContactsContract.RawContacts.CONTENT_URI;
```

要使用 ContentResolver 提供的 delete 函数，必须传入 3 个参数。第一个是联系人数据的 Raw Contract URI，第二个参数是删除条件，第三个参数则是删除条件的内容。这种使用方式和 JDBC 程序中的 prepared statement 一样。下面是根据使用者输入的联系人姓名进行删除的工作：

```
//设置删除查询条件
String whereClause = ContactsContract.Data.DISPLAY_NAME + "=?";
//设置查询条件的数据内容(来自用户输入)
String[] whereArgs = {nameEdit.getText().toString()};
//执行删除的工作
cResolver.delete(rawURI, whereClause, whereArgs);
```

需要注意的是，删除联系人数据的条件是联系人的显示名称，而显示名称的字段常数值定义在 ContactsContract.Data，而非定义在 ContactsContract.RawContacts 之中。因为一个 Raw Contract 可以对应多个 Data，那么根据面向对象的思维模式，字段常数值定义在 ContactsContract.Data 就是合理的了。新版的 API 提供的弹性就是可以根据 Data 的内容往上反查 Raw Contract，同时执行删除的工作。

值得一提的是，执行下面的代码会删除所有的联系人数据，即没有设置任何删除条件：

```
int rows = cResolver.delete(rawURI, null, null);
```

10.2.3 查询联系人数据

ContentResolver 工具对象提供的查询函数和删除函数类似，差别在于：查询函数和数据库程序的查询功能一样，设计师必须设置要取得的数据字段并指定排序的字段。同样地，使用下面的代码可以取得 ContentResolver 工具对象和联系人数据的 Content Provider URI：

```
ContentResolver cResolver = this.getContentResolver();
Uri contactURI = ContactsContract.Contacts.CONTENT_URI;
```

需要注意的是，查询联系人数据时指定的 URI 是 Contacts.CONTENT_URI，而非 RawContacts.CONTENT_URI。

要执行查询，只需要执行 ContentResolver 工具对象的 query 函数即可，下面是一般的使用方式：

```
//指定要查询的字段
```

```
String[] fields = {ContactsContract.Data._ID,
                   ContactsContract.Data.DISPLAY_NAME};

//设置查询条件
String whereClause = ContactsContract.Data.DISPLAY_NAME + "=?";

//设置查询条件的数据值，取得用户从 UI 组件的输入值
String[] whereArgs = {nameEdit.getText().toString()};

//执行查询
cursor = cResolver.query(contactURI, fields, whereClause, whereArgs,
                         ContactsContract.Data.DISPLAY_NAME);
```

第一个字段设置 Content Provider 的 URI，第二个字段设置要查询的数据字段，第三个字段设置查询条件，第四个字段是查询条件的内容值。这种使用方式和 JDBC 的 Prepared Statement 使用方式一样。第五个字段设置排序的条件，上面设置为 ContactsContract.Data.DISPLAY_NAME。

如果所有字段都设置为 null，表示查询所有的数据：

```
Cursor cursor = cResolver.query(contactURI, null, null, null, null);
```

ContentResolver 的 query 函数的返回值是一个 Cursor 对象，该对象就是查询结果集合的索引值。程序员可以使用下面的语法轮询所有的查询结果：

```
//轮询所有查询结果
if (cursor.moveToFirst()) {
 do {
  //取得当前索引的数据
 } while (cursor.moveToNext());
} else {
 //没有任何数据
}
```

下面的代码可以取得 Cursor 所指向的数据内容，例如，联系人数据的显示名称等：

```
//取得字段的索引
int idInx = cursor.getColumnIndex(ContactsContract.Contacts._ID);
int nameInx = cursor.getColumnIndex(ContactsContract.Contacts.DISPLAY_NAME);

//根据索引取得数据内容
String id = cursor.getString(idInx);
String displayName = cursor.getString(nameInx);
```

那么如何取得联系人电话号码呢？首先用下面的代码来判断是否有电话号码的数据存在：

```
//取得字段索引
int hasNumInx = cursor.getColumnIndex(ContactsContract.Contacts.HAS_PHONE_NUMBER);

//根据字段索引取得号码总数
```

```
String hasNumStr = cursor.getString(hasNumInx);

//转换成数值
int hasNum = Integer.parseInt(hasNumStr);
```

如果变量 hasNum 值大于 0，表示联系人数据中存在电话号码。这时可以使用下面的代码取得联系人的电话号码：

```
//查询所有字段
String[] fields = null;

//设置查询条件
String whereClause = ContactsContract.CommonDataKinds.Phone.CONTACT_ID +" = ?";

//设置查询条件的数据内容，即联系人数据的 ID
String[] whereArgs = {id};

//进行号码查询
Cursor pCur = cResolver.query(ContactsContract.CommonDataKinds.Phone.CONTENT_URI,
fields, whereClause, whereArgs, null);

//轮询所有结果集合
while (pCur.moveToNext()) {
 //号码字段的索引值
 int phoneNoInx = pCur.getColumnIndex(ContactsContract.CommonDataKinds.Phone.NUMBER);

 //取得数据内容
 String phoneNo = pCur.getString(phoneNoInx);
}

//关闭索引
pCur.close();
```

10.2.4 修改联系人数据

在用新版的 API 实现联系人数据修改的功能时，一般的做法是：程序员先查询要修改的数据是否存在，查询的 URI 可直接指向 Data。下面是取得 ContentResolver 工具对象和 Data 的 Content Provider 的 URI：

```
ContentResolver cResolver = this.getContentResolver();
Uri dataURI = ContactsContract.Data.CONTENT_URI;
```

下面的代码可以用来判断要修改的数据是否存在，该查询的条件之一是使用者输入的联系人姓名：

```
//取得输入的姓名
String name = nameEdit.getText().toString();

//设置查询条件
```

```
String where = ContactsContract.Data.DISPLAY_NAME + " = ? AND " +
            ContactsContract.Data.MIMETYPE + " = ? AND " +
            CommonDataKinds.Phone.TYPE + " = ? ";
//设置查询条件的数据值
String[] selectionArgs = new String[] {name,
            CommonDataKinds.Phone.CONTENT_ITEM_TYPE, "" +
            CommonDataKinds.Phone.TYPE_MOBILE};
//进行数据查询
Cursor phoneCur = managedQuery(dataURI, null, where, selectionArgs, null);
```

如果上面的参数 phoneCur 不为空值，即不为 null，就可以使用同样的查询条件进行手机号码更新的工作：

```
//如果存在就更新电话
ContentValues values = new ContentValues();
//设置用户输入新的电话号码
values.put(ContactsContract.CommonDataKinds.Phone.DATA,
        telEdit.getText().toString());
//执行数据更新的工作
cResolver.update(dataURI, values, where, selectionArgs);
```

10.3 多媒体数据的 Content Provider

Android 平台提供的 Content Provider 除了上一节介绍的维护联系人数据外，还提供了很多维护其他“内容”的 Provider。其中之一就是是本节介绍的维护图片文件的 Content Provider。

相较于前一节联系人数据 Content Provider 的复杂性，本节的 Provider 相对简单很多。由于在示例中将存取 SD 卡，因而应在 AndroidManifest.xml 中加入权限声明：

```
<uses-permission android:name="android.permission.WRITE_EXTERNAL_STORAGE" />
```

10.3.1 添加图片文件

在 Provider 中添加图片文件基本上需要下面几个步骤。

（1）准备好适当的图片文件，例如，将图片文件放在 SD 卡中。

（2）使用代码去除图片文件内容。

（3）将图片文件内容转存到 Provider。

现在来一步步实现上面的步骤。首先是准备好图片文件。我们可以通过 adb 工具将图片文件存储到 SD 卡，命令如下所示：

```
adb push ./trip.jpg /mnt/sdcard/tmp/trip.jpg
```

★注：上传两张图片文件，准备稍后测试添加和修改功能。

接下来，使用下面的代码将图片文件内容暂存在 Bitmap 对象中，所谓的 Bitmap 对象就是一个可以存储图片文件格式和像素值（pixels）的对象：

```
//取得文件来源
Bitmap sourceImg = null;
try {
 sourceImg = BitmapFactory.decodeFile("/sdcard/tmp/trip.jpg");
 Log.v("content", "read img done");
}catch (Exception e) {
 Log.e("content", "read img err:" + e);
}
```

接着尝试取得维护图片文件的 Provider，同时在 Provider 中添加和图片文件有关的信息：

```
//取得 ContentResolver 工具对象实体
ContentResolver cResolver = this.getContentResolver();

//设置图片文件的基本数据
ContentValues values = new ContentValues(3);
values.put(Media.DISPLAY_NAME, "view");
values.put(Media.DESCRIPTION, "my trip");
values.put(Media.MIME_TYPE, "image/jpeg");

//添加图片文件的基本数据
Uri uri = cResolver.insert(Media.EXTERNAL_CONTENT_URI, values);
```

同样地，在使用图片文件 Provider 时，也必须使用 ContentResolver 工具对象。通过 ContentValues 对象可以存储很多有关该图片文件的信息，例如显示名称（display name）等。最后，图片文件 Provider 的 URI 即为 Media.EXTERNAL_CONTENT_URI。这个 Provider 默认的存储地址是外部存储设备，即 SD 卡。使用 INTERNAL_CONTENT_UR 表示将把图片文件存储在手机的内部设备中。

执行完 ContentResolver 的 insert 函数后，图片文件并未“真正地”被添加到 Provider，程序员还需要将刚刚暂存在 Bitmap 对象的图片文件内容输出到 Provider，下面是执行该工作的代码：

```
//进行图片文件的更新
try {
 if (sourceImg != null) {
  OutputStream out = cResolver.openOutputStream(uri);
  sourceImg.compress(Bitmap.CompressFormat.JPEG, 100, out);
  out.close();
  out = null;
  Log.v("content", "insert image done");
 }
} catch (Exception e) {
```

```
Log.e("content", "err:" + e);
}
```

这个原理不难理解，首先使用 ContentResolver 对象的 openOutputStream 成员函数启动一个输出数据流；接着使用 Bitmap 对象的 compress 函数写出图片文件的内容。执行上面的代码后，如果没发生任何错误，表示该图片文件已经被添加到 Provider 中了。

比较常见的问题是：在添加图片文件时，可能会因为 SD 卡被卸除，找不到 SD 卡而发生错误。如下所示，虽然错误内容是“Unknown URI”，其实是 SD 卡被卸除了：

```
java.lang.UnsupportedOperationException: Unknown URI: content://media/
external/ images/media
```

那么 Provider 会将图片文件写到什么地方呢？其实，经过图片文件 Provider 的管理后，图片文件会被存储在/mnt/sdcard/DCIM/Camera 目录中，且图片文件的文件名也会被适当调整，以笔者测试的例子来说，图片的文件名为 1315093229279.jpg。

读者可以使用 adb 命令取得文件，查看内容是否和开始的文件内容相同：

```
adb pull /mnt/sdcard/DCIM/Camera/1315093229279.jpg ./temp.jpg
```

10.3.2 删除图片文件

删除图片文件的代码很简单，程序员只需要传入适当的条件，ContentResolver 就可以通过底层的 Provider 实体来删除，但还得先取得 ContentResolver 的对象实体：

```
ContentResolver cResolver = this.getContentResolver();
```

然后根据下面的条件删除文件：

```
//根据指定的显示名称执行删除
String where = Media.DISPLAY_NAME + "=?";
String[] selectionArgs = {"view"};

//执行删除
cResolver.delete(Media.EXTERNAL_CONTENT_URI, where, selectionArgs);
```

读者可到/mnt/sdcard/DCIM/Camera 目录确认文件是否被删除。

10.3.3 查询图片文件

虽然查询 Provider 中图片文件的代码十分简单，但由于需要观看执行结果，还需要搭配 ImageView 窗口组件，将取回的图片文件显示在屏幕上，因此，需要先在项目的布局文件中添加如下内容：

```
<ImageView
  android:id="@+id/img1"
```

```
android:layout_width="wrap_content"
android:layout_height="wrap_content"/>
```

并取得窗口组件的实体：

```
ImageView imageView = (ImageView)this.findViewById(R.id.img1);
```

同样地，还必须取得 ContentResolver 工具对象的实体，设置适当的查询代码。最后，调用 query 函数执行查询的工作：

```
//取得工具组件的实体
ContentResolver cResolver = this.getContentResolver();
//设置要查询的字段
String[] projection = {Media._ID, Media.DISPLAY_NAME, Media.DESCRIPTION};
//设置查询条件
String selection = Media.DISPLAY_NAME + "=?";
//设置查询条件数据值
String[] selectionArgs = {"view"};
//执行查询
Cursor cursor = cResolver.query(Media.EXTERNAL_CONTENT_URI,
projection, selection, selectionArgs, null);
```

再使用 cursor.moveToFirst()判断是否有查询结果。如果图片文件数据存在，就能取得该文件的 ID，并通过 Uri 对象的 withAppendedPath 函数拼凑出该图片文件的完整 URI 位置，以备稍后取回图片文件内容：

```
//取得图片文件的 ID 字段索引
int idInx = cursor.getColumnIndex(Media._ID);
//取得图片文件的 ID
String id = cursor.getString(idInx);
//取得具有 ID 的完整 URI
Uri imgUri = Uri.withAppendedPath(Media.EXTERNAL_CONTENT_URI, id);
```

上面的 imgUri 的内容可能如下所示，类似于 URI 的定义，图片文件数据的 ID 为 1：

```
content://media/external/images/media/1
```

接下来可以使用下面的代码取回 URI 指向的图片文件内容，并存回到 Bitmap 对象，最后显示在 ImageView 窗口组件中：

```
//根据完整的图片文件 URI 取回图片文件内容
Bitmap bitmap = Media.getBitmap(cResolver, imgUri);
//显示在屏幕上
imageView.setImageBitmap(bitmap);
```

执行结果如下图所示。

10.3.4 修改图片文件

修改图片文件的方法并不复杂。首先需要查询数据是否存在。如果存在，就取得该图片文件数据的 ID，最后通过 ID 和 Provider URI 的结合更新图片文件。如下所示为取得 ContentResolver 的对象实体和 Provider 的 URI：

```
//取得 ContentResolver 工具和 URI
ContentResolver cResolver = this.getContentResolver();
Uri uri = Media.EXTERNAL_CONTENT_URI;
```

下面是查询图片文件数据 ID 的代码：

```
//查询的字段
String[] projection = {Media._ID, Media.DISPLAY_NAME};
//设置查询条件
String selection = Media.DISPLAY_NAME + "=?";
//设置查询条件的数据值
String[] selectionArgs = {"view"};
//执行查询的工作
Cursor cursor = cResolver.query(uri, projection, selection, selectionArgs, null);
```

如上所示，如果 cursor.moveToFirst() 函数的返回值为真，表示图片文件数据存在，接下来可以执行下面的代码来取得图片文件数据的 ID，进行 URI 结合的工作：

```
//取得 ID 字段的索引值
```

```
int idInx = cursor.getColumnIndex(Media._ID);
//取得图片文件的 ID
String id = cursor.getString(idInx);
//结合图片文件的 ID, 取得数据所在的 URI
Uri imgUri = Uri.withAppendedPath(uri, id);
```

使用 BitmapFactory 对象的 decodeFile 函数可以取得新的图片文件像素值（pixels）：

```
//读入新的图片文件内容
Bitmap sourceImg = null;
try {
 sourceImg = BitmapFactory.decodeFile("/sdcard/tmp/trip2.jpg");
 Log.v("content", "read img done");
}catch (Exception e) {
 Log.e("content", "read img err:" + e);
}
```

再使用 ContentRcsolvcr 工具对象的 openOutputStream 指向图片文件数据的 URI，最后更新图片文件内容：

```
//启动输出数据流，指向图片文件的 URI
OutputStream out = cResolver.openOutputStream(imgUri);
//更新图片文件内容
sourceImg.compress(Bitmap.CompressFormat.JPEG, 100, out);
//关闭数据输入数据流
out.close();
out = null;
```

如何确认图片文件被更新了呢？很简单，执行图片文件更新程序后，可以再次执行上一节介绍的图片文件查询程序。执行结果如下图所示。

10.4 自定义 Content Provider

当我们实现 Content Provider 时，应该知道存储数据的地方，可以是一个 XML 文件、纯文本文件或数据库。总之，实现 Content Provider 程序的重点在于，提供一个统一的接口给使用端程序，而不需要关心实际是如何运行的。

本章的最后一节将带领读者利用 SQLite 实现自定义的 Content Provider 程序。

10.4.1 添加自定义内容

开始时，为了使用 SQLIte 数据库，程序员可以提供一个 SQLite 的辅助工具对象来作为 Content Provider 和 SQLite 之间的媒介。下面就是数据库辅助工具的源代码：

```
package com.freejavaman.projects;

import com.freejavaman.projects.Pets.Pet;
import android.content.Context;
import android.database.sqlite.*;

public class MyDBHelper extends SQLiteOpenHelper {

 private static final String DATABASE_NAME = "Pets.db";
 public static final String DATABASE_TABLE_NAME = "pet";
 private static final int DATABASE_VERSION = 1;

 //构造函数
 public MyDBHelper(Context context) {
  super(context, DATABASE_NAME, null, 1);
 }

 //创建数据库表
 public void onCreate(SQLiteDatabase db) {
  db.execSQL("CREATE TABLE " + DATABASE_TABLE_NAME + " (" + Pet._ID + "
          INTEGER PRIMARY KEY," + Pet.SPECIE + " TEXT," + Pet.HABITAT
          + " TEXT" + ")");
 }

 //删除数据库表
 public void onUpgrade(SQLiteDatabase db, int oldVer, int newVer) {
  db.execSQL("DROP TABLE IF EXISTS " + DATABASE_TABLE_NAME);
  this.onCreate(db);
 }
}
```

我们在上面的辅助工具对象中定义了名为 Pets.db 的数据库，该数据库表名为 pet。在 pet 数据库表中，具有定义在 Pet 类中的 3 个属性，分别为数值型的主键_ID、文本型的 SPECIE 和文本型的 HABITAT。稍后实现的 Provider 程序会使用该辅助工具对象进行数据库添加、删除、修改、查询的工作。

接着定义数据对象的内容：

```
package com.freejavaman.projects;

import android.net.Uri;
import android.provider.BaseColumns;

public final class Pets {

 public static final String AUTHORITY = "com.freejavaman.provider.pets";

 private Pets(){}

 //静态内部类
 public static final class Pet implements BaseColumns {

  private Pet(){} //默认的构造函数

  //设置URI
  public static final Uri CONTENT_URI = Uri.parse("content://" + AUTHORITY + "/pet");

  //默认要排序的字段
  public static final String DEFAULT_SORT_ORDER = "specie DESC";

  //数据对象的属性，即数据字段
  public static final String SPECIE = "specie";
  public static final String HABITAT = "habitat";
 }
}
```

在 Pets 类中定义了 URI 的授权名称为“com.freejavaman.provider.pets”，在 Pets 类的静态内部类 Pet 中把完整的 URI 定义为“content://com.freejavaman.provider.pets/pet”。为什么需要拆开成 Pets 和 Pet 两个类呢？其实这只是一种良好的编程习惯，基于面向对象的概念，每个类和对象之间应该各司其职，这表示还可以在 Pets 下定义其他类。

需要注意的是，Pet 类实现了 BaseColumns 接口。最重要的是，实现该接口后会继承一个名为_ID 的属性，它代表每一项数据的主键，并采用统一的名称。

完成上面的工作后，就可以开始编写本节真正的主角了。本节自定义的 Content Provider 命名为 PetProvider，需要先在 AndroidManifest.xml 中做如下声明：

```
<application android:icon="@drawable/icon" android:label="@string/app_name">
 ......
```

```
<provider android:name="PetProvider" android:authorities="com.freejavaman.
provider.pets"/>
</application>
```

如上所示，声明在 PetProvider 类中实现了自定义的 Content Provider，同时声明了识别用的授权内容。需要注意的是，授权内容必须和在 Pets 类中声明的完全相同。

接下来就可以开始编写 Content Provider 程序了。如下所示为自定义的 Content Provider 基本架构。需要注意的是，自定义的 Content Provider 必须继承 ContentProvider 类。

```
public class PetProvider extends ContentProvider {
 ……
}
```

在程序的声明区做以下设置。程序员可以使用 UriMatcher 工具对象进行 URI 的比对工作。因此，在程序的静态区，也就是类加载周期时，创建 UriMatcher 工具对象的实体，同时设置两个比对的样式。接着建立一个 HashMap 数据结构，用来说明进行查询工作时要查询的数据字段有哪些。最后在 Content Provider 的 onCreate 成员函数中创建数据库辅助工具对象的实体。

```
//用来进行 URI 比对的工具对象
private static final UriMatcher uriMatcher;

//进行查询时要查询的字段
private static HashMap<String, String> columnMap;

//在类加载周期执行
static {
 //设置 URI 比对的参数值
 uriMatcher = new UriMatcher(UriMatcher.NO_MATCH);
 uriMatcher.addURI(Pets.AUTHORITY, "pet", 1);
 uriMatcher.addURI(Pets.AUTHORITY, "pet/#", 2);

 columnMap = new HashMap<String, String>();
 columnMap.put(Pet._ID, Pet._ID);
 columnMap.put(Pet.SPECIE, Pet.SPECIE);
 columnMap.put(Pet.HABITAT, Pet.HABITAT);
}

//创建数据库工具对象的实体
public boolean onCreate() {
 helper = new MyDBHelper(this.getContext());
 return true;
}
```

继承 ContentProvider 类的对象必须实现 insert、query、delete、update、getType 几个成员函数，这是为了让客户端程序使用 ContentResolver 工具对象存取 Content Provider 时有一定的遵循依据而制定的统一存取接口。接下来分别讨论上面的成员函数。

```
//必须实现执行 Provider 添加数据的功能
public Uri insert(Uri uri, ContentValues values) {
```

```
SQLiteDatabase db = helper.getWritableDatabase();
long rowID = db.insert(MyDBHelper.DATABASE_TABLE_NAME , Pet.SPECIE, values);

if (rowID > 0) {
 Uri petURI = ContentUris.withAppendedId(Pet.CONTENT_URI, rowID);
 this.getContext().getContentResolver().notifyChange(petURI, null);
 return petURI;
}
return null;
}
```

上面就是实现后的 insert 函数，其中使用数据库辅助工具对象取得数据库对象，然后调用数据库对象的 insert 函数将客户端传递的数据，直接存储到对应的数据表和字段中。

假如添加数据成功，再通过 ContentUris 工具对象的 withAppendedId 函数拼凑出完整的数据 URI，并返回给客户端程序。最后调用 notifyChange 函数实现 MVC（Model, View, Controller）架构，当数据改变时通知观察者对象（observer），但这是比较高级的话题，在此不再详述。

```
//必须实现执行 Provider 查询数据的功能
public Cursor query(Uri uri, String[] projection, String selection,
                         String[] selectionArgs, String sort) {
 SQLiteQueryBuilder dbBuilder = new SQLiteQueryBuilder();

 //比对使用者传入的 URI
 switch (uriMatcher.match(uri)) {
  case 1:
    //查询所有数据
    Log.v("content", "provider query all");

    //设置数据库表
    dbBuilder.setTables(helper.DATABASE_TABLE_NAME);

    //设置要查询的数据字段
    dbBuilder.setProjectionMap(columnMap);
    break;
  case 2:
    //根据 ID 查询数据
    Log.v("content", "provider query args");

    //设置数据库表
    dbBuilder.setTables(helper.DATABASE_TABLE_NAME);

    //设置要查询的数据字段
    dbBuilder.setProjectionMap(columnMap);

    //根据使用者传入的条件进行查询
    dbBuilder.appendWhere(Pet._ID + "=" + uri.getPathSegments().get(1));
    Log.v("content", "provider where args:" + Pet._ID + "=" +
              uri.getPathSegments().get(1));
    break;
  default: throw new IllegalArgumentException("URI 错误:" + uri);
 }
```

```

//设置排序字段
String orderByStr;
if (TextUtils.isEmpty(sort)) {
  orderByStr = Pet.DEFAULT_SORT_ORDER;
} else {
  orderByStr = sort;
}

//根据上述逻辑进行数据查询
SQLiteDatabase db = helper.getReadableDatabase();
Cursor cursor = dbBuilder.query(db, projection, selection, selectionArgs,
                                null, null, orderByStr);
cursor.setNotificationUri(this.getContext().getContentResolver(), uri);
return cursor;
}
```

10.4.2 查询自定义内容

和 insert 函数的实现相比，query 函数要复杂得多。重点在于根据客户端传入的 URI，再通过 UriMatcher 工具对象的 match 成员函数判断客户端要执行的是全部数据的查询还是单个数据的查询。接着再利用 SQLiteQueryBuilder 工具对象拼凑适当的 SQL 指令和查询条件，最后送给数据库对象进行查询，并把查询结果集合的指针返回客户端程序。详细内容可以参考上面的注释：

```
//必须实现执行 Provider 删除数据的功能
public int delete(Uri uri, String selection, String[] selectionArgs) {
//取得数据库对象
SQLiteDatabase db = helper.getWritableDatabase();

//根据使用者设置的条件进行删除
int rows = db.delete(helper.DATABASE_TABLE_NAME, selection, selectionArgs);
this.getContext().getContentResolver().notifyChange(uri, null);

return rows;
}
```

10.4.3 删除自定义内容

实现 delete 函数相对简单，只需要直接将客户端传来的删除条件传送给数据库对象。但如果要实现一个多媒体的 Content Provider，程序代码可能会复杂很多，因为至少要删除对应的多媒体文件。

```
//必须实现执行 Provider 更新数据的功能
public int update(Uri uri, ContentValues values, String selection,
                  String[] selectionArgs) {
```

```
//取得数据库对象
SQLiteDatabase db = helper.getWritableDatabase();

//根据使用者设置的条件进行更新
int rows = db.update(helper.DATABASE_TABLE_NAME, values, selection,
                     selectionArgs);
this.getContext().getContentResolver().notifyChange(uri, null);

return rows;
}
```

10.4.4 修改自定义内容

实现 update 函数也很简单，因为示例的 Content Provider 只是单纯地通过 SQLite 达到数据共享的目的，因此只需要将客户端传来的更新条件传送给数据库对象即可。

实现自定义的 Content Provider 后，就可以开始编写测试的客户端程序了。下面还是分别说明对应 insert、query、delete、update 的功能：

```
//添加数据
private void doInsert() {
 try {
  //取得 ContentResolver 工具对象实体和 Provider 的 URI
  ContentResolver cResolver = this.getContentResolver();
  Uri uri = Pet.CONTENT_URI;

  //设置数据内容并进行添加
  ContentValues values = new ContentValues();
  values.put(Pet.SPECIE, "Panda");
  values.put(Pet.HABITAT, "bamboo forest");
  cResolver.insert(uri, values);
 } catch (Exception e) {
  Log.e("content", "insert error:" + e);
 }
}
```

如上所示，客户端程序先取得 ContentResolver 工具对象的实体，同时将数据内容暂存到 ContentValues 对象上，最后使用 ContentResolver 工具对象的 insert 函数，就能将数据添加到自定义的 Content Provider 上。

```
private void doQuery() {
 String[] projection = new String[]{Pet._ID, Pet.SPECIE, Pet.HABITAT};
 Cursor cursor = this.managedQuery(Pet.CONTENT_URI, projection, null,
                                   null, Pet.DEFAULT_SORT_ORDER);

 if (cursor != null && cursor.moveToFirst()) {
  do {
   String id = cursor.getString(0);
   String specie = cursor.getString(1);
   String habitat = cursor.getString(2);
```

```
    Log.v("content", "query:id:" + id + ",specie=" + specie + ",habitat="
          + habitat);
   } while (cursor.moveToNext());
  } else {
   Log.e("content", "query cursor is NULL");
  }
}
```

由于上面的查询功能没有指定数据的 ID，因而会查询所有的数据。同样地，也是通过轮询 Cursor 的方式来显示所有结果集合的内容。

删除数据也不复杂。如下所示，分为两种数据删除的方式。当客户端没有指定数据 ID 时，会删除 Content Provider 中的所有数据；反之，当指定数据 ID 时，只会删除该数据：

```
//删除所有数据
private void doDeleteAll() {
 //取得提供数据的ContentProvider
 ContentResolver cResolver = this.getContentResolver();
 cResolver.delete(Pet.CONTENT_URI, null, null);
}

//删除指定ID的数据
private void doDeleteByID() {
 //取得提供数据的ContentProvider
 ContentResolver cResolver = this.getContentResolver();

 //根据数据的ID进行删除
 String whereClause = Pet._ID + "=?";
 String[] whereArgs = {"2"};

 cResolver.delete(Pet.CONTENT_URI, whereClause, whereArgs);
}
```

最后则是数据更新，参见下面的客户端代码。由于和使用系统默认的 Content Provider 相同，在此不再详述。

```
private void doUpdate() {
 //取得工具对象的实体
 ContentResolver cResolver = this.getContentResolver();

 //设置更新的数据
 ContentValues values = new ContentValues();
 values.put(Pet.SPECIE, "Dog");
 values.put(Pet.HABITAT, "home");

 //设置更新条件
 String whereClause = Pet._ID + "=?";
 String[] whereArgs = {"3"};

 //执行更新的工作
 cResolver.update(Pet.CONTENT_URI, values, whereClause, whereArgs);
}
```

10.5 本章小结

本章完整地说明了 Android 的 Content Provider 机制。数据共享是一个颇有分量的话题，例如我们提供了多套 Android 应用程序，然而当应用程序在 Client-Server 架构上实现时，必须连接公司的服务器进行身份验证。这时就可以应用 Content Provider 开发手机设备上的单点登录机制（SSO）。设计的工作就留给读者思考了。

第 4 篇

硬件新功能篇

Chapter 11

Android 硬件控制

Android 平台最大的优势之一是程序员有很高的自由度，几乎可以自行修改调整所有的功能。此外，硬件控制也是编写手机程序非常重要的一环，如果能妥善应用手机硬件提供的各项机制，一定可以激发出更多的创意。接下来，本章将带领读者讨论 Android 硬件控制。

11.1 手机相关信息

虽然 Android 平台已经通过各种设置和限制来保证各种手机程序的正确运行，例如对应屏幕分辨率提供适当的图片文件等。然而在某些情况下，手机程序仍然应该按照实际运行的情况进行动态判断，例如当程序发现目前正在进行国际漫游时，应该弹出警告窗口，询问是否允许执行某些功能等。

要获取手机或 SIM 卡的相关信息，需要依靠位于 android.telephony 包中的 TelephonyManager 组件，下面是获得该对象实体的代码：

```
TelephonyManager tMgr = (TelephonyManager)this.getSystemService(this.
TELEPHONY_SERVICE);
```

上面代码中的 this 参数为 Activity 本身。此外，必须在 AndroidManifest 配置文件中加入授权许可：

```
<uses-permission android:name="android.permission.READ_PHONE_STATE" />
```

下表列出了获取 SIM 卡信息常用的函数。

函数名称	返 回 值	功能说明
getSimState	Int	SIM 卡，状态
getSimSerialNumber	String	SIM 卡，序号
getSimCountryIso	String	SIM 卡，国家代码
getSimOperator	String	SIM 卡，运营商代码
getSimOperatorName	String	SIM 卡，运营商名称

getSimState 函数的返回值为 int 型，用来说明当前 SIM 的状态。TelephonyManager 组件定义了对应的常数说明每一个数值的意义：

```
TelephonyManager.SIM_STATE_UNKNOWN
TelephonyManager.SIM_STATE_ABSENT
TelephonyManager.SIM_STATE_PIN_REQUIRED
TelephonyManager.SIM_STATE_PUK_REQUIRED
TelephonyManager.SIM_STATE_NETWORK_LOCKED
TelephonyManager.SIM_STATE_READY
```

读者可以使用 switch…case…语法，并配合上表返回适当的文字信息。函数执行结果如下所示：

```
SIM 卡状态：STATE_READY
SIM 卡序列号：89860052010777612810
SIM 卡国别：cn
SIM 卡提供商代码：46000
SIM 卡提供商名称：CMCC
```

★注：不一定能获得运营商名称，需要视 SIM 卡中是否存在该信息而定。

通过下表中的函数可获取电信网络运营商的相关信息。

函数名称	返 回 值	功能说明
getNetworkCountryIso	String	国家代码
getNetworkOperator	String	运营商代码
getNetworkOperatorName	String	运营商名称
getNetworkType	int	网络种类
isNetworkRoaming	boolean	是否为国际漫游

getNetworkType 函数的返回值为 int 型，说明当前使用的电信网络的种类。同样地，TelephonyManager 组件定义了对应的常数说明每个数值的意义：

```
TelephonyManager.NETWORK_TYPE_UNKNOWN
TelephonyManager.NETWORK_TYPE_GPRS
TelephonyManager.NETWORK_TYPE_EDGE
TelephonyManager.NETWORK_TYPE_UMTS
TelephonyManager.NETWORK_TYPE_HSDPA
TelephonyManager.NETWORK_TYPE_HSUPA
TelephonyManager.NETWORK_TYPE_HSPA
TelephonyManager.NETWORK_TYPE_CDMA
TelephonyManager.NETWORK_TYPE_EVDO_0
TelephonyManager.NETWORK_TYPE_EVDO_A
TelephonyManager.NETWORK_TYPE_1xRTT
TelephonyManager.NETWORK_TYPE_IDEN
```

举例来说，如果是 UMTS（Universal Mobile Telecommunications System），表示所使用的移动网络为俗称的 3G；如果是 HSDPA（High Speed Downlink Packet Access），则为俗称的 3.5G。HSDPA 属于 WCDMA 的延伸，下载速度最高可达 14.4Mbps，其速度理论上是 3G 的 5 倍，GPRS 的 20 倍。手机程序可以根据网络速度进行适当的行为调整。下面是可能的执行结果：

```
电信网络国别：cn
电信公司代码：46000
电信公司名称：China MoBILE
通信类型：GSM
国际漫游：非漫游
```

TelephonyManager 可供应用的函数还包括下表中各项。

函数名称	返 回 值	功能说明
getPhoneType	int	移动终端类型
getDeviceId	String	移动装置的唯一标识 在 GSM 系统中称为 IMEI（International Mobile Equipment Identity number） 在 CDMA 系统中称为 MEID（Mobile Equipment Identifier）或 ESN（Electronic Serial Numbers）
getLine1Number	String	返回手机的 MSISDN（Mobile Subscriber ISDN Number），即手机号码
getDeviceSoftwareVersion	String	移动终端的软件版本
getSubscriberId	String	返回用户（subscriber）唯一标识
getCallState	int	使用状态

getPhoneType 函数的返回值为 int 型，说明当前移动终端的类型；getCallState 返回目前手机的使用状态。TelephonyManager 组件也定义了其对应的常数和每个数值的意义：

■ 移动终端类型

```
TelephonyManager.PHONE_TYPE_NONE
TelephonyManager.PHONE_TYPE_GSM
TelephonyManager.PHONE_TYPE_CDMA
```

■ 手机使用状态

```
TelephonyManager.CALL_STATE_IDLE (闲置)
TelephonyManager.CALL_STATE_OFFHOOK (接起电话)
TelephonyManager.CALL_STATE_RINGING (电话进来)
```

如下即为执行结果。

```
移动通信类型：GSM
手机 ID：358938041276287
手机号码：1381380000
手机软件版本：01
订阅者 ID：460002170204466
使用状态：IDLE
```

需要注意的是，并非所有电信运营商贩卖的手机设备都可以正确获取手机号码。

11.2 拨号和短信发送程序

正如本章一开始提到的，Android 平台给了程序员极大的自由度，因此程序开发人员甚至可以编写属于自己的拨号和短信发送软件。要完成该工作，首先需要在 AndroidManifest.xml 配置文件中做如下的权限声明：

```
<uses-permission android:name="android.permission.CALL_PHONE" />
<uses-permission android:name="android.permission.SEND_SMS" />
```

本节示例将提供两个 EditText 组件，分别提供用户输入电话号码和短信内容，同时提供两个 Button 组件驱动电话拨打或短信发送。如下即为它们在布局文件中的内容：

```
<EditText
  android:id="@+id/pNum"
  android:layout_width="fill_parent"
  android:layout_height="wrap_content"
  android:inputType="phone"/>
<EditText
  android:id="@+id/sms"
  android:layout_width="fill_parent"
  android:layout_height="150px"/>
<Button
  android:id="@+id/cBtn"
  android:layout_width="wrap_content"
  android:layout_height="wrap_content"
  android:text="phone call"/>
<Button
  android:id="@+id/sBtn"
  android:layout_width="wrap_content"
  android:layout_height="wrap_content"
  android:text="send SMS"/>
```

使用者单击拨号按钮时，在 Activity 中执行的程序段如下：

```
//判断是否有输入电话号码
String pNumStr = pNum.getText().toString();
if (pNumStr != null && !pNumStr.equals("")) {
 //创建 Intent 对象，并执行拨号功能
 Intent callIntent = new Intent();
 callIntent.setAction(Intent.ACTION_CALL);
 callIntent.setData(Uri.parse("tel:" + pNumStr));
 PhoneCall.this.startActivity(callIntent);

 //清空输入内容
 pNum.setText("");
}
```

上面的示例程序是我们之前已经介绍过的广播程序。原理很简单，通过 Intent 对象的创建，并以广播的方式将拨号相关的数据，即被叫方的电话号码广播给用来处理拨号的系统机制。也可以在创建 Intent 的对象实体时直接指定 Action 和 Data 信息，如下所示：

```
Intent callIntent = new Intent(Intent.ACTION_CALL, Uri.parse("tel:" + pNumStr));
```

执行结果如下图所示。

和前面的原理一样，将要发送的短信内容封装在 PendingIntent 对象中，再传递给 SmsManager 组件，该组件是系统用来发送短信的组件。下面是发送短信的代码：

```
//获取短信发送管理组件
SmsManager smsMgr = SmsManager.getDefault();

//创建封装相关信息的 Intent 对象
PendingIntent pIntent = PendingIntent.getBroadcast(PhoneCall.this, 0, new
                                                    Intent(), 0);

//设置被叫方的电话号码和短信内容
smsMgr.sendTextMessage(pNumStr, null, smsStr, pIntent, null);
```

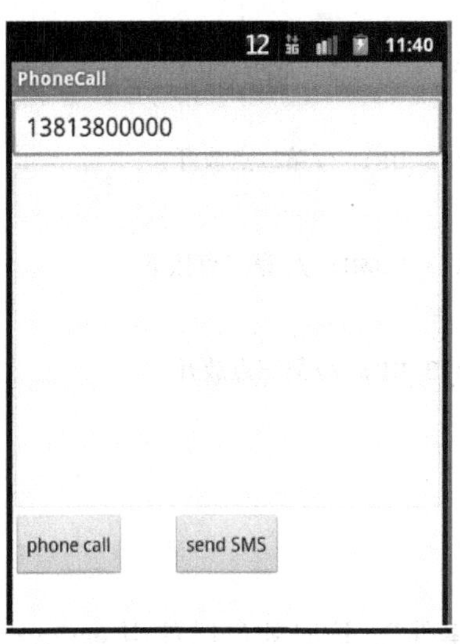

11.3 多点触控

触摸控制是使用智能手机的重点之一，由于多数手机装置都没有提供键盘，因而如何让用户使用触摸屏快速、平顺地进行工作就变得格外重要。

多点触控的话题和硬件比较接近，因此把它放在本节中介绍，而不放在窗口控件章说明。要判断是否为多点触控并不复杂，只需要重写 Activity 的 onTouchEvent 成员函数即可。下面是实现函数的代码：

```
public boolean onTouchEvent(MotionEvent event) {
 //获取触控点数量并更新显示
 cntTxt.setText("" + event.getPointerCount());

 //判断发生了哪种事件
 switch(event.getAction()) {
  case MotionEvent.ACTION_DOWN: //触摸事件开始
    Log.v("touch", "事件开始");
    break;
```

```
    case MotionEvent.ACTION_UP: /触摸事件结束
      Log.v("touch", "事件结束");
      cntTxt.setText("0");
      break;
    case MotionEvent.ACTION_POINTER_1_DOWN: //第一点按下
      Log.v("touch", "第一点按下");
      break;
    case MotionEvent.ACTION_POINTER_1_UP: //第一点放开
      Log.v("touch", "第一点放开");
      break;
    case MotionEvent.ACTION_POINTER_2_DOWN: //第二点按下
      Log.v("touch", "第二点按下");
      break;
    case MotionEvent.ACTION_POINTER_2_UP: //第二点放开
      Log.v("touch", "第二点放开");
      break;
    case MotionEvent.ACTION_POINTER_3_DOWN: //第三点按下
      Log.v("touch", "第三点按下");
      break;
    case MotionEvent.ACTION_POINTER_3_UP: //第三点放开
      Log.v("touch", "第三点放开");
      break;
    default:break;
  }
  return super.onTouchEvent(event);
}
```

当用户单击屏幕时就会引发“屏幕触摸事件”。这时就可以使用 getPointerCount 函数得知目前有多少个触控点。而根据 getAction 可以得知目前的触摸事件内容是什么，例如 ACTION_POINTER_2_DOWN 表示第二个触控点被按下等。

目前 Android 平台的 API 规范支持 3 点触控，而另一智能手机阵营，即 Apple 的 iOS 平台支持 5 点触控。下图即为程序测试结果。需要注意的是，Android 模拟器无法模拟触摸情况，有兴趣的读者必须用手机进行测试。

刚刚说 Android 平台只支持 3 点触控，为什么显示的是 4 个触控点呢？其实判断有几个触控点是根据触摸屏的硬件技术、驱动程序、API 共同运行决定的。简单地说，有可能发生最上层的 API 规范只支持 3 点触控；底层却支持更多触控点的情况。举例来说，笔者用来测试的 HTC sensation 手机就是 4 个触控点的情况，而 Sony Ericsson 的 Xperia X10 只支持 2 点触控。

底层系统判断触控点是根据 mask 原理，将数据隐藏在 bit 数据列中。那么是不是 API 不支持就无法判断“额外的”触控点的信息呢？其实不然，使用下面的代码就可以获得每个触控点的信息：

```
//轮询每一个触控点
for (int inx = 0; inx < event.getPointerCount(); inx++) {
 //获取触控点的 ID
 int pointID = event.getPointerId(inx);
 Log.v("touch", "pointID:" + pointID);

 //取得坐标信息
 Log.v("touch", "X:" + event.getX(pointID));
 Log.v("touch", "Y:" + event.getY(pointID));
}
```

这样，无论底层支持多少个触控点，上层的应用程序都可以获取触控相关信息。

11.4 语音处理

11.4.1 从文本到语音

十几年前，笔者曾参与过语音系统的项目。那是 E-mail、HTTP 刚刚起步的年代，更不用说可以移动上网。为了能够让到处奔波的业务员随时获取最新的 E-mail 内容，这个系统结合短信的使用，当服务器收到最新的 E-mail 时，就通过短信的方式通知在公司外面的业务员。业务员就可以打电话到公司的服务器，服务器就会将 E-mail 的内容念给业务员。这个产品使用的关键技术就是从文本到语音（Text To Speech, TTS）。

过去在构建语音系统时需要添购语音板卡，并投入大量的人力、物力进行数据转换的工作。然而现在的智能手机中已经内建了 TTS 功能。

在 Android SDK 1.5 的时代，TTS 功能还不是内建的，程序员必须引用非官方的函数库才能实现 TTS 程序。因此在升级时很可能遇到兼容性问题。而在 Android SDK 1.6 之后就开始使用 Pico 作为语音合成引擎。可惜的是，到目前为止只支持英文（美国/英国）、法文、德文、意大利文和西班牙文五种语言。

现在就来介绍如何编写 TTS 程序。由于本示例将提供一个 EditText 对象让用户输入要进行语音转换的文本内容，和一个用来驱动转换的按钮，因而需要如下的布局文件内容：

```
<EditText
  android:id="@+id/myText"
  android:layout_width="fill_parent"
  android:layout_height="150px"/>
<Button
  android:id="@+id/btn"
  android:layout_width="fill_parent"
  android:layout_height="wrap_content"
  android:text="TextToSpeech"/>
```

必须首先在程序中提供实现 TextToSpeech.OnInitListener 接口的对象，并实现其中的 onInit(int status) 函数。OnInitListener 对象负责的工作很简单，就是处理 TTS 引擎的初始化工作。

必须能够在 onInit 函数中使用主程序的 TextToSpeech 语音组件实体。一般的做法是另外建立一个.java 文件并实现 OnInitListener 接口，同时通过构造函数将对象参考值传送给 OnInitListener 对象。缺点是必须另外建立一个.java 文件。为此，笔者使用匿名内部类的方式实现 OnInitListener 接口，这样既可以避开上面的问题，也可以在 onInit 函数中使用主程序的 TextToSpeech 语音组件：

```
public class mySpeech extends Activity {
//语音组件
private TextToSpeech ttSpeech;

//TTS 引擎的初始化对象
private TextToSpeech.OnInitListener initListener =
                                    new TextToSpeech.OnInitListener() {
  public void onInit(int status) {

   //选择美式英语
   Locale locale = new Locale("en" , "USA", "");
   ttSpeech.setLanguage(locale);

   //根据时区判断是否有支持语言
   if (ttSpeech.isLanguageAvailable(locale) == TextToSpeech.LANG_AVAILABLE) {
     ttSpeech.setLanguage(locale);
     Log.v("mySpeech", "language support");
   } else {
     Log.v("mySpeech", "language NOT support");
   }

   ttSpeech.setOnUtteranceCompletedListener(ucListener);
  }
};

…
```

```
}
```

通过 Locale 对象传递给 TTS 组件的 isLanguageAvailable，判断是否支持指定地区语言。主程序的程序内容如下所示：

```
//语音组件
private TextToSpeech ttSpeech;
EditText myText;
Button btn;

public void onCreate(Bundle savedInstanceState) {
 super.onCreate(savedInstanceState);
 setContentView(R.layout.main);

 //创建语音组件的对象实体
 ttSpeech = new TextToSpeech(this, initListener);
 myText = (EditText)this.findViewById(R.id.myText);
 btn = (Button)this.findViewById(R.id.btn);

 btn.setOnClickListener(new View.OnClickListener() {
  public void onClick(View v) {
   String txt = myText.getText().toString();
   //进行语音发声
   if (!txt.equals("")) {
    ttSpeech.speak(txt, TextToSpeech.QUEUE_FLUSH, null);
   }
  }
 });
}

protected void onDestroy() {
 super.onDestroy();
 //释放语音资源
 ttSpeech.shutdown();
}
```

程序调用 TTS 引擎的 speak 函数后，TTS 引擎就会根据输入的文本内容转换语音数据，并通过手机扩音器播放语音，如右图所示。然而在执行程序后，意外地发生了下面的错误信息：

```
    ERROR/SVOX Pico Engine(xxxx): Error synthesizing
string 'xxx': [-101]
```

因为没有安装语音数据导致 TTS 引擎无法进行语音转换。安装语音数据很简单，打开手机的“设置”功能，并选择其中的“语言和输入法”选项。

接着选择其中的“文字转语音（TTS）输出”，如下图所示。

再选择其中的“Pico TTS”，如下图所示。

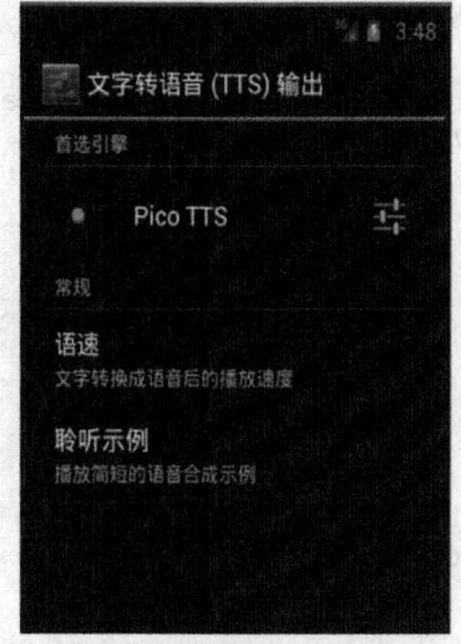

就可以看到 Pico 支持的语言，如下图所示。

直接单击要安装的语言就会连接到 Android Market 进行语音数据的免费下载。

安装后再测试一下程序，这时应该可以正确地进行从文本到语音转换的工作了。可惜的是 Android 默认的 TTS 引擎无法以中文进行发音，有需求的读者可以到 Android Market 下载其他的 TTS 引擎，如 SVOX 等。

一般来说，这类 TTS 引擎的下载和安装是免费的，语音数据却是要付费的。不过最大的好处是只需要通过设置的方式，而不用重新编写或编辑原本的 TTS 程序就能使用新的语音引擎。

当然也有完全免费的 TTS 引擎，如 eyes-free 等，但中文语音的声调质量只是勉强可接受，同时 TTS 程序必须配合 API 重新编写和调整。有关这些非正式 TTS 的使用，就留给有兴趣的读者进一步探索吧！

11.4.2 语音识别

TTS 技术将文本转换成语音，那么是否可以将语音转换成文本，也就是进行语音识别呢？答案是肯定的，Android 平台默认已经提供该功能了。

语音识别在使用上很简单，程序员只需要创建一个 Intent 对象，设置相关参数后再传递给系统默认的语音识别程序，最后取回识别结果就可以完成整个识别的工作了。

下面的示例程序提供了一个 EditText 控件显示识别后的结果，同时还提供了两个按钮控件，分别用来启动语音识别和清除 EditText 控件中的文字，以方便用户重新输入。布局文件的内容如下所示：

```
<EditText
  android:id="@+id/myText"
  android:layout_width="fill_parent"
  android:layout_height="150px"/>
<Button
  android:id="@+id/btn"
  android:layout_width="fill_parent"
  android:layout_height="wrap_content"
  android:text="Voice Recognize"/>
<Button
  android:id="@+id/clear"
  android:layout_width="fill_parent"
  android:layout_height="wrap_content"
  android:text="Clear"/>
```

识别功能启动按钮的程序内容如下。设置适当的参数后，就可以传送给系统默认的语音识别功能：

```
//执行语音识别的按钮
btn.setOnClickListener(new View.OnClickListener() {
 public void onClick(View v) {
```

```
  //创建语音识别的 Intent
  Intent intent = new Intent(RecognizerIntent.ACTION_RECOGNIZE_SPEECH);
  intent.putExtra(RecognizerIntent.EXTRA_LANGUAGE_MODEL,
                  RecognizerIntent.LANGUAGE_MODEL_FREE_FORM);

  //语音识别窗口的显示文字
  intent.putExtra(RecognizerIntent.EXTRA_PROMPT, "请说话");

  //送出 Intent 并取得返回结果
  VoiceRecognize.this.startActivityForResult(intent, 16888);
 }
});
```

由于需要使用 startActivityForResult 函数传送 Intent 对象，因而程序员还需要提供下面的 onActivityResult 函数来接收返回的结果：

```
//送出 Intent 后取得语言识别结果
protected void onActivityResult(int requestCode, int resultCode, Intent data) {

 //判断是否是送出的 Intent 的识别结果
 if (requestCode == 16888 && resultCode == this.RESULT_OK) {
  ArrayList<String> list = data.getStringArrayListExtra(RecognizerIntent.
                                                         EXTRA_RESULTS);

  //轮询所有识别结果
  StringBuffer resultStr = new StringBuffer("");

  //将结果显示在控件中
  for (int i = 0; i < list.size(); i++) {
   resultStr.append(list.get(i));
  }
  myText.setText(resultStr);
 } else {
  myText.setText("无识别结果");
 }
 super.onActivityResult(requestCode, resultCode, data);
}
```

需要注意的是，可能会有多个语音识别的对比结果，这是因为语音识别引擎会将所有的可能结果都返回给使用者。下面是执行过程和结果。笔者尝试念出“测试”来进行语音识别，然而却出现了多个识别结果，如下图所示。

语音识别的实现往往只需要获取第一个对比结果即可，因此可在创建 Intent 对象时同时传入下面的参数，来设置只要返回第一个对比结果：

```
//设置一个返回结果
intent.putExtra(RecognizerIntent.EXTRA_MAX_RESULTS, 1);
```

语音识别是一个非常有趣的功能，可以有多种应用，例如 Google 已实现语音识别和搜索功能、语音拨号等。相信读者在了解了本节示例后，可以被激发出一些有创意的想法。

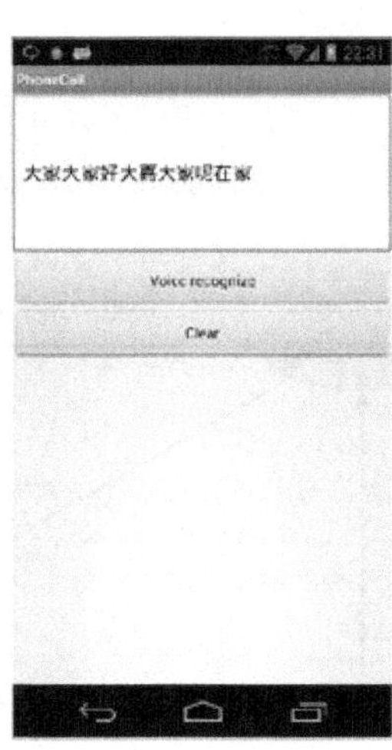

11.5 多媒体播放控制

随着硬件技术的不断进步，手机应用发展至今已经成为“移动娱乐中心”。想想看，每天在拥挤的地铁上有多少人低着头观看影片或聆听音乐，由此可见一斑。因此如何编写多媒体程序就成为 Android 程序员必修的功课之一。

Android 平台提供了一个命名为 MediaPlayer 的组件，可以用来进行多媒体的播放，包括音乐文件、图片文件甚至流媒体视频。但要驾驭 MediaPlayer，必须先从了解状态图开始。

如下图所示，黑色箭头代表的是同步运行，而白色箭头代表异步运行。所谓的异步运行，就是主过程调用特定的函数后可继续进行其他逻辑处理，而刚才抛出的工作会在底层的多媒体播放引擎完成工作后，再以回调的方式调用我们实现的函数（读者可以想到，必须实现接口）。现在就来详细说明该状态图的含义。

（1）当创建 MediaPlayer 对象实体或调用之前创建的实体的 reset()函数后，MediaPlayer 对象就进入 Idle 状态；而调用 release() 函数后会进入 End 状态，进而结束整个生命周期。程序结束前一定要调用 release() 函数释放硬件资源，否则可能引发无法预期的错误。

（2）MediaPlayer 对象通过 setOnErrorListener 函数，将错误处理的工作委托给实现 OnErrorListener 接口的对象。假设 MediaPlayer 对象刚被创建而进入 Idle 状态，那么在调用下面的函数发生错误时，回调机制并不会调用实现接口的 onError 函数，依然会停留在 Idle 状态：

```
    getCurrentPosition()、getDuration()、getVideoHeight()、getVideoWidth()、
setAudioStreamType(int)、setLooping(boolean)、setVolume(float, float)、pause()、
start()、stop()、seekTo(int)、prepare()、prepareAsync()。
```

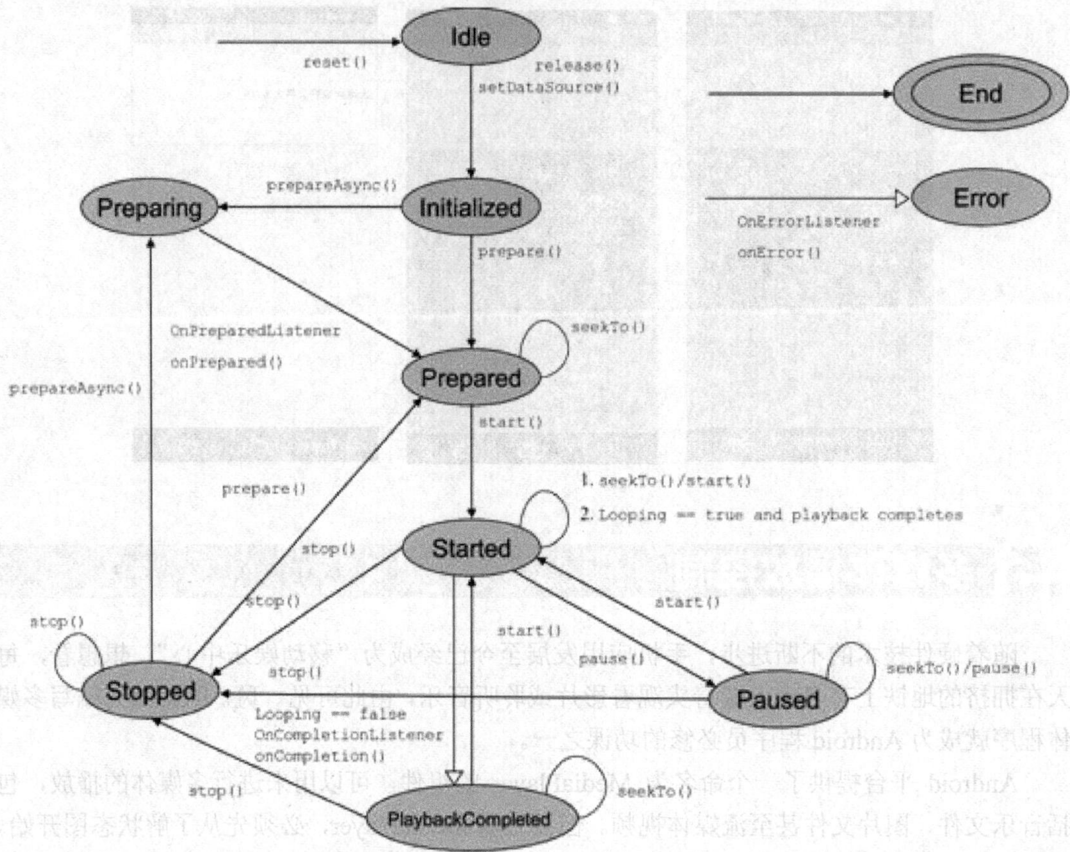

但如果 MediaPlayer 对象是因为被调用 reset() 函数而进入 Idle 状态，那么实现 OnErrorListener 接口对象的 onError 函数就会被底层机制回调，同时也将进入 Error 状态。

（3）MediaPlayer 组件可以使用 setDataSource 函数指向存储在 SD 卡或网络上的流媒体文件，这时就会进入 Initialized 状态，程序必须再次调用 prepare 函数后才能将文件加载到内存，并进入 Prepared 状态。然而为了简化流程，并根据同名异式的原理，MediaPlayer 组件还提供了一系列的 create 函数，用来指向和载入在项目资源中的文件，并在完成后直接进入 Prepared 状态，而跳过 Initialized 状态。

（4）就算 MediaPlayer 对象没有将错误处理的工作委托给实现 OnErrorListener 接口的对象，发生异常事件时仍然会进入 Error 状态。为了节省内存资源重复使用 MediaPlayer 对象实体，当进入 Error 状态后，可以通过调用 reset()函数让对象再次进入 Idle 状态。

（5）进入 Prepared 状态后才能进行播放的工作或参数的调整，例如设置声音大小等。从 Initialized 状态进入 Prepared 状态有两种方法，即同步运行和异步运行两种。当处于 Initialized 状态时，调用 prepare() 函数就会进入同步运行流程；这时主线程将等待 prepare() 函数返回后才会进行后续的处理逻辑。调用 prepareAsync() 函数就进入异步运行模式，主线程可以继续进行其他的工作。

无论是调用 prepare() 还是 prepareAsync()，一旦底层的引擎做好准备后，都会调用实现 OnPreparedListener 接口对象的 onPrepared() 函数，因此，可以在函数中加入启动播放按钮的工作等。MediaPlayer 对象可以使用 setOnPreparedListener 函数，将倾听“是否准备的事件”进行委托的工作。

（6）调用 MediaPlayer 对象的 start() 函数后，随即开始进行多媒体播放的工作，同时将进入 Started 状态。如果在 Started 状态下再次调用 start() 函数，并不会造成任何影响。此外，可以通过 seekTo(int) 函数移动播放位置。在播放过程中，可以使用 isPlaying() 函数判断是否正在播放。另外，假设曾经使用 setOnBufferingUpdateListener 函数将监听“缓冲状态（buffering status）”的工作委托给实现 OnBufferingUpdateListener 接口对象，那么底层的引擎在做数据缓冲时，就会持续回调 onBufferingUpdate 函数进行追踪的工作。

（7）可以使用 seekTo(int) 函数移动播放的位置。但是 seekTo(int) 函数属于异步运行方式，尤其是在播放流媒体文件时，位置移动和播放可能存在时间差。如果要判断位置移动工作是否完成，可以将事件通过 setOnSeekCompleteListener 函数委托给实现 OnSeekComplete 接口的对象。一旦完成位置移动，就会采用回调的方式调用实现的 onSeekComplete() 函数。

（8）可以在播放过程中调用 pause() 函数进入 Paused 状态，而从 Paused 状态调用 start() 函数会再回到 Started 状态，并从刚刚暂停的位置继续播放下去。然而对于底层的播放引擎来说，从 Started 状态移到 Paused 状态（或是反向）都需要花费时间处理。因此采用 isPlaying() 函数判断是否仍在播放，可能因为异步运行而有小小的误差。同样地，当处于 Paused 状态时再调用 pause()，并不会造成任何影响。此外，也可以通过 seekTo(int) 函数移动播放位置。

（9）调用 stop() 函数时，应当立即停止播放的动作并进入 Stopped 状态。如果要继续播放，必须调用 prepare() 或 prepareAsync() 函数，让 MediaPlayer 对象再次回到 Prepared 状态。如果已经处于 Stopped 状态，再次调用 stop() 并不会造成任何影响。

（10）如果调用 setLooping(true) 函数，MediaPlay 对象会持续处于 Started 状态，并重复进行播放的动作；反之，如果调用 setLooping(false) 函数，一旦播放完毕，底层的播放引擎就会调用实现 OnCompletionListener 接口对象的 onCompletion 函数进行通知的工作。可以使用 setOnCompletionListener 函数来委托监听事件。进入 PlaybackCompleted 状态后，再次调用 start() 函数会从头再播放一遍。

了解了 MediaPlayer 组件的状态图含义后，就可以编写程序了。本示例程序将提供 4 个按钮，分别为加载、播放、暂停和停止。下面是布局文件的内容：

```
<Button
  android:id="@+id/loadBtn"
  android:layout_width="wrap_content"
```

```
  android:layout_height="wrap_content"
  android:text="加载"/>
<Button
  android:id="@+id/startBtn"
  android:layout_width="wrap_content"
  android:layout_height="wrap_content"
  android:text="播放"/>
<Button
  android:id="@+id/pauseBtn"
  android:layout_width="wrap_content"
  android:layout_height="wrap_content"
  android:text="暂停"/>
<Button
  android:id="@+id/stopBtn"
  android:layout_width="wrap_content"
  android:layout_height="wrap_content"
  android:text="停止"/>
```

由于示例程序将打开存储在 SD 卡中的 MP3 文件，因而需要在 AndroidManifest 配置文件做如下授权说明：

```
<uses-permission android:name="android.permission.READ_EXTERNAL_STORAGE" />
```

示例程序除了继承 Activity 类外，还同时声明了实现以下接口，之后还必须实现相关的函数：

```
public class MyPlayer extends Activity implements
                                MediaPlayer.OnCompletionListener,
                                MediaPlayer.OnErrorListener,
                                MediaPlayer.OnPreparedListener
......
```

在 Activity 的 onCreate 函数中获取 Button 组件的对象实体。为了避免多媒体文件还未准备完成而造成错误的状态调用，开始时必须先停用播放、暂停和停止 3 个按钮。

```
//获取按钮对象实体
loadBtn = (Button)this.findViewById(R.id.loadBtn);
startBtn = (Button)this.findViewById(R.id.startBtn);
pauseBtn = (Button)this.findViewById(R.id.pauseBtn);
stopBtn = (Button)this.findViewById(R.id.stopBtn);

//停止按钮
startBtn.setEnabled(false);
pauseBtn.setEnabled(false);
stopBtn.setEnabled(false);
```

下面分别进行按钮单击事件的委托，并进行 MediaPlayer 组件的控制。一开始必须先创建 MediaPlayer 组件的对象实体并委托相关事件，例如将 OnPrepared 事件委托给实现 OnPreparedListener 接口的对象，因为本节的示例程序实现了相关的接口，因此传入 this 即可。

```
//委托加载按钮
loadBtn.setOnClickListener(new OnClickListener() {
 public void onClick(View view) {
  try {
   //创建多媒体播放组件实体
   mediaPlayer = new MediaPlayer();
   Log.v("mediaTest", "media player instanced");

   //设置音乐文件数据源
   mediaPlayer.setDataSource("/sdcard/onepiece.mp3");
   Log.v("mediaTest", "load file");

   //委托事件
   mediaPlayer.setOnCompletionListener(MyPlayer.this);
   mediaPlayer.setOnErrorListener(MyPlayer.this);
   mediaPlayer.setOnPreparedListener(MyPlayer.this);
   Log.v("mediaTest", "delegate to listener");

   //进行异步加载
   mediaPlayer.prepareAsync();
   Log.v("mediaTest", "prepare async");
  } catch (Exception e) {
   Log.e("mediaTest", "load error:" + e);
  }
 }
});
```

和状态图说明的一样，调用 setDataSource 函数后，MediaPlayer 组件就会进入 Initialized 状态。由于调用了 prepareAsync 函数，因而运行方式为异步，这时加载按钮已经完成了工作，而不需要等待多媒体文件是否完成加载。

由于实现了 OnPreparedListener 接口，因而需要提供 onPrepared 函数。一旦完成了文件准备的工作，底层的引擎就会调用 onPrepared 函数，这时就可以启动播放、暂停、停止 3 个按钮。

```
//实现 MediaPlayer.OnPreparedListener
public void onPrepared(MediaPlayer mp) {
 //完成文件加载后启动所有按钮
 startBtn.setEnabled(true);
 pauseBtn.setEnabled(true);
 stopBtn.setEnabled(true);
 Log.v("mediaTest", "enable all button");
}
```

下面是播放按钮提供的功能，除了判断是否创建 MediaPlayer 组件外，还需要判断是否处于播放状态。如果不是播放状态，就进行播放的工作，并停用播放按钮，不让使用者重复单击。

```
//委托播放按钮
startBtn.setOnClickListener(new OnClickListener() {
```

```
public void onClick(View view) {
 if (mediaPlayer != null && !mediaPlayer.isPlaying()) {
  mediaPlayer.start();
  startBtn.setEnabled(false);
  Log.v("mediaTest", "start play");
 }
}
});
```

当单击“暂停”按钮时，必须判断是否处于播放中；处于播放状态时才允许执行暂停。暂停的同时需要启动“播放”按钮，以便使用者可以继续执行播放的工作。

```
//委托暂停按钮
pauseBtn.setOnClickListener(new OnClickListener() {
 public void onClick(View view) {
  if (mediaPlayer != null && mediaPlayer.isPlaying()) {
   mediaPlayer.pause();
   startBtn.setEnabled(true);
   Log.v("mediaTest", "pause play");
  }
 }
});
```

而“停止”按钮除了执行 stop 函数让 MediaPlayer 组件进入 Stopped 状态外，还同时调用 prepare 函数让 MediaPlayer 组件再次进入 Prepared 状态，进行下一次的播放工作。

```
//委托停止按钮
stopBtn.setOnClickListener(new OnClickListener() {
 public void onClick(View view) {
  if (mediaPlayer != null) {
    mediaPlayer.stop();
    try {
     mediaPlayer.prepare();
    } catch (Exception e) {
     Log.v("mediaTest", "stop play (call prepare)");
    }
   Log.v("mediaTest", "stop play");
  }
 }
});
```

在退出程序时，应该在 Activity 的 onPause 函数中加入释放 MediaPlayer 资源的 release 函数：

```
//继承了 Activity
protected void onPause() {
 super.onPause();
 //释放 MediaPlayer
 if (mediaPlayer != null)
  mediaPlayer.release();
}
```

由于示例程序同时实现了 OnCompletionListener 和 OnErrorListener 接口，因此必须提供 onCompletion 和 onError 函数。但本示例并未对它们做特殊的处理，因此只需要提供下面的两个空函数即可：

```
//实现 MediaPlayer.OnErrorListener
public boolean onError(MediaPlayer mp, int arg1, int arg2) {
 Log.v("mediaTest", "onError");
 return false;
}

//实现 MediaPlayer.OnCompletionListener
public void onCompletion(MediaPlayer mp) {
 Log.v("mediaTest", "play completed");
}
```

完成后就可以开始进行测试了。

随着 MediaPlayer 组件播放多媒体文件，软件程序可能也需要实现音量控制的功能，这时就必须借助 AudioManager 组件了。如下所示，请在 Activity 的 onCreate 函数中加入获取 AudioManager 组件对象实体的代码：

```
//调整音量的组件
AudioManager audioMgr = (AudioManager)this.getSystemService(Context.AUDIO_SERVICE);
```

AudioManager 组件控制音量的方式可以细分为不同的来源，例如使用 getStreamVolume (int mode)可以观察不同声音来源目前设置的音量大小：

```
audioMgr.getStreamVolume(AudioManager.STREAM_ALARM);
audioMgr.getStreamVolume(AudioManager.STREAM_DTMF);
audioMgr.getStreamVolume(AudioManager.STREAM_MUSIC);
audioMgr.getStreamVolume(AudioManager.STREAM_NOTIFICATION);
audioMgr.getStreamVolume(AudioManager.STREAM_RING);
audioMgr.getStreamVolume(AudioManager.STREAM_SYSTEM);
audioMgr.getStreamVolume(AudioManager.STREAM_VOICE_CALL);
```

而通过 getStreamMaxVolume(int mode) 函数可以观察每一种声音来源最大可以调整的音量：

```
audioMgr.getStreamMaxVolume(AudioManager.STREAM_ALARM);
audioMgr.getStreamMaxVolume(AudioManager.STREAM_DTMF);
audioMgr.getStreamMaxVolume(AudioManager.STREAM_MUSIC);
audioMgr.getStreamMaxVolume(AudioManager.STREAM_NOTIFICATION);
audioMgr.getStreamMaxVolume(AudioManager.STREAM_RING);
audioMgr.getStreamMaxVolume(AudioManager.STREAM_SYSTEM);
audioMgr.getStreamMaxVolume(AudioManager.STREAM_VOICE_CALL);
```

在笔者的手机上测得的最大音量分别为：

```
MAX ALARM:7
MAX DTMF:15
```

```
MAX MUSIC:15
MAX NOTIFICATION:7
MAX RING:7
MAX SYSTEM:7
MAX VOICE:5
```

换句话说，每一种声音来源的音量调整范围可以是 0~*n*。

为了能在程序中调整音量大小的同时显示最大音量的调整范围，需要添加两个 Button 控件，并用 ProgressBar 显示音量大小。下面即为布局文件的内容：

```
<Button
  android:id="@+id/upBtn"
  android:layout_width="wrap_content"
  android:layout_height="wrap_content"
  android:text="大声"/>
<Button
  android:id="@+id/downBtn"
  android:layout_width="wrap_content"
  android:layout_height="wrap_content"
  android:text="小声"/>
<ProgressBar
  android:id="@+id/myProgressBar"
  style="?android:attr/progressBarStyleHorizontal"
  android:layout_width="168dip"
  android:layout_height="wrap_content"
  android:max="15"
  android:progress="0"
  android:layout_x="110px"
  android:layout_y="102px"/>
```

ProgressBar 的 max 参数即为最大音量值，为配合 STREAM_MUSIC 的调整范围，这里设置为 15 格。在 Activity 中分别进行 Button 控件的委托工作：

```
//委托音量调大按钮
upBtn.setOnClickListener(new OnClickListener() {
 public void onClick(View view) {
  //音量调大
  audioMgr.adjustVolume(AudioManager.ADJUST_RAISE, 0);

  //显示音量大小
  int volume = audioMgr.getStreamVolume(AudioManager.STREAM_MUSIC);
  myProgressBar.setProgress(volume);
 }
});
```

如上所示，使用 adjustVolume 函数并配合 ADJUST_RAISE 参数即可控制音量的调整。然而正如前面提到的，手机装置上具有多个声音来源，adjustVolume 函数调整的是哪个声音来源的音量呢？原来 adjustVolume 会视情况对最高优先权的来源进行设置。举例来说，正好有电话拨打进来时调整的音量就是铃声大小；播放音乐时调整的就是音乐的音量。

虽然这种做法颇具弹性，但可能造成程序员的困扰，因为毕竟无法自己控制。为此，AudioManager 组件提供了 adjustStreamVolume 函数，可以指定要进行控制的声音来源：

```
adjustStreamVolume(AudioManager.STREAM_MUSIC,
                AudioManager.ADJUST_RAISE, 0)
```

同理，也可进行音量调小的控制：

```
//委托音量调小按钮
downBtn.setOnClickListener(new OnClickListener() {
 public void onClick(View view) {
  //音量调小
  audioMgr.adjustVolume(AudioManager.ADJUST_LOWER, 0);

  //显示音量大小
  int volume = audioMgr.getStreamVolume(AudioManager.STREAM_MUSIC);
  myProgressBar.setProgress(volume);
 }
});
```

执行结果如下图所示。

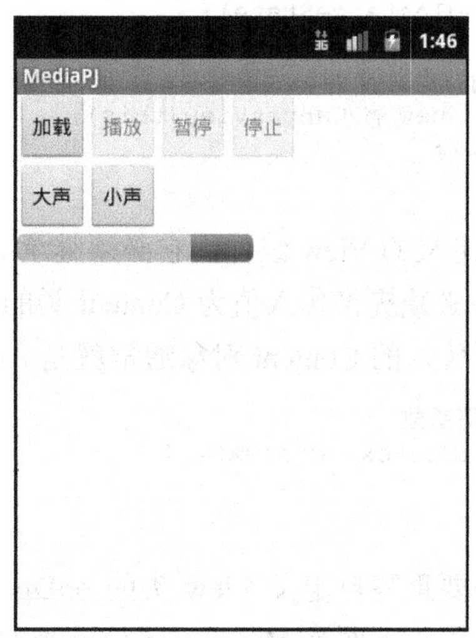

除了可以控制音量外，AudioManager 还可以调整不同的铃声模式（Ring Tone Mode）。可以使用 getRingerMode 函数获取当前的铃声模式，共有 RINGER_MODE_NORMAL（一般）、RINGER_MODE_SILENT（静音）和 RINGER_MODE_VIBRATE（振动）三种，振动也是铃声模式的一种。可以使用 setRingerMode 函数切换模式。

切换成静音时，除了没有铃声外，手机也不会振动。调成振动时，手机只会振动而不会有铃声。在一般模式下，则会有铃声，但是否会振动还需视其他设置而定。程序实现的部分留给读者自行研究。

11.6 屏幕绘图

11.6.1 View 组件绘图

到目前为止，本书的所有示例都是使用 Android 系统默认的 View 组件来显示画面，例如在画面上显示各种各样的窗口控件等。然而在某些情况下，程序员必须自己控制画面的显示，尤其是在编写游戏软件时，甚至于必须自己控制每一个像素（pixel）。

要实现上述功能，必须提供属于自己的 View 组件，并在自定义 View 组件的画布（canvas）上来绘图。

所有和绘制 2D 向量图相关的类和函数都被封装在 android.graphics 包中。下面就是在 Activity 的 onCreate 函数中创建和设置属于自己的 View 组件：

```
public void onCreate(Bundle savedInstanceState) {
 super.onCreate(savedInstanceState);

 //不使用布局，而是采用自定义的View组件
 MyCanvasView view = new MyCanvasView(this);
 setContentView(view);
}
```

MyCanvasView 类就是自定义的 View 组件，它必须继承 android.view 包中的 View 类。除此之外，自定义的 View 组件必须提供传入值为 Content 类的构造函数，并将传入的 Content 类向上丢给父构造函数，而所传入的 Content 对象通常就是 Activity 本身，参见如下所示：

```
//自定义View组件的构造函数
public MyCanvasView(Context context) {
 super(context);
}
```

进行绘图的工作时，只需要重写自定义 View 类的 onDraw 回调函数，取得画布对象后就可以在画布上绘制各种图形了。下面是 MyCanvasView 类的程序内容：

```
//自定义的View组件
private class MyCanvasView extends View {

 //自定义View组件的构造函数
 public MyCanvasView(Context context) {
  super(context);
 }

 //重写执行"画屏幕"的功能
 protected void onDraw(Canvas canvas) {
```

```
super.onDraw(canvas);

//设置背景为白色
canvas.drawColor(Color.WHITE);

Paint paint = new Paint();
paint.setAntiAlias(true); //消除锯齿

//设置空心
paint.setStyle(Paint.Style.STROKE);
paint.setColor(Color.RED); //设置颜色
paint.setStrokeWidth(8); //空心外框宽度
canvas.drawCircle(80, 88, 80, paint);

//设置实心
paint.setStyle(Paint.Style.FILL);
paint.setColor(Color.YELLOW); //设置颜色
canvas.drawCircle(240 + 4, 88, 80, paint);

//设置渐层
Shader shader = new LinearGradient(0,0,168,168,new int[]{Color.BLUE,Color.WHITE},null,Shader.TileMode.REPEAT);
paint.setShader(shader);
canvas.drawCircle(400 + 4, 88, 80, paint);

//在画布上显示文本
paint.setShader(null);
paint.setColor(Color.GREEN);
paint.setTextSize(68);
canvas.drawText("我在画布上写字", 20, 300, paint);
 }
}
```

执行结果如下图所示。

Canvas 对象提供了多种和绘图相关的函数，例如绘制矩形的 drawRect 函数、椭圆形的 drawOval 函数、线形的 drawPath 函数，由于和传统的 Java 窗口程序基本相同，就留给读者自己研究测试了。

11.6.2 SurfaceView 组件绘图

在实际应用时，上面通过继承 View 类并重写 onDraw 回调函数，再显示结果画面的方式是低效的。因为这种绘制屏幕的方式是由 UI 线程控制的。简单地说，UI 线程会先将程序中所有 View 组件的显示内容全部“绘制”在后置缓冲区（back-buffer）中，待全部完成后再移到前置缓冲区（front-buffer），最后才分批更新屏幕。

对于实时呈现敏感度较高的功能，例如照相预览、3D 游戏呈现等，这种运行方式是非常低效的。因此根本的解决方法是将画面绘制的工作交给独立的线程来完成，而非全部由 UI 线程负责。

虽然听起来很复杂，但非常容易实现，因为在 Android 平台中已经提供了一个名为 SurfaceView 的类来完成这项任务。

和其他 View 类一样，SurfaceView 对象可以被附加到布局中，同时它也支持在 Canvas 中绘图的功能。和 View 类不同的地方，也是最重要的一点是 SurfaceView 对象封装了 Surface 对象，而 Surface 对象是由独立的线程来维护的，因而可以独立于 UI 线程执行，效率自然会有所提高。

除此之外，SurfaceView 还可以控制大小和在屏幕中的显示位置，还支持底层的硬件加速功能，同时还支持 OpenGL ES 函数库，因此在实现 3D 绘图方面将会更加高效。如下所示是在布局中加入 SurfaceView 组件：

```
<SurfaceView
    android:id="@+id/myView"
    android:layout_width="320px"
    android:layout_height="240px"
    android:visibility="visible"/>
```

使用 SurfaceView 组件进行绘图的重点有以下几点。

（1）获取 SurfaceView 对象实体。可以在布局文件中声明 SurfaceView 对象，并由底层自动创建对象实体，或是在程序中动态产生对象实体。

（2）获取和 SurfaceView 对象对应的 SurfaceHolder 对象。程序员可以通过 SurfaceHolder 对象控制 Surface 的大小和格式，甚至控制每个像素。在使用 SurfaceHolder 对象时需要注意的是，由于可能会有多个线程同时控制 SurfaceView 的画布，因此必须妥善利用 SurfaceHolder 的 lockCanvas 函数锁住 SurfaceView，以避免线程之间的相互干扰。最后，再用 SurfaceHolder 的 unlockCanvasAndPost 函数解除对 SurfaceView 的锁定。

（3）编写一个实现 SurfaceHolder.Callback 接口的对象并传送给 SurfaceHolder 对象。当使用 SurfaceView 时，发生 Surface 被创建或销毁的情况时就会回调实现的函数。

下面是本节示例的源代码：

```
package com.freejavaman;

import android.app.Activity;
import android.graphics.*;
import android.os.Bundle;
import android.view.*;
import android.view.View.OnClickListener;
import android.widget.Button;

public class SurfaceDrawer extends Activity implements SurfaceHolder.Callback {
 private SurfaceView myView;
 private SurfaceHolder myHolder;

 public void onCreate(Bundle savedInstanceState) {
  super.onCreate(savedInstanceState);
  //设置使用全屏显示，一定要置于 setContentView 前
  this.requestWindowFeature(Window.FEATURE_NO_TITLE);
  setContentView(R.layout.main);

  //获取 SurfaceView 对象
  myView = (SurfaceView)this.findViewById(R.id.myView);

  //用来处理 CallBack 的对象
  myHolder = myView.getHolder();

  //设置处理的组件为本对象
  myHolder.addCallback(SurfaceDrawer.this);

  //绘制图形
  drawTest();
 }

 private void drawTest() {
  Canvas canvas = myHolder.lockCanvas();
  //设置背景为蓝色
  canvas.drawColor(Color.BLUE);
  Paint paint = new Paint();
  paint.setAntiAlias(true); //消除锯齿

  //设置空心
  paint.setStyle(Paint.Style.STROKE);
  paint.setColor(Color.RED); //设置颜色
  paint.setStrokeWidth(8); //空心外框宽度
  canvas.drawCircle(80, 88, 80, paint);

  myHolder.unlockCanvasAndPost(canvas);
 }
```

```

//实现 SurfaceHolder.Callback 接口必须要提供的函数
public void surfaceChanged(SurfaceHolder holder, int format, int width, int height) {
}

//实现 SurfaceHolder.Callback 接口必须要提供的函数
public void surfaceCreated(SurfaceHolder holder) {
}

//实现 SurfaceHolder.Callback 接口必须要提供的函数
public void surfaceDestroyed(SurfaceHolder holder) {
}
}
```

surfaceChanged、surfaceCreated 和 surfaceDestroyed 就是实现 SurfaceHolder.Callback 接口必须提供的 SurfaceHolder 回调的函数。由于本示例并不打算处理相关的事件，因此可以暂时忽略。

接着就可以尝试执行程序了。然而在执行过程中发生了如下错误：

```
java.lang.NullPointerException
```

addCallback 函数真正发挥作用，甚至 Canvas 画布的创建都是在执行 onCreate、onStart 和 onResume 函数后，也就是进入 Activity 的执行周期才会完成。因此，在 onCreate 中调用 drawTest 函数自然会发生 Null Pointer 错误。那么该如何补救呢？有两种方法。

第一种方法是让 drawTest 函数延后到 Activity 执行周期时才被调用。最简单的方式就是加入一个按钮控件，当用户在单击按钮控件时再进行 Canvas 绘图的工作。如下所示，在布局文件中加入一个 Button 控件，同时在 Activity 中委托 Button 的单击事件：

```
<Button
 android:text="绘图"
 android:id="@+id/myBtn"
 android:layout_width="wrap_content"
 android:layout_height="wrap_content"/>
```

```
//按钮组件
Button myBtn = (Button)this.findViewById(R.id.myBtn);
myBtn.setOnClickListener(new OnClickListener() {
public void onClick(View view) {
 SurfaceDrawer.this.drawTest();
 }
});
```

执行结果如下图所示。SurfaceView 的背景被设置为白色，同时在其中画一个空心的圆圈。

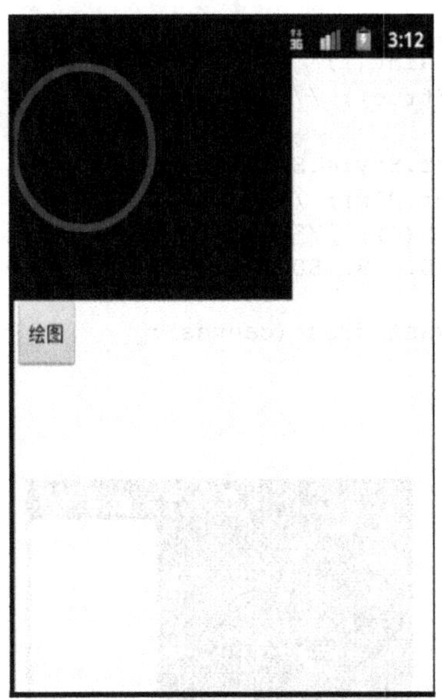

第二种方法也不难理解，也就是在程序中创建一个独立于主线程的线程，并且在独立的线程中加入等待 SurfaceView 的 Canvas 对象创建的处理逻辑。待 Canvas 对象被创建后才进行绘图的工作。如下所示，先声明 Activity 实现 Runnable：

```
    public class SurfaceDrawer extends Activity implements Runnable,
SurfaceHolder.Callback
    ……
```

然后在 onCreate 函数中进行线程声明和启动的工作：

```
//创建额外线程，并进行绘图的功能
Thread myThread = new Thread(this);
myThread.start();
```

实现线程的 run 函数如下，在 drawTest 函数中加入 Canvas 是否已经创建的判断式：

```
//独立线程要进行的工作
public void run() {
 drawTest();
}

//进行绘图的工作
private void drawTest() {
 //待画布准备好后，才可以开始进行画图
 Canvas canvas = null;
 while (canvas == null) {
  canvas = myHolder.lockCanvas();
 }

 //设置背景为蓝色
```

```
canvas.drawColor(Color.BLUE);
Paint paint = new Paint();
paint.setAntiAlias(true); //消除锯齿
//设置空心
paint.setStyle(Paint.Style.STROKE);
paint.setColor(Color.RED); //设置颜色
paint.setStrokeWidth(8); //空心外框宽度
canvas.drawCircle(80, 88, 80, paint);

myHolder.unlockCanvasAndPost(canvas);
}
```

执行结果如下图所示。

虽然 SurfaceView 的使用看似复杂，但读者在编写测试程序后就可以融会贯通。SurfaceView 在 Android 世界中扮演着极为重要的角色，尤其在实现游戏软件时更是如此。此外，下一节要介绍的“相机预览”功能也是通过 SurfaceView 完成的，读者必须先熟悉本节内容。

11.7 相机控制

相机控制是智能手机非常重要的功能之一，如果想随时随地将照片传上 FaceBook，使用者不需要大费周章地先从数码相机中取得图片文件，再通过计算机联网上传。取而代之的是通过智能手机的“喀喳”一声，实时影像就可以传递给网络上所有的朋友，而重点是如何控制相机装置。

11.7.1 相机预览

在 Android 平台上控制相机是很简单的事，只需通过下面几个步骤即可。

（1）获取对应相机装置的 Camera 对象。

（2）通过 Camera 对象的 setDisplayOrientation 函数设置显示的方向。

（3）获取和 SurfaceView 对象对应的 SurfaceHolder 对象，并传送给 Camera 对象的 setPreviewDisplay 函数。SurfaceView 对象将被用于预览影像，因此必须是“准备好”的状态。参考上一节的 SurfaceView 说明。

（4）调用 Camera 对象的 startPreview 函数进行预览。

（5）如果程序还提供存储照片的功能，在照相前需要调用 startPreview 函数。

（6）完成照相后，预览显示将被中断，在执行下次照相工作前必须再次调用 startPreview 函数进入预览状态。

（7）调用 stopPreview 函数时将停止预览状态。

（8）当程序退出时，如进入 onPause 必须调用 Camera 对象的 release 函数释放相机装置的资源。

第一个示例先来示范如何预览影像，下面是布局文件的内容：

```
<SurfaceView
 android:id="@+id/surface1"
 android:layout_width="512px"
 android:layout_height="384px"
 android:visibility="visible"/>
<Button
 android:text="预览"
 android:id="@+id/myBtn"
 android:layout_width="wrap_content"
 android:layout_height="wrap_content"/>
```

SurfaceView 用来显示预览的结果，而 Button 控件触发进行预览。由于要控制相机，因而需要在 AndroidManifest 配置文件中做如下声明：

```
<uses-permission android:name="android.permission.CAMERA" />
```

SurfaceView 在 Activity 的 onCreate 函数中的使用方式和上一节基本相同，不同的地方在于同时还设置类型为 SURFACE_TYPE_PUSH_BUFFERS，简单地说就是：只要缓冲区有数据，就随时更新画面：

```
public void onCreate(Bundle savedInstanceState) {
 super.onCreate(savedInstanceState);

 //设置使用全屏显示，一定要置于 setContentView 前
 this.requestWindowFeature(Window.FEATURE_NO_TITLE);
 setContentView(R.layout.main);
```

```

//获取 SurfaceView 对象
surface1 = (SurfaceView)this.findViewById(R.id.surface1);

//用来处理 CallBack 的对象
surface1Holder = surface1.getHolder();

surface1Holder.setType(SurfaceHolder.SURFACE_TYPE_PUSH_BUFFERS);

//设置处理的组件为本对象
surface1Holder.addCallback(CameraTest.this);

//单击按钮，将进行预览的工作
Button myBtn = (Button)this.findViewById(R.id.myBtn);
myBtn.setOnClickListener(new OnClickListener() {
 public void onClick(View view) {
  CameraTest.this.doPreview();
 }
});
}
```

下面是预览按钮触发执行的 doPreview 函数：

```
//初始和打开相机预览
public void doPreview() {
 //打开相机
 bfCamera = Camera.open();
 if (bfCamera != null) {
  try {
   //获取手机的旋转角度，以计算预览的旋转角度
   Camera.CameraInfo info = new Camera.CameraInfo();
   Camera.getCameraInfo(0, info);
   int rotation = getWindowManager().getDefaultDisplay().getRotation();
   int degrees = 0;
   switch (rotation) {
     case Surface.ROTATION_0: degrees = 0; break;
     case Surface.ROTATION_90: degrees = 90; break;
     case Surface.ROTATION_180: degrees = 180; break;
     case Surface.ROTATION_270: degrees = 270; break;
   }

   //设置显示角度
   int result;
   result = (info.orientation - degrees + 360) % 360;
   bfCamera.setDisplayOrientation(result);

   //设置预览的 SurfaceView
   bfCamera.setPreviewDisplay(surface1Holder);

   //开始预览的工作
   bfCamera.startPreview();
  } catch (Exception e) {
```

```
      Log.e("camera", "open camera error:" + e);
    }
  }
}
```

当用户旋转手机时，使用 setDisplayOrientation 函数将在 SurfaceView 中预览的影像随手机旋转角度进行适当的调整，使用者将永远看到“正面”的预览结果。最后，当 Activity 进入 onPause 状态时必须停止预览，同时释放相机硬件资源：

```
//在 pause 时释放相机
protected void onPause() {
 super.onPause();
 if (bfCamera != null) {
  bfCamera.stopPreview();//关闭预览
  bfCamera.release(); //释放资源
 }
}
```

执行结果如右图所示。

需要注意的是，本程序并未考虑周详。当程序已经开始进行预览时，如果使用者再次按下预览按钮，将会因为 Camera 对象已经被开启锁定而发生异常事件。另外，如果使用者旋转角度大于 90°，也将因为 Android 平台检测到手机水平和垂直之间的切换而进入 onPause 状态，这样就会释放相机资源，这时使用者需要单击一次“预览”按钮才行。关于如何调整就留给各位读者思考（提示：加上一些状态的旗标判断）。

另外，可以通过 Camera.Parameters 对象来设置相机设备。下面是通过 Camera 对象的 getParameters 函数获取 Parameters 对象：

```
Camera.Parameters parameters = bfCamera.getParameters();
```

接着，使用 getSupportedPreviewSizes 查询支持的预览格式大小：

```
//查询支持的预览大小
List<Camera.Size> list = parameters.getSupportedPreviewSizes();
for (int i = 0; i < list.size(); i++) {
 Log.v("camera", "预览支持，宽:" + ((Camera.Size)list.get(i)).width + ", " +
        "高:" + ((Camera.Size)list.get(i)).height);
}
```

笔者测试用的手机支持以下的预览格式：

```
宽:1280，高:720
宽:960，高:544
宽:800，高:480
```

```
宽:640，高:480
宽:480，高:320
```

使用 setPreviewSize 设置预览大小，最后再以 Camera 对象的 setParameters 函数返回设置值。需要注意的是，如果设置不支持的尺寸时将发生执行周期错误。

```
//设置尺寸
parameters.setPreviewSize(480, 320);

//存储设置
bfCamera.setParameters(parameters);
```

Android 2.3 之后的版本开始支持多镜头的装置。其实刚才通过 Camera 对象的 open() 函数取得的镜头就是第一顺位的后置摄像头（back-facing camera），通常是一般的摄像头。那么要如何获取其他镜头呢？很简单，Camera 对象另外提供一个传入值为整数的 open(int) 函数，只要指定镜头的序号就可以取用另外一个镜头了。

使用 Camera 对象的 getNumberOfCameras 函数可以得知目前的手机设备中拥有几个镜头，镜头的序号也是从 0 开始的，因此 open(int) 函数的传入值必须介于 0 至镜头数减一之间。

由于获取 SurfaceView 的方式和上一个示例完全相同，因此只列出了预览函数的内容，在此通过 open(int) 函数获取第二个镜头，即前置镜头（front-facing camera），也是俗称的视频镜头：

```
//初始和启动相机预览
public void doPreview() {
 //启动视频镜头
 ffCamera = Camera.open(1);
 if (ffCamera != null) {
  try {
   //获取手机的旋转角度，以计算预览的旋转角度
   Camera.CameraInfo info = new Camera.CameraInfo();
   Camera.getCameraInfo(1, info);
   int rotation = getWindowManager().getDefaultDisplay().getRotation();
   int degrees = 0;
   switch (rotation) {
     case Surface.ROTATION_0: degrees = 0; break;
     case Surface.ROTATION_90: degrees = 90; break;
     case Surface.ROTATION_180: degrees = 180; break;
     case Surface.ROTATION_270: degrees = 270; break;
   }

   //front-facing，采用镜射效果
   int result = (info.orientation + degrees) % 360;
   result = (360 - result) % 360;
   ffCamera.setDisplayOrientation(result);

   //设置预览的 SurfaceView
   ffCamera.setPreviewDisplay(surface2Holder);
```

```

      //开始预览的工作
      ffCamera.startPreview();
      Log.v("camera", "start to preview");
    } catch (Exception e) {
      Log.e("camera", "open camera error:" + e);
    }
  }
}
```

除了 open(int) 函数不同外，计算旋转角度的公式也有所不同。经过上述计算后能呈现镜射的效果，这正是视频镜头的使用主旨之一。需要注意的是，虽然使用 setDisplayOrientation 函数旋转预览的影像或是同时镜射，然而真正存储在内存中的数据还是以相机横向的角度为准，稍后存储成图片文件时，并不会因为预览旋转角度而影响数据内容。下图所示就是视频镜头预览和存储的结果对比。

有了视频镜头后，Android 的使用者就不必再像从前一样，一手拿着手机一手拿着镜子，辛辛苦苦地进行视频了。目前市面上已经有很多视频软件，如 Skype 也推出了 Android 版本，它们的运行原理都大同小异，就是将我们的视频镜头的影像通过压缩和网络技术传到对方的 SurfaceView，反之亦然。

既然 Android 支持多镜头的使用，那么是否可以同时预览两个镜头的影像来进行同时多维度的摄影技巧呢？笔者的答案是“也许”！对于多镜头的使用，Android 平台还是采取开放式的态度，因此手机硬件商可以调整自动对焦等功能。

11.7.2 相机拍照

接下来就是相机控制的重头戏：照相，并将影像存储成文件了。在开始照相前，必须先设置照片文件的单元格式和图片文件的分辨率。也是通过 Camera.Parameters 对象的使用来实现：

```
//获取相机的参数设置
Camera.Parameters parameters = bfCamera.getParameters();

//使用 JPEG 格式存储
parameters.setPictureFormat(PixelFormat.JPEG);
```

再利用下面的循环查询所有支持的图片文件分辨率：

```
//查询支持的图片文件大小
List<Camera.Size> list = parameters.getSupportedPictureSizes();
for (int i = 0; i < list.size(); i++) {
 Log.v("camera", "图片文件支持，宽:" + ((Camera.Size)list.get(i)).width + ", "
        + "高:" + ((Camera.Size)list.get(i)).height);
}
```

目前笔者测试手机共支持下面的图片文件分辨率：

```
宽:3264，高:2448
宽:3264，高:1952
宽:3264，高:1840
宽:2592，高:1952
宽:2592，高:1936
宽:2592，高:1728
宽:2592，高:1552
宽:2592，高:1456
宽:2048，高:1536
宽:2048，高:1360
宽:2048，高:1216
宽:2048，高:1152
宽:1600，高:1200
宽:1584，高:1056
宽:1280，高:960
宽:1280，高:848
宽:1280，高:768
宽:1280，高:720
宽:1024，高:768
宽:640， 高:480
宽:640， 高:416
宽:640， 高:384
宽:640， 高:368
宽:512， 高:384
宽:272， 高:272
```

最后设置图片文件大小后，再将设置值返回 Camera.Parameters 对象中。同样地，如果设置不支持的分辨率会发生执行周期的错误。

```
//设置图片文件大小
parameters.setPictureSize(2048, 1536);

//存储设置值
//bfCamera.setParameters(parameters);
```

由于 SurfaceView 组件的使用和预览程序的处理逻辑将沿用之前的代码，这里不再赘述，下面将直接进入照相程序代码的说明。下面是 Camera 对象执行拍照功能的函数：

```
takePicture(Camera.ShutterCallback shutter,
            Camera.PictureCallback raw,
            Camera.PictureCallback jpeg)
```

可知，上面的 3 个参数必须传入实现对应接口的对象，而这些对象提供的函数就是在进行照相功能时会被底层回调使用的。下面是实现第一个参数（即 Camera.ShutterCallback 对象）的代码：

```
//拍照瞬间被调用使用
private Camera.ShutterCallback shutter = new Camera.ShutterCallback() {
 public void onShutter() {
 }
};
```

在照相镜头的传感器拍照瞬间，上面的 onShutter 函数会被实时调用，换句话说，按照摄影的术语，这个函数就是在按下快门的同时会被执行的函数。程序员可以在该函数中实现播放“喀喳”声的音效程序，会使得整个照相过程更具临场感。

第二个参数是实现 Camera.PictureCallback 接口的对象，唯一需要实现的函数是 onPictureTaken 函数：

```
//执行照相功能，传入未处理的原始数据
private Camera.PictureCallback raw = new Camera.PictureCallback(){
 public void onPictureTaken(byte[] bytes, Camera camera) {
 }
};
```

调用 Carmera 对象的 takePicture 函数后，底层机制会将未处理（未压缩）的原始数据传送给第二个参数指定对象的 onPictureTaken 函数。由于本节示例不处理原始数据，因而这里不提供任何处理逻辑。

第三个参数同样是实现 Camera.PictureCallback 接口的对象，只不过底层机制会先处理数据并转换成 JPEG 格式，再传送给 onPictureTaken 函数。这个函数的代码是整个照相功能的核心。下面是实现的代码：

```
//执行照相功能，传入 JPEG 数据
```

```
private Camera.PictureCallback jpeg = new Camera.PictureCallback(){
 public void onPictureTaken(byte[] bytes, Camera camera) {
  //将传入的字节数据转换成 Bitmap 对象
  Bitmap bitmap = BitmapFactory.decodeByteArray(bytes, 0, bytes.length);

  try {
   //设置要存储的图片文件位置和名称
   File imgFile = new File("/sdcard/myCamera_" +
                             new java.util.Date().getTime() + ".jpg");

   //设置输出数据流
   BufferedOutputStream out =
                new BufferedOutputStream(new FileOutputStream(imgFile));

   //设置文件格式和图片文件质量
   bitmap.compress(Bitmap.CompressFormat.JPEG, 100, out);

   //写出文件
   out.flush();
   out.close();
   out = null;

   //再进入预览
   bfCamera.startPreview();
  } catch (Exception e) {
   Log.e("camera", "take photo error:" + e);
  }
 }
};
```

需要注意的是，由于准备将图片文件存储在 SD 卡上，因而必须在 AndroidManifest 配置文件中加入下面的授权说明：

```
<uses-permission android:name="android.permission.WRITE_EXTERNAL_STORAGE" />
```

另外，执行完“照相动作”的同时停止预览，如果要让程序继续流畅地运行，就必须再次调用 startPreview 函数以持续预览。执行结果如下图所示。

为什么预览的影像方向和存储后的图片文件的显示方向不同。正如之前提到的，和视频镜头的原理相同，Camera 是按照手机的横向方向进行拍照的，就算通过 setDisplayOrientation 函数将 SurfaceView 的显示内容转成纵向，在照片数据实际存储时仍然以手机的横向为准。

本节只对 Camera 的使用做了基本的介绍，再结合影像识别和 3D 技术，可以开发出更多有创意的程序。举例来说，可以在手机上进行增强现实（Augmented Reality, AR）的应用，也就是以虚拟现实（Virtual Reality, VR）为基础的互动技术，软件程序将数字影像重迭在由镜头捕捉到的真实世界影像上，创造出真实和虚拟融合的互动世界。或者是结合人工智能的技术，如 Android 4.0 内建的脸部识别密码锁等功能。这些话题留给有兴趣的读者自行研究。

11.8 定位服务

在社群当道的今天，已经没有所谓的大众市场，取而代之的是客户化、重点营销的小众市场。在这种情况下，如何锁定特定的消费种群就变得格外重要。手机定位服务的应用可能是一件制胜的法宝。但凡是定位结合广告发送、地标个性化服务、甚至于“打卡”功能，全都少不了定位功能。如果可以获得相关信息，商家就能分析消费者行为，进而对所有 A 级用户进行重点营销。为此，本节将介绍 Android 的定位服务。

11.8.1 GPS 或网络定位

Android 提供了两种定位方式，一种是通过卫星的全球定位系统（Global Positioning System, GPS），另一种则通过电信基站或 WiFi 接入点（Access Point）的网络定位。前者适用于宽阔没有遮蔽的室外，后者则是适用于室内建筑物中。Android 分别将它们称为精细（fine）和粗略（coarse）定位方式。

然而采用网络定位的方式可能会有极大的误差存在。以 GSM 或 WCDMA 通信系统来说，最常采用的方式称为 EOTD（Enhanced Observed Time Difference），也就是一般所说的基站三角定位法（Cell Triangulation）。其原理就是通过无线电波反射时间差（Time Advan）计算和基站之间的距离所推算的。如果用户所在位置非市区，而是在基站分布较广的郊区时，误差值相对提升不少。以笔者实际测量的结果，在乡下地区会有 5 ~ 10 公里的误差。

要使用定位服务，必须先在 AndroidManifest 配置文件中做如下授权说明：

```
<!—GPS 定位服务-->
<uses-permission android:name="android.permission.ACCESS_FINE_LOCATION"/>

<!—网络定位 -->
<uses-permission android:name="android.permission.ACCESS_COARSE_LOCATION"/>
```

无论是 GPS 还是网络定位，程序员都可以简单地通过 LocationManager 对象获取当前的定位信息。下面是获取定位服务组件的代码：

```
//获取定位服务
LocationManager locMgr =
(LocationManager)(this.getSystemService(Context. LOCATION_SERVICE));
```

如何判断手机使用者是否开启了 GPS 或网络定位服务？可以通过 isProviderEnabled 函数的返回值来加以判断。下面是该函数的使用方式和处理逻辑：

```
if (locMgr.isProviderEnabled(LocationManager.GPS_PROVIDER)) {
  //有开启 GPS 定位
  ......
} else if (locMgr.isProviderEnabled(LocationManager.NETWORK_PROVIDER)) {
  //有开启网络定位
  ......
} else {
  //没有开启任何定位服务
  ......
}
```

无论是 GPS 还是网络定位服务的开启都可以通过 getLastKnownLocation 获取 android.location.Location 对象，该对象封装和定位相关的信息，传入的参数必须分别是 GPS_PROVIDER 或 NETWORK_PROVIDER，指定要获取的是哪个提供者提供的数据。

```
//获取 GPS 上一次的定位信息
Location location =
  locMgr.getLastKnownLocation(LocationManager.GPS_PROVIDER)

//获取网络定位，上一次的定位信息
Location location =
  locMgr.getLastKnownLocation(LocationManager.NETWORK_PROVIDER)
```

通过 Location 对象可以获取所在位置的经纬度信息：

```
//获取经度
Double longitudeD = location.getLongitude();

//获取纬度
Double latitudeD = location.getLatitude();
```

如果手机使用者没有开启任何定位服务，应该加入下面的代码切换到 Android 系统的定位服务启用接口，以提醒用户需要开启定位服务：

```
startActivity(new Intent(Settings.ACTION_LOCATION_SOURCE_SETTINGS));
```

下图是打开定位服务的设置接口，该接口就是“设置”功能中的“位置”子项目。根据上面的处理逻辑，用户只需勾选“使用无线网络”或“GPS 卫星”复选项即可。

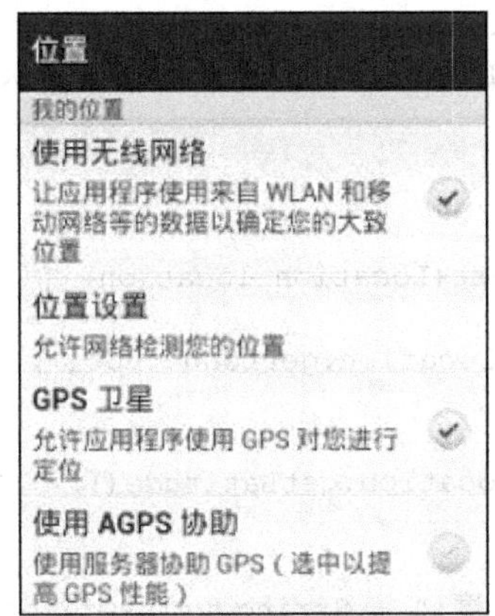

本示例的布局文件内容如下所示，其中提供了两个 TextView 控件来显示经纬度的信息：

```
<TextView  android:id="@+id/longitude"
   android:layout_width="fill_parent"
   android:layout_height="wrap_content"
   android:text="经度:"/>
<TextView  android:id="@+id/latitude"
   android:layout_width="fill_parent"
   android:layout_height="wrap_content"
   android:text="纬度:"/>
```

该程序的代码如下所示：

```
public void onCreate(Bundle savedInstanceState) {
 super.onCreate(savedInstanceState);
 setContentView(R.layout.main);

 //显示坐标的文本对象
 longitude = (TextView)this.findViewById(R.id.longitude);
 latitude = (TextView)this.findViewById(R.id.latitude);

 //获取定位服务
 LocationManager locMgr =
  (LocationManager)(this.getSystemService(Context.LOCATION_SERVICE));

 if (locMgr.isProviderEnabled(LocationManager.GPS_PROVIDER)) {
   //打开 GPS 定位
   //获取最后更新的定位点
   updateText(locMgr.getLastKnownLocation(LocationManager.GPS_PROVIDER));
 } else if (locMgr.isProviderEnabled(LocationManager.NETWORK_PROVIDER)) {
   //打开基地台或是网络定位
   //获取最后更新的定位点
   updateText(locMgr.getLastKnownLocation(LocationManager.NETWORK_PROVIDER));
 } else {
```

```
    //没有启动任何定位服务，打开系统的设置页面
    startActivity(new Intent(Settings.ACTION_LOCATION_SOURCE_SETTINGS));
  }
 }

//更新文本框中的信息
private void updateText(Location location) {
 //取得经度
 Double longitudeD = location.getLongitude();

 //取得纬度
 Double latitudeD = location.getLatitude();

 //更新 TextView 内容
 longitude.setText("经度:" + String.valueOf(longitudeD));
 latitude.setText("纬度:" + String.valueOf(latitudeD));
}
```

执行程序后，会根据用户目前的所在位置显示经纬度信息，执行结果如下所示：

```
经度:116.33587011136115
纬度:40.09177295956761
```

通过“格林尼治天文台”的 0°经线（本初子午线），往东称为东经，往西为西经，两者在 180°时相遇；赤道以北称为北纬，赤道以南为南纬。上面的数值到底落在地球的哪个区间呢？当经度为正值时代表东经，为负值时代表西经；同样地，纬度为正值代表北纬，为负值代表南纬。通过简单的处理逻辑就可以进行判断了。

然而示例程序只能抓取上一次获得的定位信息，无法随着用户的移动更新最新的定位信息。那么 Android 平台是否提供了该功能？答案当然是肯定的！

要实时获取更新的定位信息，首先必须提供一个实现 LocationListener 接口的对象，并实现 onLocationChanged(Location)、onProviderDisabled(String)、onProviderEnabled(String) 和 onStatusChanged(String,int,Bundle) 函数。onLocationChanged 就是在定位信息改变时被调用的回调函数。

那么要如何告诉系统当定位信息改变时调用回调函数呢？只需要使用 LocationManager 对象的 requestLocationUpdates 函数即可完成注册的工作。LocationManager 通过同名异式的方式提供多个 requestLocationUpdates 函数让程序员选用，其中最常被使用的函数如下所示：

```
requestLocationUpdates(provider, minTime, minDistance, listener);
```

第一个参数说明定位服务的提供者，它可以是 LocationManager.GPS_PROVIDER 或 LocationManager.NETWORK_PROVIDER。

第二个参数说明回调函数被调用的时间频率，也就是定位服务更新 LocationListener 对象的时间间隔，其单位为毫秒（milliseconds）。需要注意的是，设置 minTime 的目的通常是

为了省电，此外，定位信息真正被更新的时间可能长于 minTime 的时间，需视有多少应用程序注册被通知而定。

第三个参数说明当目前的定位点和上一个定位点之间相差 minDistance 所设置的距离长度时，才可进行更新通知的动作，其单位为米。

如果 minTime 和 minDistance 都设置为 0，那么定位服务将会以最快的更新频率通知 LocationListener 对象。如果考虑省电，那么 minTime 的设置不建议小于 60000 毫秒，即一分钟。

第四个参数是实现 LocationListener 接口的对象。

接下来就是实现的时间了。Activity 本身声明实现 LocationListener 接口，如下所示：

```
public class UpdateGPS extends Activity implements LocationListener
```

LocationManager 对象通过 requestLocationUpdates 函数注册更新通知：

```
locMgr.requestLocationUpdates(LocationManager.GPS_PROVIDER, 0, 0, this);
或
locMgr.requestLocationUpdates(LocationManager.NETWORK_PROVIDER, 0, 0, this);
```

最后实现 onLocationChanged 函数。在收到定位服务的更新通知时，将 Location 对象传送给更新 TextView 控件的函数即可：

```
public void onLocationChanged(Location location) {
 //定位信息改变时，进行经纬度信息的更新
 updateText(location);
}
```

这样，定位信息就能够随着手机装置的移动来更新数据了。

值得一提的是，经纬度的计算其实牵涉到相当复杂的大地测量学。如果读者直接将 GPS 获取的经纬度值输入到 Google Map 的网站，将会发现不是定位点标示错误，就是无法进行标示的情况。

造成这种错误的原因是“地图投影”。简单地说，GPS 返回的经纬度值用来标示地球球面上的位置，被称为“球面坐标系统”或“地理坐标系统”。基于这种坐标系统，直接在球面上计算两点之间的角度或距离是一件十分麻烦的事。于是测量学家想到，可以将立体的球面转换成二维的平面地图。这个过程被称为“投影”。经过投影的处理就可以把“球面坐标”转换成“平面直角坐标”了。这样就能将“地球球面”印刷成平面地图。Google Map 就是一种“地图”。

然而无论采用哪种投影法，都会造成地图在形状、面积、距离、方向上不同程度的“变形”。有些可以保持面积不变，有些可以保持方位不变，视其用途而定。因此，不同的地图都有特定的目的，如军事、渔业航海等。

除了投影法会影响地图的绘制，采用不同的地球椭球体标准也会造成误差。我国目前采

用的参考椭球体为 CGCS2000（China Geodetic Coordinate System 2000，2000 国家大地坐标系）。因为卫星设备的使用，美国的全球定位系统采用的是 1984 年推出的 WGS84 标准。

本节程序获取的经纬度是十进制数值，Google Map 网站接受的输入值则是地图标识常用的“度分秒表示法”，因此必须将 Android 定位服务获取的数值进行适度转换，才能在 Google Map 网站显示。

进行“经纬度”和“度分秒表示法”之间转换的方法不是本书应该介绍的重点，在此不再详述。读者直接使用 Location 对象提供的函数就可以轻松地进行转换。下面是其使用方式：

```
//设置经度
Double longitudeD = 116.33587011136115;

//设置纬度
Double latitudeD = 40.09177295956761;

//转换成度分秒表示
String longitudeDMS = Location.convert(longitudeD, Location.FORMAT_SECONDS);
String latitudeDMS = Location.convert(latitudeD, Location.FORMAT_SECONDS);
```

执行结果如下所示：

```
116:20:9.13
40:5:30.38
```

接着手动调整成 Google Map 网站接受的格式，并加上表示北纬和东经的英文代号：

```
116°20'9.13"E
40°5'30.38"N
```

再到 Google Map 的网站进行查询，即可得到如下结果。

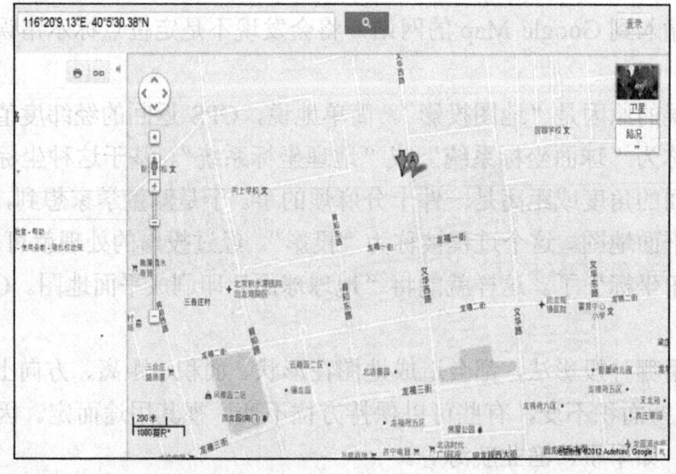

Location 对象也支持将“度分秒表示法”字符串转换成 10 进制数值，由于原理相同，使用方法就留给使用者自行测试研究。

11.8.2 Google Maps 的定位服务

Google 提供了多种在线服务，例如搜索服务（Google Search API）、制图服务（Google Chart API）、相册服务（Google Picasa API）、翻译服务（Google Translate API）等，其中和定位功能相关的是 Google Map 服务（Google Maps API）。

可以使用 Google 提供的 MapView 组件和 Google Map 服务进行整合。在开始编写程序前，必须先经过下面的步骤获取 GoogleAPI 密钥。简单地说，API 密钥就是应用程序可以使用 Google 服务的凭证。

（1）获取布署 Android 程序使用的 keystore 文件（密钥对（key pair）存储文件）。

（2）获取 keystore 文件中的指纹认证（MD5）。

（3）将 MD5 登录到 Google MapAPI 网站进行签署的工作。

（4）获取官网创建的 Android Maps API key（API 密钥）。

（5）将 API 密钥加到要使用 Google Map 服务程序的 AndroidManifest 设置文件中。

（6）完成后，Android 程序才能正确地使用 Google Map 服务。

读者可以使用 JDK 附带的 keytool 工具生成新的 keystore 文件，也可以直接使用 Eclipse 默认的 keystore 文件，可以在 Eclipse 的“Window/Preference/Android/Build/Default debug keystore”中找到其路径。

要创建新的 keystore 文件，需要在 DOS 窗口中输入下面的命令：

```
keytool -genkey -alias mygps -keyalg RSA -keystore myGPS.keystore
```

如上所示，“mygps”为别名，“myGPS.keystore”为文件名。接着，keytool 会通过询问的方式，请用户提供相关的信息：

```
输入 keystore 密码：
再次输入新密码：
您的名字和姓氏是什么？
  [Unknown]:  Allan
您的组织单位名称是什么？
  [Unknown]:  freejavaman
您的组织名称是什么？
  [Unknown]:  freejavaman
您所在的城市或区域名称是什么？
  [Unknown]: BJ
您所在的州或省份名称是什么？
  [Unknown]: BJ
该单位的两字母国家代码是什么？
```

```
  [Unknown]: CN
CN=Allan, OU=freejavaman, O=freejavaman, L=BJ, ST=BJ, C=CN 正确吗?
  [否]:  y
输入<myGPS>的主密码
（如果和 keystore 密码相同，按回车）：
```

完成后就会在目录中生成名为 myGPS.keystore 的 keystore 文件。接着输入下面的命令来获取文件中的指纹认证（MD5）内容：

```
keytool -list -keystore .\myGPS.keystore
```

如果使用的是 Eclipse 默认的 keystore 文件，则不需要输入密码，直接按 Enter 键即可。如果使用的是刚才创建的 keystore 文件，需要输入刚刚设置的密码。这时，keytool 就会显示 keystore 文件中存储的 MD5，例如：

```
Keystore 类型： JKS
Keystore 提供者： SUN

您的 keystore 包含 1 输入
mygps, 2012-8-4, PrivateKeyEntry,
认证指纹 (MD5): 29:19:84:46:DE:72:32:58:51:D2:B7:62:04:B2:B3:A5
```

接着，再联机到 Google Map API 的注册网站准备进行签署：

■ http://code.google.com/intl/zh-TW/android/maps-api-signup.html。

需要注意的是，使用者必须先拥有 Google 账号，如 gmail 账号等，并在登入官网后才可进行签署的工作。如下即为 Maps API 官网。

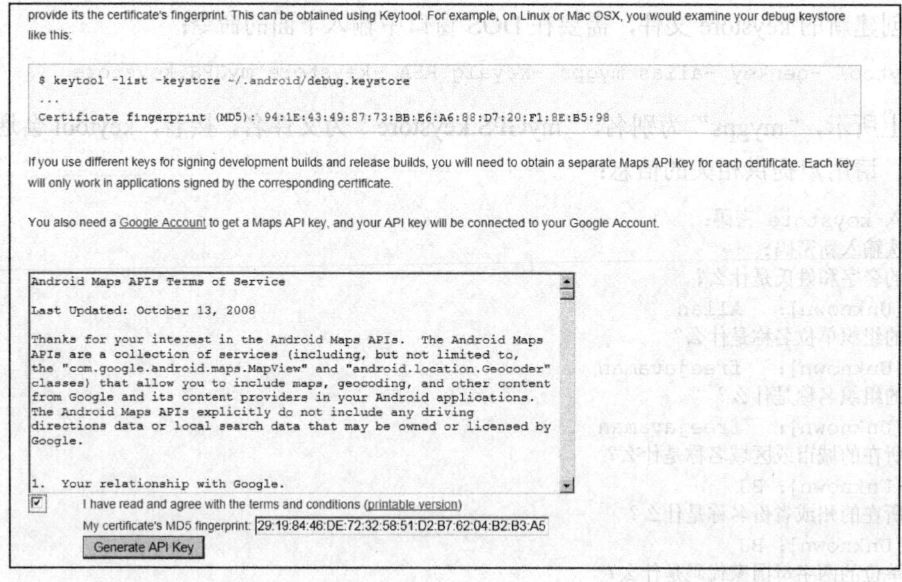

选择同意条款后，输入取得的 MD5 值就可以获取 Android Maps API key。获取 API 密钥后，可以将它记录在 AndroidManifet 配置文件中，这样就完成了 Google Map 的服务设置。需要注意的是，该密钥只适合使用同一个 keystore 文件布署的应用程序。

```
    <com.google.android.maps.MapView
         android:layout_width="fill_parent"
    android:layout_height="fill_parent"android:apiKey="01EBgmgL_tFVuXC3eVIxOB1J
jQfGKOTBnPOm4GA"/>
```

接着就可以开始编写程序了。然而由于 MapView 组件并不是标准的 Android 组件，而是由 Google 提供的外部包，因此必须在使用前将包引用到项目中。

为了避免在引用过程中遗漏相关的设置，最简单的方式就是将项目属性由原来的“Android Open Source Project”调整为“Google Inc. Project”。

调整方法很简单：在 Eclipse 项目上单击鼠标右键，选择“properties”选项打开 properties 设置窗口。切换到 Android 选项，根据使用的平台，在右边的“Project Build Target”中进行勾选，如下图所示。

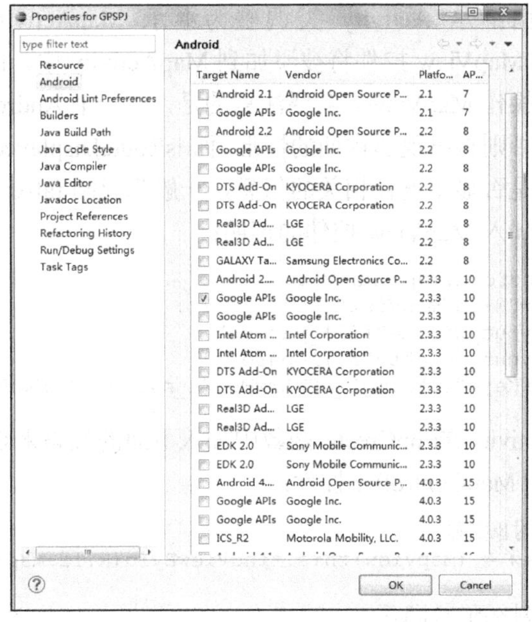

如果 Google Map 包的引用设置不正确，执行程序行时可能会发生如下错误：

```
    java.lang.IllegalAccessError: Class ref in pre-verified class resolved to
unexpected implementation
```

或

```
    java.lang.RuntimeException: Unable to instantiate activity ComponentInfo
```

```
{com.test/com.test.GoogleGPS}: java.lang.RuntimeException: stub
```

由于使用 Google Map 服务会联机到 Google 服务器，因此必须在 AndroidManifest 配置文件中做如下授权说明，否则在执行过程中会发生“Couldn't get connection factory client”异常事件。

```
<uses-permission android:name="android.permission.INTERNET"/>
```

因为使用了外部包，所以必须在 AndroidManifest 配置文件的<application>标签中加入<uses-library>声明：

```
<application android:icon="@drawable/icon" android:label="@string/app_name">
<uses-library android:name="com.google.android.maps" />
......
</application>
```

现在可以开始编写程序了。值得一提的是，读者可以在 Google 官网上阅读 Google Maps API 的使用说明文件。

■ http://code.google.com/intl/zh-CN/android/add-ons/google-apis/reference/index.html。

首先，程序必须由继承 Activity 类调整为继承 MapActivity 类，并实现其中的 isRouteDisplayed 函数。MapView 控件将被添加到 MapActivity 中，因此，MapActivity 底层提供了很多运行机制来操作 MapView。需要注意的是，在一个 Android 程序（线程）中只能提供一个 MapActivity，否则将出现非预期的情形。而 isRouteDisplayed 函数是一个回调函数，用来让底层的机制判断是否显示路径相关的信息，一般都返回 false。

接着在布局文件中加入 MapView 控件的声明：

```
<com.google.android.maps.MapView
    android:id="@+id/mapView"
    android:layout_width="fill_parent"
    android:layout_height="fill_parent"
    android:apiKey="01EBgmgL_tFWLrxMclXu_n4CeQ15Rz5GoVeYXzA"/>
```

下一步是在 MapActivity 的 onCreate 函数中加入下面的代码来获取 MapView 的对象实体，并控制 MapView 的 MapController 控件：

```
//获取 MapView 对象实体
MapView mapView = (MapView)this.findViewById(R.id.mapView);

//获取 MapView 对象的控制组件
MapController mapController = mapView.getController();
```

MapController 控件提供了多种控制 MapView 的函数，如下面设置 MapView 放大缩小程度的函数。需要注意的是，参数的值必须介于 1 和 21 之间，数字大表示放大效果（Zoom In），反之则为缩小效果（Zoom Out）。

```
mapController.setZoom(20);
```

同样地，当定位服务的提供者发现定位信息改变，调用 LocationListener 对象的 onLocationChanged 函数时，该函数只需要将接收到的 Location 对象传送给负责 MapView 更新的 updateMapView 函数即可。

```
//实现 LocationListener
public void onLocationChanged(Location location) {
 //定位信息改变时进行 MapView 更新
 updateMapView(location);
}
```

进行 MapView 画面更新的 updateMapView 函数如下所示：

```
private void updateMapView(Location location) {
 //获取经度
 Double longitudeD = location.getLongitude();

 //获取纬度
 Double latitudeD = location.getLatitude();

 //将 LocationPoint 对象转换成 GeoPoint 对象
 GeoPoint point = new GeoPoint((int)(latitudeD * 1E6), (int)(longitudeD * 1E6));

 //移到定位点所指定区域的中央，有过程动画
 mapController.animateTo(point);

 //设置放大缩小程度
 mapController.setZoom(zoomInt);
}
```

如上所示，分别使用 Location 对象的 getLongitude 和 getLatitude 获取经纬度数据。由于 MapView 接受的对象是 GeoPoint，因此需要将 Location 对象转换成 GeoPoint 对象。由于 GeoPoint 对象使用的单位为微度（microdegrees），因此需要将取得的经纬度值再乘上 1E6，也就是 1000000。

MapController 控件的 animateTo 函数会根据 GeoPoint 对象封装的经纬度来更新 MapView，在更新的过程中会有区域移动的动画。事实上，MapController 还提供一个 setCenter 函数，它也会将 MapView 的画面更新到指定的经纬度上，只不过省略了动画而已。示例程序的执行结果如下图所示。

虽然上述程序会随着用户地点的改变更新 MapView 的显示内容，但总感觉缺少了一点什么，原来是提供放大、缩小的按钮，以及标识目前的定位点位置。为此，在布局文件中加入两个 Button 控件来执行缩放功能：

```
<Button
  android:id="@+id/zoomInBtn"
  android:layout_width="wrap_content"
  android:layout_height="wrap_content"
```

```
 android:text="放大"/>
<Button
 android:id="@+id/zoomOutBtn"
 android:layout_width="wrap_content"
 android:layout_height="wrap_content"
 android:text="缩小"/>
```

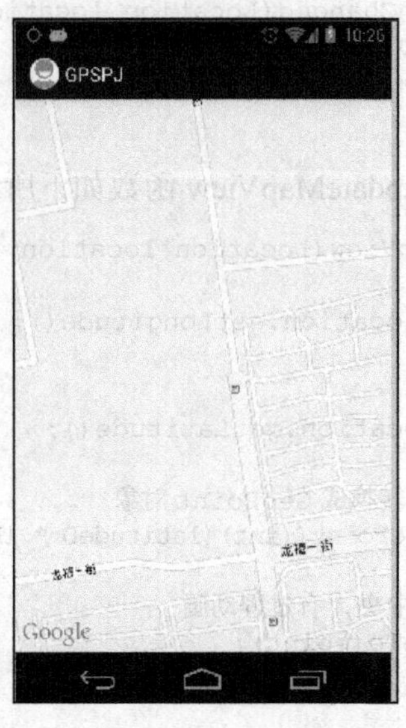

并在 onCreate 函数中添加按钮单击后的处理逻辑：

```
//获取放大、缩小按钮
zoomInBtn = (Button)this.findViewById(R.id.zoomInBtn);
zoomOutBtn = (Button)this.findViewById(R.id.zoomOutBtn);

//执行地图放大
zoomInBtn.setOnClickListener(new OnClickListener(){
 public void onClick(View view) {
  //判断缩放程度是否在最大值范围内
  //若还在范围内，则将缩放程度加一，并更新 MapView
  if (zoomInt < mapView.getMaxZoomLevel()) {
   zoomInt++;
   mapController.setZoom(zoomInt);
  }
 }
});

//执行地图缩小
zoomOutBtn.setOnClickListener(new OnClickListener(){
 public void onClick(View view) {
  //判断缩放程度是否在最小值范围内
  //若还在范围内，则将缩放程度减一，并更新 MapView
  if (zoomInt > 1) {
   zoomInt--;
```

```
   mapController.setZoom(zoomInt);
  }
 }
});
```

为显示当前的定位点，必须提供一个继承 Overlay 类的对象，稍后就可以在 Overlay 对象的画布上绘图，同时再将 Overlay 对象“贴在”MapView 组件上当做定位点显示所用。如下即为自定义的 Overlay 对象的程序代码：

```
//显示在 MapView 上的
class PointOverlay extends Overlay {
 int geoLongitude, geoLatitude;

 public PointOverlay(int geoLongitude, int geoLatitude) {
  this.geoLongitude = geoLongitude;
  this.geoLatitude = geoLatitude;
 }

 //绘制定位点
 public void draw(Canvas canvas, MapView mapView, boolean shadow) {
  super.draw(canvas, mapView, shadow);

  //处理投影的对象
  Projection projection = mapView.getProjection();

  //经纬度指向的定位点
  GeoPoint geoPoint = new GeoPoint(geoLatitude, geoLongitude);

  //地图上的定位点
  Point mapPoint= new Point();

  //进行定位点投影处理
  projection.toPixels(geoPoint, mapPoint);

  //设置笔刷
  Paint paint = new Paint();
  paint.setAntiAlias(true); //消除锯齿
  paint.setStyle(Paint.Style.FILL);
  paint.setColor(Color.RED); //设置颜色
  paint.setTextSize(36); //设置文字大小

  //画上实心圆
  canvas.drawCircle(mapPoint.x, mapPoint.y, 10, paint);
  canvas.drawText("我在这里", mapPoint.x + 10, mapPoint.y + 10, paint);
 }
}
```

如上所示，Projection 对象将处理经纬度和 MapView 之间坐标投影的转换工作。传入的经纬度数据必须是 1E6 的格式。转换后的 *X* 轴和 *Y* 轴的信息将会被储存在 mapPoint 对象。最后，再通过绘图函数将实心圆画在画布上。

而在主程序中，当定位服务传入新的经纬度数据时，必须再添加下面的程序代码来增加要显示的定位点：

```
//在 MapView 上画上定位点信息
List<Overlay> overlays = mapView.getOverlays();

//先清除之前的定位点信息
if (!overlays.isEmpty()) {
 overlays.clear();
}

//添加新的定位点
PointOverlay myOverlay = new PointOverlay((int)(longitudeD * 1E6),
                              (int)(latitudeD * 1E6));
overlays.add(myOverlay);
```

示例程序的执行结果如下图所示。

本节对 Android 的定位功能做了完整的介绍。如同一开始所提到的，定位功能将可能成为电子商务营销的利器之一，因此，读者应多勤做练习。

11.9 传感器使用

11.9.1 浅谈传感器

传感器（sensor）是一种用来测量外界变化，如温度、亮度、加速度等，进而将这些变化转换成数值，并传递给软件程序应用的装置。它在 Android 手机上扮演着非常重要的角色，因为使用传感器可以大幅增加软件程序和用户之间的互动性，例如通过陀螺仪的使用，可以开发出类似钓鱼甩竿游戏等。除此之外，传感器也具有实用价值，例如可以通过方位传感器实现类似指南针的功能，可以通过感光器自动调整屏幕亮度等。

传感器发展至今，模块化已经相当成功，并俨然成为智能微小化的系统，称为微机电系统（Micro Electro Mechanical Systems, MEMS）。MEMS 是同时具备电子和机械特性的微电子组件，通常结合了两个以上的专门学科，如电子、机械、光学、化学、生物、磁学或其他性质的知识，并整合到单一芯片或多芯片中，以达到感测、处理、驱动的目的。市场上知名的 MEMS 厂商有意法半导体（STMicroelectronics, ST）、应美盛（Invensense inc.）等。

本节接下来将为读者介绍 Android 平台支持的传感器。Android 模拟器无法模拟传感器的行为，虽然坊间有相关软件可以安装使用，但笔者建议最好还是直接通过手机进行测试。另外，并不是所有的 Android 手机都支持所有类型的传感器，毕竟还需要看各家手机制造商是否有提供而定。山寨手机多半没有提供较精密的传感器组件，所提供的组件精准度也不是很高。

使用传感器很简单，只需要通过 SensorManager 组件就可以取得各种传感器，并取用测得的数值。下面是获取 SensorManager 组件的代码：

```
//获取传感器管理组件
SensorManager sMgr = (SensorManager)this.getSystemService(Context.SENSOR_SERVICE);
```

需再提供一个实现 SensorEventListener 接口的对象，并实现其中的 onAccuracyChanged（Sensor sensor, int accuracy）和 onSensorChanged（SensorEvent event）函数。这两个函数采用的也是回调的方式。当测量到传感器的精密度有调整时，Android 底层会回调 onAccuracyChanged 函数；当测量到传感器的数值有变化时，会回调 onSensorChanged 函数。

接着使用下面的代码获取指定的传感器对象：

```
int sensorType = Sensor.TYPE_LIGHT;
Sensor mySensor;

//获取所有同类型的传感器
List<Sensor> sensors = sMgr.getSensorList(sensorType);

//获取第一个传感器
if (sensors != null && sensors.size() > 0)
 mySensor = sensors.get(0);
```

返回的 List 清单将存储所有指定类型的 Sensor 组件。为什么返回的是一个列表，而不是单一的 Sensor 对象呢？因为对某些手机来说，也许会同时提供一个以上相同类型的传感器，为了保留弹性才以列表的方式返回。但和前面的示例一样，往往只需要获取第一个 Sensor 对象即可。

Android 平台支持多少种传感器呢？共支持 11 种传感器，如下表所示。

参数常数值	传感器种类
Sensor.TYPE_TEMPERATURE	温度传感器
Sensor.TYPE_LIGHT	光线感应传感器（照度计）
Sensor.TYPE_PROXIMITY	接近传感器
Sensor.TYPE_PRESSURE	压力传感器
Sensor.TYPE_ACCELEROMETER	加速度传感器
Sensor.TYPE_GRAVITY	重力传感器（适用地球标准引力）
Sensor.TYPE_LINEAR_ACCELERATION	线性加速度传感器
Sensor.TYPE_MAGNETIC_FIELD	磁力传感器
Sensor.TYPE_ORIENTATION	方向传感器（电子罗盘） 由 SensorManager.getOrientation()取代
Sensor.TYPE_GYROSCOPE	陀螺仪传感器
Sensor.TYPE_ROTATION_VECTOR	旋转矢量传感器
Sensor.TYPE_ALL	获取所有传感器的数值

当使用 Sensor.TYPE_ALL 参数时，SensorManager 会返回所有类型的传感器，并存储在清单中。由于篇幅的限制，同时有些传感器的使用也过于复杂不是本书所能涵盖的。因此，除了“陀螺仪传感器”和“旋转矢量传感器”外，笔者会一一介绍其余的传感器。

取得指定的 Sensor 对象后，紧接着再通过 SensorManager 组件提供的 registerListener(SensorEventListener listener, Sensor sensor, int rate)函数进行传感器数据取用的注册。第一个参数是实现 SensorEventListener 接口的对象，第二个参数是要注册取得数据的 Sensor 对象，而第三个参数则是数据探测的更新频率。需要注意的是，该参数只是给底层机制的建议值，也就是说，更新的速度可能会快或慢于建议值（根据官方文件，通常都是快于建议值）。下表中是对应该参数制定的常数值。

参数常数值	传感器种类
SensorManager.SENSOR_DELAY_NORMAL	默认值，约 200ms
SensorManager.SENSOR_DELAY_UI	适用于具有 UI 接口，约 60ms
SensorManager.SENSOR_DELAY_GAME	适用于游戏软件，约 20ms
SensorManager.SENSOR_DELAY_FASTEST	实时更新

较快的更新频率也代表较快的电池消耗，同时会影响系统的处理效率，因此，建议还是根据上面的使用场合设置适当的更新速度。另外，在取得 Sensor 对象后，也可以通过 Sensor 对象提供的函数查询相关信息。

返 回 值	函数名称	功能说明
float	getMaximumRange()	最大可检测的范围
int	getMinDelay()	检测间隔的最小持续时间，以毫秒为单位。有返回时，代表传感器在发现有变化时实时返回数据
String	getName()	传感器名称
float	getPower()	传感器所需电流量，以毫安（mA）为单位
float	getResolution()	传感器分辨率
int	getType()	传感器种类
String	getVendor()	传感器供货商名称

下面是笔者测试手机光线感应传感器的相关信息：

```
MaximumRange:10240.0
MinDelay:0
Name():CM3602 Light sensor
Power:0.5
Resolution:1.0
Type:5
Vendor:Capella Microsystems
Version:1
```

11.9.2 温度传感器

现在介绍第一个传感器程序。该示例程序将作为后续传感器程序架构的参考，因为所有后续的程序都将通过 SensorManager 组件获取传感器测量值，同时也会在相同的 Activity 状态中执行一样的处理逻辑。因此，读者在熟悉第一个示例程序后，将不难理解其他示例程序。

本节将示范如何取得温度传感器测得的温度值，只不过该温度并非目前的环境温度，而是手机电池的温度。因此，温度传感器的主要用途是辅助监控电池设计的。这也是必然的问题，由于手机设备本身会散发热度，如果在手机上提供环境温度的检测模块，必然受到手机本身温度的影响，反而较不切实际。

编写的示例类除了需要继承 Activity 外，还实现了 SensorEventListener 接口：

```
//温度传感器测试
public class Sensor_Temperature extends Activity
                        implements SensorEventListener {
……
}
```

在 Activity 的 onCreate 函数中执行获取 SensorManager 组件和显示检测结果的 TextView 组件的对象实体：

```
private SensorManager sMgr;
private TextView sensorTxt;
```

```

//设置获取温度传感器
private int sensorType = Sensor.TYPE_TEMPERATURE;

public void onCreate(Bundle savedInstanceState) {
 super.onCreate(savedInstanceState);
 setContentView(R.layout.main);

 //获取传感器管理组件
 sMgr = (SensorManager)this.getSystemService(Context.SENSOR_SERVICE);

 //获取显示结果组件
 sensorTxt = (TextView)this.findViewById(R.id.sensorTxt);
}
```

在 Activity 的 onResume 函数中添加获取指定 Sensor 组件的代码，并注册将取用数据：

```
//Activity 恢复时执行
protected void onResume() {
 super.onResume();

 //获取传感器
 List<Sensor> sensors = sMgr.getSensorList(sensorType);

 //进行注册
 if (sensors != null && sensors.size() > 0) {
   sMgr.registerListener(this, sensors.get(0),
                         SensorManager.SENSOR_DELAY_NORMAL);
 } else {
  sensorTxt.setText("无支持的传感器");
  Log.v("sensor", "no suitable sensor");
 }
}
```

在 Activity 的 onPause 函数中注册取消的工作。这样就可以释放资源，达到节省电池消耗的目的。当 Activity 程序恢复运行，即再回到 onResume 时，重新进行注册的工作。

```
//Activity 停止时执行
protected void onPause() {
 super.onPause();
 sMgr.unregisterListener(this);
}
```

接着实现 SensorEventListener 接口必须提供的 onAccuracyChanged 函数：

```
//实现 SensorEventListener 必须提供的函数
public void onAccuracyChanged(Sensor sensor, int accuracy) {
}
```

由于暂时不深入讨论精准度的话题，因此先不实现 onAccuracyChanged 函数的处理逻辑。简单地说，onAccuracyChanged 函数传入的第一个参数是对应精准度改变的 Sensor 组件，第二个参数说明该 Sensor 组件目前的精准度是什么，它对应下面几个定义在 SensorManager 组件中的常数。

参数常数值	适用说明
SENSOR_STATUS_ACCURACY_HIGH	高精准度。目前传感器测得的数值是可以被高度信任的
SENSOR_STATUS_ACCURACY_MEDIUM	中精准度。如果目前传感器测得的数值参考其他环境数据，可以提高信任度
SENSOR_STATUS_ACCURACY_LOW	低精准度。强烈建议目前传感器测得的数值参考其他环境数据
SENSOR_STATUS_UNRELIABLE	目前传感器测得的数值是不可信任的，需要使用其他环境数据

另一个必须提供的是 onSensorChanged 函数：

```
//实现 SensorEventListener 必须提供的函数
public void onSensorChanged(SensorEvent event) {
 if (event.sensor.getType() == sensorType) {
   sensorTxt.setText("目前温度：" + event.values[0]);
   Log.v("sensor", "result:" + event.values[0]);
 } else {
  Log.v("sensor", "call back, but not register:" + event.sensor.getType());
 }
}
```

onSensorChanged 函数是整个传感器程序的核心部分。如上所示，SensorEvent 对象封装的 values 数组用来封存传感器测得的结果。它是一个 float 数组，根据传感器的不同，数组的长度和元素也有不同的意义。举例来说，方位传感器将测得 *X*、*Y*、*Z* 三个轴的数据，因此，结果值将会被分布存储在 values[0]、values[1] 和 values[2] 中，而温度传感器只会将测得的温度值存储在 values[0] 中。

接下来的传感器示例程序都和本节示例程序的架构基本相同，唯一不同的地方在于，onSensorChanged 函数实现的内容必须配合不同的传感器，对测得的结果进行不同的逻辑处理和数据解释而已。下面是温度传感器程序执行后从 LogCat 观察到的结果，说明目前电池温度为摄式（centigrade）30°：

```
result:30
```

11.9.3 光线感应传感器

为支持自动调整手机屏幕亮度或支持相机自动闪光灯的功能，Android 平台还提供了感光模块帮助检测“光的强度”。

应该如何表示在离光源某个距离上受光的多少呢？根据规范，被照明区域上单位面积通过的光通量定义为照度（illuminance）。照度是用来判断“光强度”的单位，数字越大强度越强（注：这里讨论的都是点光源，太阳光等平行光源在地球上每个地方的照度都相同）。

英美等国常用的照度单位是尺烛光（foot candle, fc），也就是 1 流明（lumen）的光束照射在 1 平方尺上获得 1 尺烛光的照度，下面是其公式：

```
1 尺烛光 = 1 流明 / 1 平方尺
```

国际标准单位（SI）将上面的“尺”换成“米（公尺）”，形成名为米烛光的新单位，或称为勒克司（Lux），这就是 Android 平台使用的照度单位。

也就是说，Android 的感光模块不仅可以判断是否有光源，还可以判断照度，因而能称得上是一个照度计（illuminance meter）。值得一提的是，可以使用下面的公式转换 Lux 和尺烛光：

```
1 fc = 10.76lux
```

如何调整程序，让它变成一个照度计呢？首先将变量 sensorType 做以下调整：

```
//设置获取感光器
private int sensorType = Sensor.TYPE_LIGHT;
```

再调整 onSensorChanged 函数的内容：

```
//实现 SensorEventListener 必须提供的函数
public void onSensorChanged(SensorEvent event) {
 if (event.sensor.getType() == sensorType) {
   sensorTxt.setText("目前照度: " + event.values[0] + " Lux");
   Log.v("sensor", "result:" + event.values[0] + " Lux");
 } else {
   Log.v("sensor", "call back, but not register:" +
         event.sensor.getType());
 }
}
```

感光模块测得的照度同样会被封装在 SensorEvent 对象的 values 数组中的第一个元素，这样就能轻松地完成照度计程序了。下表是 CNS 建议的居家环境照度，读者们不妨一试。

适用场所	建议照度
走道	5~10
阳台	30~75
客厅	150~300
厨房/餐厅	200~500
浴室	200~500
玄关	150~1000
卧室	300~1000
书房	500~1000

11.9.4 接近传感器

接近传感器用来测量物体和手机设备之间的距离。有些手机提供的接近传感器只支持

“远或近”二元的测试结果，无法检测精细的距离。软件程序可使用 getMaximumRange() 函数判断接近传感器可检测到的最大范围。接近传感器使用的距离单位是“厘米”。

和前面的示例一样，首先需要调整 sensorType 变量来切换使用接近传感器：

```
//设置获取接近传感器
private int sensorType = Sensor.TYPE_PROXIMITY;
```

接着修改 onSensorChanged 函数的内容：

```
//实现 SensorEventListener 必须提供的函数
public void onSensorChanged(SensorEvent event) {
 if (event.sensor.getType() == sensorType) {
   sensorTxt.setText("距离: " + event.values[0] + " CM");
   Log.v("sensor", "result:" + event.values[0] + " CM");
 } else {
   Log.v("sensor", "call back, but not register:" + event.sensor.getType());
 }
}
```

笔者的测试手机能检测的最大距离是 9 厘米。也就是说，少于 9 厘米的返回值是 0，表示“近”。远于 9 厘米的返回值是 9，表示“远”。

11.9.5 压力传感器

我们可以通过 Android 手机提供的压力传感器来检测大气压力。Android 平台使用的压力单位是国际标准使用的帕斯卡（Pascal），简称为帕（Pa），只不过返回值是 1000 倍，即千帕斯卡（kilo pascal）。

根据托里切利实验，水银柱升高为 76 厘米时的压力定义为 1 大气压，即：

```
1atm = 76cm-Hg
```

经过转换后，1 大气压相当于 1013.25 百帕（hPa）：

```
1 atm = 1013.25 hPa
```

1013.25 百帕就是 101.325 千帕，因此读者在使用时需要进行适当转换。值得一提的是，虽然国际标准单位使用帕斯卡作为压力的度量值，但是气象人员在播报气象时，喜欢使用传统的压力单位，即“毫巴”。1 毫巴是 100 帕斯卡。

调整之前的示例程序，使它成为一个气压计。需要先调整 sensorType 变量来切换使用压力传感器：

```
//设置获取压力传感器
private int sensorType = Sensor.TYPE_PRESSURE;
```

接着调整输出结果：

```
//实现 SensorEventListener 必须提供的函数
public void onSensorChanged(SensorEvent event) {
 if (event.sensor.getType() == sensorType) {
   sensorTxt.setText("压力: " + event.values[0] + " kilopascals");
   Log.v("sensor", "result:" + event.values[0] + " kilopascals");
 } else {
   Log.v("sensor", "call back, but not register:" +
            event.sensor.getType());
 }
}
```

这样就可以轻松检测压力值了。目前市面上支持压力传感器的手机相对较少，因此如果读者想通过压力传感器实现一些创意功能的话，必须锁定特定的机种。

此外，即使手机支持压力传感器，精准度仍然不足，顶多可以测量大楼的高度。但是国际尝试已经预言，在不久的将来推出的高精准度产品，甚至可以测量人的身高！

11.9.6 加速度传感器

前面介绍的各种传感器检测到的结果全都只有一个数值，并且都存储在 SensorEvent 对象封装的 values 数组的第一个元素中。从本节开始，介绍的传感器将和 3D 坐标系统有关。因此，在介绍这些传感器之前，先谈谈 Android 平台的坐标系统，参见下图。

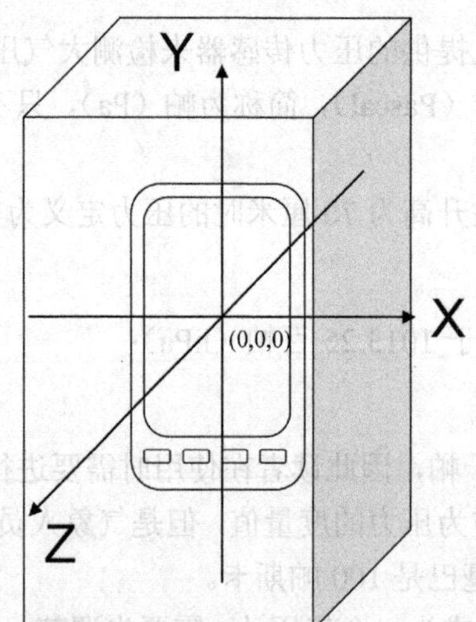

手机的默认方向是纵向使用，同时屏幕朝向用户。如上所示，*X* 轴代表水平方向，越往右边数值越大，越往左边数值则越小，通过原点后变为负值。*Y* 轴代表垂直方向，越往上数值越大，越往下数值则越小，通过原点后变为负值。*Z* 轴越接近使用者方向，数值越大，背离使用者方向，数值则越小，通过原点，即手机屏幕后面变为负值。这就是 OpenGL ES 使用的 Normalized Device Coordinates 坐标系统。

过去，底层硬件在实现加速度传感器时，采用的是三个单轴的传感器测量数值。但随着技术的进步，市面上已经开始使用支持三轴加速的传感器，虽然对上层的应用程序员没有直接的影响，但需要知道的是，这种转变将提高执行效率，同时降低电量消耗。

所谓的加速度，就是在相同时间间隔内移动距离不同的运动，即非等速运动，所以称物体具有加速度。因此，加速度用来描述在一定时间内速度变化快或慢的物理量。

切割的时间间隔越小，越能描述物体在每一时刻速度的变化情形，越接近瞬间加速度，即我们讨论的加速度。通常用 a 表示“加速度”，Android 平台采用国际标准单位使用的米/秒平方（m/s^2）为单位。

如下图所示，Android 的加速度传感器还考虑了重力加速度。换句话说，加速度传感器并不只是“测量加速度”，而且可以用来判断 3D 的向量运动。

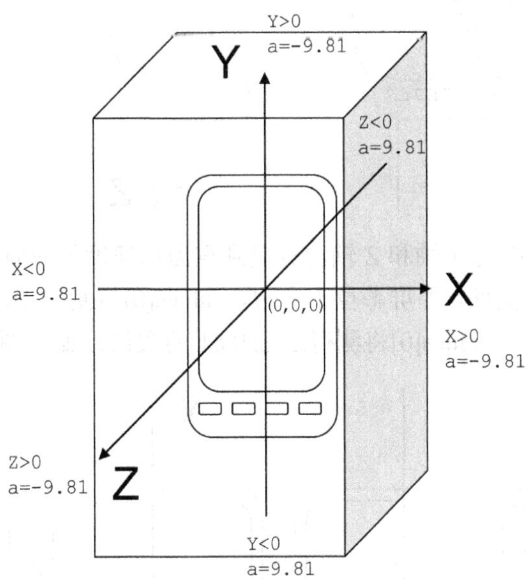

由于考虑了重力因素，加速度器测得的数值应为 n 轴承受的加速度减去 n 轴的重力加速度：

```
测量数值 = n 轴加速度-重力加速度
```

举例来说：当手机直立放在桌上并呈静止状态时，*X* 轴和 *Z* 轴的数据趋近于 0，而 *Y* 轴受到重力加速度（-9.81）的影响（注：垂直向下的向量），同时又因为是静置状态，没有任何加速度，因此 values[1]测得的数值如下：

```
values[1] = 0 - (-9.81) = 9.81
```

假如将手机颠倒直立静放，*X* 轴和 *Z* 轴的数据仍然趋近于 0，但由于 *Y* 轴受到重力加速度（+9.81）的影响，将在 values[1]存放测得如下的数值：

```
values[1] = 0 - (9.81) = -9.81
```

同样的道理，将手机平放在桌面或将手机屏幕朝下平放在桌面，由于只有 *Z* 轴受到重力加速度的影响，values[2]将分别得到趋近 9.81 和-9.81 的数值，*X* 轴和 *Y* 轴的数值都趋近于 0，如下图所示。

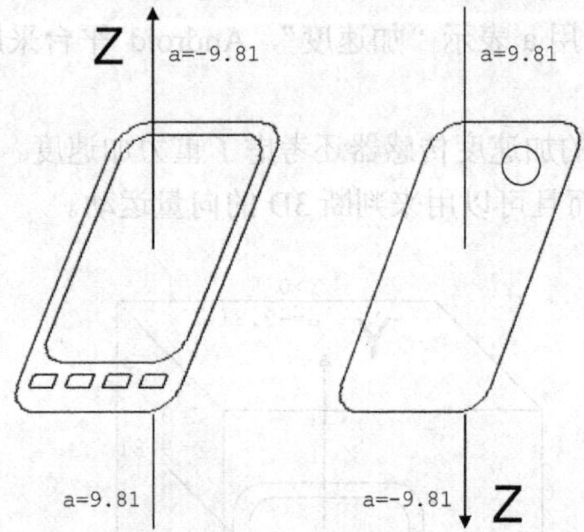

将手机横向摆放时，因为 *Y* 轴和 *Z* 轴没有受到重力加速度的影响，将测得趋近于 0 的数值。对于 *X* 轴，如果向右横摆，即屏幕位于右边，values[0]将测得趋近-9.81 的数值；如果向左横摆，即屏幕位于左边，values[0]将测得趋近 9.81 的数值，如下图所示。

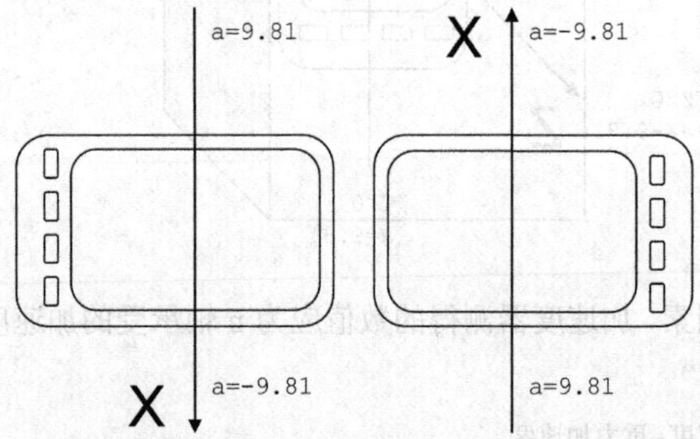

因此，通过 3D 向量的概念可以判断手机朝向三维空间中的哪个方向运动。

接下来看一下如何调整示例程序。由于将同时显示 3 个轴测得的数值，因而需要在布局文件中分别添加 3 个 textView 控件：

```
<TextView
  android:id="@+id/xTxt"
```

```
 android:layout_width="fill_parent"
 android:layout_height="wrap_content"/>
<TextView
 android:id="@+id/yTxt"
 android:layout_width="fill_parent"
 android:layout_height="wrap_content"/>
<TextView
 android:id="@+id/zTxt"
 android:layout_width="fill_parent"
 android:layout_height="wrap_content"/>
```

在 Activity 程序中调整传感器的类型：

```
//设置获取加速度传感器
private int sensorType = Sensor.TYPE_ACCELEROMETER;
```

在 onCreate 函数中获取 TextView 控件实体：

```
//获取显示结果控件
xTxt = (TextView)this.findViewById(R.id.xTxt);
yTxt = (TextView)this.findViewById(R.id.yTxt);
zTxt = (TextView)this.findViewById(R.id.zTxt);
```

最后实现 onSensorChanged 函数。由于加速度传感器会分别将 *X* 轴、*Y* 轴、*Z* 轴的数据存储在 values 数组的 3 个元素中，所以分别使用如下方式取出：

```
//实现 SensorEventListener 必须提供的函数
public void onSensorChanged(SensorEvent event) {
 if (event.sensor.getType() == sensorType) {
  xTxt.setText("X 轴加速度：" + event.values[0] + " m/s^2");
  yTxt.setText("Y 轴加速度：" + event.values[1] + " m/s^2");
  zTxt.setText("Z 轴加速度：" + event.values[2] + " m/s^2");

  //勾股定理
  double result = 0;
  result += Math.pow(event.values[0], 2.0);
  result += Math.pow(event.values[1], 2.0);
  result += Math.pow(event.values[2], 2.0);
  result = Math.sqrt(result);
  Log.v("sensor", "result:" + result);
 } else {
  Log.v("sensor", "call back, but not register:" + event.sensor.getType());
 }
}
```

根据勾股定理，不管以什么角度握住手机装置，静止情况下对三个轴的加速度平方和的平方根数值都趋近于 9.81。上面的变量 result 即为验证结果。

11.9.7 重力传感器

重力传感器是 Android 2.3 后才加入的新传感器类型。使用的坐标系统和加速度传感器完全相同，单位也是米/秒平方。和加速度传感器之间的差别在于检测结果只有重力加速度，不包含手机加速度的因素。此外，默认的重力加速度适用于地球的引力。

在上一个示例的 onCreate 函数中调整使用重力传感器：

```
//设置获取重力传感器
private int sensorType = Sensor.TYPE_GRAVITY;
```

实现的 onSensorChanged 函数和加速度传感器完全相同：

```
//实现 SensorEventListener 必须提供的函数
public void onSensorChanged(SensorEvent event) {
 if (event.sensor.getType() == sensorType) {
   xTxt.setText("X 轴重力加速度：" + event.values[0] + " m/s^2");
   yTxt.setText("Y 轴重力加速度：" + event.values[1] + " m/s^2");
   zTxt.setText("Z 轴重力加速度：" + event.values[2] + " m/s^2");

   //勾股定理
   double result = 0;
   result += Math.pow(event.values[0], 2.0);
   result += Math.pow(event.values[1], 2.0);
   result += Math.pow(event.values[2], 2.0);
   result = Math.sqrt(result);
   Log.v("sensor", "result:" + result);
 } else {
   Log.v("sensor", "call back, but not register:" + event.sensor.getType());
 }
}
```

同样，根据勾股定理，无论手机装置在静置时握持的角度是什么，对三个轴的重力加速度平方和的平方根的数值都趋近于 9.81。

11.9.8 线性加速度传感器

线性加速度传感器也是 Android 2.3 后才加入的新传感器类型。使用的坐标系统和加速度传感器相同，单位也是米/秒平方。和加速度传感器之间的不同在于检测结果不包含重力加速度，只有手机装置的加速度。简单地说，三者之间的关系如下：

加速度 = 重力加速度 + 线性加速度

在 onCreate 函数中调整使用线性加速度传感器：

```
//设置获取线性加速度传感器
private int sensorType = Sensor.TYPE_GRAVITY;
```

实现的 onSensorChanged 函数如下：

```
//实现 SensorEventListener 必须提供的函数
public void onSensorChanged(SensorEvent event) {
```

```
if (event.sensor.getType() == sensorType) {
  xTxt.setText("X 轴加速度: " + event.values[0] + " m/s^2");
  yTxt.setText("Y 轴加速度: " + event.values[1] + " m/s^2");
  zTxt.setText("Z 轴加速度: " + event.values[2] + " m/s^2");
} else {
  Log.v("sensor", "call back, but not register:" + event.sensor.getType());
}
}
```

11.9.9 磁力传感器

磁力传感器用来测量环境四周的磁场。其原理是通过霍尔效应（Hall effect）将磁场的变化转化成电压输出的一种方式。然而在磁场强度较低的环境，如金属建筑物、汽车内，可能因为地磁北极和地理北极之间的差距，越靠近高纬度地区（加拿大、北欧等），磁力传感器的精准度可能稍降。Android 平台使用的测量单位是微特斯拉（microtesla, μT）。

应该如何调整示例程序来测量磁场呢？先调整 scnsorType：

```
//设置获取磁场传感器
private int sensorType = Sensor.TYPE_MAGNETIC_FIELD;
```

接着调整 onSensorChanged 函数内容即可：

```
//实现 SensorEventListener 必须提供的函数
public void onSensorChanged(SensorEvent event) {
 if (event.sensor.getType() == sensorType) {
   xTxt.setText("X 轴磁场: " + event.values[0] + " uT");
   yTxt.setText("Y 轴磁场: " + event.values[1] + " uT");
   zTxt.setText("Z 轴磁场: " + event.values[2] + " uT");
 } else {
   Log.v("sensor", "call back, but not register:" + event.sensor.getType());
 }
}
```

11.9.10 方位传感器

方位传感器用来帮助判断目前所处的东、西、南、北方位。虽然可以和使用其他传感器一样，利用 Sensor .TYPE_ORIENTATION 参数获取和方位相关的角度数据，然而在新版 Android SDK 中，为求得更精准的方位信息，建议使用 SensorManager 组件的 getOrientation() 来代替。这两种方式之间最大的差别之一在于 getOrientation 函数获取的是弧度，而非传统的角度。

使用 getOrientation 函数判断方位时，需要同时获得加速度和磁力传感器检测所得的数据。如下所示，在 Activity 的 onResume 函数中获取加速度和磁力传感器，并注册获取数据：

```
//Activity 恢复时执行
```

```
protected void onResume() {
 super.onResume();

 //获取加速度传感器
 Sensor accelerometer_sensor = sMgr.getDefaultSensor(Sensor.TYPE_
                                                ACCELEROMETER);

 //获取磁场传感器
 Sensor magnetic_sensor = sMgr.getDefaultSensor(Sensor.TYPE_MAGNETIC_FIELD);

 //进行数据获取注册
 if (accelerometer_sensor != null && magnetic_sensor != null){
  sMgr.registerListener(this, accelerometer_sensor, SensorManager.
                              SENSOR_DELAY_UI);
  sMgr.registerListener(this, magnetic_sensor, SensorManager.
                              SENSOR_DELAY_UI);
 } else {
  Log.v("sensor", "no suitable sensor");
 }
}
```

当传感器检测到数据更新时，再由 onSensorChanged 函数存储加速度和磁力传感器获取的数据，并将它们分别存储在 aValues 和 mValues 数组中：

```
//实现 SensorEventListener 必须提供的函数
public void onSensorChanged(SensorEvent event) {
 if (event.sensor.getType() == Sensor.TYPE_ACCELEROMETER) {
  //获取加速度传感器的数据
  aValues = (float[]) event.values.clone();
 } else if (event.sensor.getType() == Sensor.TYPE_MAGNETIC_FIELD) {
  //获取磁力传感器的数据
  mValues = (float[]) event.values.clone();
 } else {
  Log.v("sensor", "call back, but not register:" + event.sensor.getType());
 }
 checkOrientation();
}
```

设计 checkOrientation() 函数旋转矩阵来计算方位信息：

```
//进行方位的判断
private void checkOrientation() {
 if (aValues != null && mValues != null) {
  float[] R = new float[9];
  float[] values = new float[3];

  //进行数组旋转
  SensorManager.getRotationMatrix(R, null, aValues, mValues);

  //获取方位信息
  SensorManager.getOrientation(R, values);

```

```
  xTxt.setText("方位角: " + values[0]);
  yTxt.setText("投掷角: " + values[1]);
  zTxt.setText("滚动角: " + values[2]);
 }
}
```

为什么需要旋转矩阵（rotation matrix）呢？主要原因是手机设备使用的坐标系统和世界坐标系统（the world's coordinate system）不同，参见下图。

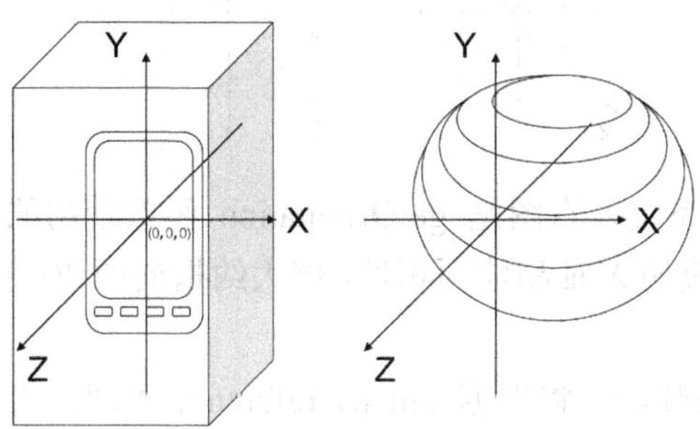

原来在手机设备坐标系统（左图）中，*Y* 轴和地面垂直，*Z* 轴则水平相切于地面。然而在世界坐标系统中，*Y* 轴和地面相切并指向地磁的北极，而 *X* 轴和地面相切并大致指向东边，*Z* 轴和地面垂直。因此，旋转矩阵的目的是希望能以 *X* 轴为轴心，让手机坐标系统转换成世界坐标系统。简单地说，旋转矩阵就是在乘以一个向量时可以改变向量的方向，但不改变大小的方法。下面是 getRotationMatrix 函数的格式：

```
public static boolean getRotationMatrix (float[] R, float[] I, float[] gravity,
float[] geomagnetic)
```

上述 R 和 I 数组的元素数量分别取决于 gravity 和 geomagnetic 数组的大小。举例来说，gravity 数组的大小是 3 个元素，那么 R 数组就必须声明 9 个元素，即 3 x 3。下面是各参数的意义。

- R：float 数组，存储旋转矩阵。
- I：float 数组，存储地磁倾斜矩阵。
- gravity：float 数组，加速度传感器测得的结果。
- geomagnetic：float 数组，磁力传感器测得的结果。

由于地磁倾斜矩阵和实现方位功能无关，纯粹是因为参数 geomagnetic 不可为空值，否则将引发 Exception。由于 I 数组没有在本示例中发挥作用，因而将它设置为 null。

需要注的是意，如果手机设备处于自由落体的状态，或接近高纬度地区，那么 getRotationMatrix 函数的返回值是没有意义的。此外，处于加速度的状态或强烈磁场环境时，getRotationMatrix 会失去精准度。我们可以通过 getRotationMatrix 返回的 boolean 值判断是否正常执行。

最后，再将获得的 R 数组传送给 SensorManager 的 getOrientation 函数，并求得方位计算后的结果。然而另一个棘手的问题是：getOrientation 函数使用的坐标系统也和世界坐标系统不同，下面是其示意图。

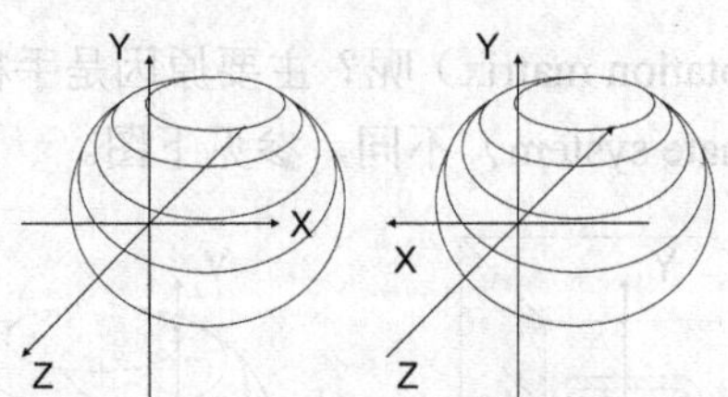

上面左图是世界坐标系统，右图是 getOrientation 函数使用的方位坐标系统。不同的地方在于：虽然方位坐标系统的 *X* 轴和地面相切，但大约指向西边；而 *Z* 轴虽然也和地面垂直，箭头却是指向地心。

执行 getOrientation 函数后，将根据 call by reference 原理，直接将计算结果存储在传入的参数 values 上，使用的单位是弧度。values 中的各个元素代表的意义如下所述。

■ values[0]：azimuth，方位角，即绕着方位坐标的 *Z* 轴旋转。如下图方向旋转，弧度将在 0 到 π 之间变化；当反向旋转时，将在 0 到 - π 之间变化。

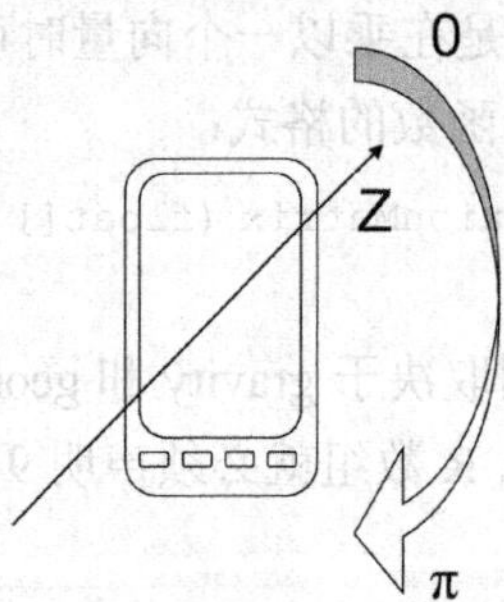

■ values[1]：pitch，投掷角，即绕着方位坐标的 *X* 轴旋转。如下图方向旋转，弧度将在 0 到 π 之间变化；当反向旋转时，将在 0 到 - π 之间变化。

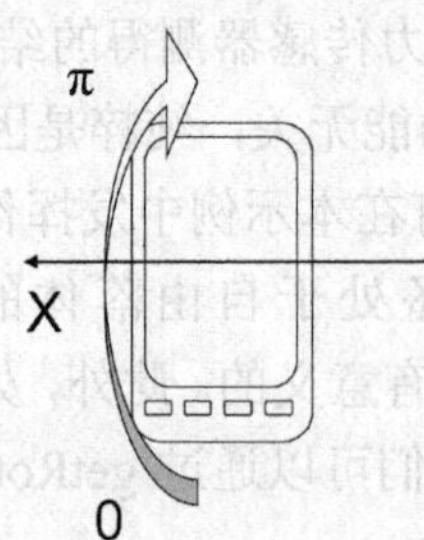

■ values[2]：roll，滚动角，即绕着方位坐标的 *Y* 轴旋转。如右图方向旋转，弧度将在 0 到 π 之间变化；当反向旋转时，将在 0 到-π 之间变化。

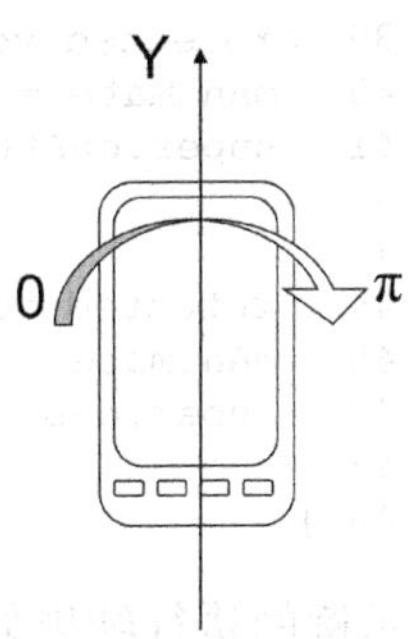

判断方位只需要 values[0]，即方位角。可以通过下面的公式将弧度转换成角度：

```
degree = (float)Math.toDegrees(values[0]);
```

另外，在程序中加入下面自定义的 View 控件，可以 Activity 的画布上绘制指南针图形，同时搭配检测到的角度信息，就可以完成指南针功能了：

```
//画出指南针的 View
private class CompassView extends View {
 private Paint   mPaint = new Paint();
 private Path    mPath = new Path();
 private boolean mAnimate;
 private long    mNextTime;

 public CompassView(Context context) {
   super(context);
   //绘制箭头
   mPath.moveTo(0, -50);
   mPath.lineTo(-20, 60);
   mPath.lineTo(0, 50);
   mPath.lineTo(20, 60);
   mPath.close();
 }

 protected void onDraw(Canvas canvas) {
   Paint paint = mPaint;
   canvas.drawColor(Color.WHITE);

   //设置无锯齿颜色
   paint.setAntiAlias(true);
   paint.setColor(Color.BLACK);
   paint.setStyle(Paint.Style.FILL);

   //显示在屏幕中间
   int w = canvas.getWidth();
   int h = canvas.getHeight();
   int cx = w / 2;
   int cy = h / 2;

   //根据传入的角度修正并旋转箭头
   canvas.translate(cx, cy);
   canvas.rotate(-degree);
   canvas.drawPath(mPath, mPaint);
 }
```

```

protected void onAttachedToWindow() {
 mAnimate = true;
 super.onAttachedToWindow();
 }

protected void onDetachedFromWindow() {
 mAnimate = false;
 super.onDetachedFromWindow();
 }
}
```

示例的执行结果如下图所示。

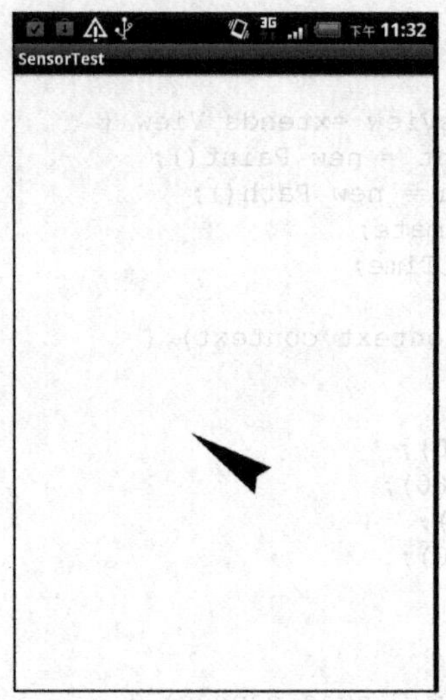

需要注意的是，该指南针程序需要在水平状态下使用。如果垂直使用，会有无法指向北方的情况出现。

还有两个不经常使用的传感器，分别是“陀螺仪传感器”和“旋转矢量传感器”，这两个传感器需要较多的理论基础，不符合本书的定位，这里不再进一步讲解了。

11.10 本章小结

本章对 Android 平台和硬件相关的话题做了相当程度的介绍，读者累积的功力应该达到了一定的水平。下一章将介绍 Android 4.0 新增的功能；紧接着就是调整心情，进入架设云系统的单元了。

Chapter 12

Android 4.0 的新功能

2011 年 10 月 19 日是一个非常重要的日子，这一天 Google 在香港举办全球发布会，称为“冰淇淋三明治”（Ice Cream Sandwich）的 Android 4.0，搭配三星的 Galaxy Nexus 正式问世。

Android 4.0 是一个非常重要的里程碑。因为 Android 在此之前会根据设备的不同提供对应的版本，例如 Android 2.3.x 适用于智能手机，Android 3.x 则针对平板电脑做了适度调整。然而从 Android 4.0 开始不再有此之分了，4.0 将同时适用于智能手机和平板电脑。

Android 4.0 使用的 API level 是 14，它是以 Android 3.0 为基础，并加以扩充和整合后完成的。为了帮助工程师开发应用程序，已经可以下载配合 Android 4.0 推出的 SDK 了。使用者只需要通过 Eclipse 的“Window/Android SDK Manager”选择所有和 Android 4.0 有关的包，确认下载后，SDK 管理程序会自动连接到官方服务器进行包相依性的判断以及下载和安装的工作。

在完成相关包的安装后，使用者可以通过 Eclipse 的“Window/AVD Manager”工具创建一个对应于 Android 4.0 的模拟设备，进行各项软件开发和测试的工作。右图是 Android 4.0 的模拟器画面。

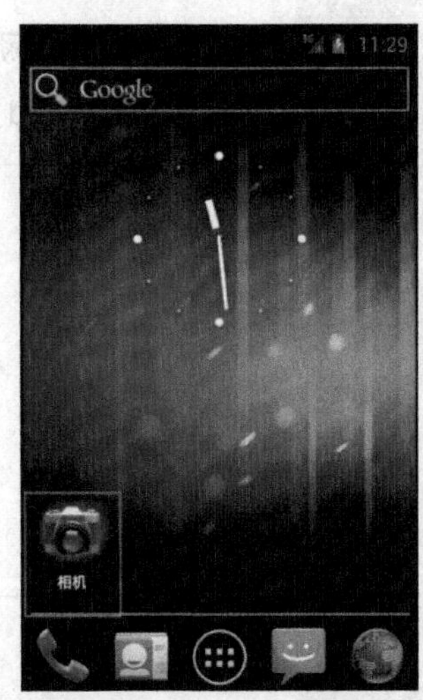

Android 4.0 的模拟器支持如下显示规格：QVGA、WQVGA400、WQVGA432、HVGA、WVGA800、WVGA854、WXGA720、WSVGA、WXGA。

为能在开发时有较好的效率表现，官网建议使用 WVGA800 进行各项测试。

12.1 Android 4.0 的特色和应用程序

本节将简要介绍 Android 4.0 的一些特色和应用程序，作为后续开发应用程序的基础。

统一的用户接口

为适应单一版本的需求，Android 4.0 仿照 3.0 的使用方式统一了用户操作界面，也就是说，从今以后，智能手机和平板电脑在使用上完全相同。Android 4.0 同时提高了支持的屏幕分辨率，并使用 Roboto 字体作为系统默认字体，该字体更简约，并提高了文字呈现的辨识度，同时让整体的显示风格更具现代感。此外，在屏幕配色方面，也从以往以绿色和橘色为主的色调换成以黑色和蓝色为主。

在操作方面，倾向于简单直观的设计方式和更容易的使用方式。举例来说，在屏幕下方新增系统栏（system bar），即用来存放 Back 键、Home 键和最近使用键的三个虚拟软件按键的区域，在整体操作上更具一致性。

换句话说，新一代 Android 智能设备可以不再提供硬件按键。另外，当用户打开应用程序的上下文选项（contextual options）时，会将选项显示在屏幕上方的“Action Bar”中（注：也可以显示在下方）。

上图是从官网上截取的，屏幕下方是新增的系统栏。需要注意的是，Android 4.0 模拟器尚未提供系统栏功能，用户可以通过个人计算机键盘上的 Home 键模拟 Home 按钮、ESC 键模拟 Back 按钮、F2 键模拟 Menu 按钮。

多任务选项

当使用者点击虚拟的“最近使用键”时，系统会立即调出多任务选项。每个刚使用过的应用程序都会以缩略图的方式呈现在多任务选项中。使用者可以通过单击缩略图的方式在应用程序间任意切换。

Android 4.0 也加强了手势功能（gestures），只需要在多任务选项中将要关闭的应用程序图标向左或向右一扫，就可以直接关闭程序。

多样的系统通知

Android 4.0 加强了系统通知（notification）和使用者之间的互动性。举例来说，当使用者查看通知的信息内容时，如果这时正好在播放音乐，那么会在通知栏中提供简单的音乐控制功能，用户可以在查看信息的同时操作音乐播放。

手势功能也可以整合到系统通知中。因此，如果想删除某项通知，只需要向左或向右一扫。对于小屏幕的设备，系统通知会显示在屏幕的上方，而在大屏幕的设备上则显示在系统栏中。

人性化的桌面文件夹

Android 以往让人垢病的原因之一就是操作方式太过于“工程师使用习惯”。举例来说，当使用者要通过文件夹整理桌面（home screen）上的图标时，必须先创建一个新的文件夹，再将图标拖到文件夹中。Android 4.0 仿照 iOS 的做法，当用户将图标拖到另一个图标上方时，系统会自动将这两个图标放到新建的文件夹中。

根据官网的说明，Google 这种设计理念称为“以视觉的方式使用常规功能”（common actions more visible）。简单地说，就是从以理性为基础的思维向感性的使用习惯转变。除此之外，也可以在文件夹中放置联系人快捷方式。在程序集文件夹中，可以用拖曳的方式浏览应用程序的信息移除程序。在小屏幕设备上，可以在桌面使用自定义的“快捷托盘”文件夹（favorites tray）。

如下图所示，主屏幕上有两个应用程序快捷方式：相机和时钟。将相机图标拖曳到时钟图标上方后，系统会立即创建一个讨喜的圆形文件夹，来存放这两个应用程序的快捷方式。

可重设大小的 widget

Android 4.0 还提供了高互动性和可重设大小的 Widget，位于桌面中的图标不再只是单纯的快捷方式。用户可以在不打开应用程序的情况下，从桌面进行诸如查看邮件、日历，播放音乐，查看社区状态等的工作。也可以在桌面上放大或缩小 Widget，查看更多和该应用程序有关的信息。

便捷的锁定画面

当 Android 4.0 处于锁定画面时，使用者除了可以单纯地解锁外，还可以通过滑动的方式立即启动相机功能或查看最新的系统通知。虽然某些手机制造商已经在他们出厂的设备中自行定制了类似的功能，但目前看来，这些功能低于 Android 平台默认提供的功能。值得一提的是，当背景正在播放音乐时，用户也可以在画面锁定的状态下管理音乐曲目或查看专辑信息，如下图所示。

脸部识别解锁功能

日系手机在很久以前就已经提供了脸部识别解锁功能，但直到 Android 4.0 才把它纳入默认提供的功能。简单地说，智能手机可以通过之前完成设置的脸部识别数据，在手机处于锁定的状态下，通过视频镜头识别用户脸部特征，成功后可以完成屏幕解锁。当然，如果比对不成功，仍然可以使用 PIN 或滑动的方式解锁。

有些网络玩家声称这项功能的娱乐性远大于其实用价值，因为持有用户的照片时也可以解锁屏幕。但是这种说法毫无道理，因为根据另一方的说法，有心人士不太可能会有手机持有人的照片，甚至时时刻刻都带在身上。当然，这种问题并没有准确的答案，当成茶余饭后闲聊的话题即可。

快速响应来电

当有来电时，使用者可以通过滑动的方式选择接听或拒接。然而更人性化的是使用者甚至可以通过滑动的方式直接选择以短信回复这通电话。简单地说，当使用者处于不方便接听电话的情况（如正在开会）时，可以立即输入短信内容，系统会立即发送这条短信，同时中断来电，省去用户同时操作多项功能（先进行解锁，再中断来电，最后发送短信）的困扰，如下图所示。

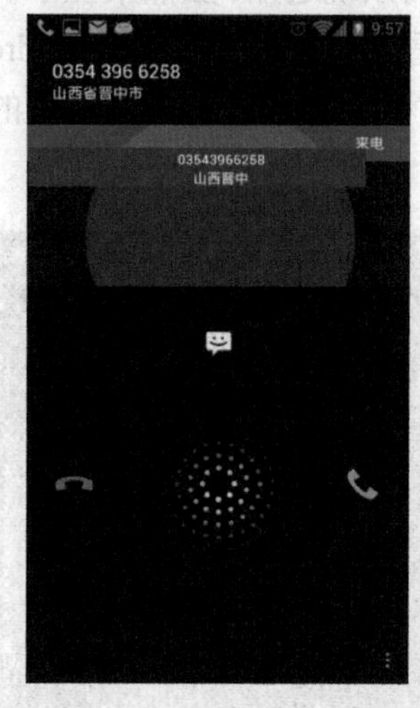

增强文本输入和拼音检查

当输入的文本可能拼错时，Android 也会适时提出修改建议。它会在可能拼错的文字下方显示红线。当使用者点击可能拼错的文字时，系统会用下拉菜单的方式显示所有建议替代的文字，轻松地挑选其中一个直接替换即可。当然，用户也可以将现有的文字添加到字典中。对其他语言来说，4.0 支持下载由第三方（third-party）提供的字典或拼写检查器，如下图所示。

增强语音识别功能

Android 4.0 强化了语音识别的功能，用户可以通过“open microphone”的体验方式，用语音方式连续输入一大段文本。语音识别引擎将适时加上标点符号组成正确的句子。此外，在可能识别错误的文字下加上灰色底线，用户可以在点击该文字后，从下拉的建议修正列表中选出替换的正确文字。更重要的是，4.0 的语音识别引擎已经内置了普通话和广东话。

内置网络监控程序

虽然各大电信运营商都提供了“无限移动上网”方案，然而由于费用问题，并非所有消费者都加入了这种类型的资费方案。为了避免使用超过购买的网络使用量，Android 4.0 贴心地为用户内置了网络监控程序，帮助消费者解决上述问题。

Android 4.0 内置的网络监控程序除了可以监控移动上网的网络使用量外，还支持监控 Wi-Fi 无线网络的状态。监控数据的显示采用的是多样性的统计图。用户可以使用监控程序提供的接口为每一个应用程序设置适当的网络使用量。假如网络使用量超过了设置的警界值，监控程序除了会显示警告信息外，甚至可以强制中断网络联机。

提供屏幕快照功能

过去要进行屏幕快照（snapshot）很费劲：不是通过第 2 章介绍的 androidscreencast 网站，就是通过 Eclipse 的 DDMS 进行屏幕截图的功能，甚至必须取得 root 权限才可以。然而从 Android 4.0 开始将内置实用的屏幕快照功能，用户只需要同时按下电源键和音量降低键，就可以实时对手机画面截图，并存储成文件。

完善的社区功能

Android 4.0 内置了一款名为“People App”的应用程序，Android 平台可以通过该程序整合所有和社区相关的功能，包括社交网络（Linkedin、Google+ 和 Twitter）、个人档案、联系人数据。用户个人的数据会被存储在“Me”的联系人数据中，使用简易的操作方式就可以将个人的状态更新到所有的社区。下面是“Me”个人数据操作画面。

同理，点击联系人数据可以看到其他联系人的数据，包括大尺寸的个人照片、电话号码、联系地址、社区账号、状态更新、最新动态。按快捷键也可以立即拨打电话或发送短信给指定的联系人。

统一的日历接口

Android 4.0 更新了日历，使之成为可汇集所有行程的管理集中地。举例来说，在使用者授权的情况下，其他的应用程序可以将最新状态或行程安排更新到日历中，同时也可以执行提醒管理（reminder management）的功能。当然，配合新的手势操作功能，即采取左右横扫的方式，也可以修改和调整行程日期，如下图所示。

提供新的语音邮件

Android 4.0 改善了内置电话程序的语音邮件（voicemail）功能，除了可以调整播放速度的快慢外，由第三方开发的应用程序也可以整合电话程序，进而加入自己的语音消息，以更可视化的方式呈现语音邮件信箱。

到位的相机功能

照相已经是智能手机必备的功能之一，Android 4.0 对照相功能做了大幅度的修改。首先是无延迟快门（zero shutter）让用户以更快的速度捕捉瞬间影像。接着是触控对焦功能，用户可以点击预览窗口的任何位置，达到手动对焦的目的。

其次是内置的人脸识别（face detection）功能，它可以自动检测拍摄对象的脸部位置，并自动进行对焦、曝光和色彩的设置，使用者能轻松地拍出清晰的人像。为便于拍摄较大的场景，Android 4.0 的相机功能还支持单向运动全景模式（single-motion panorama mode）。使用这种模式，拍照时只需要在拍摄场景的左方按下拍照键，然后缓慢地将镜头往右方移动，待拍摄完较大的场景后按拍照键，就可以轻松地完成长景照了。

新的照相功能还支持影片快照功能（snapshots at full video resolution）。也就是说，使用者可以在摄影的同时将瞬间的影像存储成照片文件。最后，在拍完照后，使用者还可以通过整合功能，以电子邮件、短信、蓝牙或社区网络（Google+和 Picasa）的方式更快速地发布拍照成果。

重新设计的相册功能

Android 4.0 重新设计了相机程序，并添加了很多实用的功能。首先，相片的分类方式更具多样性，同时还支持多种排序方式，如根据时间、地点、人物或标签的排序方式。

相机程序加入了强大的相片编辑功能，用户可以随意翻转照片、消除红眼、设置层次、加入特效等。此外，新的相机 Widget 允许使用者直接从桌面浏览照片内容。当然，用户也可以通过电子邮件、短信、蓝牙或社区网络（Google+和 Picasa）分享相册内容。

高性能的网页浏览器

Android 4.0 采用新版的 WebKit 为核心实现浏览器，同时采用 V8 Crankshaft 作为 JavaScript 的编译引擎，大幅度提升了网页浏览的性能。根据官网的数据，在三星的 Nexus S 手机上进行的测试结果：用 V8 Benchmark Suite 比较浏览器的整体性能，Android 4.0 的性能足足比 Android 2.3 提升了 220%，而使用 SunSpider 9.1 测试 JavaScript 的执行性能时，Android 4.0 也提升了约 35%。

新版浏览器可以和桌面计算机中的 Google Chrome 浏览器进行书签同步，也可以复制网页内容，以方便脱机阅读。有些网站为了方便使用者阅读，还提供了正常和移动版本的网页，Android 4.0 新版的浏览器提供让用户可以自由切换的功能，也就是说，不再受网站的约束，通过智能手机的浏览器可以查看正常的网页内容。

使用者可以针对不同的网页标签设置不同的偏好，如设置字号等。也可以通过可视化选项在不同的网站间切换。此外，浏览器最多可以打开 16 个分页。打开分页的方式也远比过去方便得多，使用者只需要单击位于浏览器右上角的分页按钮就可以打开新的分页，而不用再通过选项的方式打开，如下图所示。

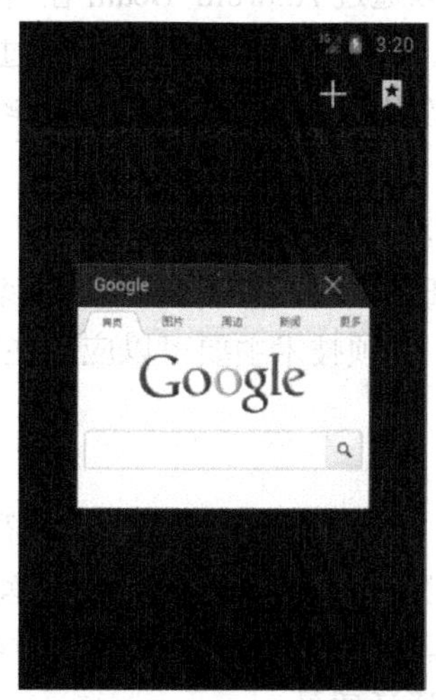

Live Effects 影像特效

使用者可以为从相机拍摄下来的照片加入很多有趣好玩的特效，如更换背景、脸部变形等。此外，在使用 Google Talk 视频聊天时，也可以实时加入影像特效。

强化的邮件功能

Android 4.0 新版的邮件程序提供给用户存储经常输入的文本内容，通过选取的方式快速地编写邮件内容。在回复邮件时，也可以在不切换画面的情况下选择“全部回复”或“转发”。邮件程序还支持纪录经常联系的联系人数据。

邮件程序支持多账号管理，通过选项来切换不同的邮件账号；同时支持巢状式的目录管理，帮助管理和组织 IMAP 或微软 Exchange 服务器中的邮件，当然也可以搜索目录内容。

用户可以自行设置同步的规则，其中包括微软 Exchange Server 2010 的 EAS v14 邮件同步功能，当然还包括 EAS 授权和认证功能。而在国际漫游时可以关闭同步功能，此外，管理者也可以设置邮件夹文件的大小，甚至禁止邮件夹文件。

Android Beam 的引进

Android 4.0 应用 NFC 技术提供了一种新的“Android Beam”功能。由 Philips 和 Sony 共同研发的近距离无线通信（Near Field Communication, NFC）由“射频识别”（RFID）演变而来。简单地说，NFC 允许电子设备间进行非接触式、点对点的数据传输，其作用距离大约是在 10 厘米的范围内。值得一提的是，NFC 已经成为 ISO/IEC IS 18092、EMCA-340 和 ETSI TS 102 190 的国际标准。

使用者可以通过 Android Beam 在智能设备间进行数据交换，如应用软件、音乐、联系人数据、影片、照片等。而在数据交换过程中无需任何设置，也不用打开任何应用程序，只需要 Android 设备互相“靠近”就可以轻易地将数据“弹射出去”。

支持 Wi-Fi 点对点连接

使用 Wi-Fi Direct 功能，Android 装置可通过 Wi-Fi 以点对点的方式连接就近的其他 Android 设备。这项技术主要可以应用在数据分享、流媒体影片播放或进行打印的工作。

支持蓝牙 HDP

Android 4.0 内置以蓝牙的方式连接符合 Health Device Profile （HDP）的装置。简单地说，使用者可以通过该技术连接医院的医疗设备或健身中心的运动器材等，同时可获取和健康有关的信息。值得一提的是，Android 4.0 的蓝牙技术还支持免持听筒规范（HFP）1.6 版，以提供更好的通话质量。

上面介绍的 Android 4.0 的新增应用程序其实都没有太大的原创性，因为手机制造商的作业平台中已经提供了大部分功能。但不管怎么说，在 Android 4.0 中内置这些功能，将省去用户自行安装应用程序的不便，也更贴近一般消费市场。

经过前面的介绍，相信各位读者已经迫不及待地想将 Android 设备升级到 4.0 了。然而并不是所有设备都可以顺利升级到 4.0。下表综合了各家厂商目前公布的消息，整理了确定可以支持 Android 4.0 的设备和预计的更新时间。

<table>
<tr><th>品　牌</th><th>产品名称</th><th>预计时间</th></tr>
<tr><td>Asus</td><td>Padfone</td><td>2012 年 1 月</td></tr>
<tr><td rowspan="3">HTC</td><td>Sensation
Sensation XE
Sensation XL</td><td>2012 年 1 月</td></tr>
<tr><td>Amaze 4G</td><td>2012 年 1 月</td></tr>
<tr><td>EVO 3D</td><td>2011 年 12 月</td></tr>
<tr><td rowspan="4">HTC</td><td>Rezound</td><td>2012 年 1 月</td></tr>
<tr><td>Thunderbolt</td><td>2012 年第一季度</td></tr>
<tr><td>EVO Design 4G</td><td>2012 年 1 月</td></tr>
<tr><td>Vivid</td><td>2012 年 1 月</td></tr>
<tr><td>LG</td><td>Optimus 3D
Optimus Black
Optimus Pad
Optimus LTE
Optimus 2X</td><td>2012 年第一季度</td></tr>
<tr><td rowspan="3">Motorola</td><td>Razr</td><td>2012 年 1 月</td></tr>
<tr><td>Xoom
Xoom 2
Xoom 2 Media Edition</td><td>2011 年 12 月</td></tr>
<tr><td>Bionic</td><td>2012 年第一季度</td></tr>
<tr><td rowspan="4">Samsung</td><td>Galaxy Note</td><td>2012 年第一季度</td></tr>
<tr><td>Galaxy S II</td><td>2011 年 12 月</td></tr>
<tr><td>Galaxy S II Skyrocket</td><td>2012 年第一季度</td></tr>
<tr><td>Galaxy Nexus S</td><td>2012 年第一季度</td></tr>
<tr><td></td><td>Galaxy Tab 7.0 Plus
Galaxy Tab 7.7
Galaxy Tab 8.9
Galaxy Tab 10.1</td><td>2012 年第一季度</td></tr>
<tr><td rowspan="2">Sony Ericsson</td><td>Xperia Arc
Xperia Arc S</td><td>2012 年第一季度</td></tr>
<tr><td>Xperia Mini</td><td>2012 年第一季度</td></tr>
</table>

★注：应以各家厂商最新公布的时间为准。

从上面的表看，各家手机厂商指定的版本更新时间多半设置在 2012 年的第一季度，在此之前，对新功能感兴趣的读者只能通过模拟器过干瘾了。然而仍然无法通过真机测试某些和硬件相关的功能，我们能做的只有耐心等待了。

12.2 整合和新增的 API

Android 2.3.x、3.x 和 4.0 之间的关系，只是涵盖程度的不同而已。适用于智能手机的 2.3.x 具有最小的 API 集合，而适用于平板电脑的 3.x 则是较大的集合，它包含所有 2.3.x 提供的功能；最新的 Android 4.0 以 3.0 为基础，在上面添加了新功能。因此，Android 4.0 基本上是完全向下兼容的。

那么，Android 3.x 比 2.3.x 多了哪些功能呢？共有下面几项。

版　本	API 或框架	功能说明
Android 3.0	Fragment	可将多个可重用的段整合到一个 Activity 中，进而实现多个具有并行小窗口（multi-pane）的用户接口
	ActionBar	取代传统 Activity 窗口上方的标题栏，可在左上角加入应用程序的 Logo，同时提供新的选项项目
	Loader	处理异步数据加载
	System clipboard	应用程序可将纯文本、URI 或 Intent 复制到系统剪贴板（system clipboard），以便“贴到”其他应用程序的动作
	Drag and drop	提供一组支持拖曳功能的 API
	property-based animation framework	全新的属性动画架构，可让应用程序加入最佳的视觉效果
	RenderScript graphics and compute engine	用 C 语言实现，可针对硬件直接控制，提供高性能的 3D 绘图机制
	Hardware accelerated 2D graphics	通过内置的 OpenGL 组件，针对 2D 绘图提供硬件加速的工作。如果设置的 API level 为 14 以上，硬件加速默认为开启
Android 3.1	USB API	让应用程序可以管理通过 USB 联机的外部设备，如音频设备、通信设备等
	MTP/PTP API	支持 PTP（Picture Transfer Protocol）和 MTP（Media Transfer Protocol）通信协议，可以使应用程序在连接或移除相机设备或存储时收到系统通知
Android 3.1	RTP APIs	通过使用 RTP（Real-time Transport Protocol）堆栈，应用程序可管理和使用随选式（on-demand）或互动性的数据流，即实现 VoIP、或在线会议等功能
	Other	支持鼠标、游戏杆等外围设备
Android 3.2	Compatibility zoom	让一些专为小屏幕开发的应用程序也能在大屏幕的平板电脑上正常执行

Android 4.0 又增加了哪些 API 呢？基本上就是配合上一节介绍的新功能而提供的 API，包括下面几项。

（1）社区 API：为整合社区功能和联系人管理，Android 4.0 在 Contacts Provider 中提供了很多和社区相关的 API。应用程序可自行管理个人数据，或执行社区邀请的功能。

（2）日历 API：应用程序可以通过 Calendar Provider 提供的 API，读取、添加、修改或删除在日历中排定的事件、行程、是否参加、提醒信息等。

（3）语音邮件 API：应用程序可以通过 Voicemail Provider 提供的 API，将语音邮件添加到设备中，再通过唯一可播放所有语音邮件的内置电话程序来播放。

（4）多媒体 API：Android 4.0 在多媒体 API 中加入了很多新功能，应用程序可对多媒体文件，如照片、影片、音乐文件等进行更多的后期处理，或加入特效等工作。此外，还可以远程控制（remote control），如屏幕锁定时仍然可以播放音乐等；还允许应用程序播放流媒体数据。

（5）相机 API：应用程序可通过新的 API 在照相功能中，加入如人脸识别、自动对焦、边摄影边拍照等功能。

（6）Android Beam API：允许应用程序通过 NFC 机制在 Android 智能设备间传递 NDEF 信息。值得一提的是，NFC 不止应用在交换数据上，某些厂商已经通过 NFC 实现了手机信用卡功能。

（7）Wi-Fi Direct API：应用程序允许不经过存取点（hotspot）或因特网的方式和邻近的智能设备以点对点（peer-to-peer, P2P）的方式相互连接。

（8）蓝牙 API：应用程序可通过 API，使用蓝牙（bluetooth）和健康有关的设备，如心率检测器、血压计、温度计等，联机并读取相关信息。

（9）无障碍 API：应用程序可以通过和无障碍（accessibility）相关的 API，给视障人士（sight-impaired users）提供服务。使用 Explore-by-touch 模式，当用户触摸屏幕或手指在屏幕上滑动时，系统就会发出对应的声响，描述目前屏幕上的内容，这样视障人士就可以使用 Android 设备了。

（10）拼音检查服务：通过继承 SpellCheckerService 类并扩充其中的 SpellChecker Service.Session 内部类，应用程序可以通过回调的方式使用 Android 4.0 提供的拼音检查服务。

（11）文本转语音引擎：Android 4.0 为 TTS（text-to-speech）加入了很多新的 API，因而使得应用程序除了可选用不同的 TTS 引擎外，也可以轻易实现自定义的 TTS 引擎。

（12）网络用量 API：通过该机制，使用者可以管理或统计应用程序的网络使用量，并且提供警告的功能。

（13）企业级应用：Android 也开始提供企业管理资产设备的相关解决方案。应用程序可以使用 VpnService 来建立 VPN（Virtual Private Network）联机。而通过管理设备使用限制的应用程序，还可以关闭照相功能。最后，允许使用 KeyChain 类提供的 API 汇入或存取认证密钥，这样就可以在使用网页浏览器或电子邮件功能时，判断是否是授权的使用者。

（14）传感器相关 API：相对于前几版提供的温度传感器只能测量电池的温度，Android 4.0 中新增了可测量室内温度的传感器。此外，还同时规范了测量室内相对湿度的传感器。手机制造商实现了硬件，才能使用这些新的传感器。

（15）增强 ActionBar：虽然 Android 3.0 已经提供了 ActionBar，但由于 Android 4.0 必须同时支持较小的屏幕设备，因而也对 ActionBar 做了适当的调整。当手机设备处于纵向使用（portrait orientation）时，ActionBar 的页签项目将会出现在主标题下；此外，还可将项目从主标题独立，在屏幕底部显示。

（16）新增 UI 功能：Android 4.0 提供了很多新的用户接口机制。首先提供了新的 GridLayout 布局方式，可以通过 TextureView 显示流媒体影片或 OpenGL 的内容，同时整合了 Android 3.0 提供的弹出菜单（popup menus）。读者可以参考官网上关于其他新功能的介绍。

（17）支持指针设备：为了同时适应不同的平台，Android 4.0 支持具有指针功能的设备，如鼠标等，新的 API 允许捕捉相关的事件。

（18）硬件加速：只需要在应用程序中声明 API level 为 14 以上，Android 4.0 就会启动硬件加速的功能。这样，在呈现画面，例如显示动画、转动滚动条或和使用者互动时，所有的表现将更为顺畅。

（19）更新 WebKit 控件：Android 4.0 使用最新的 534.30 版 WebKit 作为网页浏览器的核心组件。除了使内置的浏览器具有更好的表现外，应用程序使用 WebView 自行控制网页操作时也能提高执行性能。

（20）JNI（Java Native Interface）变更：前几版的 Android 都是通过直接指针（direct pointer）的方式使用 JNI 本地参考（JNI local references），然而这种方式可能会让程序员编写出有问题的程序。因此，Android 4.0 改用间接指针（indirect pointer）的方式避免潜在问题的发生。同样地，声明 API level 为 14 以上会自动启动该机制。

上面的几种 API 或机制是 Android 4.0 中比较具有代表性的新功能。读者可以自己参考官网中一些影响性相对较小功能的介绍。

12.3 Android 4.0 程序设计初探

在一章中介绍所有 Android 4.0 新增的 API 是不太可能且不切实际的，不过本书介绍的内容，已经包含了实现 Android 程序时，最基本、最具实用价值以及最常使用的部分。由于篇幅限制，我将在本节中示范两个相对来说比较基础且比较重要的新功能。

12.3.1 网格布局

网格 GridLayout 是 Android 4.0 新增的布局方式，它利用格子状的概念放置窗口控件。和 TableLayout 不同的地方在于，GridLayout 并不需要中介控件（如 TableRow）的辅助，以拼凑表格结构的方式指定窗口控件的放置区域。取而代之的是窗口控件可自行指定显示位置的行（row）和列（column）。如下所示是典型的 GridLayout 使用示例：

```
<?xml version="1.0" encoding="utf-8"?>
<GridLayout
 xmlns:android="http://schemas.android.com/apk/res/android"
 android:layout_width="fill_parent"
 android:layout_height="fill_parent"
 android:columnCount="3">
 <EditText
  android:id="@+id/edit1"
  android:layout_width="wrap_content"
  android:layout_height="wrap_content"
  android:layout_column="2"
  android:text="EditText1"/>
 <EditText
  android:id="@+id/edit2"
  android:layout_width="wrap_content"
  android:layout_height="wrap_content"
  android:layout_column="1"
  android:text="EditText2"/>
 <EditText
  android:id="@+id/edit3"
  android:layout_width="wrap_content"
  android:layout_height="wrap_content"
  android:layout_column="0"
  android:text="EditText3"/>
 <EditText
  android:id="@+id/edit4"
  android:layout_width="wrap_content"
  android:layout_height="wrap_content"
  android:layout_column="0"
  android:layout_row="1"
  android:text="EditText4"/>
 <EditText
  android:id="@+id/edit5"
  android:layout_width="wrap_content"
  android:layout_height="wrap_content"
  android:layout_column="2"
  android:layout_row="1"
  android:text="EditText5"/>
</GridLayout>
```

如上所示，通过<android:columnCount>属性设置在GridLayout中具有3行的布局空间。接下来陆续添加命名为edit1 ~ edit5的EditText控件。在GridLayout中，列和行的索引值都是从0开始的。所以分别通过androi:layout_column属性指定edit1、edit2和edit3放置的列位置，其中edit3放在第一列，edit2在第二列，而edit1在第三列。

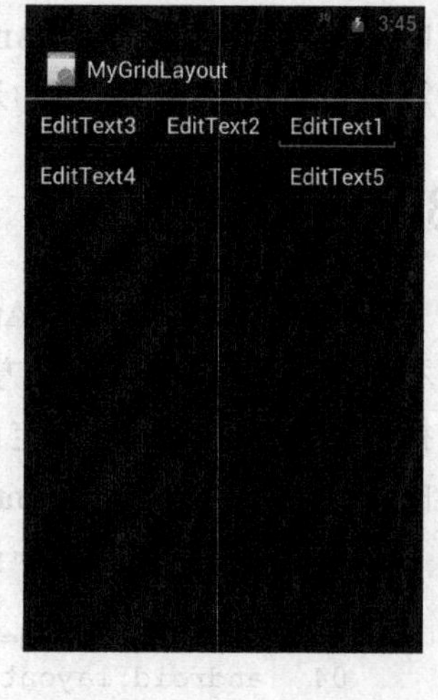

分别通过android:layout_raw属性设置edit4和edit5放置的行。本示例的执行结果如右图所示。

如果布局时没有通过android:layout_row和android:layout_column指定要放置的列和行，窗口控件将会由先水平后垂直的方式进行布局。下面是不指定列和行的情况：

```
<?xml version="1.0" encoding="utf-8"?>
<GridLayout
 xmlns:android="http://schemas.android.com/apk/res/android"
 android:layout_width="fill_parent"
 android:layout_height="fill_parent"
 android:columnCount="3">
 <EditText
  android:id="@+id/edit1"
  android:layout_width="wrap_content"
  android:layout_height="wrap_content"
  android:text="EditText1"/>
 <EditText
  android:id="@+id/edit2"
  android:layout_width="wrap_content"
  android:layout_height="wrap_content"
  android:text="EditText2"/>
 <EditText
  android:id="@+id/edit3"
  android:layout_width="wrap_content"
  android:layout_height="wrap_content"
  android:text="EditText3"/>
 <EditText
  android:id="@+id/edit4"
  android:layout_width="wrap_content"
  android:layout_height="wrap_content"
  android:text="EditText4"/>
 <EditText
  android:id="@+id/edit5"
  android:layout_width="wrap_content"
  android:layout_height="wrap_content"
  android:text="EditText5"/>
</GridLayout>
```

执行结果如下图所示。

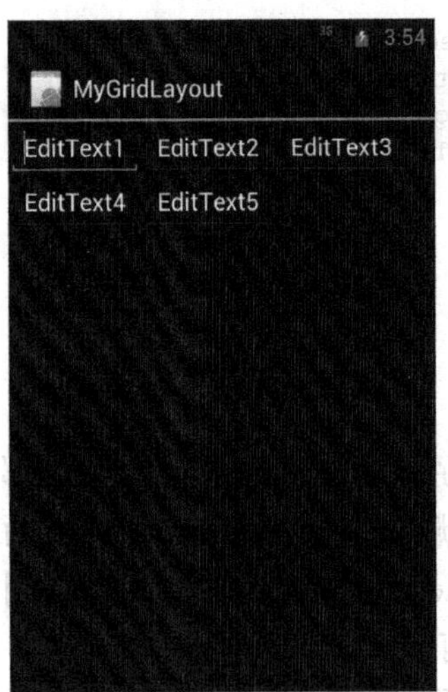

此外，和 HTML 网页设计一样，GridLayout 中的窗口控件也可以使用 span 属性指定要跨越的列数和行数。如下所示，通过 layout_columnSpan 属性设置 edit1 跨越 3 列，使用 layout_rowSpan 属性设置 edit2 跨越 2 行：

```
<?xml version="1.0" encoding="utf-8"?>
<GridLayout
 xmlns:android="http://schemas.android.com/apk/res/android"
 android:layout_width="fill_parent"
 android:layout_height="fill_parent"
 android:columnCount="3">
 <EditText
  android:id="@+id/edit1"
  android:layout_width="fill_parent"
  android:layout_height="wrap_content"
  android:layout_columnSpan="3"
  android:text="EditText1"/>
 <EditText
  android:id="@+id/edit2"
  android:layout_width="wrap_content"
  android:layout_height="wrap_content"
  android:layout_rowSpan="2"
  android:text="EditText2"/>
 <EditText
  android:id="@+id/edit3"
  android:layout_width="wrap_content"
  android:layout_height="wrap_content"
  android:text="EditText3"/>
 <EditText
  android:id="@+id/edit4"
  android:layout_width="wrap_content"
  android:layout_height="wrap_content"
  android:text="EditText4"/>
 <EditText
```

```
 android:id="@+id/edit5"
android:layout_width="wrap_content"
android:layout_height="wrap_content"
android:text="EditText5"/>
</GridLayout>
```

执行结果如右图所示。

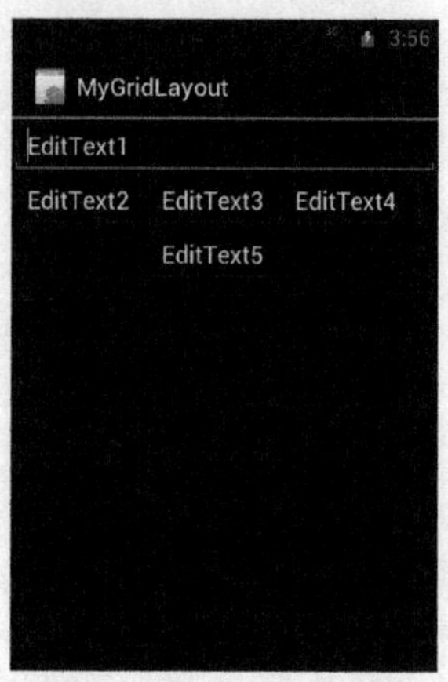

12.3.2 日历程序设计

Android 4.0 统一了日历的存取接口，所有的应用程序都可以通过 API 读取、添加、修改和删除位于日历中的数据。而系统底层会使用 Calendar Sync Adapter 同步所有的日历数据，用户可以通过内置的日历程序查看所有的行程。

本节从日历的各种话题带领各位读者探索 Android 4.0 中这个重要功能的细节。

日历 Content Provider 概述

取用日历数据并不困难，因为是通过之前介绍的 Content Provider 存取的。日历内容提供商（calendar provider）的所有相关信息都被定义在 CalendarContract 中；根据应用方式的不同分别定义在不同的表中。下面是获取所有表的 URI 的示例程序：

```
//获取所有 URI 位置
Uri calendarURI = CalendarContract.Calendars.CONTENT_URI;
Uri eventURI = CalendarContract.Events.CONTENT_URI;
Uri instanceURI = CalendarContract.Instances.CONTENT_URI;
Uri attendURI = CalendarContract.Attendees.CONTENT_URI;
Uri reminderURI = CalendarContract.Reminders.CONTENT_URI;
Uri extendURI = CalendarContract.ExtendedProperties.CONTENT_URI;

Log.v("content", "calendarURI:" + calendarURI.toString());
Log.v("content", "eventURI:" + eventURI.toString());
Log.v("content", "instanceURI:" + instanceURI.toString());
Log.v("content", "attendURI:" + attendURI.toString());
Log.v("content", "reminderURI:" + reminderURI.toString());
Log.v("content", "extendURI:" + extendURI.toString());
```

执行结果如下所示：

```
calendarURI: content://com.android.calendar/calendars
eventURI: content://com.android.calendar/events
instanceURI: content://com.android.calendar/instances/when
attendURI: content://com.android.calendar/attendees
reminderURI: content://com.android.calendar/reminders
extendURI: content://com.android.calendar/extendedproperties
```

这些表的存储用途说明整理如下表。

表 名 称	用途说明
Calendars	每列存放一笔和同步账号相关的数据，如日历的名称、颜色、同步信息等
Events	每列存放一笔和活动（event）相关的数据，如活动标题、举办地点、开始和结束时间等。活动也可以举办一次以上。此外，也可以通过_ID 字段和参加人员（attendee）、提醒功能（reminder）和额外属性进行关联
Instances	每列存放一笔和活动举办的起止时间相关的信息。对于只举办一次的活动，采取一对一的存储配对；对于举办一次以上的活动，会存放多笔数据
Attendees	每列存放一笔和参加人员相关的数据
Reminders	该表存放活动的提醒信息，包括活动开始的剩余时间、提醒方式等。提醒方式可以是警告窗口、电子邮件或短信
ExtendedProperties	该表存放 Calendar Sync Adapter 进行同步处理时使用到的数据

内建日历的功能

在开始编写程序前，先来熟悉一下 Android 4.0 日历程序的操作接口。首先进入应用程序文件夹，打开日历功能，如下图所示。

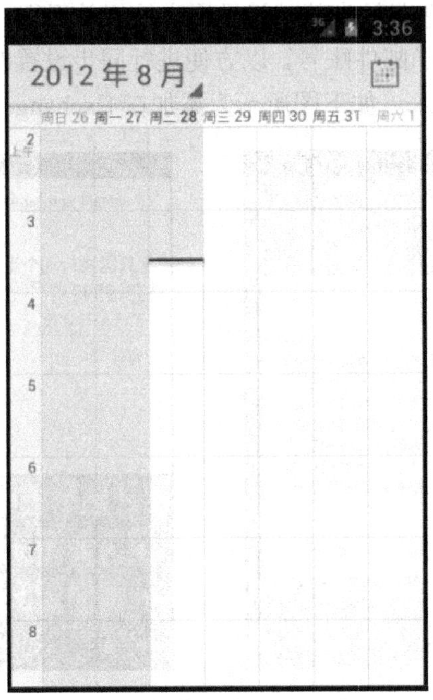

当使用者左右拨动日历时，默认将以星期为单位切换不同的日期页面。只需要点击代表指定日期和时间的单元格就能添加活动，如下图所示。点击其中的“新活动（new event）”就可以准备添加新的活动。

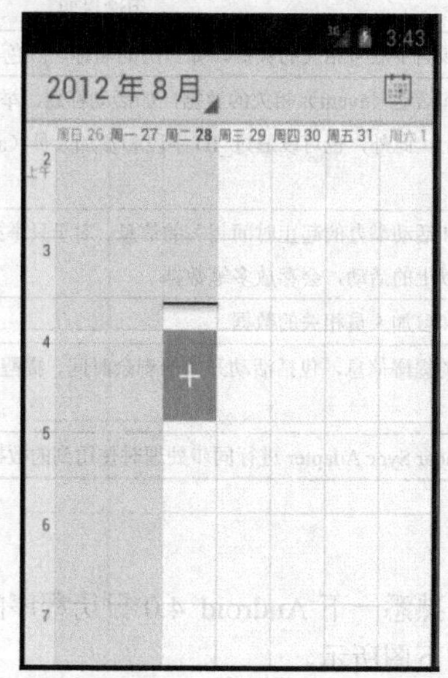

Android 日历以电子邮件账号为基础记录用户的相关行程。因此，在准备加入新的活动前，必须先在系统中添加电子邮件账号，以方便进行同步设置的工作。如果没有预先设置电子邮件账号，系统会要求加入。如下图所示为添加在 Exchange 服务器中的邮件账号。

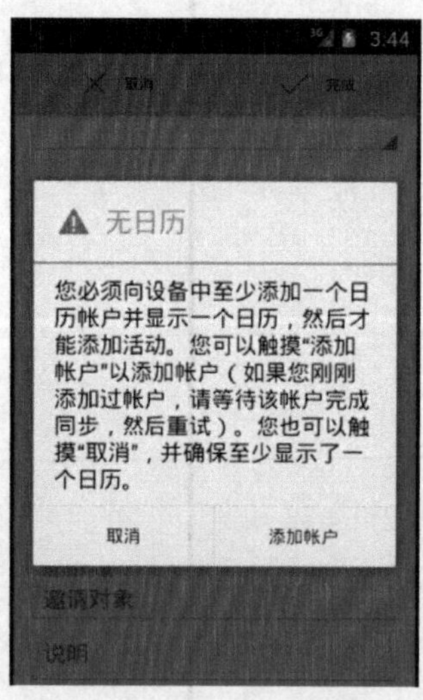

如果读者没有架设 Exchange 服务器，可以通过 Microsoft 公司提供的在线版本申请一组账号，以方便进行测试。

- 网址：http://www.microsoft.com/exchange/en-us/default.aspx（见下图）。

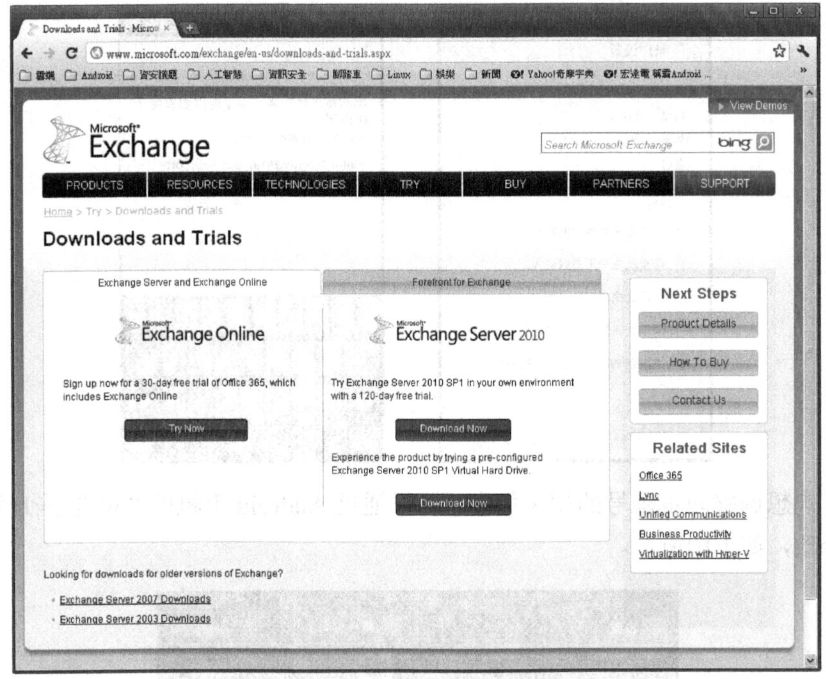

读者可以在 Microsoft 网站查询服务器的相关信息，并填入日历程序中，见下图。

接着，日历程序会要求用户进行一连串和同步相关的确认工作。使用者可以在最后一步为这个同步账号设置一个名称，如下图所示。

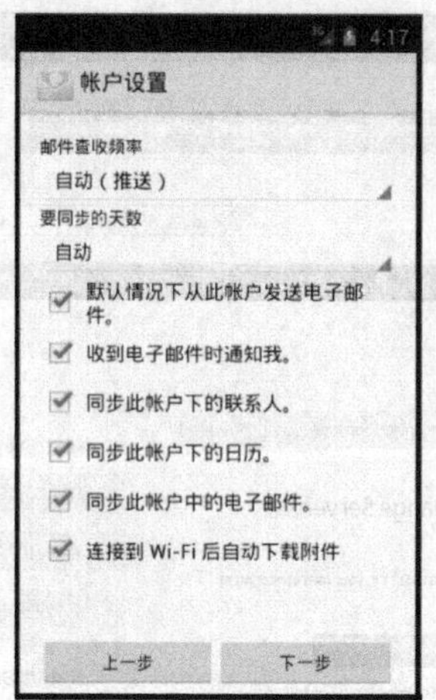

如果用户想调整同步账号的相关信息，可以通过 Android 手机的“设置/账户和同步”进行相关的修改，如下图所示。

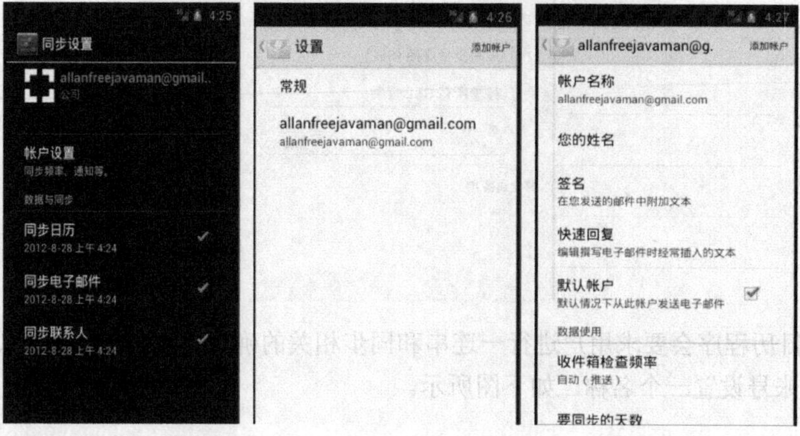

获取日历信息

对 Android 的日历功能有了初步的了解后，就可以尝试编写测试程序了。正如前面提到的，应用程序可以通过 Calendar Provider 提供的服务存取日历中的数据。下面是典型的使用示例：

```
//获取日历位置
Uri calendarURI = CalendarContract.Calendars.CONTENT_URI;

//获取工具控件的实体
ContentResolver cResolver = this.getContentResolver();

//设置要查询的字段
String[] projection =
        {CalendarContract.Calendars._ID,
         CalendarContract.Calendars.ACCOUNT_NAME,
         CalendarContract.Calendars.ACCOUNT_TYPE,
         CalendarContract.Calendars.NAME,
         CalendarContract.Calendars.CALENDAR_DISPLAY_NAME};

//执行查询
Cursor cursor = cResolver.query(calendarURI, projection, null, null, null);
```

示例程序也是通过 ContentResolver 工具控件存取内容提供商的数据。设置查询条件后就可以调用 query 函数，并将查询结果封装在 Cursor 对象中。使用下面的循环语句可以轮询所有查询结果的内容：

```
if (cursor.moveToFirst()) {
 do {
  //获取字段索引值
 int idInx = cursor.getColumnIndex(CalendarContract.Calendars._ID);
 int accNameInx = cursor.getColumnIndex(CalendarContract.
                                        Calendars.ACCOUNT_NAME);
 int accTypeInx = cursor.getColumnIndex(CalendarContract.
                                        Calendars.ACCOUNT_TYPE);
 int nameInx = cursor.getColumnIndex(CalendarContract.Calendars.NAME);
 int displayNameInx = cursor.getColumnIndex(CalendarContract.Calendars.
                                            CALENDAR_DISPLAY_NAME);

 //获取字段名
 String id = cursor.getString(idInx);
 String accName = cursor.getString(accNameInx);
 String accType = cursor.getString(accTypeInx);
 String name = cursor.getString(nameInx);
 String displayName = cursor.getString(displayNameInx);

 Log.v("content", "id:" + id);
 Log.v("content", "accName:" + accName);
 Log.v("content", "accType:" + accType);
 Log.v("content", "name:" + name);
```

```
Log.v("content", "displayName:" + displayName);

} while (cursor.moveToNext());
} else {
Log.v("content", "no calendar data");
}
```

执行结果如下所示：

```
id:1
accName:allanfreejavaman@gmail.com
accType:com.android.exchange
name:null
displayName:allanfreejavaman@gmail.com
```

添加日历活动

CalendarContract.Calendars._ID 是非常重要的数据，因为在为同步账号的日历添加活动时，必须填入该键值来创建日历和活动之间的关联。接着就可以尝试编写程序进行添加活动的工作：

```
//获取所有 URI 位置
Uri eventURI = CalendarContract.Events.CONTENT_URI;

//为活动添加相关信息
ContentValues values = new ContentValues();
values.put("eventTimezone","GMT + 8");
//获取日历控件
Calendar calendar = Calendar.getInstance();

//设置活动的开始时间(月份加一)
calendar.set(2012, 11, 30, 17, 00);
long startMillis = calendar.getTimeInMillis();
values.put(CalendarContract.Events.DTSTART, startMillis);

//设置活动的结束时间(月份加一)
calendar.set(2012, 11, 30, 22, 00);
long endMillis = calendar.getTimeInMillis();
values.put(CalendarContract.Events.DTEND, endMillis);

//设置活动的标题
values.put(CalendarContract.Events.TITLE, "新年联欢晚会");

//设置活动相关描述
values.put(CalendarContract.Events.DESCRIPTION,
        "小区物业将举办联欢晚会");

//活动举办地点
values.put(CalendarContract.Events.EVENT_LOCATION, "小区花园");

//设置同步账号(日历)的 ID
```

```
values.put(CalendarContract.Events.CALENDAR_ID, 1);

//添加新的活动
ContentResolver cResolver = getContentResolver();
Uri dataUri = cResolver.insert(eventURI, values);
Log.v("content", "insert Event Raw URI:" + dataUri.toString());

//Retrieve ID for new event
String eventID = dataUri.getLastPathSegment();
Log.v("content", "insert Event id :" + eventID);
```

如上所示，和编写一般提供者程序一样，必须将要添加的相关信息存放在 ContentValues 对象中，活动的字段被定义在 CalendarContract.Events 中；其中 DTSTART 和 DTEND 分别代表活动的开始和结束时间。程序员可以使用 java.util.Calendar 对象封装时间信息。需要注意的是，使用 Calendar 对象的 set 函数设置日期和时间时，月份必须加一才代表真正的月份。

此外，Events.TITLE 是活动的标题，Events.DESCRIPTION 是对活动的描述，而 Events.EVENT_LOCATION 是活动的举办地点。最重要的是，必须通过 Events.CALENDAR_ID 设置要关联的日历 ID 值。

程序最后通过 ContentResolver 对象的 insert 函数将添加的活动信息存放在表中。成功执行 insert 函数会返回该数据的 URI，我们只需要使用 getLastPathSegment 函数就可以获得该数据的 ID 值。

下面是从 LogCat 观察到的执行结果：

```
insert Event Raw URI:content://com.android.calendar/events/3
insert Event id :3
```

要查看在日历上的执行结果，需要点击系统内置的日历程序，并以左右拖动的方式跳到新活动举办的日期，再以上下拖动的方式跳到活动举办的时间，执行结果如下图所示。

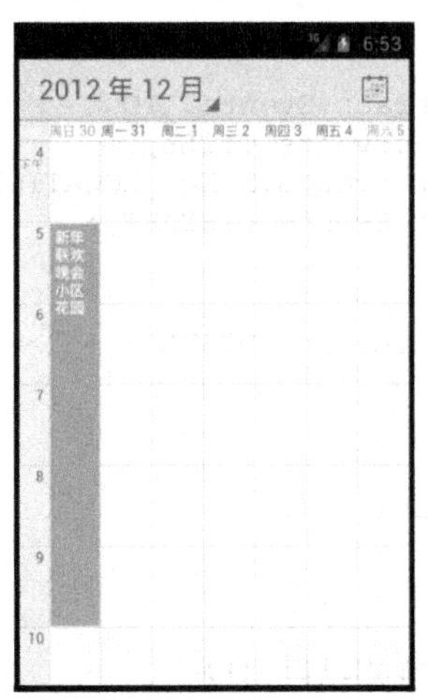

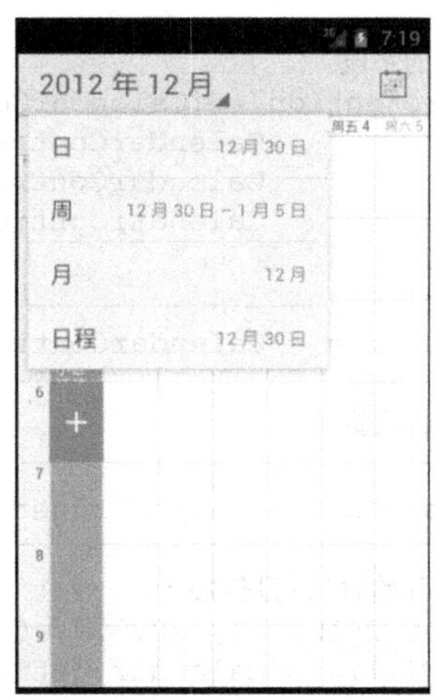

如上图所示，用户可以点击日历程序左上角的日期时间信息显示下拉菜单，除了可以让使用者改变分页的基础，例如根据每天、每周或每月外，选择其中的“日程”选项会显示所有待处理的事件。

点击某个待处理的事项会显示该活动的细节。如下图所示，使用者还可以点击“添加提醒”选项来添加该活动的提醒功能。

查询日历活动

应用程序还可以通过 ContentResolver 的 query 函数来查询活动。下面是设置查询条件的代码：

```
//获取工具控件的实体
ContentResolver cResolver = this.getContentResolver();

//设置要查询的字段
String[] projection = {CalendarContract.Events._ID,
                       CalendarContract.Events.TITLE,
                       CalendarContract.Events.EVENT_LOCATION,
                       CalendarContract.Events.DTSTART};

//设置查询条件
String selection = CalendarContract.Events.DTSTART + ">=?";

//设置查询条件数据值
//获取日历控件
Calendar calendar = Calendar.getInstance();

//设置活动的开始时间(月份加一)
calendar.set(2012, 11, 30, 17, 00);
long startMillis = calendar.getTimeInMillis();

```

```
String[] selectionArgs = {"" + startMillis};

//执行查询
Cursor cursor = cResolver.query(CalendarContract.Events.CONTENT_URI,
                    projection, selection, selectionArgs, null);
```

通过下面的代码轮询所有查询结果内容：

```
if (cursor.moveToFirst()) {
 do {
  //获取字段索引值
  int idInx = cursor.getColumnIndex(CalendarContract.Events._ID);
  int titleInx = cursor.getColumnIndex(CalendarContract.Events.TITLE);
  int locationInx =
    cursor.getColumnIndex(CalendarContract.Events.EVENT_LOCATION);

  //获取字段值
  String id = cursor.getString(idInx);
  String title = cursor.getString(titleInx);
  String location = cursor.getString(locationInx);

  Log.v("content", "event id:" + id);
  Log.v("content", "event title:" + title);
  Log.v("content", "event location:" + location);
 } while (cursor.moveToNext());
} else {
 Log.v("content", "no event data");
}
```

由 LogCat 观察到执行结果如下：

```
event id:3
event title:春节联欢晚会
event location:小区花园
```

修改日历活动

同样地，还可以通过 ContentResolver 的 update 函数修改活动：

```
//获取所有 URI 位置
Uri eventURI = CalendarContract.Events.CONTENT_URI;

//设置要查询的字段
String[] projection = {CalendarContract.Events._ID,
                      CalendarContract.Events.EVENT_LOCATION};

//设置更新条件
String where = CalendarContract.Events._ID + "=?";

//设置更新条件值
String[] selectionArgs = {"3"};

```

```
//设置要修改的字段值
ContentValues values = new ContentValues();
values.put(CalendarContract.Events.EVENT_LOCATION, "小区活动中心");

//获取工具控件的实体,并执行更新
ContentResolver cResolver = this.getContentResolver();
cResolver.update(eventURI, values, where, selectionArgs);
```

执行结果如下图所示，活动举办地点已经从原本的“小区花园”修改为“小区活动中心”了。

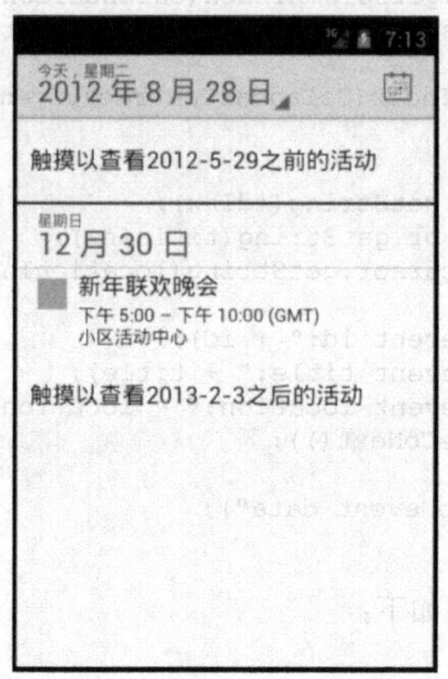

删除日历活动

最后可通过 ContentResolver 的 delete 函数删除活动，其代码如下：

```
//获取所有 URI 位置
Uri eventURI = CalendarContract.Events.CONTENT_URI;

//设置要查询的字段
String[] projection = {CalendarContract.Events._ID};

//设置删除条件
String where = CalendarContract.Events._ID + "=?";

//设置删除条件值
String[] selectionArgs = {"3"};

//获取工具组件的实体，并执行删除
ContentResolver cResolver = this.getContentResolver();
cResolver.delete(eventURI, where, selectionArgs);
```

执行结果也验证了删除成功，见下图。

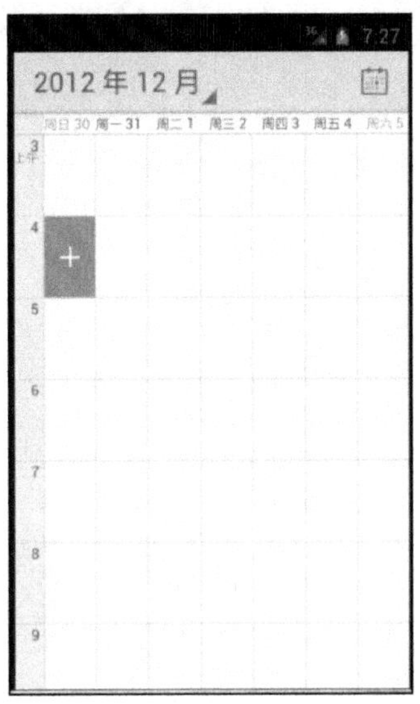

和活动相关的参加人员、活动提醒等信息的维护方式和维护活动相同，这部分就留给各位读者自行研究了。

本章对 Android 4.0 的新功能做了简单的介绍，同时通过两个简单的示例示范了如何应用新增的 API。智能设备要全面升级成 Android 4.0，差不多要等到 2012 年的第一季度。因此如果想尝试新的硬件功能，需要再耐心等待。

第 5 篇

云设计篇

Chapter 13

架构 Hadoop 云系统

前面的 12 章介绍了 Android 相关技术，从本章开始将迈入下一段旅程，也就是另外一个重头戏——云系统的架设。要从无到有实现一套云平台不是一件容易的事，这需要投入庞大的人力、物力才有“机会”（意味着还不见得会成功）。因此，本章将介绍目前市面上被广泛使用、且开放源代码的云系统框架（framework）——Hadoop，作为各位读者跃上云的敲门砖。

13.1 Hadoop 漫谈

Hadoop是Apache软件基金会（Apache Software Foundation）支持的开源项目（open source project）之一，最主要的开发人员——Doug Cutting 本身是一位在搜索引擎界知名的工程师，Google2004 年发布了 MapReduce 算法后，Cutting 为实现 Nutch 搜索引擎提出了 Hadoop 架构。

什么是 Hadoop 呢？Hadoop 是一个分布式计算的框架，最重要的核心处理逻辑架构在 Map/Reduce 的理论基础上，而 Map/Reduce 是一种分而自治（divide and conquer）的思想。简单地说，程序员可以使用 Hadoop 提供的函数库，轻易地将大量的数据分配到不同的服务器进行运算，再经过整合得到最终的结果。服务器的数量随着需求而增加，从一台到上千台机器的串接都没有问题。而最重要的，也是最符合云计算精神的就是这些机器只是一般平价的计算机设备即可。换句话说，云计算顺应了当前流行的平价奢华概念，系统建构者无需购置昂贵的服务器设备即可享受高速运算的好处。

最知名的案例是：在 2008 年 2 月 19 日，Yahoo 成功利用 Hadoop 串接了 10,000 个微处理器核心，并实际应用在项目系统中。除此之外，Hadoop 还可以自动检测并处理异常事件，并视服务器失效为常态，因而可以大幅提高服务的可用性和可靠性。总而言之，Hadoop 具有云计算该有的功能和条件。

Yahoo 是整个 Hadoop 项目中投入最多资金和研究的支持者，甚至直接聘请 Doug Cutting 在 Yahoo 内部大量导入 Hadoop 进行各种网络用户行为的分析。在 Yahoo 内部，目前大约有 4 万台计算机在执行 Hadoop（超过 100000 个 CPU），其中最大的云群集由 4 千 5 百个节点串接而成，运用在广告行为分析和网页搜索上。

Hadoop 基本包括以下 3 部分。

（1）Hadoop MapReduce：是一个可以对大量数据进行分布式处理的软件框架，和 Google 的云架构一样，两者都基于 Map/Reduce 技术。

（2）Hadoop Distributed File System：简称 HDFS，是参考 Google 的文件系统（Google File System，GFS）实现的。它是一个分布式的文件系统，可以通过高效率的方式存取应用程序的数据文件。

（3）Hadoop Common：包含一些工具程序和其他 Hadoop 子项目。

撰写本书时，最稳定的 Hadoop 版本是 0.20.203.0，最近一次改版是在 2011 年 5 月。虽然官网也提供 0.21.X 的下载，但是因为它没有通过严谨的测试，因而本书将以 0.20.203.0 版本作为主要的示范对象。值得一提的是，从 0.21.X 开始，把 HDFS 和 MapReduce 从 Hadoop 核心分离出来成为独立的子项目，其余的功能则归类在 Hadoop Common 中。

Hadoop 是由 Java 语言开发的，继承了跨平台的优点。然而在 Hadoop 官方文件中，仍然建议采用 GNU/Linux 作为开发或成品的运行平台。因为在 GNU/Linux 环境中，至少进行过 2000 个节点以上的串接测试；然而还没有对 Windows 平台的较严谨的测试报告，因而目前只是建议可以将 Windows 平台作为开发测试环境。

此外，要想在 Windows 平台运行 Hadoop，还需要安装 Cygwin 等软件，涉及的要素或许更加复杂。基于这些原因，本书将采用 2011/05/24 发行的 Fedora 15 作为展示和测试平台。

作为云计算的热门平台，Hadoop 可以实现什么功能、取得什么效益呢？我们可以从不同的商务智能（business intelligence, BI）等应用来观察。

1. 网络零售（E-tailing）

（1）根据预测分析进行交叉销售（cross-selling），如推荐消费者购买相关产品。

（2）进行跨渠道分析（cross-channel analytics），判断销售归因（sales attribution），加强广告或特定的促销活动。

（3）根据事件分析（Event analytics）找到促成消费者在网站购买的浏览路径，即网站销售的黄金路径（golden path）。

2. 金融营销（Financial / Marketing）

（1）风险分析和管理。

（2）客户关系管理（CRM）和行为分析。

（3）活动管理和客户忠诚度分析。

（4）市场和消费者区隔分析。

（5）供应链管理和分析。

（6）欺诈检测（fraud detection）和安全分析。

（7）生成定期报表。

3. 科学应用

（1）网络性能和优化的安全分析。

（2）国土能源检测管理。

（3）客服中心行为分析。

（4）健康质量管理分析。

（5）网络搜索和行为分析。

大约近 100 家大型公司或组织团体已经公开表示正在采用 Hadoop 作为云计算平台，其中知名的案例包括 Adobe 的社区服务、AOL 用户行为分析、Baidu（百度）的数据挖掘系统、eBay 的搜索行为分析、Facebook 的用户行为分析和分布式记录存储、Google 内部的学术教学系统、IBM 的 Blue Cloud 计划、趋势科技的网络防护技术等，采用的都是 Hadoop。

云系统最主要的目的之一是为了提供更快的指令周期，处理更大量的数据。从上面种种应用特性观察，云系统已经不再是传统的添加、删除、修改、打印和查询的 MIS 系统，而应该是具有“决策支持”意味的运行方式。要实现这类系统，程序员就必须具备信息管理，特别是商务智能 BI 和人工智能 AI 的素养，达到云智能（cloud intelligence）的境界，否则，也将落入“旧瓶新装”的框架中。我们暂且将这 3 种智能的重要结合命名为“ABC 三慧”：

ABC Intelligence = Artificial intelligence + Business intelligence + Cloud intelligence

ABC 三慧 = 人工智能 + 商务智能 + 云智能

13.2 Hadoop 的安装和架设

初步认识了 Hadoop 后，就可以开始进行安装的工作了。但在此之前，除了需要先准备好 GNU/Linux 环境外，还需要确认已经安装下面的两个软件。

（1）标准 JDK 1.6.x 以上版本。

（2）ssh（secure shell），sshd 必须在执行状态。

13.2.1 安装前置环境

Fedora 环境中默认的 Java 工具是 OpenJDK。读者可以在终端模式下，使用下面的命令确认 JDK 的版本。

```
java -version
```

默认执行结果如下：

```
java version "1.6.0_22"
OpenJDK Runtime Environment (IcedTea6 1.10.1) (fedora-57.1.10.1.fc15-i386)
OpenJDK Client VM (build 20.0-b11, mixed mode)
```

必须联机到 Oracle 官网取得适当的 JDK 版本。

■ http://www.oracle.com/technetwork/java/javase/downloads/index.html。

本书下载的版本是 Java SE 6 Update 27，其文件名为 jdk-6u27-linux-i586-rpm.bin。下载完成后，执行下面的命令安装。需要注意的是，必须先切换为 root 身份。

```
# sh ./jdk-6u27-linux-i586-rpm.bin
```

虽然已经安装好 JDK，但由于在操作系统中同时存在 OpenJDK 和 Oracle JDK，而路径仍然指向原本的 OpenJDK；因此，需要分别输入下面 3 个命令（注：Oracle JDK 的默认安装路径是/usr/java/jdk1.6.0_27/）。

```
# alternatives --install /usr/bin/java java /usr/java/jdk1.6.0_27/bin/java
16888
# alternatives --install /usr/bin/javaws javaws /usr/java/jdk1.6.0_27/bin/
javaws 16888
# alternatives --install /usr/bin/javac javac /usr/java/jdk1.6.0_27/bin/
javac 16888
```

系统就会添加上面的对应“java”路径。完成后需要改变 JDK 的路径，如下所示：

```
# alternatives --config java
```

这时需要选择适当的版本：

```
共有 3 个程序提供“java”
选择命令
-----------------------------------------------
   1          /usr/lib/jvm/jre-1.6.0-openjdk/bin/java
   2          /usr/lib/jvm/jre-1.5.0-gcj/bin/java
*+ 3          /usr/java/jdk1.6.0_27/bin/java
按 Enter 键来保存当前选择[+]，或者键入选择号码：
```

这里选择选项“3”。再次执行 java-version 命令，确认默认的 Java 工具是 Oracle JDK。

```
java version "1.6.0_27"
Java(TM) SE Runtime Environment (build 1.6.0_27-b07)
Java HotSpot(TM) Client VM (build 20.2-b06, mixed mode, sharing)
```

Fedora 操作系统默认已安装 ssh 并启用 sshd。但 Ubuntu Linux 这些操作系统需要另外安装 ssh，可以使用下面的命令安装 ssh：

```
# sudo apt-get install ssh
# sudo apt-get install rsync
```

13.2.2 执行单机模式

完成前置环境的安装后，就可以接着安装 Hadoop 了。在下面的网址获取要安装的版本：

■ http://www.apache.org/dyn/closer.cgi/hadoop/common/。

笔者获得的压缩文件是 hadoop-0.20.203.0rc1.tar.gz，下载并解压缩。完成后，修改解压缩后 conf 子目录中的 hadoop-env.sh 文件，并将其中的 JAVA_HOME 参数指向 JDK 安装的根目录。以笔者的安装路径为例，如下所示：

```
# The java implementation to use.  Required.
export JAVA_HOME=/usr/java/jdk1.6.0_27
```

下面将 Hadoop 解压缩后的目录简称为 Hadoop 工作目录。到目前为止，Hadoop 算是已经安装完毕。读者可以打开终端，并切换到 Hadoop 工作目录执行下面的命令：

```
$ bin/hadoop
```

如果可以打印出 hadoop 的所有参数说明，表示安装正确：

```
Usage: hadoop [--config confdir] COMMAND
where COMMAND is one of:
  namenode -format     format the DFS filesystem
  secondarynamenode    run the DFS secondary namenode
  namenode            run the DFS namenode
  datanode            run a DFS datanode
  dfsadmin            run a DFS admin client
  mradmin             run a Map-Reduce admin client
  fsck               run a DFS filesystem checking utility
  fs                 run a generic filesystem user client
  balancer            run a cluster balancing utility
  fetchdt             fetch a delegation token from the NameNode
  jobtracker           run the MapReduce job Tracker node
  pipes              run a Pipes job
  tasktracker          run a MapReduce task Tracker node
  historyserver         run job history servers as a standalone daemon
............
```

Hadoop 共有 3 种执行方式。

（1）单机模式（Local/Standalone Mode）：Hadoop 的默认执行模式，在该模式中只执行单个 Java 进程（process），适用于调试的情况。

（2）伪分布式模式（Pseudo-Distributed Mode）：在单个服务器中执行多个 Java 进程，这些进程彼此之间独立，适用于模拟测试。

（3）全分布式模式（Fully-Distributed Mode）：该模式是真正的分布式运行。要运行该模式，必须先准备多台计算机。

Hadoop 官网为默认的单机模式提供了一个检测示例。将 conf 子目录中的 XML 文件复制到 input 目录中作为模拟数据输入，运行示例程序后，显示文字对比的结果并存储在 output 目录中。读者可以通过测试该过程来确认 Hadoop 是否可以正确地运行。下面是测试步骤。

STEP 1 创建数据目录。

在 Hadoop 目录中创建输入数据文件的存储目录 input：

```
$ mkdir input
```

STEP 2 复制数据文件。

将 conf 目录中的所有 XML 文件复制到 input 目录来模拟测试数据：

```
$ cp conf/*.xml input
```

STEP 3 运行示例程序。

示例程序将搜索按照正则表达式（regular expression）设置查找的字符串，下面统计“dfs”字符串出现的次数：

```
$ bin/hadoop jar hadoop-examples-*.jar grep input output 'dfs[a-z.]+'
```

STEP 4 观察运行过程。

Hadoop 执行该示例程序的过程应该显示如下信息：

```
INFO mapred.FileInputFormat: Total input paths to process : 6
INFO mapred.JobClient: Running job: job_local_0001
INFO mapred.MapTask: numReduceTasks: 1
INFO mapred.MapTask: io.sort.mb = 100
INFO mapred.MapTask: data buffer = 79691776/99614720
INFO mapred.MapTask: record buffer = 262144/327680
INFO mapred.MapTask: Starting flush of map output
INFO mapred.Task: Task:attempt_local_0001_m_000000_0 is done. And is in the
process of commiting
INFO mapred.JobClient:  map 0% reduce 0%
INFO mapred.LocalJobRunner:
file:/home/allan/hadoop-0.20.203.0/input/capacity-scheduler.xml:0+7457
INFO mapred.Task: Task 'attempt_local_0001_m_000000_0' done.
INFO mapred.MapTask: numReduceTasks: 1
INFO mapred.MapTask: io.sort.mb = 100
............
```

需要注意的是，执行过程中可能会发生 UnknownHostException 异常事件：

★注：linux1.freejavaman 是笔者测试主机的名称。

```
java.net.UnknownHostException: linux1.freejavaman
```

最主要的原因是系统无法从主机名查得服务器的 IP。这时可以采用手动的方式，将主机名和 IP 之间的对应关系添加到/etc/hosts 文件中。如果多个名称同时对应一个 IP，可以用空白把名称隔开，例如：

```
127.0.0.1   localhost linux1.freejavaman
```

STEP 5 查询执行结果。

顺利执行完示例程序后，可以使用 cat 命令查看执行结果：

```
$ cat output/*
```

执行结果如下所示：

```
1 dfsadmin
```

这表示在 input 目录中的众多 XML 文件，包括：capacity-scheduler.xml、core-site.xml、hadoop-policy.xml、mapred-queue-acls.xml、hdfs-site.xml 和 mapred-site.xml 中，字符串“dfs”只出现了一次。

该示例程序的功能和 Linux 系统中的 grep 命令一样，因而我们可以使用 shell 命令进行验证：

```
$ grep dfs input/*
```

可以从执行结果得到确认：

```
input/hadoop-policy.xml:   dfsadmin and mradmin commands to refresh the
security policy in-effect
```

13.2.3 执行伪分布式模式

上一节的单机模式示例是单进程，未涉及云计算。这一节将通过 Hadoop 提供的“伪分布模式”，介绍如何架构分布式作业环境。同样地，Hadoop 官网也提供了测试的步骤示例，共包括以下几步。

STEP 1 修改参数文件。

STEP 2 设置无密码的 ssh 联机。

STEP 3 格式化分布式文件系统。

STEP 4 启动 Hadoop。

STEP 5 执行分布式计算。

STEP 6 停止 Hadoop。

读者目前只需要按照步骤执行，稍后会给出相关的说明。

STEP 1 修改参数文件。

先调整下面各参数文件的内容：

conf/core-site.xml

```
<?xml version="1.0"?>
<?xml-stylesheet type="text/xsl" href="configuration.xsl"?>
<configuration>
 <property>
  <name>fs.default.name</name>
  <value>hdfs://localhost:9000</value>
 </property>
</configuration>
```

conf/hdfs-site.xml

```
<?xml version="1.0"?>
<?xml-stylesheet type="text/xsl" href="configuration.xsl"?>
<configuration>
 <property>
  <name>dfs.replication</name>
  <value>1</value>
 </property>
</configuration>
```

conf/mapred-site.xml

```
<?xml version="1.0"?>
<?xml-stylesheet type="text/xsl" href="configuration.xsl"?>
<configuration>
 <property>
  <name>mapred.job.tracker</name>
  <value>localhost:9001</value>
 </property>
</configuration>
```

要从伪分布式模式回到单机模式，只需要删除添加到参数文件中的数据即可。

STEP 2 设置无密码的 ssh 联机。

紧接着设置以 ssh 联机到本地计算机时，无需使用密码验证（passphraseless ssh）的工作模式。由于 sshd 提供多种身份验证的方式，包括使用公钥和密码等。因而在默认情况下，输入 ssh localhost 进行联机时，系统在判断无公钥存在时会要求用户输入密码，参见如下：

```
The authenticity of host 'localhost (::1)' can't be established.
RSA key fingerprint is 04:3e:85:0e:de:45:62:02:75:74:84:cf:c9:37:a2:2b.
Are you sure you want to continue connecting (yes/no)?
```

这时先回答“yes”，接着系统会要求用户输入密码：

```
Warning: Permanently added 'localhost' (RSA) to the list of known hosts.
allan@localhost's password:
```

先不要输入密码，按下【Ctrl + C】快捷键离开登录的动作，接着执行下面的命令来建立密钥对，并准备关闭密码功能：

```
$ ssh-keygen -t dsa -P '' -f ~/.ssh/id_dsa
```

这时会创建如下的密钥对：

```
Generating public/private dsa key pair.
Your identification has been saved in /home/allan/.ssh/id_dsa.
Your public key has been saved in /home/allan/.ssh/id_dsa.pub.
The key fingerprint is:
65:e7:61:c1:c3:dd:47:3d:28:55:2e:e2:14:0c:1b:33 allan@linux1.freejavaman
The key's randomart image is:
+--[ DSA 1024]----+
```

```
|        Eo+ooo+o|
|         =o=oo.+|
|        .oo=o .o|
|        oo+...  |
|       S  ..    |
|                |
|                |
|                |
|                |
+-----------------+
```

产生的密钥对被分别存储在id_dsa和id_dsa.pub两个文件中。接着执行下面的复制命令：

```
$ cp ~/.ssh/id_dsa.pub ~/.ssh/authorized_keys
```

这时公钥将被复制到authorized_keys文件中，以后执行ssh localhost命令都不会再要求用户输入密码了。

如果这时还是无法进行无密码的本地联机，用户可以执行ssh –vvv localhost命令，将整个握手协商（hand shaking）过程的log显示在屏幕上来判断哪个环节出现了问题。

一般来说，可能的一个问题是sshd并未启动公钥验证的功能。这时需要先转换成root身份，修改/etc/ssh/sshd_config文件，并启动其中的公钥验证功能：

```
PubkeyAuthentication yes
```

设置好sshd后，不需要重启整个操作系统，只需要执行下面的命令就可以重新启动sshd服务，执行新设置的功能。

```
$ service sshd restart
```

STEP 3 格式化分布式文件系统。

为满足分布式文件存取的需要，我们必须安装Hadoop的规范对数据存储目录进行格式化。这种格式化工作非常容易完成，只需要执行下面的命令即可：

```
$ bin/hadoop namenode -format
```

执行结果的输出如下所示：

```
INFO namenode.NameNode: STARTUP_MSG:
/************************************************************
STARTUP_MSG: Starting NameNode
STARTUP_MSG:   host = linux1.freejavaman/127.0.0.1
STARTUP_MSG:   args = [-format]
STARTUP_MSG:   version = 0.20.203.0
STARTUP_MSG:   build = http://svn.apache.org/repos/asf/hadoop/common/
branches/branch-0.20-security-203 -r 1099333; compiled by 'oom' on Wed May  4
07:57:50 PDT 2011
************************************************************/
Re-format filesystem in /tmp/hadoop-allan/dfs/name ? (Y or N) Y
INFO util.GSet: VM type       = 32-bit
INFO util.GSet: 2% max memory = 19.33375 MB
```

```
    INFO util.GSet: capacity     = 2^22 = 4194304 entries
    INFO util.GSet: recommended=4194304, actual=4194304
    INFO namenode.FSNamesystem: fsOwner=allan
    INFO namenode.FSNamesystem: supergroup=supergroup
    INFO namenode.FSNamesystem: isPermissionEnabled=true
    INFO namenode.FSNamesystem: dfs.block.invalidate.limit=100
    INFO namenode.FSNamesystem: isAccessTokenEnabled=false accessKeyUpdate
Interval=0 min(s), accessTokenLifetime=0 min(s)
    INFO namenode.NameNode: Caching file names occuring more than 10 times
    INFO common.Storage: Image file of size 111 saved in 0 seconds.
    .........
```

如果格式化过程没有发生任何错误，将在“/tmp/hadoop-账号/dfs/”目录中创建数据存储空间，这里的目录名称中的“账号”是执行格式化命令的系统账号。需要注意的是，Hadoop 运行过程中不要进行格式化，否则会同时删除运算所需的缓冲数据。

STEP 4 启动 Hadoop。

完成格式化工作后，就可以试着启动 Hadoop 了。切换到 Hadoop 工作目录，并执行下面的命令：

```
$ bin/start-all.sh
```

启动过程中可能会遇到下面的错误信息：

```
localhost: Unrecognized option: -jvm
localhost: Could not create the Java virtual machine
```

要探究该问题发生的原因，必须检查 hadoop 启动文件的内容：

```
if [[ $EUID -eq 0 ]]; then
  HADOOP_OPTS="$HADOOP_OPTS -jvm server $HADOOP_DATANODE_OPTS"
else
  HADOOP_OPTS="$HADOOP_OPTS -server $HADOOP_DATANODE_OPTS"
Fi
```

如上所示，错误发生的主要原因是：使用 root 账号激活 Hadoop 时，启动文件中会带入 jvm 参数，然而并非每一种 JDK 都支持 jvm 参数。解决方法是：另外创建一个系统账号，再由该系统账号重新启动 Hadoop 即可。一种可行的解决方案是直接修改启动文件内容。可以参考下面的命令来创建一组新的系统账号：

```
$ useradd hadoop
$ passwd hadoop
```

需要留意的是，创建新账号后也需要对该系统账号设置 ssh 免密码登录；同时通过新建立的账号来格式化分布式文件系统。

除了上面的原因外，配置给 JVM 的内存过大时，启动过程中也会引发异常事件。必须调整下面两个布局文件的内容来缩小内存的配置空间：

■ conf/hadoop-env.sh

```
# The maximum amount of heap to use, in MB. Default is 1000.
export HADOOP_HEAPSIZE=1000
……
```

■ bin/hadoop

```
JAVA_HEAP_MAX=-Xmx1000m
……
```

启动 Hadoop 时，如果没有显示任何错误信息，就表示启动成功了。Hadoop 默认将 Log 数据存储在 Hadoop 工作目录的 logs 子目录中，在这里可以找到所有和调试有关的信息。

Hadoop 启动成功后，会默认同时启动两个 HTTP 服务：NameNode 和 JobTracker，这是为了管理 Hadoop 系统的 Web 接口。使用浏览器分别连接到下面的网址（注：笔者测试主机的 IP 为 192.168.1.107，读者可根据需要自行调整 IP）。

- NameNode 服务：http://192.168.1.107:50070/dfshealth.jsp。

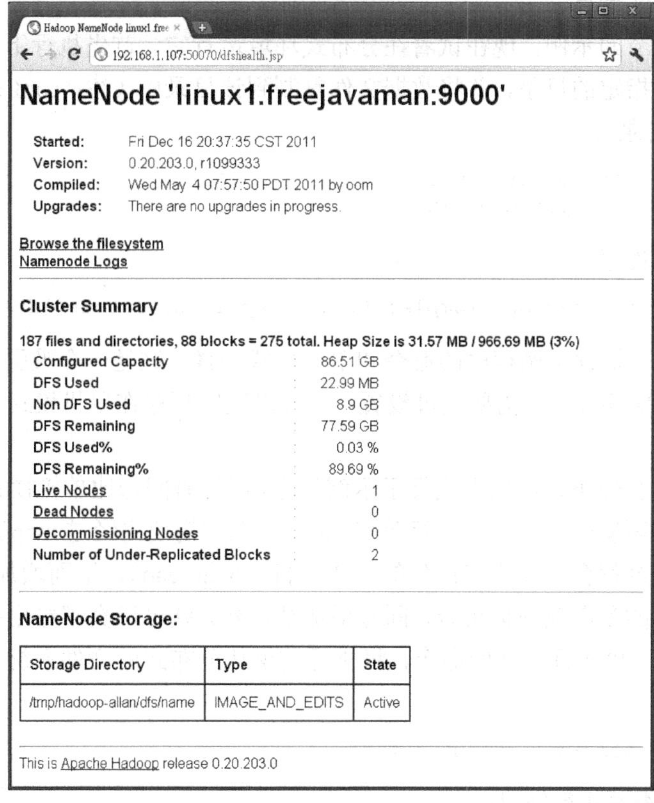

- JobTracker 服务：http://192.168.1.107:50030/jobtracker.jsp。

Running Map Tasks	Running Reduce Tasks	Total Submissions	Nodes	Occupied Map Slots	Occupied Reduce Slots	Reserved Map Slots	Reserved Reduce Slots	Map Task Capacity	Reduce Task Capacity	Avg. Tasks/Node	Blacklisted Nodes	Graylisted Nodes	Excluded Nodes
0	0	0	1	0	0	0	0	2	2	4.00	0	0	0

Queue Name	State	Scheduling Information
default	running	N/A

STEP 5 执行分布式计算。

继续使用上一节的示例，现在试着在分布式环境运行它。首先执行下面的命令，在分布式文件系统中创建指定的目录，并将数据文件复制到该目录中（注：conf 是数据文件的源目录，input 是目的目录）。

```
$ bin/hadoop dfs -mkdir input
$ bin/hadoop dfs -put conf input
```

接着执行示例程序：

```
$ bin/hadoop jar hadoop-examples-*.jar grep input output 'dfs[a-z.]+'
```

读者可以发现，执行示例程序的命令和单机模式一样。这是一个吸引人的情况：不用修改程序，也不用重新编译，只需要通过设置，就可以决定程序在单机模式还是分布式计算模式下执行。

虽然目前已经在分布式环境中执行了示例程序，运行时间却比单机模式长，主要原因是：目前构建的分布式环境中只有一个计算节点，而运算工作需要先经过 map/reduce 将数据进行拆分和汇总，这个过程会增加许多额外的工作项目（overhead），进而增加整体运行时间。

如果进行运算的是海量数据集合，同时增加节点数，就可以真正看出并行计算的执行效率了。运算完成后，再执行下面的命令，将执行结果从分布式的文件系统复制到指定的目录中：

```
$ bin/hadoop dfs -get output output
```

使用 cat 命令查看执行结果：

```
$ cat output/*
```

得到的是和单机模式一样的执行结果：

```
1  dfsadmin
```

STEP 6 停止 Hadoop。

可以使用下面的命令停止 Hadoop：

```
$ bin/stop-all.sh
```

停机过程的信息如下所示：

```
stopping jobtracker
localhost: stopping tasktracker
stopping namenode
localhost: stopping datanode
localhost: stopping secondarynamenode
```

13.3 Map/Reduce 运行原理

通过上一节的介绍，读者已经了解了如何让 Hadoop 在“单机模式”或“伪分布式模式”中运行，必然想要了解真正在多台服务器上运行的“全分布式模式”；在进入“分布式世界”之前，先讨论一下 Hadoop 中实现分布式计算的核心，即 Map/Reduce 技术。

补充说明

（1）有些书翻译成“映射/归纳”，本书采用较为贴切的原文。

（2）本书中的“Map/Reduce”指的是一种演算逻辑。“MapReduce”则是指 Hadoop 根据该演算逻辑实现的产品。Map 指的是映射运算，reduce 指的是归纳运算。

Map/Reduce 并不是新的技术或思维，它已经有 50 多年的历史了，最早是由提出“人工智能（Artificial Intelligence）”一词，即 1956 年 Turing 奖得主——John McCarthy 实现的。他在发布的人工智能语言——LISP 中，已经实现了 Map/Reduce 功能。虽然 Map/Reduce 并不是 Google 的创举，但 Google 的工程师很巧妙地将它应用在并行计算中，也算是将它发扬光大的功臣。

简单地说，Hadoop 的 MapReduce 是一个分布式软件框架，程序员只需要通过简单的方式，就能在一个巨大的服务器群集中并行处理大量的数据。

Hadoop 的 MapReduce 包含两个运算：map 和 reduce。开始时，软件框架会将输入的数据分割成彼此不相关的数据段（splits），并采用“键-值（key-value）”格式传送给不同的 map 并行处理。

当所有的 map 都完成工作后，软件框架会担负起搜集所有 map 的输出和将执行结果排序的工作，并将结果作为 reduce 的输入，数据结构仍然采用“键-值”格式。最后，reduce 汇总所有的结果得到最终的输出。

下图是 Hadoop MapReduce 的运行示意图，其中，字母 A、B、C 是运算结果的键，这些字母后面的数字是运算结果的值。map 负责计算每一个字母在一个数据段中出现的次数，而 reduce 汇总键值（字母）相同的数据。

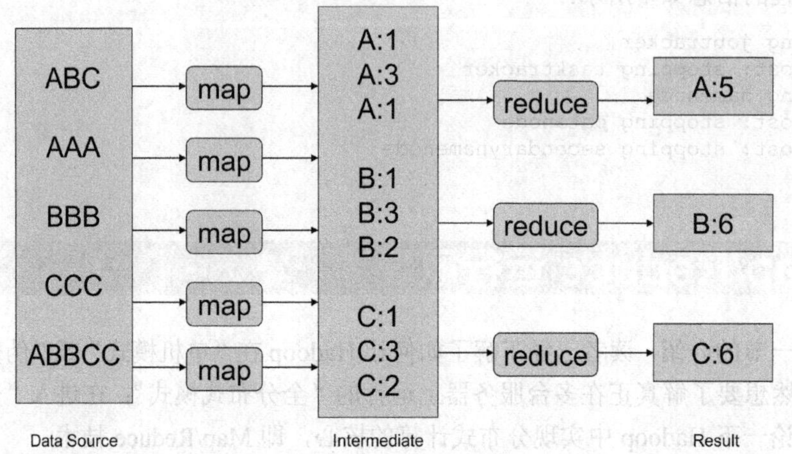

Hadoop 的 MapReduce 软件框架中，实现 map 和 reduce 的对象分别是 Mapper 和 Reducer，稍后会详细说明它们。一般情况下，Hadoop 的 MapReduce 的输出/输入数据以文件形式存放，但随着 HBase 的问世（Hbase 是 Hadoop 上的一种数据库，类似于 Google 的 Bigtable），数据源和输出结果也可以存放在分布式数据库中。

MapReduce 软件框架除了进行数据分割、传递和排序外，还负责监控、错误重新执行的工作。程序员不需要考虑底层的运行细节，如如何放置数据、如何进行切割等，只需要专注在处理逻辑的设计即可，这样就可以大幅加快系统开发的过程。

Hadoop 在进行 Map/Reduce 运行时，通常需要分布式文件系统，即 HDFS（Hadoop Distributed File System）的协同运行（参见下图）。左图是传统的并行计算架构，计算所需的数据会独立存放在单个服务器节点上，负责执行计算的每个节点都会在这个集中的数据节点获取所需的数据。因此，所有的负载将落在数据节点上，同时网络和 I/O 运行也较为频繁。

上面右图 Hadoop 的 MapReduce 模式则配合 HDFS 的使用，先将数据分割成小块，并分散存储在每一个节点上。计算节点只需要负责处理该节点存储的部分数据即可，这样就可以大幅减少网络和 I/O 存取的动作，这也是云计算为什么可以提升计算速度的主要原因之一。这种运行方式一般被称为“计算向存储移动”的运行架构。

比较上图，可以很明显地看出：传统分布式架构属于计算密集型的应用；而通过分布式文件系统的配合，MapReduce 在数据密集型的应用中也会有绝佳的表现，如下图所示。

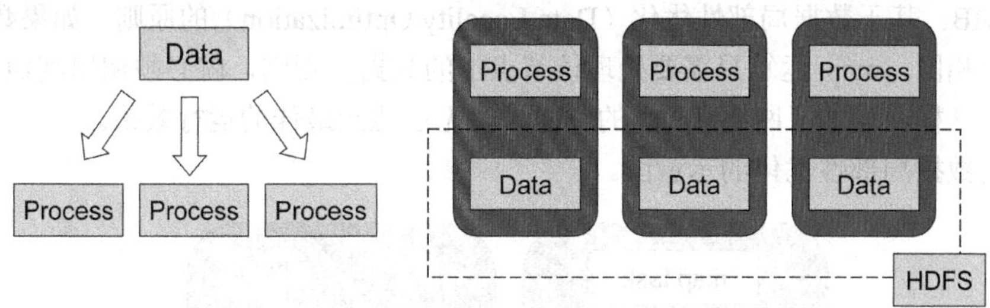

在 Hadoop 中，将一次运算工作称为作业（job）。根据 job 的性质不同，可以分为两种不同的任务（task）：map 和 reduce。根据上面的定义，Hadoop 的 MapReduce 构建的主从式架构中，有一个称为 JobTracker 的“主节点”（master）负责所有工作的排序，并监控每个“从节点”（slave）的运行，发生错误时会驱使 slave 节点重新执行工作。每个 slave 节点称为 TaskTracker，它负责实际的计算工作。

Hadoop 的 HDFS 同样采用主从式架构，主节点称为 NameNode，从节点称为 DataNode。

NameNode 负责管理分布式文件系统中的每个文件，如属性权限、存放位置、文件损坏时监控备份数据的迁移和复制等工作。每个数据文件都会被切割成数个较小的数据块（data block），存储在不同的 DataNode 上；每个块同时有数份副本（replica），并存放在不同的 DataNode 上。一旦某个从节点的块损毁，就可以听从主节点的指示获取副本来进行文件恢复的工作。

下图是 Hadoop 的系统架构图。

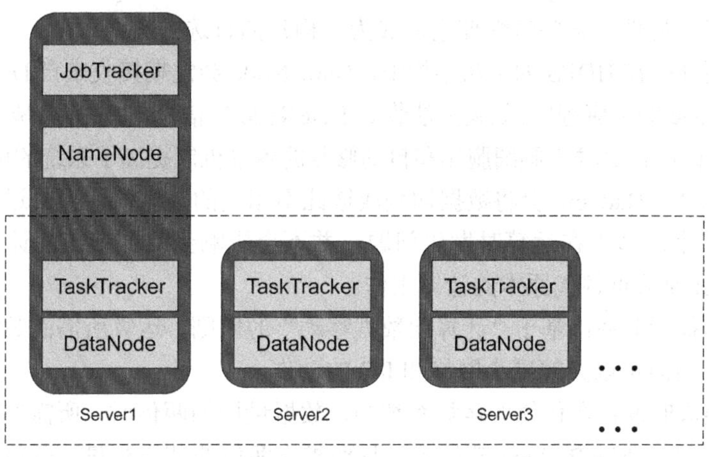

作为 master 节点的服务器也可以执行 slave 节点的工作。同时，只要横向增加 slave 节点的数量，就可以扩展云平台的规模。

之前曾经提到过，map 的输入数据是逻辑性的数据段，而 HDFS 存储的实际数据块大小默认为 64MB。基于数据局部性优化（Data Locality Optimization）的原则，如果数据段的大小和数据块相同，map 运算只需要处理该节点上的数据；否则，就必须调用其他 DataNode 上的数据。这样就增加了网络和 I/O 的负担，将无法达到最佳的运行效果。

下面是数据局部性优化的示意图。

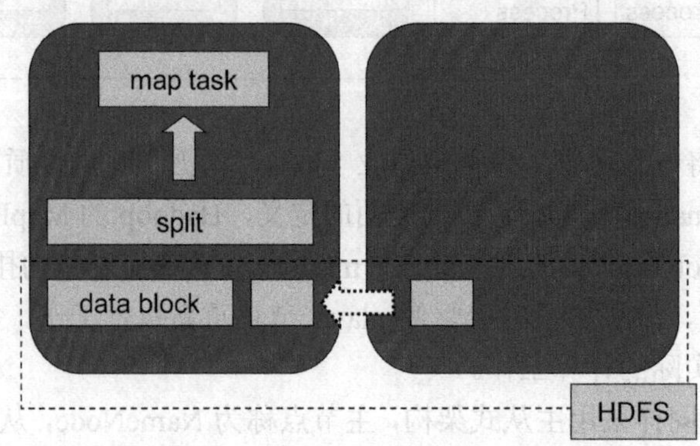

并行计算搭配分布式文件系统的运行方式中，最大的话题应该是如何灵活地调整数据段和数据块的大小。举例来说，对于动则 TB 级的网络搜索数据进行分块动作的需要将大增；反之，如果对小文件也进行分块的话，可能降低执行的效率。

对 Map/Reduce 是否是构建云计算的必要技术，至今都没有定论。毕竟很多方案都可以实现并行计算，不过 Google 和 Hadoop 的成功推动，已经让大众对 Map/Reduce 更具信心。因而对于云工程师来说，Map/Reduce 是一门必修的课程。Hadoop 的 MapReduce 和 HDFS 还具备下面的多项特性，这些特性使它们成为云构建的首选方案之一。

（1）高可用性：在 HDFS 的主从架构中，NameNode 会定期接收来自 DataNode 的信号，进而判断 DataNode 的健康程度。如果无法收到 DateNode 的信息，主节点将驱使其他 DataNode 提供数据副本。因此，这种人脑细胞化和自动修复的容错机制提高了系统的可用性。

（2）高可靠性：Hadoop 会将数据切割成彼此不相关的数据段，再分送给从节点进行计算。如果其中某个从节点在运算时发生问题，并不会影响到其他节点的计算结果；此外，Hadoop 会驱使其他节点替代原本的计算工作。

（3）较快的执行效率：基于“计算向数据移动”的原则，运算所需的数据和处理程序位于同一个节点，因而可以大幅减少网络和 I/O 的动作。

（4）空间换取时间：在传统的运算系统中，数据量增加两倍时，所需的处理时间也需要同时增加两倍。但在 MapReduce 架构下，只要扩充两倍的节点数量，即可在相同的时间中完成两倍的数据量工作。

（5）实现负载平衡：如果某些节点在运算上花费了太长的时间，Hadoop 底层将驱使空闲的节点协助尚未完成的工作，加快整体的完成时间。

13.4 第一个 MapReduce 程序

Hadoop 是 Java 开发而成的，对 Java 提供了众多的支持。然而 Hadoop 同时还给程序开发人员提供了其他选择，例如可以通过 Hadoop Pipes 使用和 C++兼容的 API，或者通过 Hadoop Streaming，让使用者可以通过标准输入/输出的方式，使用命令（shell）创建并执行 Map/Reduce。不过本书以 Java 语言为主，前面的这些话题不属于本书介绍的范围，就留给有兴趣的读者自行研究。

3.4.1 MapReduce 程序初探

和编写特定平台的 Java 程序（如 Applet、Servlet、Android Activity 等）一样，编写 MapReduce 程序也需要实现特定的接口，或继承特定的抽象类来提供运行平台的成员函数。因此，MapReduce 程序的运行也通过回调（call back）的方式和底层的 Hadoop 平台进行互动。

除了编写程序外，系统开发事项还包括：指定输入/输出数据的存储位置，和系统参数设置等常态性工作。完成上面的各项工作后，我们只需要将要处理的工作内容和设置的参数提交给 JobTracker 即可。之后就可以享受云计算带来的高效率的执行结果了。

对 MapReduce 有了基本的认识后，接下来就带领读者尝试编写程序。开发 Hadoop 需要的相关包都存放在 Hadoop 工作目录下，以笔者获得的版本为例，包名是 hadoop-core-0.20.203.0.jar。将 JAR 文件的存放路径设置在开发工具的环境变量中，以 Eclipse 为例，为“properties\Java Build Path\Libraries\Add External JARS”。

下面是最简单的 MapReduce 程序，它用于计算每个文字出现在所有数据文件中的次数：

```
package com.freejavaman;

import java.io.IOException;
import java.util.*;
import org.apache.hadoop.fs.Path;
import org.apache.hadoop.io.*;
import org.apache.hadoop.mapred.*;

public class MyMapReduce {

 //实现 Map 功能的对象
 public static class MyMap extends MapReduceBase
                 implements Mapper<LongWritable, Text, Text, IntWritable> {

  private Text txt = new Text();
```

```java

  public void map(LongWritable key,
          Text value,
          OutputCollector<Text, IntWritable> output,
          Reporter reporter) throws IOException {
   //从文本文件中读入一行数据
   String line = value.toString();

   //进行字符串解析的工作
   StringTokenizer tokenizer = new StringTokenizer(line);

   //循环获取所有的字符串
   while (tokenizer.hasMoreTokens()) {
 txt.set(tokenizer.nextToken());
 //存储在负责封装输出数据的对象中
    output.collect(txt, new IntWritable(1));
   }
  }
 }

 //实现 Combiner 和 Reduce 功能的对象
 public static class MyReduce extends MapReduceBase
          implements Reducer<Text, IntWritable, Text, IntWritable> {
  //获取所有键值相同的数据
  public void reduce(Text key,
             Iterator<IntWritable> values,
             OutputCollector<Text, IntWritable> output,
             Reporter reporter) throws IOException {
   //计算键值相同的数据总数
   int sum = 0;
   while (values.hasNext()) {
    sum += values.next().get();
   }

   //存储在负责封装输出数据的对象中
   output.collect(key, new IntWritable(sum));
  }
 }

 public static void main(String[] args) throws Exception {
  JobConf conf = new JobConf(MyMapReduce.class);
  conf.setJobName("MyMapReduce");

  //设置输入/输出数据格式
  conf.setInputFormat(TextInputFormat.class);
  conf.setOutputFormat(TextOutputFormat.class);

  //设置实现 Map 和 Reduce 功能的类
  conf.setMapperClass(MyMap.class);
  conf.setCombinerClass(MyReduce.class);
  conf.setReducerClass(MyReduce.class);

```

```
  //设置输出数据键值类
  conf.setOutputKeyClass(Text.class);

  //设置输出数据数据类
  conf.setOutputValueClass(IntWritable.class);

  //设置输入文件路径
  FileInputFormat.setInputPaths(conf, new Path(args[0]));

  //设置输出文件路径
  FileOutputFormat.setOutputPath(conf, new Path(args[1]));

  //执行计算工作
  JobClient.runJob(conf);
}
```

编译该示例程序，并将它封装成 JAR 文件，命名为 MyMapReduce.jar，最后将 JAR 文件复制到 Hadoop 工作目录。为了简化测试的复杂度，只准备了一个如下的测试数据文件。

■ 文件名：myFile

```
Hadoop Android HelloWorld Hadoop Java HelloWorld
Android Hadoop Java HelloWorld
HelloWorld Android Hadoop HelloWorld
```

确认 Hadoop 已经启动为伪分布式模式(注:3 种运行模式都可以执行),并切换到 Hadoop 工作目录。执行下面的命令，会在分布式文件系统中创建名为 input 的目录：

```
$ bin/hadoop dfs -mkdir input
```

再通过下面的命令，将测试数据文件复制到分布式文件系统的 input 目录中：

```
$ bin/hadoop dfs -put myFile input
```

读者可以通过下面的命令确认文件是否复制到正确的目录：

```
$ bin/hadoop dfs -ls input
```

执行结果如下所示：

```
Found 1 items
/user/启动 Hadoop 的系统账号/input/myFile
```

我们可以进一步使用下面的命令确认文件内容是否正确：

```
$ bin/hadoop dfs -cat input/myFile
```

执行结果应如下所示，显示和原始数据文件内容完全一致。

```
Hadoop Android HelloWorld Hadoop Java HelloWorld
Android Hadoop Java HelloWorld
HelloWorld Android Hadoop HelloWorld
```

紧接着就可以启动示例程序了，执行如下命令：

```
$ bin/hadoop jar MyMapReduce.jar com.freejavaman.MyMapReduce input output
```

在执行过程中显示如下信息，意味着工作内容已交由云执行：

```
mapred.JobClient: Use GenericOptionsParser for parsing the arguments.
Applications should implement Tool for the same.
mapred.FileInputFormat: Total input paths to process : 1
mapred.JobClient:  Running job: job_201110151152_0001
mapred.JobClient:  map 0% reduce 0%
mapred.JobClient:  map 100% reduce 0%
mapred.JobClient:  map 100% reduce 100%
mapred.JobClient:  Job complete: job_201110151152_0001
mapred.JobClient:  Counters: 26
mapred.JobClient:  Job Counters
.........
```

在执行完成后，使用下面的命令将执行结果从分布式文件系统中复制到当前的工作目录：

```
$ bin/hadoop dfs -get output output
```

并使用一般 shell 命令查看执行结果：

```
$ cat output/part-00000
```

最终的执行结果如下所示：

```
Android 3
Hadoop  4
HelloWorld  5
Java    2
```

第一个云程序就是这么简单，所有的计算都在分布式运行环境中完成了。接下来，让我们再一步步深入探讨该示例的源代码。

13.4.2 深入探讨 MapReduce 程序

程序进入 Main 函数时，必须先提供一个 JobConf 对象。JobConf 是 Job Configuration 的简写。简单地说，JobConf 是一个用来设置 MapReduce 配置文件的对象。Hadoop 平台通过 JobConf 提供的各种函数和设置，了解如何执行应用程序。

首先是 setInputFormat 函数。传送给 setInputFormat 函数的参数必须是实现 InputFormat 接口的类。InputFormat 对象的主要用途是描述输入数据格式，以及如何读取输入数据，包括以下各项。

（1）确认输入数据格式。

（2）切分数据文件，并转换成实现 InputSplits 接口的对象，再分别传送给不同的 Mapper 对象进行处理。

（3）创建实现 RecordReader 接口的对象，用来进行字节数据和记录导向数据之间的转换工作。

示例程序中使用的 InputFormat 对象是 TextInputFormat。这表示底层机制会一行一行地读入纯文本文件，并传送给 Mapper 对象。作为一行输入结束的可以是换行符（linefeed）或回车键（carriage-return）。

FileInputFormat 也是常用的 InputFormat 对象，它根据数据文件的大小，以字节方式读入数据，并将数据切分成具有逻辑性的 InputSplits 对象。切分的最高上限必须符合文件系统的块大小（block size），而最低下限可以通过 mapred.min.split.size 来设置。

同样的道理，setOutputFormat 用来设置输出数据格式，传送给该函数的对象必须实现 OutputFormat 接口。OutputFormat 对象的主要用途包括下面各项。

（1）确认输出数据格式，如输出目录是否存在等。

（2）提供实现 RecordWriter 接口的对象，用来将键-值写入文件。

示例程序中使用的 OutputFormat 对象是 TextOutputFormat（注：也是默认类型），表示 Hadoop 会将输出数据一行一行写到纯文本文件中。

setMapperClass 和 setReducerClass 函数用来指定实现 map 和 reduce 功能的类是什么。需要注意的是：传送的是“类”，而非对象实体，因为对象实体是由底层的 Hadoop 平台自行创建的。

Map 工作

提供 map 功能的对象必须实现 Mapper 接口，Hadoop 平台会回调对象实现的 map 函数进行互动；提供 reduce 功能的对象必须实现 Reducer 接口，Hadoop 平台会回调实现的 reduce 函数进行互动。

开始进行云计算时，Hadoop 平台会根据设置的 InputFormat 类型，按照适当的处理逻辑，将输入数据分解成数据段（split），再创建 InputSplits 对象封装块中的数据，并引发一次 map 运算；换句话说，Hadoop 平台会调用某个 Mapper 对象的 map 函数计算并处理 InputSplits 对象封装的数据。

每个 InputSplits 对象都有自己的键和值。以示例程序为例，InputSplits 对象的键值就是传送给 map 函数的 LongWritable key，数据内容则是存储在参数 Text value 中的一行文本。虽然 map 运算将输入数据转换成中间数据（intermediate record），但是两者之间的键或值的类型可以是完全不同的；除此之外，输入的数据段可能会被 map 运算转换成 0~多个输出数据对（键一值），并使用 OutputCollector 对象的 collect 函数收集运算结果。

Hadoop 平台会根据给定的键将所有中间数据群组化，并传送给 Reducer 对象进行 reduce 运算。一般来说，键值内容相同的数据被视为同一个群组。也可以使用 JobConf 对象的

setOutputKeyComparatorClass 函数设置属于自己的群组化逻辑。实现比较逻辑的对象必须继承 RawComparator 类。

为提高执行效率，map 运算产生的中间数据并不会直接存储到 HDFS 中，而是利用缓冲技术，先将中间数据存放到环形内存缓冲区（circular memory buffer，默认大小是 100MB）。当缓冲区的数据量达到警戒门坎（默认为 80%）时，就会开始将缓冲区中存放的内容“溢写（spill）”到本地硬盘，并继续将中间数据存储在缓冲区。然而，如果存储到缓冲区的速度大于存储到硬盘的速度，终会将缓冲区存满，这时 map 会暂停运算，直到将缓冲区中的数据全部转存到硬盘。

系统维护人员可以通过 io.sort.mb 参数设置缓冲区的大小（单位为 MB），或利用 io.sort.spill.percent 参数设置溢出的百分比值。需要注意的是，虽然较大的缓冲区空间可能会加快 map 的指令周期，但会压缩 map 运算所需的内存空间。

值得一提的是，将 Mapper 的输出结果传送给 Reducer 时，程序员可以利用 Partitioner 对象，按照键值的不同分配中间数据属于哪个中间分区（partition），而中间分区会交给 Reducer 进行处理。另外，也可以利用 Hadoop 平台传入的 Reporter 对象来进行执行进度报告、或是状态消息更新等工作，告知程序还处于“活着”的状态。

究竟有多少个 map 运算被执行呢？应该就是输入数据被切分后的数据段总数。此外，根据并行理论（parallelism），每个节点适合的 map 运算数是 10~100 个。程序员可以使用 JobConf 的 setNumMapTasks（int）函数设置 map 个数，但实际上 map 运算执行的个数还是按照数据段数而定。另外，由于启动 map 运算需要花一些时间，因而如果能够配合数据段切分将 map 运算限制在 1 分钟左右，是比较适合的。

Combine 和 Reduce 工作

一般来说，map 运算产生的中间数据，经 Hadoop 整理后直接传送给 Reducer 对象的 reduce 函数执行 reduce 运算。然而，为了提高整体的运算效率，比较特别的是 Hadoop 程序可以在 map 和 reduce 运算之间插入一个合并（combine）运算阶段。

要完成该工作，必须使用 setCombinerClass 函数。setCombinerClass 函数的传入值必须是继承 Reduce 的子类，这意味着 Hadoop 平台会回调 reduce 函数和之互动。大多数情况下，这个函数设置的类和实现 reduce 功能的类是同一种。另外，这种实现合并功能的类被称为 Combiner。

Combiner 在 Mapper 将数据写到硬盘前执行，并将 Mapper 的输出结果先做一次聚合（aggregation），待 map 运算完成后再传送给 Reducer。使用 Combiner 可以提高执行效率。Combiner 必须保证不对计算结果产生任何影响（side-effect free）；同时，输入、输出的键和数据类型必须完全一致。

Reduce 指的是“归纳、归并”，因而 Reducer 对象的工作就是按照键值合并中间数据。传送给 reduce 函数的 Text key 就是键值，而 Iterator<IntWritable> values 则是对应该键的数据清单。

由于不同的 map 运算可能输出相同的键值，因而 Hadoop 平台根据键值合并 map 的输出数据，并按照键值排序，之后再传送给 Reducer，这个过程称为 shuffle。如果需要，也可以通过 JobConf 的 setOutputValueGroupingComparator 对 map 运算的输出数据再次排序，这称为二次排序（secondary sort）。

最后，会将 reduce 运算的结果传送给 OutputCollector 对象的 collect 函数来收集运算结果。不过，Hadoop 平台不会再对 reducer 的执行结果排序。

如果需要，程序员也可以通过 setNumReduceTasks 设置 reduce 运算的数量。如果设置过大，虽然可以减少错误发生的机率和驱使负载平衡，然而很可能会增加平台额外的负担。此外，reduce 运算的数量也可以设置为 0，这表示 map 运算的执行结果将直接输出到文件系统，而不会排序。

以示例数据为例，Hadoop 将第一行文本传送给 Mapper 对象的 map 成员函数，并通过 StringTokenizer，使用空格作分隔符，生成如下的键-值对（key-value pair）：

```
<Hadoop, 1>
<Android, 1>
<HelloWorld, 1>
<Hadoop, 1>
<Java, 1>
<HelloWorld, 1>
```

同样的道理，第二行数据内容会被传送给另外一个 Mapper 对象，并得到如下结果：

```
<Android, 1>
<Hadoop, 1>
<Java, 1>
<HelloWorld, 1>
```

以此类推，第三行数据将得到如下键-值对：

```
<HelloWorld, 1>
<Android, 1>
<Hadoop, 1>
<HelloWorld, 1>
```

而 Mapper 对象产生的结果会传送给本地 Combiner 对象进行后续处理。由于 Combiner 使用和 Reduce 相同的类，因而可以使用 reduce 函数提供的 While 循环，在一行数据中显示键出现的次数。另外，输出结果也将按照键的内容进行排序。

第一个 Combiner 对象将生成如下执行结果：

```
<Android, 1>
<Hadoop, 2>
```

```
<HelloWorld, 2>
<Java, 1>
```

第二个 Combiner 对象的结果如下：

```
<Android, 1>
<Hadoop, 1>
<HelloWorld, 1>
<Java, 1>
```

第三个 Combiner 对象的结果如下：

```
<Android, 1>
<Hadoop, 1>
<HelloWorld, 2>
```

最后，Hadoop 平台会搜集所有 Mapper 对象生成的数据，并按照键值的不同传送给不同 Reducer 对象的 reduce 函数进行最后汇总的工作，输出结果如下所示：

```
<Android, 3>
<Hadoop, 4>
<HelloWorld, 5>
<Java, 2>
```

MapReduce 机制小结

简单地说，MapReduce 机制其实就是分而治之（divide and conquer）的实现：先将复杂的东西切分成小块，分别进行处理后再进行归纳的演算方式。

JobConf 提供的其他成员函数很好理解；setOutputKeyClass 用来设置输出键值的类型。setOutputValueClass 设置输出数据的类型（示例程序中为整型）。FileInputFormat.setInput Paths 设置输入数据的存储目录，FileOutputFormat.setOutputPath 设置输出数据的存储目录。

最后，使用 JobClient 的 runJob 函数，将所有设置内容提交给 JobTracker，这样就开始执行云计算了。

Hadoop 默认使用先进先出（FIFO），并配合优先权的排序方式来执行多个运算工作。简单地说，调度程序会先从一堆运算工作中挑选优先权最高，同时也是最先进入调度器的工作开始执行。然而，Hadoop 目前的调度器尚不支持抢占模式（preemption）。因而，一旦开始执行优先级较低的工作，就必须等待它完成后才能执行其他优先级较高的工作。

此外，Hadoop 还支持类似分时的排序方式，称为公平调度器（fair scheduler），意味着每个使用者都具有独立的执行资源。当某位使用者提交较多的工作时，他可以使用的资源还是相同的。

13.5 MapReduce 相关话题

本节将介绍 MapReduce 相关技术细节的一些话题。

13.5.1 子进程 JVM 调整

每个节点的 TaskTracker 都会在本地创建子进程（child process），启动独立的 JVM 执行 map 和 reduce 运算。维护人员可以通过调整 mapred-site.xml 中的参数来调试子进程的 JVM，还可以分开设置 map 和 reduce 运算。

如果在参数文件中填入@taskid@ 字符串，在实际运行时会以当时 MapReduce 运算的 ID 来代替。下面是最简单的 mapred-site.xml 设置示例。

（1）把 map 运算的最大内存 heap 大小设置为 768MB；进行 reduce 运算时，最大的 heap 大小为 1024MB。

（2）使用 Djava.library.path 参数设置使用的外部包路径。

（3）设置显示资源回收执行过程，并在指定的文件中添加 log。

（4）设置无密码连接 JVM 的 JMX 服务，进而观察子进程的内存使用状况、线程状态等信息。

```
<property>
<name>mapred.map.child.java.opts</name>
<value>
    -Xmx768M
    -Djava.library.path=/home/freejavaman/lib
    -verbose:gc -Xloggc:/tmp/@taskid@.gc
    -Dcom.sun.management.jmxremote.authenticate=false -
    Dcom.sun.management.jmxremote.ssl=false
</value>
</property>

<property>
<name>mapred.reduce.child.java.opts</name>
<value>
   -Xmx1024M
    -Djava.library.path=/home/freejavaman/lib
    -verbose:gc -Xloggc:/tmp/@taskid@.gc
    -Dcom.sun.management.jmxremote.authenticate=false -
    Dcom.sun.management.jmxremote.ssl=false
</value>
</property>
```

除此之外，还可以通过 mapred.map.child.ulimit 或 mapred.reduce.child.ulimit 参数设置子

进程虚拟内存（virtual memory）的上限值（单位是 KB）。虚拟内存的最大上限必须大于或等于 JVM 设置的 heap 最大值（-Xmx），否则可能无法启动。

13.5.2 运算目录结构

在执行 TaskTracker 时，会在本机文件系统中创建一个名为 taskTracker 的目录来存储在执行过程产生的缓存文件（cache）和其他相关数据。以 Hadoop 默认参数和系统账号为“allan”为例，得到的 taskTracker 路径为：

```
/tmp/hadoop-allan/mapred/local/taskTracker/
```

在 taskTracker 目录下共有以下子目录（注：$user 是使用者账号），见下表。

子目录名称	功能说明
./distcache/	存储公用的分布式缓存文件。可以存取所有云计算工作
./ $user/distcache/	存储特定使用者私有的分布式缓存文件。只能存取该使用者的云计算工作
./$user/ jobcache/$jobid/	云计算工作在本地的路径，根据不同的云计算工作 ID 创建对应的子目录
./$user/ jobcache/$jobid/work/	云计算工作指定的文件共享存储目录。可以通过 JobConf 的 getJobLocalDir 函数获取该路径
./$user/ jobcache/$jobid/jar/	存储应用程序的 JAR 文件，该文件会被自动派送到每一台机器。同时，会在目录中将 JAR 文件展开。可以使用 JobConf 的 getJar 函数获取该路径，可以使用 getJar().getParent()获取展开后的路径
./$user/jobcache/$jobid/job.xml	云计算工作在本地的配置文件

会在$jobid 目录中创建每次 map 或 reduce 运算所需的目录，$taskid 是本次运算的 ID。

子目录名称	功能说明
./$taskid/job.xml	map 或 reduce 运算的本地配置文件
./$taskid/output	暂时存放 map 运算输出的中间数据
./$taskid/work	运算符进程的工作目录，即 JVM 启动目录
./$taskid/work/tmp	运算符进程的暂存目录。可以使用参数- mapred.child.tmp 设置该目录的位置

13.5.3 运算提交和监控

要在 Hadoop 平台上执行云计算，只需要将相关的信息设置在 JobConf 中，再使用 JobClient 的 runJob 函数将工作提交给 JobTracker 执行即可。我们在这一节继续讨论 JobClient。

简单的提交动作背后隐藏着很多复杂的机制，大致包括下面几项。

（1）检查和确认输入/输出数据格式。

（2）切分输入数据，并转换成一个个 InputSplit 对象。

（3）在必要的情况下，创建并设置 DistributedCache 的相关信息。

（4）将应用程序的 JAR 文件和相关的配置设置复制到 Hadoop 平台设置的目录。

（5）将运算工作提交给 JobTracker。

（6）追踪执行进度、存取相关的报告信息和 Log、检查云从集的状态等。

复杂的云计算可能必须由不同的 MapReduce 串接来完成。简单地说，某个云计算的结果可能作为另一个云计算的输入。实现这种运行架构并不难，毕竟在 Hadoop 平台中，大多数输入/输出数都存储在分布式文件系统中。

为了支持上面的运行模式，应用程序端需要额外的信息来判断是否完成上一个运算工作，或是否正确执行。Hadoop 提供了多种提交运算工作的解决方案，见下表。

函数名称	说　明
runJob(JobConf)	同步运行模式。提交运算工作并等待执行完毕后，才继续接下来的工作
submitJob(JobConf)	主动异步运行模式。只提交运算工作，并通过 RunningJob 对象的使用查询执行状态，用以判断接下来的处理逻辑
JobConf 的 setJobEndNotificationURI(String)	被动异步运行模式。只提交运算工作，但不轮询执行状态，通过提供的 URI 接受完成的通知

使用者也可以将运算工作提交给 Hadoop 平台提供的队列（queue）机制。Hadoop 平台可以使用队列对运算工作进行排序，也可以进行许可证管理，例如：使用 ACL（access control list）的方式控制哪些使用者可以提交运算工作等。不过队列的使用不属于本书的范围，留给有兴趣的读者自己研究。

系统开发人员可以从 log 记录文件中获取相关信息来判断执行结果的正确性。Hadoop 平台默认将执行过程中的 log 存储在“Hadoop 工作目录/logs”目录中，该目录又分为 userlogs 和 history 两个子目录。

userlogs 目录中存放的是输出到标准输出装置的信息，或程序执行过程中发生的错误信息，这两种信息分别存放在命名为 stdout 和 stderr 的文件中。而 history 目录用来存储历史 log。维护人员可以通过调整 hadoop.job.history.user.location 参数修改历史 log 的存储目录。

13.5.4 分布式缓存

Hadoop 平台提供了一个称为 DistributedCache 的机制来有效地分散应用程序指定的、巨大且只读的文件作为 Map 和 Reduce 运算所用，如压缩文件、JAR 文件等。

应用程序可以使用 URL 格式（如：hdfs:// 或 http://）指定要进行分散的文件的存储路径和名称。在指定文件后，从节点开始进行运算工作前，Hadoop 平台会将指定的文件复制该从节点。下面使用典型的示例来说明。

STEP 1 执行下面的命令，将文件复制到本地目录作为分散的输入：

```
$ bin/hadoop fs -copyFromLocal myFile.txt /myapp/myFile.txt
$ bin/hadoop fs -copyFromLocal myJar.jar /myapp/myJar.jar
$ bin/hadoop fs -copyFromLocal myZIP.zip /myapp/myZIP.zip
```

STEP 2 在应用程序中设置 JobConf，并进行文件分散：

```
JobConf job = new JobConf();
DistributedCache.addCacheFile(new URI("/myapp/myFile.txt") , job);
DistributedCache.addCacheArchive(new URI("/myapp/myZIP.zip"), job);
DistributedCache.addFileToClassPath(new Path("/myapp/myJar.jar"), job);
```

STEP 3 在 Map 或 Reduce 运算过程中使用分散的文件：

```
public static class MyMap extends MapReduceBase
implements Mapper< LongWritable, Text, Text, IntWritable> {

  private Path[] localArchives;
  private Path[] localFiles;

  public void configure(JobConf job) {
    //取得所有分散的文件
    localArchives = DistributedCache.getLocalCacheArchives(job);
    localFiles = DistributedCache.getLocalCacheFiles(job);
  }

  public void map(LongWritable key,
        Text value,
        OutputCollector<Text, IntWritable> output,
        Reporter reporter) throws IOException {
   //开始使用文件
   ………
   output.collect(key, value);
  }
}
```

13.5.5 失效管理

无论是应用程序的 bug、程序执行过程中发生的异常事件，还是服务器设备发生故障等，凡造成运算无法顺利执行的情况都称为失效（failure）。Hadoop 分别针对下面 3 种失效的情况创建了对应的处理机制。

（1）**任务失效（task failure）**：应用程序在执行周期发生异常事件时，TaskTracker 会补捉到该事件，并将任务视为失败。此外，执行某一段时间（默认是 10 分钟）后，如果任务没有更新任何进度，TaskTracker 也会视为失败。

由于 TaskTracker 会定期发送“心跳”信号（heartbeat signal），向 JobTracker 报告健康程度。因而，报告发生任务失效时，JobTracker 会尝试要求原本的 TaskTracker 重新执行该项任务。当任务失效超过一定的次数（预设为 4 次），JobTracker 就不会再进行尝试，而是将整个运算工作视为失效。

Hadoop 还支持通过参数的方式设置一定比例的容错率。可以分开设置 map 和 reduce 的比例。

（2）**从节点失效（TaskTracker failure）**：JobTracker 会根据 TaskTracker 定期报告的正常运行信号判断从节点是否可以正常提供服务。如果在一定时间内 JobTracker 没有收到 TaskTracker 的报告，就会将 TaskTracker 从任务列表中移除，也不会给该从节点分配任何运算工作，同时会要求其他从节点接替该项任务。

如果某个从节点的任务失效率过高，JobTracker 会将该从节点加到黑名单中，不再给它分配任务。

（3）**主节点失效（JobTracker failure）**：对 Hadoop 来说，主节点失效是非常严重的错误，旧版的 Hadoop 会直接宣告运算工作失败。新版的 Hadoop（0.21 后）加入了检查点机制（checkpoint），记录执行过程和状态。重新启动 JobTracker 时，就可以通过这些数据还原失效之前的状态。

本节简单介绍了 MapReduce 的相关话题。管理云系统不是一件容易的事，如 map 和 reduce 运算的暂存区大小配置、JVM 的再使用、运算工作授权、输出数据压缩等话题都能独立成一个章节来介绍，不过本书的定位是介绍如何编写云应用程序，而非如何管理云平台，因而不介绍和维护相关的话题，这部分内容需要读者自己参考相关书籍。

13.6 分布式文件系统

读者应该已经了解，需要 MapReduce 和 HDFS 的相关配合才能执行 Hadoop 云计算。本节将深入探讨 HDFS 的架构和使用方式。

13.6.1 HDFS 简介

HDFS 是 Hadoop Distributed File System 的简称，是参考 Google 的文件系统（Google File System, GFS）实现的。它是一个分布式的文件系统，简单地说，它会将使用者存储的文件先拆分成多个区块，并存储在不同的节点，同时对这些文件区块进行适当的备份。这样，如果某个节点无法运行，就能通过其他节点的备份，很快地从损坏中复原。

由于 HDFS 设计的初衷之一是希望能够支持高容错（highly fault tolerant）机制，因而即使是在低价计算机上执行也不会有问题；除此之外，它还适合用来存储大数据集合的文件。下面是 HDFS 构建的设置目标。

（1）视硬件失效为常态：这种思维下的 HDFS 会自动进行故障检测和自动快速恢复。正因为有这种假设条件，Hadoop 才适合用来串接低成本的计算机设备。

（2）流式数据存取：Hadoop 程序必须流式地（streaming access）存取数据文件，因而 HDFS 适用于批量存取和处理文件，而不适用于和使用者高互动的情况。

（3）支持存储大数据集的文件：HDFS 支持的文件可以是 TB 大小的。

（4）简单一致性模型（simple coherency model）：HDFS 具有一次写入-多次读取（write-once-read-many）的特性，数据文件一旦被创建、写入、关闭后，就不需要再修改了，这是为了维护所有节点的数据一致性，否则将会增加系统实现的复杂性。HDFS 正在规划支持 appending-writes 模式。

（5）移动计算比移动存储更经济：计算节点通常只处理存储在该节点的部分数据，以节省网络和 I/O 动作。

（6）支持异构平台（heterogeneous platforms）存储：HDFS 具有自己的一套文件系统管理逻辑，在 Java 语言的配合下，可以在不同的作业平台运行。

13.6.2 HDFS 运行架构

HDFS 是一个主从结构的体系，其中有一个名为 NameNode 的主节点，用来管理整个分布式文件系统，并且通过文件系统的命名空间操作（namespace operations）和使用者互动，如打开、关闭文件或更改目录名等。虽然使用者在操作 HDFS 时，看起来像是在存取一个个文件，但存储到 HDFS 的文件都会先被分割成较小的块，再被存储到一组从节点中。

因而 NameNode 的主要工作也包括记录数据块被存储到哪些从节点。除此之外，为了能够实现高容错机制，也会在不同的从节点中备份这些数据块。默认情况下，数据块有 3 个副本。当然，还允许用户或应用程序配置文件的副本数（replication factor）。

这些存储数据块的从节点称为 DataNode。虽然 HDFS 的系统架构没有设置任何限制，但一般来说，一台服务器设备只执行一个 DataNode。

DataNode 根据 NameNode 的指示，对数据块进行创建、删除、复制等工作。DataNode 同时还提供使用者读写要求的服务。简单地说，NameNode 只负责元数据（metadata）的管理，而真正的用户数据不会经过 NameNode。

举例来说，当使用者在分布式文件系统中存储文件时，HDFS 客户端程序会先依序读取文件的内容，并将读取的内容存储在本地的临时文件中。当临时文件的大小超过一个 HDFS 块时，客户端程序就会连接 NameNode，提出创建文件的要求。

这时，NameNode 会将文件相关的信息，如文件名等存储在元数据中。同时指定负责的 DataNode 和数据块实际存储的大小，并回复给客户端程序。客户端程序就会根据获取的相关信息，将数据块直接传送给指定的 DataNode。传送完所有的块后，NameNode 就执行确认的工作，例如将所有的块和 DatNode 对应的数据存储在系统数据上。

这种将本地临时文件当成缓冲区（buffer）来增加运行性能的方式，参考了当年由卡内基-梅隆大学（Carnegie Mellon University）信息技术中心（ITC）开发的 Andrew File System（AFS）分布式文件系统。

用户操作命名空间和使用操作系统提供的文件系统相似，HDFS 同样采用树形目录结构，并且可以在目录中创建、删除和移动文件，也可以对目录或文件进行重命名。然而，HDFS 还没有实现用户的配额（user quotas），还不支持硬链接（hard link）和软链接（soft link）等文件系统功能。值得一提的是，激活 NameNode 的使用者被看成 HDFS 的 superuser。

13.6.3 HDFS 副本管理

HDFS 将文件分割成大小一样的块（注：可能最后一个块除外）。为避免节点发生问题，会将块的副本交叉存储在不同的节点，不论是块大小还是副本数量，都可以根据文件进行个别设置。每个块大小默认为 64MB（mega bytes）。

NameNode 负责监控块副本的创建和删除，也会定期接收来自 DataNode 的心跳信号，正确收到该信号表示 DataNode 运行正常，否则可能需要启动容错机制进行故障检测的工作。除此之外，NameNode 也会接收 DataNode 发送的块报告（block report）。一个块报告包括该从节点上的所有块列表。

当 Hadoop 启动时，NameNode 会先进入 Safemode 状态。处于这个状态时，不会执行副本复制的工作。NameNode 会根据块报告的内容判断块的副本数是否已经到达最低安全值（minimum number of replicas）。达到设置的百分比时，NameNode 就会退出 Safemode 状态，并继续执行副本的复制工作。进入 Safemode 状态的 NameNode 处于“只读模式”，不能修改文件系统中的文件数据块。因此，Safemode 状态是一种方便管理人员进行日常维护的运行模式。

如何管理数据块的副本呢？

首先，必须决定副本要存放的位置。这是一个非常大的学问，因为它直接影响 HDFS 的可靠性、可用性和性能（注：副本存放位置不当会造成网络存取过慢等问题），所以常常需要不断地调节和经验。HDFS 目前采取的策略称为机架感知（rack awareness）策略。

如果两个节点位于不同的机架上，那么在传递数据时就必须先经过交换机（switch），这样就降低了数据传输的速度；但位于同一个机架上的节点可能会因为硬件错误而同时失效。因此，在网络负载和数据容错的权衡下，机架感知策略选择后者。简单地说，NameNode 会根据该策略的演算逻辑，计算每个 DataNode 的机架 ID，指示将块副本存储在不同 ID 的机架上。这是一个很简单但不是最优的策略，虽然它能够均匀地将块副本存放在机架集群中，却增加了写的成本。

下图是 HDFS 副本管理的典型示例。

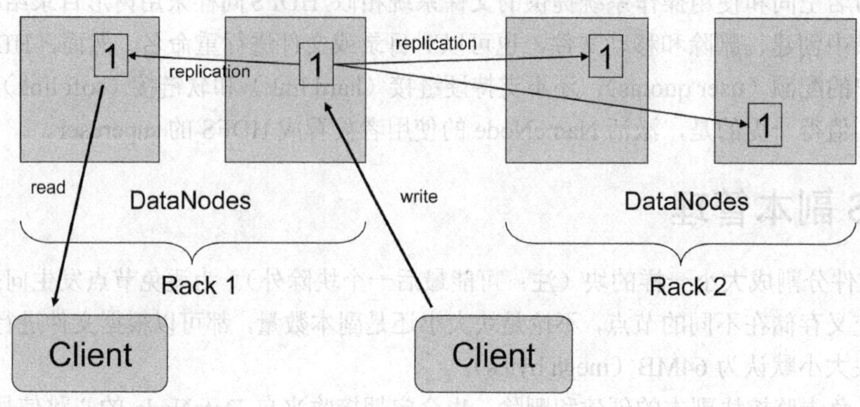

文件的元数据存储在 NameNode 中，包括：文件名、副本数和所有块 ID 等信息。

如果副本数设置为 3，那么 HDFS 会将其中一个副本存储在本地机架，即相同的机架 ID；将其中一个副本存储在远程机架，即不同的机架 ID；最后一个副本存储在另一个 DataNode 的机架中。

和“所有副本都存储在不同机架”比起来，这种运行模式可以减缓“跨机架之间”的网络存取。其中两个副本存储在不同的 DataNode 可以提高容错率，因为整个机架失效的机率远低于单一节点无法运行的可能性，所以可以保证系统的可靠性和可用性。

正如前面介绍的，HDFS 客户端添加数据文件时，会从 NameNode 获取负责的 DataNode。获取的并不是单一节点数据，而是一个具有多个 DataNode 的列表，这些 DataNode 就是用来存储块数据的节点。

接着，客户端程序会将数据块传送给第一个节点，而 DataNode 会以每 4 KB 的部分（portion）接收客户端的文件块数据（data block），并存储在节点的磁盘中。和此同时，第一个 DataNode 开始将这部分传递给第二个 DataNode。以此类推，第二个 DataNode 也会传递给第三个 DataNode。简单地说，副本复制的工作，就好像通过管道（pipeline）一样串接起来。

不过，Hadoop 官网对这种运行方式不太满意，并宣称这只是短期的解决方案，目前还在研究改善空间，让我们拭目以待吧！

当用户提出数据读取的要求时，HDFS 采用了“就近服务使用者”的策略来避免读取延迟（read latency）或跨区域的网络存取。举例来说，如果使用者提出块读取要求的 DataNode 所在机架的邻近 DataNode 刚好存放了所需的副本，就会就近提供给使用者。同样的道理，如果 HDFS 在跨区域的云计算中心运行，会就近将存放在同一个数据中心的副本优先提交给使用者。

此外，HDFS 使用的通信协议是基于 TCP/IP 的。客户端可以使用 RPC，封装 ClientProtocol 来请求 NameNode 提供服务。DataNode 也会使用 RPC，封装 DataNode Protocol 来请求 NameNode 提供服务。下图是通信协议使用的示意图。

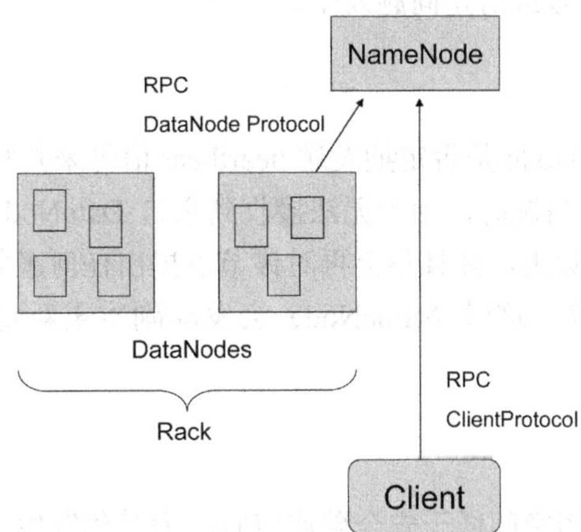

13.6.4 HDFS 元数据管理

当使用者在 HDFS 中创建一个文件或调整文件的副本数设置等工作时，都会造成文件系统元数据的改变。HDFS 将这些过程称为 EditLog，并用本地文件系统中的一个文件来存储。此外，HDFS 还会使用另一个文件来存储 FsImage 数据，它包括了文件和数据块之间的对应关系、文件系统的属性等信息。

NameNode 将整个文件系统的命名空间和文件块映射关系存储在内存中。NameNode 大约需要 4 GB 的内存，才能有效地存储海量的文件和目录的关键元数据。

NameNode 启动时，会同时从文件中读取 EditLog 和 FsImage，并根据 EditLog 记录的内容调整已经存放在内存中的 FsImage。完成后，再将该 FsImage 写回文件中，清除旧的 EditLog，因为 FsImage 中已经反应了所有的改变，在 EditLog 中重新开始记录所有过程。HDFS 将这个过程称为检查点（checkpoint）。

目前的 HDFS 版本中，只有当 NameNode 启动时，才会进行检查点的工作。根据官网的数据，之后的 HDFS 版本会提供周期性执行检查点功能的实现。

DataNode 会将数据块存储在个别文件中，并使用启发式算法（heuristic algorithm）决定在一个目录中应该放置多少个文件。这是因为有些操作系统在单个目录中存储大量文件时，会发生执行性能低的情况。

DataNode 启动时，先扫描整个本地的文件系统，并判断存储数据块文件的完整程度，最后再生成块报告数据送回 NameNode。

13.6.5 HDFS 容错管理

HDFS 有发生 NameNode、DataNode、网络等错误的可能。为提高系统的容错率，HDFS 提供了下面的各种机制来补救或防止问题发生。

副本重新复制

NameNode 会根据 DataNode 是否定期发送 heartbeat 信号来判断 DataNode 的健康程度。举例来说，发生网络断线的情况时，由于无法接收到来自 DataNode 的信号，NameNode 就会将该 DataNode 从名单中除去，并且不会再对该节点提出任何服务要求。某些数据块的副本数量就会低于原先的设置，这时 NameNode 会发动副本重新复制的动作，寻找适当的 DataNode 来存储块副本。

副本平衡存储

当某个 DataNode 的可用空间低于安全警戒值时，为避免发生错误，造成大量数据的遗失，HDFS 会通过算法的计算，将 DataNode 上的数据块移到另一个节点，最终达到数据平衡存储和降低风险的目的。此外，加入新的节点时，也会造成数据存储不平衡的情况。

为此，HDFS 通过数据平衡存储机制（rebalancer）重新排列数据块，下面就是执行这个工具程序的命令：

```
hadoop balancer
```

块完整性确认

当文件拆分成块存储在 DataNode 时，HDFS 会为每个数据块计算其校验和（checksum），并把它存储在 HDFS 的隐藏文件中。用户在查询取用数据块时，也会重新计算校验值，并对比当初的计算结果。如果对比的结果不同，表示该数据块可能已经毁损，这时客户端就会到其他的 DataNode，获取另外一个块副本。

元数据的备份

正如前面介绍的，HDFS 能否正确启动依赖于 FsImage 和 EditLog 的使用。这两个文件一旦损坏，将可能造成整个分布式文件系统都无法运行的情况。因此，HDFS 提供了上面的文件备份机制。简单地说，当上面的文件有任何异动时，会同时将异动的数据更新到备份文件中，而当 NameNode 重新启动时，会选择使用最后一次改变的 FsImage 和 EditLog。

为了增强整个容错机制，并防止 NameNode 节点失效，而造成整个云系统失效，Hadoop 提供了两种特殊的节点来防范问题的发生。

首先是检查点节点（Checkpoint Node），它通常运行在不同于 NameNode 的服务器设备上。检查点节点会定期从 NameNode 中下载 FsImage 和 EditLog，并在检查点节点本地进行数据合并的工作，最后再将合并的结果返回到 NameNode。由于也会将所有检查的数据备份到检查点节点中，因而 NameNode 发生问题时，可以通过读取检查点节点的数据，恢复到原来的状态。

另外，Hadoop 还提供了备份节点（Backup Node）机制，降低 NameNode 失效时的风险。备份节点提供了和检查点节点一样的功能，不同的地方在于，备份节点会在本地内存中存储一份备份，并随时和 NameNode 取得同步。

除此之外，只需选择备份节点或检查点节点提供服务机制即可，无需同时开启。由于备份节点会将数据存储在内存中，因而其内存规格必须和 NameNode 相同。此外，目前 Hadoop 只支持单一备份节点。

如何通过检查点节点或备份节点中存储的数据，将 NameNode 还原成原来的状态呢？系统维护人员可以先通过 dfs.name.dir 参数指向一个空目录，再通过 fs.checkpoint.dir 参数指向检查点的目录，最后在启动 NameNode 时加入-importCheckpoint 选项，NameNode 就会复制检查点点数据，并还原成原来的状态。

数据快照

所谓的数据快照（snapshot），有一点类似于磁盘完整备份。也就是说，会将某个时间点的文件系统做完整的备份。当系统发生问题时，至少可以恢复到某个安全的情况。可惜的是，HDFS 尚未提供该功能。

13.6.6 HDFS 空间回收管理

HDFS 也提供了类似操作系统的回收站功能。当用户从分布式文件系统中删除一个文件时，它并不是立即从 HDFS 中删除，而是将它重命名到/trash 目录下。经过特定的时间（注：目前默认为 6 小时，管理者不能自行调整）后，HDFS 才会真正将该文件从命名空间中删除，当然还包括该文件的所有数据块和副本。然而，只要该文件还存在于/trash 目录中，用户就可以恢复文件。

正如前面提到的，用户可以设置数据块的副本数。新的副本数小于原来的副本数时，HDFS 会在下一次 DataNode 传送 heartbeat 信号时，同时要求指定的 DataNode 删除数据块，使副本数符合新的设置，同时释放系统空间。

13.6.7 HDFS 数据获取和程序编写

构建完 HDFS 后，就可以试着存取数据了。我们会用 3 个小节来说明使用 shell 命令、

Web 管理接口和实现 HDFS 存取程序的方式。

HDFS 的 shell 命令

HDFS 提供了多种取用分布式文件的方法，和前面已经使用过的命令行方式相同，这种方式称为 FS Shell。既然称为“shell”，就和其他 shell 的使用方式相同。当用户通过终端机输入下面的命令时，可以查看所有 FS Shell 的命令和详细说明。

```
bin/hadoop dfs -help
```

执行结果如下所示：

```
hadoop fs is the command to execute fs commands. The full syntax is:
hadoop fs [-fs <local | file system URI>] [-conf <configuration file>]
    [-D <property=value>] [-ls <path>] [-lsr <path>] [-du <path>]
    [-dus <path>] [-mv <src><dst>] [-cp <src><dst>] [-rm [-skipTrash] <src>]
    [-rmr [-skipTrash] <src>] [-put <localsrc> ... <dst>] [-copyFromLocal
     <localsrc> ... <dst>]
    [-moveFromLocal <localsrc> ... <dst>] [-get [-ignoreCrc] [-crc] <src>
    <localdst>]
    [-getmerge <src><localdst> [addnl]] [-cat <src>]
    [-copyToLocal [-ignoreCrc] [-crc] <src><localdst>] [-moveToLocal <src>
    <localdst>]
    [-mkdir <path>] [-report] [-setrep [-R] [-w] <rep><path/file>]
    [-touchz <path>] [-test -[ezd] <path>] [-stat [format] <path>]
    [-tail [-f] <path>] [-text <path>]
    [-chmod [-R] <MODE[,MODE]... | OCTALMODE> PATH...]
    [-chown [-R] [OWNER][:[GROUP]] PATH...]
    [-chgrp [-R] GROUP PATH...]
    [-count[-q] <path>]
    [-help [cmd]]
.........
```

下表是之前已经使用过的命令。

FS Shell 命令	命令说明
bin/hadoop dfs -mkdir input	在分布式文件系统中创建 input 目录
bin/hadoop dfs -rmr input	删除分布式文件系统中的 input 目录和所有子目录
bin/hadoop dfs -ls input	列出分布式文件系统中 input 目录的内容
bin/hadoop dfs -put myFile input	将本地文件系统中的 myFile 文件复制到分布式文件系统中的 input 目录
bin/hadoop dfs -cat input/myFile	显示分布式文件系统中，input 目录中的 myFile 文件内容
bin/hadoop dfs -get output local	将分布式文件系统中的 output 目录，复制到本地 local 目录中

除了一般的 shell 命令外，HDFS 还提供了一些管理命令，读者可以使用 bin/hadoop dfsadmin –help 来查看所有管理相关的命令：

```
hadoop dfsadmin is the command to execute DFS administrative commands.
The full syntax is:
```

```
hadoop dfsadmin [-report] [-safemode <enter | leave | get | wait>]
   [-saveNamespace]
   [-refreshNodes]
   [-setQuota <quota><dirname>...<dirname>]
   [-clrQuota <dirname>...<dirname>]
   [-setSpaceQuota <quota><dirname>...<dirname>]
   [-clrSpaceQuota <dirname>...<dirname>]
   [-refreshServiceAcl]
   [-refreshUserToGroupsMappings]
   [refreshSuperUserGroupsConfiguration]
   [-help [cmd]]
………
```

下表中是常用的管理命令。

管理者命令	命令说明
bin/hadoop dfsadmin -report	显示 HDFS 集群的状态，如文件系统的使用百分比、DataNode 的数量等信息
bin/hadoop dfsadmin – safemode enter|leave	强制进入 Safemode 或离开 Safemode
bin/hadoop dfsadmin - refreshNodes	重新读取 dfs.hosts 和 dfs.host.exclude 两个节点列表，并更新允许连接到 NameNode 的节点信息。共有以下几种情况。 （1）删除（decommission）没有定义在 dfs.hosts 和 dfs.host.exclude 的节点 （2）删除没有定义在 dfs.hosts、但却被定义在 dfs.hosts.exclude 的节点 （3）同时定义在 dfs.hosts 和 dfs.host.exclude 的节点，将从原本的删除状态恢复成群集的一部分

HDFS 和 Web 管理接口

HDFS 还提供了存取分布式文件的 Web 接口。使用浏览器连接到下面的 NameNode 管理页面。

- http://NameNode-name:50070/dfshealth.jsp。

并单击其中“Browse the filesystem”超链接，即可查看文件系统的内容，见下图。

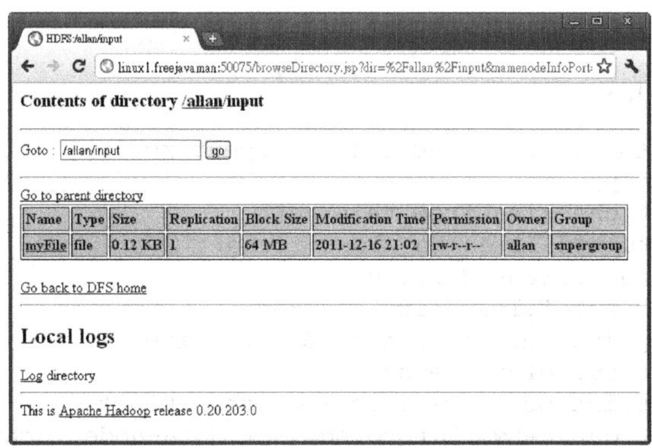

下图显示了进入分布式文件系统中的 input 子目录。单击示例程序使用的数据文件的超链接，就可以查看数据文件的内容。

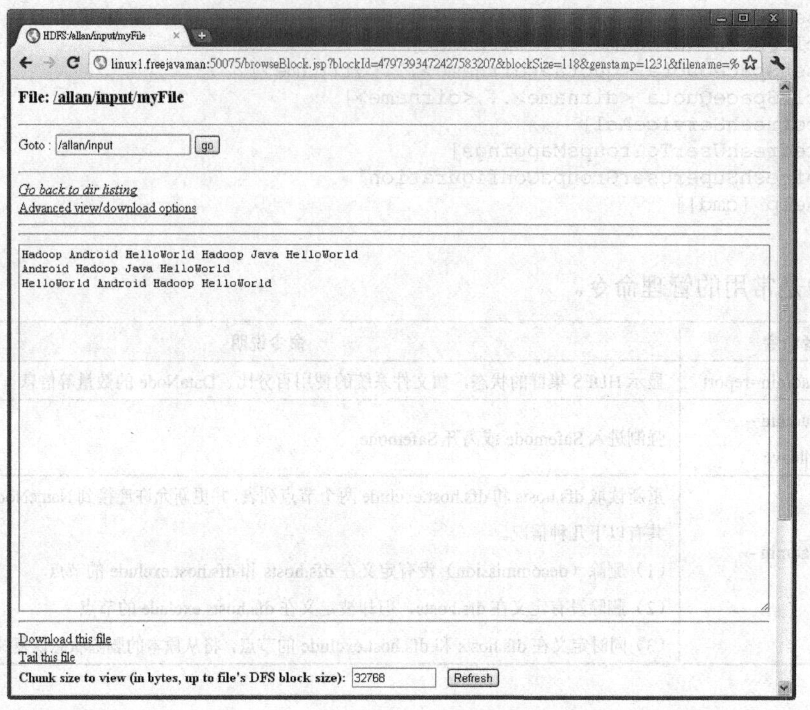

再单击其中的“Download this file”超链接，即可将该文件下载到本地。

除了 FS Shell 和管理者命令外，HDFS 还提供了许多有用的工具程序，帮助管理者判断系统的健康程度。例如是否有数据块遗失、是否正在进行数据块复制等工作。和操作系统的 fsck 磁盘检验命令不同的地方在于，HDFS 的 fsck 工具并不会进行错误修正的工作。执行下面的命令，可以列出 HDFS fsck 的使用细节：

```
bin/hadoop fsck
```

可以得到下面的信息：

```
Usage: DFSck <path> [-move | -delete | -openforwrite] [-files [-blocks
[-locations | -racks]]]
    <path>   start checking from this path
    -movemove corrupted files to /lost+found
    -delete  delete corrupted files
    -files   print out files being checked
    -openforwrite print out files opened for write
    -blocks  print out block report
    -locations   print out locations for every block
    -racks   print out network topology for data-node locations
```

实现 HDFS 存取程序

除了前面几种获取分布式文件和信息的方法外，应用程序员最应该关注的是如何使用程序提取文件。

正如前面提到的，提取 HDFS 文件的方法和使用传统文件系统一样，因而编写的 HDFS 程序也类似于传统的 Java I/O 程序。现在要示范的程序，就是试着将使用者本地文件系统中的文件，复制到分布式文件系统上。以下是源代码：

```
package com.freejavaman;

import org.apache.hadoop.conf.Configuration;
import org.apache.hadoop.fs.*;

public class MyHDFS {

 public static void main(String[] args) throws Exception {
  //获取默认的配置
  Configuration conf = new Configuration();

  //配置文件的数据源和目的位置
  Path srcPath = new Path(args[0]);
  Path dstPath = new Path(args[1]);

  try {
   //获取封装文件系统信息的对象
   FileSystem hdfs = dstPath.getFileSystem(conf);

   //在分布式文件系统中创建目录
   hdfs.mkdirs(dstPath);

   //将本地目录中的文件复制到 HDFS
   hdfs.copyFromLocalFile(false, srcPath, dstPath);

   System.out.println("MyHDFS, copy file ok");
  } catch (Exception e) {
   System.out.println("MyHDFS, copy file error:" + e);
  }
 }
}
```

可以通过 Configuration 对象获取所有 Hadoop 平台的配置数据。同时，使用 Path 对象的 getFileSystem 函数获取和分布式文件系统互动的 FileSystem。FileSystem 提供了很多一目了然的函数，如使用 mkdirs 创建目录，使用 copyFromLocalFile 函数将文件从本地文件系统复制到分布式文件系统。

编译示例程序后，将它封装成 JAR 文件，并复制到 Hadoop 的工作目录。在工作目录中创建 hdfsTmp 子目录，在其中添加一个内容如下的 myDFSFile 文件，作为复制工作的来源：

```
The Apache Hadoop project develops open-source software for reliable, scalable,
```

```
distributed computing.
```

接着启动 Hadoop：

```
$ bin/start-all.sh
```

并确认分布式文件系统中是否存在下面的目录：

```
$ bin/hadoop dfs -ls hdfsInput
```

结果显示，在分布式文件系统中，还不存在 hdfsInput 目录：

```
ls: Cannot access hdfsInput: No such file or directory
```

接着执行我们编写的应用程序。其中 hdfsTmp 是源文件的存储目录，而 hdfsInput 是在分布式文件系统中创建的目录，同时也是复制工作的目的地：

```
$ bin/hadoop jar MyMapReduce.jar com.freejavaman.MyHDFS ./hdfsTmp /hdfsInput
```

之后可确认是否在分布式文件系统中创建指定的目录：

```
$ bin/hadoop dfs -ls /hdfsInput
```

结果显示，不仅创建了指定的目录，还复制了源文件目录——hdfsTmp：

```
Found 1 items
drwxr-xr-x   - allan supergroup   /hdfsInput/hdfsTmp
```

最后确认数据文件的内容是否正确：

```
$ bin/hadoop dfs -cat /hdfsInput/hdfsTmp/myDFSFile
```

如果出现下面的结果，说明已经成功将数据文件复制到分布式文件系统：

```
The Apache Hadoop project develops open-source software for reliable, scalable,
distributed computing.
```

本节完整地介绍了 HDFS。云计算考虑的都是对海量数据的处理，相对忽略了对少量数据的关心，因而 HDFS 在处理少量数据时的表现不怎么亮眼。

不过 Hadoop 是一个“活着的”项目，很多企业都投入了极大的心力。或许在不久的将来，新版 Hadoop 推出时就会加入很多弹性的做法，如自动调整数据块大小等机制，对所有运算和数据提供最佳的支持。

本章介绍了 Hadoop 的单机模式和伪分布式模式的运行，下一章将介绍 Hadoop 真正的分布式计算。

Chapter 14

Hadoop 分布式模式

因为 Hadoop 的全分布式模式（fully-distributed mode）比单机模式和伪分布式模式复杂，所以我们用一章来介绍其运行原理和应用。

14.1 启动 Hadoop 分布式模式

开始介绍分布式模式前，各位读者至少需要准备两台计算机设备，并完成相关软件安装和 Hadoop 环境设置的工作，最起码可以让 Hadoop 在伪分布式模式中运行，来确认安装的正确性。

要在全分布式模式环境上进行运算，基本需要经过下面的步骤。

STEP 1 设置基本环境。

STEP 2 设置 NameNode。

STEP 3 设置 JobTracker。

STEP 4 设置 DataNode 和 TaskTracker。

STEP 5 确认无密码的 ssh 联机。

STEP 6 启动全分布式模式。

下面分别来说明。

STEP 1 设置基本环境。

在一个 Hadoop 云集群中，只需要安装一个 JobTracker 和一个 NameNode 就能控制众多的 TaskTracker 和 DataNode。笔者用两台计算机设备进行测试：其中一台执行 JobTracker 和 NameNode，同时执行 TaskTracker 和 DataNode；另一台计算机上只执行 TaskTracker 和 DataNode。主机名和 IP 的对应如下表。

主 机 名	IP	用　途
linux1.freejavaman	192.169.1.107	JobTracker、NameNode TaskTracker、DataNode
linux2.freejavaman	192.168.1.108	TaskTracker、DataNode

为了能够让系统根据主机名转换成所需的 IP 信息，需要用 root 权限登录并修改/etc/hosts 下的多台主机的 IP 对应关系：

```
192.168.1.107 linux1.freejavaman
192.168.1.108 linux2.freejavaman
```

先登录扮演 JobTracker 和 NameNode 的主机，并编辑 conf/hadoop-env.sh。需要注意的是，必须按照运行主机设备的真实情况设置环境布局文件的内容，因此，每一台主机的设置可以不完全相同。再次确认 JDK 的安装路径是否正确，内存 heap 大小是否恰当：

```
# The java implementation to use.  Required.
export JAVA_HOME=/usr/java/jdk1.6.0_27

# The maximum amount of heap to use, in MB. Default is 1000.
export HADOOP_HEAPSIZE=1000
……
```

一般只需要调整上面的两个参数外，可能需要进行调整的是用来设置 log 记录文件存储目录的 HADOOP_LOG_DIR。如果指定的目录不存在，会在启动 Hadoop 时自动创建该目录。

STEP 2 设置 NameNode。

接着打开 conf/core-site.xml。这个参数文件用来指定 NameNode 和它使用的端口号。以下是笔者使用的配置文件的内容，还需要同时设置存储临时盘的路径，会用启动 Hadoop 的系统账号取代${user.name}变量：

```
<configuration>
  <property>
   <name>fs.default.name</name>
   <value>hdfs://linux1.freejavaman:9000</value>
  </property>
  <property>
   <name>hadoop.tmp.dir</name>
   <name>/tmp/hadoop/hadoop-${user.name}</name>
  </property>
</configuration>
```

接着打开 conf/hdfs-site.xml，该参数文件用来设置数据块的副本数。笔者的配置文件内容是：

```
<configuration>
 <property>
  <name>dfs.replication</name>
  <value>2</value>
 </property>
</configuration>
```

除此之外，使用者也可以通过 dfs.name.dir 参数设置 NameNode 存储 namespace、日志 log 文件的路径。当参数内容是以逗点隔开的多个路径时，就会在所有的目录中存储备份。参数 dfs.data.dir 用来指定 DataNode 存储数据块的目录，也可以是以逗点隔开的多个路径。

STEP 3 设置 JobTracker。

接着打开 conf/mapred-site.xml，设置 JobTracker 的名称和端口号，参见如下笔者使用的配置文件内容：

```
<configuration>
 <property>
  <name>mapred.job.tracker</name>
  <value>linux1.freejavaman:9001</value>
 </property>
```

```
06 </configuration>
```

此外，mapred-site.xml 中存在几个比较高级的参数，见下表。

参数名称	功能说明
mapred.system.dir	指定在 HDFS 上的路径，存储 MapReduce 框架的系统文件
mapred.local.dir	指定 MapReduce 运算时存储临时盘的本地目录，可以是以逗点隔开的多个路径
mapred.tasktracker.map.tasks.maximum	指定在 TaskTracker 上，最大可执行的 map 任务数量，默认为 2 个
mapred.tasktracker.|reduce.tasks.maximum	指定在 TaskTracker 上，最大可执行的 reduce 任务数量，默认为 2 个
dfs.hosts/dfs.hosts.exclude	设置允许或排除加入云集群的 DataNode
mapred.hosts/mapred.hosts.exclude	设置允许或排除加入云集群的 TaskTracker
mapred.queue.names	工作提交的队列名称
mapred.acls.enabled	工作提交到队列时，是否需要 ACL 验证

接着编译 conf/masters，该参数文件设置备用的 NameNode（secondary NameNode）。因为本示例不会使用它，所以要清空该文件内容。

STEP 4 设置 DataNode 和 TaskTracker。

最后再编辑 conf/slaves。在 Hadoop 框架中，所有执行 DataNode 和 TaskTracker 的节点都称为 slave。因此在该文件中加入所有主机的名称或 IP，一行设置一个设备，下面是笔者的配置文件的内容：

```
linux1.freejavaman
linux2.freejavaman
```

设置完所有参数文件后，将 core-site.xml、hdfs-site.xml、mapred-site.xml、masters 和 slaves 复制到所有从节点对应的目录中。

STEP 5 确认无密码的 ssh 联机。

接下来进行主机之间无密码的 ssh 联机。以笔者为例，首先打开主机 linux1.freejavaman 的终端机，并输入下面的命令：

```
$ ssh linux2.freejavaman
```

系统同样会显示无法建立联机的问题。先输入“yes”，但在要求输入密码时按【Ctrl + C】快捷键离开：

```
The authenticity of host 'linux2.freejavaman (192.168.1.108)' can't be established.
RSA key fingerprint is ea:c9:d9:36:fe:f2:8e:dd:64:ec:da:05:f1:b2:15:4b.
Are you sure you want to continue connecting (yes/no)? yes
Warning: Permanently added 'linux2.freejavaman,192.168.1.108' (RSA) to the list of known hosts.
allan@linux2.freejavaman's password:
```

接着执行下面的命令，将本地的密钥对复制到远程主机：

```
$ scp -r ~/.ssh linux2.freejavaman:~/
```

这时系统会先要求输入密码，才能执行文件复制的工作：

```
allan@linux2.freejavaman's password:
id_dsa                              100%  668     0.7KB/s   00:00
known_hosts                         100%  805     0.8KB/s   00:00
authorized_keys                     100%  614     0.6KB/s   00:00
id_dsa.pub                          100%  614     0.6KB/s   00:00
```

顺利完成后，就可以输出 ssh linux2.freejavaman 进行无密码的联机了。如果要离开 ssh 联机，只需要输入 exit 命令即可。切换到其他结果重复同样的设置步骤，使所有节点彼此之间都可以不使用密码联机。

需要注意的是，有时候因为主机之间的不同设置，可能会同时需要 RSA 密钥对，才可以进行跨主机的无密码联机。最好的办法是同时生成 DSA 和 RSA 密钥对，并添加到 authorized_keys 中，再复制到其他主机，参考下面的步骤：

```
$ ssh-keygen -t rsa -P '' -f ~/.ssh/id_rsa
$ cp ~/.ssh/id_rsa.pub ~/.ssh/authorized_keys
$ scp -r ~/.ssh linux2.freejavaman:~/
```

STEP 6 启动全分布式模式。

接下来就可以试着在全分布式模式中启动 Hadoop。同样地，需要格式化 NameNode：

```
$ bin/hadoop namenode -format
```

同时分别对 DataNode 进行格式化：

```
$ bin/hadoop datanode -format
```

格式化完成后，就可以启动 Hadoop 了。和其他模式一样，直接执行下面的命令即可：

```
$ bin/start-all.sh
```

执行过程如下所示。JobTracker 和 NameNode，以及所有的 TaskTracker 和 DataNode 都已经顺利启动了：

```
   starting namenode, logging to
/home/allan/hadoop/bin/../logs/hadoop-allan-namenode-linux1.freejavaman.out
   linux2.freejavaman: starting datanode, logging to
/home/allan/hadoop/bin/../logs/hadoop-allan-datanode-linux2.freejavaman.out
   linux1.freejavaman: starting datanode, logging to
/home/allan/hadoop/bin/../logs/hadoop-allan-datanode-linux1.freejavaman.out
   starting jobtracker, logging to
/home/allan/hadoop/bin/../logs/hadoop-allan-jobtracker-linux1.freejavaman.out
   linux2.freejavaman: starting tasktracker, logging to
/home/allan/hadoop/bin/../logs/hadoop-allan-tasktracker-linux2.freejavaman.out
   linux1.freejavaman: starting tasktracker, logging to
/home/allan/hadoop/bin/../logs/hadoop-allan-tasktracker-linux1.freejavaman.out
```

系统维护人员可以输入下面的命令来确认 Hadoop 目前的状态：

```
$ bin/hadoop dfsadmin -report
```

果然已经顺利启动两台 DataNode 了。

```
Datanodes available: 2 (2 total, 0 dead)
Name: 192.168.1.107:50010
Decommission Status : Normal
Configured Capacity: 92889276416 (86.51 GB)
DFS Used: 24591 (24.01 KB)
Non DFS Used: 9158901745 (8.53 GB)
DFS Remaining: 83730350080(77.98 GB)
DFS Used%: 0%
DFS Remaining%: 90.14%

Name: 192.168.1.108:50010
Decommission Status : Normal
Configured Capacity: 12385312768 (11.53 GB)
DFS Used: 24591 (24.01 KB)
Non DFS Used: 5944528881 (5.54 GB)
DFS Remaining: 6440759296(6 GB)
DFS Used%: 0%
DFS Remaining%: 52%
```

读者也可以通过 Hadoop 的 Web 接口来检查节点是否正确执行，参见下图的两个 Live 节点。

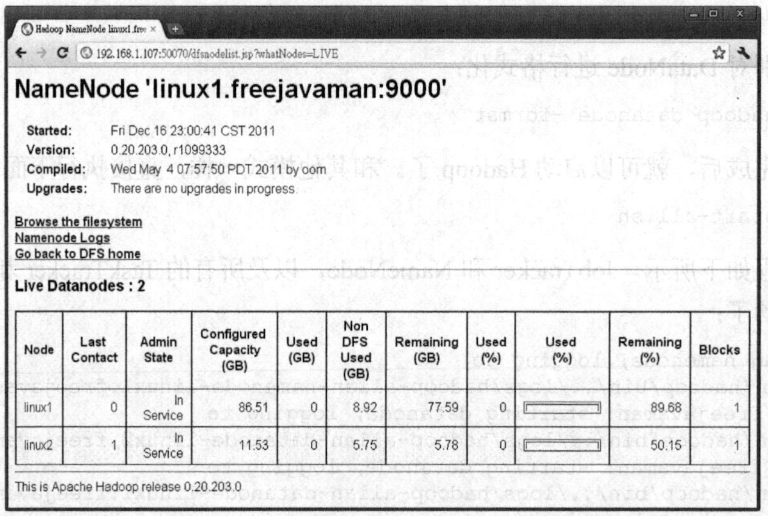

Hadoop NameNode linux1.free

192.168.1.107:50070/dfsnodelist.jsp?whatNodes=LIVE

NameNode 'linux1.freejavaman:9000'

Started: Fri Dec 16 23:00:41 CST 2011
Version: 0.20.203.0, r1099333
Compiled: Wed May 4 07:57:50 PDT 2011 by oom
Upgrades: There are no upgrades in progress.

Browse the filesystem
Namenode Logs
Go back to DFS home

Live Datanodes : 2

Node	Last Contact	Admin State	Configured Capacity (GB)	Used (GB)	Non DFS Used (GB)	Remaining (GB)	Used (%)	Used (%)	Remaining (%)	Blocks
linux1	0	In Service	86.51	0	8.92	77.59	0		89.68	1
linux2	1	In Service	11.53	0	5.75	5.78	0		50.15	1

This is Apache Hadoop release 0.20.203.0

14.2 分布式数据库系统

Apache 构建 Hadoop 框架时，除了最核心的函数库、MapReduce 和 HDFS 外，还延伸出很多相关的项目，例如下面这些项目。

（1）Avro：一个数据序列化系统。以丰富的数据结构和有效率的数据格式提供远程过程调用（RPC）功能。

（2）Chukwa：一个数据收集和分析的系统，用来管理大型分布式系统。

（3）Pig：提供高级流式编程语言，和执行并行计算的框架。

（4）Hive：一个数据仓库的基础架构，可以提供数据汇总（data summarization）和即兴查询（ad hoc query）的功能，由 Facebook 支持。

（5）Mahout：提出机器学习（machine learning）和数据挖掘（data mining）的函数库。

（6）ZooKeeper：为分布式应用程序提供高性能的协同服务，类似 Google Chubby 的功能，也是由 Facebook 支持。

（7）Cassandra：采用 P2P 架构的分布式数据库系统。

14.2.1 浅谈 HBase

本节介绍的是其中一个重量级的项目，也就是采用主从式架构的分布式数据库系统——HBase。和 HDFS 参考 Google 的 GFS 一样，HBase 是参考 Google 的 Bigtable 实现的。

数据量会随着云计算可以提供越来越快的计算速度而呈现成倍增长，迫使传统数据库系统为适应市场的需求，也不得不踏上分布式存储这条路。然而将传统的关系数据库在分布式环境上运行，并不是一件容易的事，甚至应该从数据库的底层重新设计。只是目前多数产品都采用新增模块的方式，让旧有的系统在分布式环境下运行，但这种方式反而会增加日后维护的成本和安装管理的复杂度。

为了抛开传统的包袱，一开始设计 HBase 这类数据库系统时，就定位要在分布式环境下运行，同时舍弃关系数据库使用的 SQL，构建一个真正符合云需求的数据库系统，也就是可以随时随地、随机存取的数据存储机制。

14.2.2 数据模型

HBase 的数据表（table）是由行（row）和列（column）交叉形成的、巨大的、想象的二维数组。和传统数据库不同的是，在 HBase 数据表中，“列名”是由前缀（prefix）和限定词（qualifier）共同组成的，并形成了所谓的列族（column family）。前缀相同的列属于同一个列族。列族中的前缀和限定词之间必须以冒号隔开；除此之外，前缀必须是可以打印的字符，而限定词可以是任意字符。

列和行交叉指向的区域称为单元格（cell），也就是存储数据的地方。存储数据时，HBase 会给每个存储数据一个时间戳（timestamp）。因此，行和列相同的情况下，可以从存储时间分辨出数据的版本。

一行数据的主键值（row key，以下简称行主键）是由字节数组形成的，无论是字符串、长整数，还是任何能序列化的数据结构，都可以被当成行主键使用。此外，HBase 数据表按照行主键的字节顺序进行排序；存储时间戳的字段使用长整数。单元格存储的数据只是单纯的字节数组，不像关系数据库那样具有复杂的数据类型。

下表中是 HBase 数据表的典型示例。

Row key	Time stamp	ColumnFamily score	ColumnFamily info
Allan	T7	score：OOAD = 90	info：examDate=20110506
	T6	score：Java = 90	info：examDate=20110507
Ruby	T5	score：Java = 80	info：examDate=20110507
	T4	score：Database = 70	info：examDate=20110508
Diago	T3	score：OOAD = 85	info：examDate=20110506
Dora	T2	score：OOAD = 95	info：examDate=20110506
	T1	score：Database = 0	

在示例表中，行主键相同的数据都被视为同个数据。在示例表中包含两个列族，分别是 score 和 info。score 列族又可细分成 3 个列（限定词），分别是 OOAD、Java 和 Database。Info 列族只包含一个限定词——examDate。

创建数据表时，列族中的前缀必须在开始时定义；限定词可以视需要随时增加，而不用重新设计整个数据表。主要的原因在于：从概念的角度来看，数据是一些行的集合，但实际上 HBase 是以列为导向（column-oriented）的方式进行数据存储，因而可以动态地增加限定词（列）。

前缀相同的列被看作同一个列族的成员。为提高执行的效率，HBase 会将同一个列族的成员一起存储。因此，建议列族成员之间的样式或字符长度，都必须一致。

在存取数据表时，通常必须以（行主键，前缀：限定词）或（行主键，前缀：限定词，版本）的组合取出所需的数据（注：默认情况下，版本就是时间戳）。使用 HBase 时，比较像是在使用 Java 语言的容器对象（container），如 Map、Hashtable 等。

既然实际存储的方式以列为导向，那么在上面的示例表中，为了提高存储效率，行主键为 Dora、列族为“info：examDate”的数据不会真的存储空白数据。同样的道理，查询行主键为 Allan、列族为“score：Database”的数据时，也无返回数据。值得一提的是，用户取出数据时，如果只指定行主键和列族，而没有指定时间戳时，HBase 会以最近添加的数据响应。这是因为获取数据时，按照时间戳进行降序排序（descending order）。

14.2.3 系统架构

HBase 同样采用主从式的系统架构，其中主节点称为 HMaster，从节点称为

HRegionServer。HMaster 用来监控集群中的 HRegionServer，同时作为更新元数据的接口。一般情况下，HMaster 和 NameNode 在同一台主机设备上运行。

和一般主从式架构不同的是，可以在一个集群中同时安装多个 HMaster，只不过会通过 ZooKeeper 提供的服务，选择其中一个担任领导者的角色，只有该领导者的 HMaster 真正提供服务。当担任领导的 HMaster 失去领导权时，如网络断线、关机等，会再从其他的 HMaster 中选出一个来扮演领导角色。这样的架构可以确保随时都有一台 HMaster 运行。

值得一提的是，ZooKeeper 除了协调担任领导的 HMaster 外，还会存储结构数据，包括所有表和列族的信息、所有要监控的 HRegionServer 的状态和所有 HRegion 的存储位置等。整个 HBase 集群的正常运行，如失效后的功能移转等，都是通过 ZooKeeper 完成的。

HMaster 提供的服务接口属于元数据导向（metadata-oriented）的工作，如下所述。

（1）表操作：如创建、修改、删除、启动（enable）和停用（disable）数据表。

（2）列族操作：如添加列、修改列、删除列。

（3）Region 的操作：如移动 Region、分配 Region。（注：稍后会介绍 Region。）

（4）当集群中无任何交易进行时，会定期驱动负载平衡机制。

（5）定期检查和清除.META.表中的数据。当发现有从节点失效时，会将注册数据存储点的元数据指往其他正常的从节点。

HBase 集群中的从节点，即 HRegionServer，主要用来管理 Region，通常它和 DataNode 在同一台主机上运行，而被管理的 Region 称为 HRegion。

HRegionServer 提供的服务接口属于数据导向（data-oriented），以及和维护 Region 有关的工作，如下所述。

（1）数据操作：如获取、添加和删除数据等。

（2）Region 的切分和组成。

（3）定期将内存中的 MemStore 数据写到文件 StoreFile 中。

（4）定期检查 Hlog 文件。

基于以列为导向的存储方式，HBase 会以列族为基础进行存储，存储的单位称为 Region。Region 也是分布式存储的基本单位，其默认的大小为 256MB。为了提高效率，HBase 也会将包含同一行数据的列族数据的 Region，存储在同一部主机设备上。

然而随着数据量的增加，Region 的大小也会随之增加，这时 HBase 就会尝试将 Region 进行切分。HBase 切分 Region 的基本原则是依照不同数据（不同行）进行分解，这样就能保证包含相同行数据的 Region 存储在同一台主机设备中。

系统维护人员可以调整 hbase-site.xml 中的 hbase.hregion.max.filesize 参数，设置 Region 的存储大小。简单地说，Region 设置越小，表示 Region 数量越多，因此，可以均匀分布存储在集群中，但对于单元格数据较大的情况，建议调大 Region（相对 Region 数量变少），这样才能减少 I/O 和网络的动作，提高执行效率。

14.2.4 存储架构

在 HBase 中存在两个非常特别的数据表，分别称为 .META. 和-ROOT-，这两个表用作 HBase 内部管理，无法通过命令的方式查询其内容。在这两个管理表的交互作用下，可以找到某个数据的所有存储位置。

首先是.META.。这个表存储整个 HBase 系统中所有 Region 的存储位置。该表的数据结构如下表所示。

主　键	info：regioninfo、info：server、info:serverstartcode
由 3 种信息共同组成：表名称、Region 的起始键、Region 的 ID	（1）封装 Region 相关数据的序列化对象——HRegionInfo （2）存储 Region 的服务器和端口号 （3）RegionServer 存储 Region 的开始时间 ………

RegionServer 进行 Region 切分时，会动态创建两个数据，即：info:splitA 和 info:splitB，它们用来临时存储切分后两个新的 Region 的相关信息，同样封装在 HregionInfo 对象中。完成切分后，.META.中会存在两个新的 Region 记录，并删除旧的 Region 数据。

HRegionInfo 中存储了对应表数据的起始键和终止键。起始键为空值时，表示该 Region 是数据表中某个列族的起始 Region；起始键和终止键同时为空值时，表示该 Region 是数据表中唯一的 Region。

.META.中存储的数据会随着数据量的增加而增加，这时会将.META.切分成多个 Region，并存储在不同的 HRegionServer 上。为了记录彼此之间的关联，HBase 使用 -ROOT- 来记录这些内容。

-ROOT-的数据结构如下表所示。

主　键	info：regioninfo、info：server、info:serverstartcode
.META.、表名称、Region 的起始键、Region 的时间戳、.META. 的起始键	（1）封装.META. Region 相关数据的序列化对象——HRegionInfo （2）存储.META. Region 的服务器和端口号 （3）RegionServer 存储.META. Region 的开始时间

不会再切分-ROOT-，因而只有一个 Region。此外，-ROOT-的存储位置记录在 ZooKeeper 中。

一般来说，HBase 的客户端查询数据时，会经过下面几个步骤。

STEP 1 在 ZooKeeper 集群中查询存储-ROOT-的节点位置。

STEP 2 连接该节点，获取-ROOT-。

STEP 3 根据-ROOT-和该行数据的主键查询存储.META. Region 的节点位置。

STEP 4 连接到各个节点，获取所需的.META.。

STEP 5 根据取得的.META.，掌握这行数据的存储位置。

STEP 6 客户端程序连接到 HRegionServer 取得数据。

为了提高执行效率，客户端会存储-ROOT-和.META.，下次查询数据时，马上就会知道 Data Region 的存储位置，进行获取数据的工作。然而如果获取数据时发生错误，表示存储结构可能已经改变了，重复上面的步骤重新获取-ROOT-和.META.。需要注意的是，HMaster 并不实际参与数据存取的工作，它只负责指示应该在哪台 HRegionServer 中存储 Region。

HRegionServer 获取所需的 Region 时，会先创建一个 HRegion 对象，并封装要启动的 Region。创建 HRegion 对象时，也会为每个 HColumnFamily 创建对应的 Store 对象。这个 Store 对象包含了 1~多个 StoreFile 对象，这个对象真正对应到实体文件——HFile 的对象。内存中的对象和实体文件的关系图如下图所示。

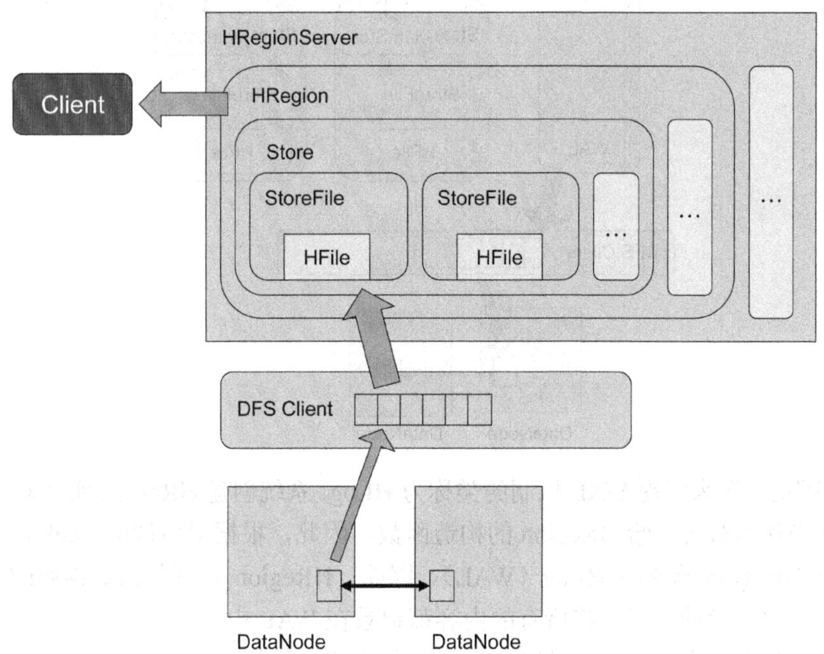

虽然 HFile 是实体文件，但是存储到 HDFS 后，也会被拆分成多个数据块，并建立副本，分散存储到 DataNode 集群中。因而 HBase 通过这种机制和 HDFS 进行完美的整合。又是如何运行写入数据库的呢？

当客户端提出修改数据的请求时，如 put、delete、increment 等，系统会先判断是否要将数据存储到先写日志（Write-Ahead-Log; WAL）中。为什么需要 WAL 机制呢？

HRegionServer 接收客户端传递的数据时，会将数据暂存在内存中，达到特定的上限值时，才会将数据一次性写入文件。这种做法可以省去产生过多的暂存盘，同时省去合并暂存盘的工作。然而最大的风险是，数据暂存在内存中，一旦发生断电的情况，会丢失所有的数据。

WAL 机制就是为了解决上面的问题而设计的。简单地说，WAL 会记录对数据的所有操作过程，系统发生问题时，就可以使用 WAL 回放（replay）整个操作过程，使系统还原到问题发生前的状态。如果在写入 WAL 时发生错误，系统就没有复原的可能性了。

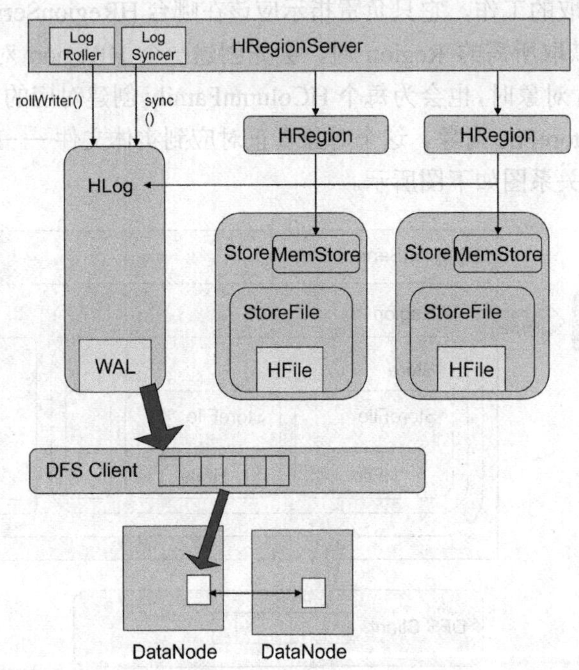

如上图所示，用来实现 WAL 机制的类称为 HLog。系统创建 HRegion 实体时，会将 HLog 的对象实体当作参数传递给 HRegion 的构造函数。因此，根据引用调用（call by reference）机制，所有 HRegion 将共享 HLog（WAL）。因此，HRegion 执行任何数据修改的动作时，都可以通过对象参考的方式，将所有的内容都记录在 WAL 中。

当客户端提出数据修改的请求时，会将相关的信息封装在 KeyValue 对象中，并且通过 RPC 的方式传递给 HRegionServer。HRegionServer 在收到数据后，会向下传递给负责该数据的 HRegion 对象。这时，会先将该请求的相关数据存储到 WAL 中（注：已经存储到分布式文件系统），再写到实际存储该数据的 Store 对象的 MemStore 中。

MemStore 达到既定的存储量，或经过特定的时间时，才会将数据写到文件系统。然而系统在上面的时间差中发生问题时，也可以通过 WAL 还原发生问题前的状态。

但是在应用程序中，可以使用 setWriteToWAL（false）函数关闭该动作。虽然关闭该机制可以换来运行效率的提高，但会同时提高系统无法还原的风险。因而建议运行重要的系统时，必须要审慎评估才行。

需要注意的是，HRegion 发生变化的顺序不确定，因此，HLog 会按照发生的顺序忠实地记录。由于数据可能是跳跃式存储，因而通过 WAL 还原系统时，可能会增加额外的负担。不过发生这种问题的概率很低，我们可以忽略不计。

WAL 存储的文件格式是 Hadoop 制定的 SequenceFile 格式，简单地说，存储的数据以键-值对（key/value）的形式顺序存放。

系统中实现主键的类是 HLogKey，它包含下面的信息：行主键、列前缀、列限定词、时间戳、类型、数据值、Region 名称、表名称、序号、写到 WAL 的时间、集群 ID。WAL 的数据值存储客户端传递过来的变化请求，在实现时被封装在 WALEdit 对象内。需要注意的是，修改一行数据的多个字段时，WAL 会存储对应修改字段数量的记录。

分布式数据库系统是门大学问，本节只能简单介绍一下这项技术，有兴趣的读者可以参考一些 HBase 的专业书籍。

14.2.5 安装 HBase

介绍完 HBase 的基本概念后，本节将介绍如何安装 HBase。HBase 支持两种运行模式，一种是直接在本地的文件系统运行，另一种是在 HDFS 分布式文件系统中运行。

执行单机模式

首先在下面的网址获取适当的 HBase 版本。

- http://www.apache.org/dyn/closer.cgi/hbase/。

笔者用的是目前最稳定的 0.90.4 版，文件名是 hbase-0.90.4.tar.gz。下载文件并存储在适当的目录上。完成后，执行下面的命令来解压缩，并视需求修改目录名称：

```
$ tar xfz hbase-0.90.4.tar.gz
$ mv hbase-0.90.4.tar.gz hbase
$ cd hbase
```

必须设置使用 JDK 的根目录位置。开启 conf/hbase-env.sh，并做如下调整：

```
# The java implementation to use.  Java 1.6 required.
export JAVA_HOME=/usr/java/jdk1.6.0_27
```

读者可以视情况调整 HBase 的内存 heap 大小：

```
# The maximum amount of heap to use, in MB. Default is 1000.
export HBASE_HEAPSIZE=1000
```

最后修改 conf/hbase-site.xml 的内容。如下所示，参数 hbase.rootdir 用来指定 HBase 存储数据的目录位置，用启动 HBase 的系统账号来代替${user.name}：

```
<configuration>
 <property>
  <name>hbase.rootdir</name>
  <value>file:///tmp/hbase-${user.name}</value>
 </property>
</configuration>
```

现在已经完成了 HBase 的单机版。执行下面的命令来启动它。单机版的运行模式下，HBase 会将文件存储在本地的文件系统中。此外，HBase 和处理协同工作的 ZooKeeper 在同一个 JVM 进程上运行。

```
$ ./bin/start-hbase.sh
```

HBase 默认将 log 记录存储在工作目录的 logs 子目录中，发生无法启动的情况时，可以通过 log 文件查看问题发生的原因。HBase 还提供了 shell 的方式和使用者互动功能。切换到 HBase 工作目录，输入下面的命令会进入 HBase 的 shell 模式：

```
$ ./bin/hbase shell
```

进入 HBase shell 的提示信息如下：

```
HBase Shell; enter 'help<RETURN>' for list of supported commands.
Type "exit<RETURN>" to leave the HBase Shell
Version 0.90.4, r1150278, Sun Jul 24 15:53:29 PDT 2011
```

接着可以输入命令来创建表，并添加测试数据。下面创建了一个命名为 myTable 的表，并定义该表具有两个 column family，分别设置前缀为 column1 和 column2：

```
>create 'myTable', 'column1', 'column2'
0 row(s) in 1.1560 seconds
```

使用下面的命令在表中添加数据：

```
>put 'myTable', 'row1', 'column1:a', 'id1'
0 row(s) in 0.3120 seconds

>put 'myTable', 'row1', 'column2:a', 'name1'
0 row(s) in 0.0710 seconds
```

Put 命令的第一个参数是表名，第二个参数是行 ID，第三个参数是列名，列名由 column family 的前缀和限定词组成（需要用冒号将它们隔开），第四个参数是数据值。（注：第五个参数是时间戳，本示例中没有设置，由系统自动给定。）

需要注意的是，put 命令用来在一个单元格中添加数据。当一行数据具有多列时，必须分别存储所有字段的内容，也就是执行两次 put 命令。完成数据添加后，可以执行 scan 命令来确定正确地将数据存储到表中：

```
>scan 'myTable'
ROW          COLUMN+CELL
row1         column=column1:a, timestamp=1319806846045, value=id1
row1         column=column2:a, timestamp=1319806857936, value=name1
1 row(s) in 0.1880 seconds
```

可以使用 deleteall 命令来删除一行数据，第一个参数是表名，第二个参数是指定的行，本示例没有设置第三和第四个参数，分别是列和时间戳：

```
>deleteall 'myTable', 'row1'
```

可以执行 scan 命令来确认数据是否被删除。

由于可能在分布式环境中执行 HBase，因而要删除整个数据表，必须先停用该数据表，避免持续添加数据的情况。删除表的命令如下，需要先通过 disable 命令停用该数据表，再通过 drop 命令删除数据表。

```
>disable 'myTable'
0 row(s) in 2.1960 seconds

drop 'myTable'
0 row(s) in 1.2290 seconds
```

可以执行 list 命令来确认表已被删除，list 命令列出了目前存在于 HBase 中的表名。下面显示了目前在 HBase 中不存在任何表：

```
>list
TABLE
0 row(s) in 0.0770 seconds
```

可使用 exit 命令离开 HBase 的 shell 模式，回到操作系统。最后，可以执行下面的命令停止 HBase 的进程：

```
$ ./bin/stop-hbase.sh
stopping hbase.....
```

执行分布式模式

要在分布式模式中执行 HBase，需要系统维护人员做一些额外的设置工作。这些工作和前面架设 Hadoop 类似，HBase 的配置设置方式和 Hadoop 相同，所有配置文件都存储在 conf 子目录中。在完成相关设置后，只需要将所有的参数文件复制到其他节点即可。下面列出了基本步骤。

STEP 1 确认基本环境。

STEP 2 确认执行版本。

STEP 3 设置主节点。

STEP 4 设置从节点。

STEP 5 启动全分布式模式。

STEP 6 观察运行状态。

STEP 1 确认基本环境。

除了必须设置免密码 ssh 登录，必须使用 JDK 6.0 以上的版本外，设置 HBase 和 Hadoop 不同的地方是，所有执行 HBase 的节点都必须通过 NTP（Network Time Protocol），使云集群的每台主机设备的系统时间一致。这是因为 HBase 会根据数据的时间戳判断数据版本的一致性，而时间戳获取的是系统时间。当然，HBase 可以容忍些许的误差存在，但如果误差太大，就有可能会发生无法掌控的错误情况。

此外，HBase 也会通过 ZooKeeper 提供的协同工作服务，确保云集群中有一个主节点负责管理的工作。本节使用 HBase 默认的 ZooKeeper，因而无需进行任何调整工作。

另外，HBase 进行数据存取时，可能会同时打开多个文件。然而在多数 Linux 环境中，默认用户可以同时打开 1024 个文件(可以执行 ulimit –n 命令观察目前用户的允许值)。因此，如果没有进行调整，可能在 HBase 执行过程中发生如下的错误情况：

```
    WARN org.apache.hadoop.hdfs.server.datanode.DataNode:
    Disk-related IOException in BlockReceiver constructor. Cause is java.io.
IOException: Too many open files
          at java.io.UnixFileSystem.createFileExclusively(Native Method)
          at java.io.File.createNewFile(File.java:883)
```

或如下的异常事件：

```
    INFO org.apache.hadoop.hdfs.DFSClient: Exception increateBlockOutputStream
java.io.EOFException
    INFO org.apache.hadoop.hdfs.DFSClient: Abandoning block blk_.........
```

除了增加可以同时打开的文件数外，系统维护人员还必须调整使用者的 nproc。简单地说，就是系统账号可以同时启动的进程（process）数，否则可能在 HBase 执行过程中发生 OutOfMemoryError 异常事件。

必须使用管理员账号来调整上面的设置，调整操作系统的配置文件，即/etc/security 目录下的 limits.conf。在配置文件中加入下面的新参数，其中“allan”就是启动 HBase 的使用者账号：

```
    allan - nofile 32768
    allan soft/hard nproc 32000
```

同时必须修改/etc/pam.d 目录中的 common-session，并在最后一行加入下面的设置：

```
    session required  pam_limits.so
```

完成后注销系统账号，再登录操作系统，才能让刚才的设置生效。

STEP 2 确认执行版本。

HBase 通过 HDFS 在分布式环境上运行，HBase 现在只能在 Hadoop 0.20.x 版本上运行，官网还不能保证可以顺利在其他较新的版本，如 Hdaoop 0.21.x 上顺利执行。因而在架构 HBase 前，必须要先确认使用的 Hadoop 版本。

HBase 已经包含了 Hadoop 的核心函数库，然而该版本的函数库是为了让 HBase 在单机模式下运行而封装的，要正确地在云集群中运行，系统架构人员必须用 Hadoop 平台的核心包替代 HBase 使用的包。

笔者目前开发测试的 Hadoop 版本是 0.20.203.0，因而可以在 Hadoop 工作目录下找到名为 hadoop-core-0.20.203.0.jar 的核心包。使用这个包来替代所有要执行 HBase 的节点中 lib 子目录的 hadoop-core-0.20-append-r1056497.jar。

然而，就算使用兼容的 Hadoop 核心函数库，HBase 运行时可能还存在遗失数据的风险。这是因为在 Hadoop 0.20.x 版本中，HDFS 还不支持持久化的同步机制（durable sync.）。

要在产品中使用 HBase，可以使用下面让 HDFS 支持持久化的同步机制。

（1）重新构建 Hadoop 包，让 Hadoop 0.20.x 支持 HBase 0.90.2 的同步机制。可以参考下面的文件：

- http://www.michael-noll.com/blog/2011/04/14/building-an-hadoop-0-20-x-version-for-hbase-0-90-2/。

（2）获取第三方封装的 Hadoop 包，如 Cloudera 的 CDH3、MapR 的 M3 等。

由于本书只介绍 HBase 的基本内容，没有考虑数据遗失的风险。因而需要有兴趣的读者自行参考官网的说明。

HBase 执行的过程中，可能会在 HDFS 的 log 记录中看到下面的异常事件：

```
    INFO hdfs.DFSClient: Could not obtain block blk_AAA_BBB from any node:
java.io.IOException: No live nodes contain current block. Will get new block
locations from namenode and retry.
```

这时必须调整 HDFS 的 DataNode 一次服务的文件数。进入 Hadoop 的 conf 子目录，打开其中的 hdfs-site.xml 做如下修改。需要注意的是，必须重新启动 Hadoop，才能使修改生效。

```
<property>
 <name>dfs.datanode.max.xcievers</name>
 <value>4096</value>
</property>
```

STEP 3 设置主节点。

和 Hadoop 一样，HBase 同时支持“伪分布式”和“全分布式”的运行模式。无论在哪种模式中运行，都必须调整 conf/hbase-site.xml 的内容，在其中添加下面内容：

```
<property>
 <name>hbase.rootdir</name>
```

```
 <value>hdfs://linux1.freejavaman:9000/hbase</value>
</property>

<property>
 <name>dfs.replication</name>
 <value>2</value>
</property>

<property>
 <name>hbase.cluster.distributed</name>
 <value>true</value>
</property>
```

hbase.rootdir 用来设置 HDFS NameNode 的位置、端口号和存储目录。运行在伪分布式模式时，将 NameNode 设置为 localhost。上面将数据存储目录命名为 hbase。需要注意的是，最好让 HBase 自动创建数据目录，否则系统会显示警告而无法正确启动。

dfs.replication 是 HBase 用来指定数据副本数的参数，HDFS 的 hdfs-site.xml 中也有相同的参数。在 HDFS 中设置 5 个副本，在 HBase 中设置为 3 时，只存储 3 个副本。

hbase.cluster.distributed 参数是启动全分布式模式的关键，设置为 true 表示准备在全分布式模式中运行 HBase。参见下表中的其他常用参数。

参数名称	功能说明	默认值
hbase.master.port	Master 节点的端口号	60000
hbase.master.info.port	Web 管理接口的端口号。设置为-1 时，不会启动管理接口	60010
hbase.client.write.buffer	Htable 客户端写存暂存区大小	2097152
hbase.regionserver.port	RegionServer 使用的端口号	60020
hbase.regionserver.handler.count	设置接收使用者联机的线程数。如果用户每次的要求都会使用大量的内存，如：存储大量数据、使用较大的暂存区查询数据等，应该将这个参数设置小一点。反之，或暂用小量内存的要求，如少量数据写入、删除等工作时，可以将这个参数设大一点	10
hbase.zookeeper.property.clientPort	ZooKeeper 等待客户端程序连接的端口号	2181

STEP 4 设置从节点。

最后将所有执行 HRegionServer 的节点加到 conf/regionservers 中：

```
linux1.freejavaman
linux2.freejavaman
```

HBase 通过 ZooKeeper 提供的服务处理协同工作需要的各项事宜，进而构建整个分布式数据库集群。在默认情况下，HBase 启动时会同时启动 ZooKeeper。管理人员可以通过 conf/hbase-env.sh 中的 HBASE_MANAGES_ZK 参数决定是否要同步启动管理 ZooKeeper。

```
# Tell HBase whether it should manage it's own instance of Zookeeper or not.
```

```
export HBASE_MANAGES_ZK=true
```

设置为 true 表示 HBase 要自行管理 ZooKeeper，那么可以通过 ZooKeeper 本身的配置文件——zoo.cfg 或 HBase 的配置文件——conf/hbase-site.xml 设置和管理 ZooKeeper。在大多数情况下，HBase 在集群中运行时，至少需要将所有的节点主机名加到 hbase.zookeeper.quorum 参数中。下面是笔者测试环境中的 hbase-site.xml 的片段内容：

```
<property>
 <name>hbase.zookeeper.quorum</name>
 <value>linux1.freejavaman,linux2.freejavaman</value>
</property>
```

STEP 5 启动全分布式模式。

万事俱备后，就可以启动 HBase 了。在此之前，需要先确认已经启动了 HDFS。同样执行下面命令：

```
$ bin/start-hbase.sh
```

启动过程中会发生如下的异常事件：

```
    FATAL org.apache.hadoop.hbase.master.HMaster: Unhandled exception. Starting
shutdown.
    java.lang.NoClassDefFoundError:
org/apache/commons/configuration/Configuration at
org.apache.hadoop.metrics2.lib.DefaultMetricsSystem.<init>(DefaultMetricsSystem
.java:37)
```

可以从错误信息得知缺少了需要的包。读者可以在 Hadoop 的 lib 子目录中找到一个命名为 commons-configuration-1.6 的 JAR 文件，将它复制到 HBase 的 lib 子目录，再重新启动 HBase，就不会发生上面的错误了。这个错误信息产生的主要原因是：取得的 HBase 安装包，默认的情况下是在单机模式中执行的，因此释放时不需要封装这个包。但官网中没有特别提出，读者可以借鉴笔者的经验。

除此之外，启动 HBase 时还可能发生下面的异常事件：

```
    FATAL org.apache.hadoop.hbase.master.HMaster: Unhandled exception. Starting
shutdown.
    java.net.ConnectException: Call to linux1.freejavaman/192.168.1.107:9000
failed on connection exception: java.net.ConnectException: Connection refused
```

错误原因在于 HBase 无法连接 HDSF，这时必须确定 HBase 的 conf/hbase-site.xml 参数文件中的 hbase.rootdir、HDFS 的 IP 和端口号的设置是否正确。

STEP 6 观察运行状态。

在分布式环境中顺利启动 HBase 后，就可以通过 HBase 提供的 Web 接口来观察运行过程。以笔者的测试环境为例，IP 为 192.168.1.10 时，使用默认的端口号 60010。

可以输入下面的命令进入 HBase 的 shell 模式，确认是否可以正常运行（见下图）：

```
$ ./bin/hbase shell
```

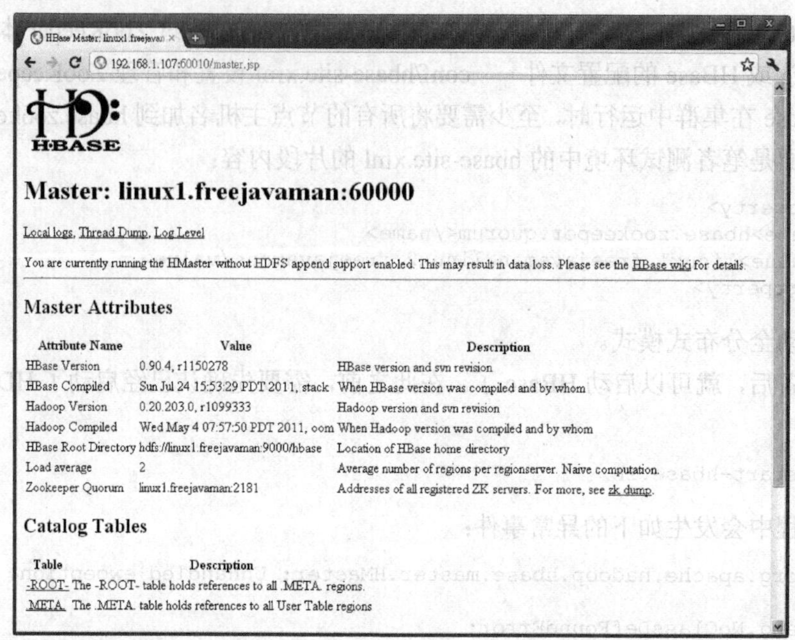

下面是进入 HBase shell 的提示信息。可以创建新的数据表，并通过 list 命令确认正确创建了所需的数据表。

```
Base Shell; enter 'help<RETURN>' for list of supported commands.
Type "exit<RETURN>" to leave the HBase Shell
Version 0.90.4, r1150278, Sun Jul 24 15:53:29 PDT 2011
> create 'myTable', 'column1', 'column2'
0 row(s) in 1.4630 seconds

> list
TABLE
myTable
1 row(s) in 0.0760 seconds
```

可以输入 exit 命令离开 HBase 的 shell 模式，执行 bin/stop-hbase.sh 可以停止 HBase。可能会花很长时间来停止 HBase，需要视分布式数据库的规模而定。需要注意的是，系统维护人员必须在确认 HBase 完全停止后，才可以停止 HDFS。如果弄反停机的顺序，或没有等 HBase 先停机，可能会造成数据损坏的异常事件。

14.2.6 HBase 应用程序

具备相关的知识后就可以开始实现应用程序了。编写 HBase 客户端程序时，必须在

classpath 中添加下面的 JAR 文件：hbase、hadoop、log4j、commons-logging、commons-lang、ZooKeeper。需要注意的是，因为 HBase 不是关系数据库，因而不需要设置 JDBC Driver 包。

依次启动 Hadoop 和 HBase。为了程序的编写，必须先建立测试数据。进入 HBase 的 shell 创建下面的数据表，并创建一个名为 MovieTable 的表，其中包括两个列族：info 和 cast：

```
>create 'MovieTable', 'info', 'cast'
```

再执行下面的命令添加数据。行主键是电影名，info:RunningTime 存储影片长度，info:ReleaseDate 存储上映日期，cast:Starring 存储主演，cast:Directed 存储导演姓名。

```
>put 'MovieTable', 'X-Men', 'info:RunningTime', '1 hr. 44 min.'
>put 'MovieTable', 'X-Men', 'info:ReleaseDate', 'July 14, 2000'
>put 'MovieTable', 'X-Men', 'cast:Starring', 'Hugh Jackman'
>put 'MovieTable', 'X-Men', 'cast:Directed', 'Bryan Singer'
```

再执行 scan 命令确认数据确实被添加到数据库：

```
>scan 'MovieTable'
```

执行结果如下所示：

```
ROW    COLUMN+CELL
X-Men  column=cast:Directed, timestamp=1320225154018, value=Bryan Singer
X-Men  column=cast:Starring, timestamp=1320225146624, value=Hugh Jackman
X-Men  column=info:ReleaseDate, timestamp=1320225139212, value=July 14, 2000
X-Men  column=info:RunningTime, timestamp=1320225131232, value=1 hr. 44 min.
1 row(s) in 0.2320 seconds
```

这时就可以开始编写每个数据库应用程序都具备的添加、删除、修改和查询功能了。

数据查询功能

首先介绍查询程序的代码：

```
public HBaseTest() {
 //设置 ZooKeeper 的节点和端口号
 HBaseConfiguration config = new HBaseConfiguration();
 config.clear();
 config.set("hbase.zookeeper.quorum", "linux1.freejavaman");
 config.set("hbase.zookeeper.property.clientPort","2181");

 doScan(config);
}

//执行查询的功能
private void doScan(HBaseConfiguration config) {
 try {
  //和单个 HBase 表沟通的对象
  HTable htable = new HTable(config, "MovieTable");

```

```
    //封装查询功能的对象
    Scan scan = new Scan();

    //设置要查询的列族的前缀和限定词
    scan.addColumn("info".getBytes(),"RunningTime".getBytes());
    scan.addColumn("info".getBytes(),"ReleaseDate".getBytes());
    scan.addColumn("cast".getBytes(),"Starring".getBytes());
    scan.addColumn("cast".getBytes(),"Directed".getBytes());

    //设置查询的起始行主键
    scan.setStartRow(Bytes.toBytes("X-Men"));

    //设置查询的终止行主键
    scan.setStopRow(Bytes.toBytes("X-Men"));

    //轮询查询结果
    for(Result result : htable.getScanner(scan)) {
     //获取所有查询结果
    String rTime = new String(result.getValue("info".getBytes(),
                                       "RunningTime".getBytes()));
    String rDate = new String(result.getValue("info".getBytes(),
                                       "ReleaseDate".getBytes()));
    String actor = new String(result.getValue("cast".getBytes(),
                                       "Starring".getBytes()));
    String director = new String(result.getValue("cast".getBytes(),
                                       "Directed".getBytes()));

    System.out.println("rTime:" + rTime +
                       ",rDate:" + rDate +
                       ",actor:" + actor +
                       ",director:" + director);
    }
  } catch (Exception e) {
    System.out.println("doScan error:" + e);
  }
}
```

上面的程序通过 HBaseConfiguration 对象封装连接 HBase 集群需要的相关信息，如 ZooKeeper 节点名等。HTable 作为和单个 HBase 表沟通的对象。需要注意的是，HTable 并不是 Thread Safe 对象。简单地说，HTable 更新数据时，并没有使用 synchronized 标识符保护写缓冲区（write buffer）。因此，多个线程同时通过同一个 HTable 实体存取数据表时，可能会因为竞争（race condition）问题而产生意想不到的结果。

此外，为提高执行效率，建议使用同一个 HBaseConfiguration 对象实体作为所有 HTable 对象的参考值。这样，所有的 HTable 就会共享连接到服务器和 ZooKeeper 集群的联机，还会共享 Region 的存储位置。

产生上面特性的主要原因是底层的 HConnection 对象。需要注意的是，一旦设置某些参数，如 hbase.client.pause、hbase.client.retries.number、 hbase.client.rpc.maxattempts 等，传递

给 HTable 继续修改时，HConnection 对象不会收到通知，而是会造成设置的参数没有发挥作用的情况。这时唯一的解决办法是重新创建配置对象，再传递给新创建的 HTable 对象。

Scan 对象是一个封装查询动作的对象，通过 startRow 和 stopRow 函数的配合，就可以设置要查询的行主键范围。但要注意，行主键是以字节数组的形式存储的，因而在进行条件设置时，必须先将字符串转换成字节数组。

同理，可以使用 Scan 对象的 addColumn 函数指定要查询的列族前缀和限定词，这一点和 SQL 的 SELECT 命令类似。

使用 HTable 的 getScanner 函数，按照设置的条件进行数据查询的工作，它的返回值是一个 ResultScanner 对象。该对象也是 Iterable<Result>对象，可以利用循环取出其中封装的所有 Result 对象。Result 对象封装的是一行数据，可以使用 getValue 函数，并指定列族的前缀和限定词，获取要查询的数据内容。指定的列族或数据内容，都以字节数组的形式存在。因此必须进行适当的类型转换，如示例程序将数值转换成字符串。

接着就可以尝试执行测试程序了。由于整个系统是以 Java 语言编写的，同时又基于 TCP/IP 通信协议，因而不一定要在 Linux 环境中执行测试的客户端程序。编译示例程序，并封装成适当的 JAR 文件，如 MyHBase.jar。在 Windows 的 DOS 模式或 Linux 的终端机中执行下面的命令：

```
    java
-classpath .\;.\commons-lang-2.5.jar;.\commons-logging-1.1.1.jar;.\hadoop-core-
0.20.203.0.
    jar;.\hbase-0.90.4.jar;.\hbase-site.xml;.\log4j-1.2.16.jar;.\MyHBase.jar;.\
zookeeper-3.3.2.jar com.freejavaman.HbaseTest
```

补充说明

Linux 环境中，需要用正斜线取代，同时将分号改成冒号。

执行结果如下所示：

```
    .........
    INFO zookeeper.ClientCnxn: Socket connection established to linux1.freejavaman/
192.168.1.107:2181, initiating session
    INFO zookeeper.ClientCnxn: Session establishment complete on server
linux1.freejavaman/192.168.1.107:2181, sessionid = 0x13363737f720007, negotiated
timeout = 180000
    rTime:1 hr. 44 min.,rDate:July 14, 2000,actor:Hugh Jackman,director:Bryan Singer
```

回想一下示例程序的运行过程，是不是比较像是使用 Container 对象，而不是存取数据库呢？

数据添加功能

接着看一下添加数据的程序代码：

```
//执行添加数据的功能
private void doPut(HBaseConfiguration config) {
 try {
  //和单个 HBase 表沟通的对象
  HTable htable = new HTable(config, "MovieTable");

  //封装添加功能的对象
  Put put = new Put("Harry Potter 7".getBytes());

  //设置要添加的列族的前缀、限定词和数据
  put.add("info".getBytes(),"RunningTime".getBytes(), "2 hrs. 10
          min.".getBytes());
  put.add("info".getBytes(),"ReleaseDate".getBytes(), "July 15th,
          2011".getBytes());
  put.add("cast".getBytes(),"Starring".getBytes(), "Daniel
          Radcliffe".getBytes());
  put.add("cast".getBytes(),"Directed".getBytes(), "David Yates".getBytes());

  //执行添加的工作
  htable.put(put);
 } catch (Exception e) {
  System.out.println("doPut error:" + e);
 }
}
```

前面已经介绍了 HBaseConfiguration 和 HTable 的运行原理，这里不再说明。由上面的程序可以知道，执行添加功能时，需要使用 Put 对象封装和处理相关的事宜。

需要在 Put 的构造函数中输入要添加数据的行主键。接着使用 add 函数为所有的列族添加数据。需要注意的是，必须把输入的数据都转换成字节数组。执行结果参见如下所示：

```
  ……
  INFO zookeeper.ClientCnxn: Socket connection established to
linux1.freejavaman/192.168.1.107:2181, initiating session
  INFO zookeeper.ClientCnxn: Session establishment complete on server
linux1.freejavaman/192.168.1.107:2181, sessionid = 0x13363737f720008, negotiated
timeout = 180000
```

如何确认数据被添加到数据库呢？我们可以使用 HBase 的 shell 进行检查工作。在 shell 中输入 scan 'MovieTable' 命令，就可以得到下面的执行结果：

```
  ROW     COLUMN+CELL
Harry Potter 7 column=cast:Directed, timestamp=1320251311269, value=David Yates
Harry Potter 7 column=cast:Starring, timestamp=1320251311269, value=Daniel Radcliffe
Harry Potter 7 column=info:ReleaseDate, timestamp=1320251311269, value=July 15th, 2011
Harry Potter 7 column=info:RunningTime, timestamp=1320251311269, value=2 hrs. 10 min.
 X-Men      column=cast:Directed, timestamp=1320225154018, value=Bryan Singer
 X-Men      column=cast:Starring, timestamp=1320225146624, value=Hugh Jackman
```

```
X-Men     column=info:ReleaseDate, timestamp=1320225139212, value=July 14, 2000
X-Men     column=info:RunningTime, timestamp=1320225131232, value=1 hr. 44 min.
2 row(s) in 1.2500 seconds
```

可以得知，已经在数据库中添加了数据。

数据修改功能

Put 对象除了添加数据外，还可以用做数据修改。只要存在行主键、列族的前缀和限定词，就可以修改这项数据。参见下面的示例程序代码段：

```
//执行修改数据的功能
private void doUpdate(HBaseConfiguration config) {
 try {
  //和单个 HBase 表沟通的对象
  HTable htable = new HTable(config, "MovieTable");

  //封装修改功能的对象
  Put put = new Put("Harry Potter 7".getBytes());

  //设置要修改的列族的前缀、限定词和数据
  put.add("cast".getBytes(),"Starring".getBytes(), "EmmaWatson".getBytes());

  //执行修改的工作
  htable.put(put);
 } catch (Exception e) {
  System.out.println("doPut error:" + e);
 }
}
```

执行 HBase shell Scan 命令，可以得到下面的执行结果。我们已经修改了这个电影数据的演员姓名：

```
ROW          COLUMN+CELL
Harry Potter 7 column=cast:Directed, timestamp=1320251311269, value=David Yates
Harry Potter 7 column=cast:Starring, timestamp=1320252658429, value=Emma Watson
Harry Potter 7 column=info:ReleaseDate, timestamp=1320251311269, value=July
15th, 2011
Harry Potter 7 column=info:RunningTime, timestamp=1320251311269, value=2 hrs.
10 min.
```

数据删除功能

最后是删除的工作。按照同样的运行原理，我们可以使用 Delete 对象执行删除的工作，下面是示例程序的代码段：

```
//执行删除一行数据的功能
private void doDeleteRow(HBaseConfiguration config) {
 try {
  //和单个 HBase 表沟通的对象
```

```
    HTable htable = new HTable(config, "MovieTable");

    //封装删除功能的对象
    Delete del = new Delete("Harry Potter 7".getBytes());

    //执行删除的工作
    htable.delete(del);
  } catch (Exception e) {
    System.out.println("doDeleteRow error:" + e);
  }
}
```

除了删除整行数据的方式外，HBase 还支持删除整个列族的方式，请参见下面的代码段：

```
//执行删除列族的功能
private void doDeleteFamily(HBaseConfiguration config) {
  try {
    //和单个 HBase 表沟通的对象
    HTable htable = new HTable(config, "MovieTable");

    //封装删除功能的对象
    Delete del = new Delete("X-Men".getBytes());

    //设置要删除的列族
    del = del.deleteFamily("info".getBytes());

    //执行删除的工作
    htable.delete(del);
  } catch (Exception e) {
    System.out.println("doDeleteFamily error:" + e);
  }
}
```

使用 shell 查询结果，可得知已经删除了 info 列族：

```
ROW   COLUMN+CELL
X-Men column=cast:Directed, timestamp=1320225154018, value=Bryan Singer
X-Men column=cast:Starring, timestamp=1320225146624, value=Hugh Jackman
1 row(s) in 0.1330 seconds
```

除此之外，还可以指定限定词来进行删除的工作：

```
//执行删除一列数据的功能
private void doDeleteColumn(HBaseConfiguration config) {
  try {
    //和单个 HBase 表沟通的对象
    HTable htable = new HTable(config, "MovieTable");

    //封装删除功能的对象
    Delete del = new Delete("X-Men".getBytes());

    //设置要删除的列族和限定词
    del = del.deleteColumn("cast".getBytes(), "Directed".getBytes());
```

```

 //执行删除的工作
 htable.delete(del);
} catch (Exception e) {
 System.out.println("doDeleteColumn error:" + e);
}
}
```

下面的执行结果说明删除了 cast 列族的 Directed 列：

```
ROW  COLUMN+CELL
X-Men column=cast:Starring, timestamp=1320225146624, value=Hugh Jackman
1 row(s) in 0.0710 seconds
```

需要注意的是，刚才只删除了表中的数据，并没有修改表结构。执行 HBase shell 的 describe ‘MovieTable’命令，可以发现所有的列族信息仍然存在：

```
DESCRIPTION
{NAME => 'MovieTable', FAMILIES => [
{NAME => 'cast', BLOOMFILTER => 'NONE', REPLICATION_SCOPE => '0',COMPRESSION =>
'NONE', VERSIONS => '3', TTL => '2147483647', BLOCKSIZE => '65536', IN_MEMORY =>
'false', BLOCKCACHE => 'true'},
{NAME => 'info', BLOOMFILTER => 'NONE', REPLICATION_SCOPE => '0', COMPRESSION
=> 'NONE', VERSIONS => '3', TTL => '2147483647',BLOCKSIZE => '65536', IN_MEMORY =>
'false', BLOCKCACHE => 'true'}]}
1 row(s) in 0.2370 seconds
```

动态数据表的创建

读者已经学会 HBase 表的基本操作，然而程序员是否可以像使用传统关系数据库的 DDL（Data Definition Language）那样，在程序中动态创建数据表呢？答案是肯定的，我们来看个典型的示例程序。

```
//创建数据表
private void doCreateTable(HBaseConfiguration config) {
 try {
 //HBase 管理组件
 HBaseAdmin admin = new HBaseAdmin(config);

 //表名
 String tableName = "ProductTable";

 //判断表是否已经存在
 if (!admin.tableExists(tableName)) {
   //如果不存在，就开始设置表结构

  //创建描述表的对象
  HTableDescriptor tableDesc = new HTableDescriptor(tableName);

  //添加列族的描述
  HColumnDescriptor familyDesc = new HColumnDescriptor("spec");
```

```

   //添加列族的描述
   HColumnDescriptor familyDesc2 = new HColumnDescriptor("price");

   //在表描述中添加列族描述
   tableDesc.addFamily(familyDesc);
   tableDesc.addFamily(familyDesc2);

   //根据表描述创建表
   admin.createTable(tableDesc);
  }
 } catch (Exception e) {
  System.out.println("doCreateTable error:" + e);
 }
}
```

程序员可以使用 HBaseAdmin 组件修改数据表的结构，并执行管理的工作，这些工作包括：创建、删除、启动、停用表和添加或删除列族。

HTableDescriptor 对象是一个描述表结构的对象，包括表名和其中的列族数据。同样的道理，HColumnDescriptor 用来描述列族的信息，包括列族名、版本数、数据压缩设置等。

在上面的示例程序中，我们创建了一个产品信息表——ProductTable，同时创建了两个列族：spec 和 price。为确认确实创建了表，可以进入 HBase 的 shell，执行 describe 'ProduceTable' 命令来确认顺利在分布式数据库中创建了表：

```
DESCRIPTION
{NAME => 'ProductTable', FAMILIES => [
{NAME => 'price', BLOOMFILTER => 'NONE', REPLICATION_SCOPE => '0', COMPRESSION
=> 'NONE', VERSIONS => '3', TTL => '2147483647', BLOCKSIZE => '65536', IN_MEMORY
=> 'false', BLOCKCACHE => 'true'},
{NAME => 'spec', BLOOMFILTER => 'NONE', REPLICATION_SCOPE => '0', COMPRESSION
=> 'NONE', VERSIONS => '3', TTL => '2147483647', BLOCKSIZE => '65536', IN_MEMORY
=> 'false', BLOCKCACHE => 'true'}]}
1 row(s) in 0.1050 seconds
```

下列的程序片段说明了如何删除表中的列族。需要注意的是，在执行删除命令前，必须先停用该表，执行完“删除”命令后再重新启动。

```
//删除列族
private void doDropColumn(HBaseConfiguration config) {
 try {
  //HBase 管理组件
  HBaseAdmin admin = new HBaseAdmin(config);

  //表名
  String tableName = "ProductTable";

  //判断表是否已经存在
  if (admin.tableExists(tableName)) {
    //停用该表
```

```
    admin.disableTable(tableName);

    //如果存在，才可以修改
    admin.deleteColumn(tableName, "price");

    //启动该表
    admin.enableTable(tableName);
   }
  } catch (Exception e) {
   System.out.println("doDropColumn error:" + e);
  }
 }
```

由 HBase 的 shell 可以观察到如下的执行结果，确定已经从表中删除了列族；需要注意的是，列族中的数据也会被一起删除。

```
DESCRIPTION
{NAME => 'ProductTable', FAMILIES => [
{NAME => 'spec', BLOOMFILTER => 'NONE', REPLICATION_SCOPE => '0', VERSIONS =>
'3', COMPRESSION => 'NONE', TTL => '2147483647', BLOCKSIZE => '65536', IN_MEMORY
=> 'false', BLOCKCACHE => 'true'}]}
1 row(s) in 0.0700 seconds
```

可以使用下面的代码在数据表中添加列族，并修改列族的属性：

```
//修改并添加列族
private void doModifyColumn(HBaseConfiguration config) {
 try {
  //HBase 管理组件
  HBaseAdmin admin = new HBaseAdmin(config);

  //表名
  String tableName = "ProductTable";

  //判断表是否已经存在
  if (admin.tableExists(tableName)) {
   //停用该表
   admin.disableTable(tableName);

   //添加新的列族
   HColumnDescriptor familyDesc = new HColumnDescriptor("memo");
   admin.addColumn(tableName, familyDesc);

   //修改列族
   HColumnDescriptor familyDesc2 = new HColumnDescriptor("spec");
   familyDesc2.setTimeToLive(60 * 3);
   admin.modifyColumn(tableName, familyDesc2);

   //启动该表
   admin.enableTable(tableName);
  }
 } catch (Exception e) {
```

```
System.out.println("doDropColumn error:" + e);
}
}
```

成功地添加了 memo 列族，原来的 spec 列族的 TTL 被调整为 180 秒。TTL 是 Time To Live 的缩写，HBase 会在指定的时间中删除该列数据，包括现在的数据版本和所有时间戳的版本。TTL 的单位为秒，采用的是世界标准时间（UTC）。

```
DESCRIPTION
{NAME => 'ProductTable', FAMILIES => [
{NAME => 'memo', BLOOMFILTER => 'NONE', REPLICATION_SCOPE => '0', VERSIONS =>
'3', COMPRESSION => 'NONE', TTL => '2147483647', BLOCKSIZE => '65536', IN_MEMORY
=> 'false', BLOCKCACHE => 'true'},
{NAME => 'spec', BLOOMFILTER => 'NONE', REPLICATION_SCOPE => '0', COMPRESSION
=> 'NONE', VERSIONS => '3', TTL => '180', BLOCKSIZE => '65536', IN_MEMORY => 'false',
BLOCKCACHE => 'true'}]}
1 row(s) in 0.0670 seconds
```

本节对 HBase 做了最基本的介绍。HBase 是一套相当复杂的分布式数据库系统，需要调整的参数很多，每个参数又涉及很多理论基础，不是本书能涵盖的。因此，笔者只能扮演领进门的角色，如果各位想深入了解，就需要自己努力了。

14.3 Hadoop 实战篇

经过前几节的介绍，相信读者已经对云计算和 Hadoop 有了基本的认识，本节要介绍的是一些实际的云计算案例，希望能让读者有更具体的了解。

14.3.1 最大/最小值的搜索

设计云程序时，除了程序逻辑的设计外，最重要的是“如何设计数据”。简单地说，要抛给云集群进行运算的数据，除了需要尽量符合数据段（split）和数据块（data block）相等的原则，以减少网络和 I/O 的动作外，最重要的是：通过 Hadoop 进行数据切分后，所有的数据段之间都不具有任何依赖性，在 map 运算后能被适当地分群，方便进行“归纳”的动作。

现在示范的示例将尝试找出一个月中各个地区空气污染指标（PSI）的最大值和检测的日期。假设数据文件 PSIData 的内容如下：

```
Shenzhen 2011/10/01 85

Xian 2011/10/01 58
Haerbin 2011/10/01 60
```

………

字段之间用空白符隔开。第一个字段是检测的区域范围，第二个字段是检测日期，第三个字段是 PSI 值，该数值越大，代表空气污染越严重。下图是对该数据源进行 Map/Reduce 运算的示意图。

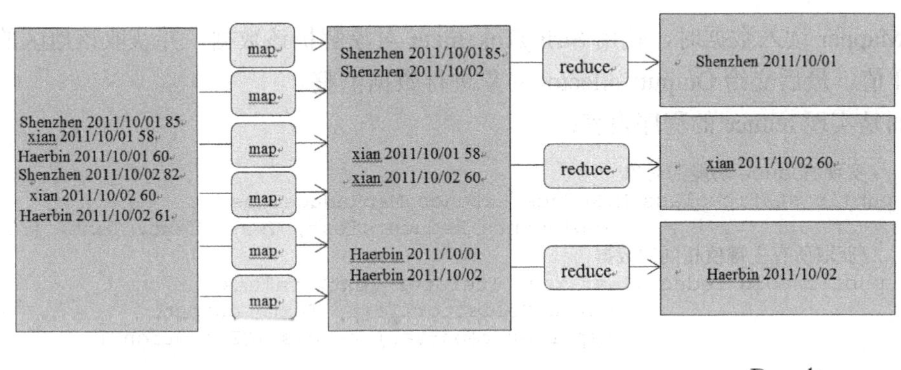

会使用一个 map 来解析处理一个地区的当日数据。准备好所有的中间数据后，再根据主键值（地区）进行群组化的工作，以便传递给 Reducer 进行最大值的判断。最后，在 reduce 运算中进行 PSI 的大小比较后，就能够得知各个地区空气污染最严重的日期和检测值。基于上面的处理逻辑实现的 map 程序如下：

```
//实现 Map 功能的对象
public static class MyMap extends MapReduceBase
                    implements Mapper<LongWritable, Text, Text, Text> {

public void map(LongWritable key,
                Text value,
                OutputCollector<Text, Text> output,
                Reporter reporter) throws IOException {
 //从文本文件中读入一行数据
 String line = value.toString();

 if (line != null && !line.equals("")) {
  //进行字符串解析的工作
  StringTokenizer tokenizer = new StringTokenizer(line);

  //获取地区名作为主键
  String city = tokenizer.nextToken();

  //获取测量日期
  String date = tokenizer.nextToken();

  //获取空气污染指标(PSI)
```

```
  String psi = tokenizer.nextToken();

  //存储在负责封装输出数据的对象中
  output.collect(new Text(city), new Text(date + " " + psi));
 }
 }
}
```

当 Mapper 读入数据时，使用 StringTokenizer 对象解析该数据，并获取该地区的测量日期和 PSI 值，最后交给 OutputCollector 对象进行数据汇整。

下面是实现 reduce 的程序内容：

```
//实现 Reduce 功能的对象
public static class MyReduce extends MapReduceBase
                           implements Reducer<Text, Text, Text, Text> {
 //获取所有主键值相同的数据
 public void reduce(Text key, Iterator<Text> values,
                           OutputCollector<Text, Text> output,
                           Reporter reporter) throws IOException {

  String tmpData = ""; //暂存最大检测值的日期
  int tmpPSI = 0;      //暂存最大检测值的 PSI 值

  //轮询所有主键值相同的数据,主键值为 city
  while (values.hasNext()) {
   try {
    //判断是否为最大的 PSI，如果是就存储
    StringTokenizer tokenizer = new StringTokenizer(values.next().toString());

    //获取检测日期
    String date = tokenizer.nextToken();

    //获取 PSI 值
    int psi = Integer.parseInt(tokenizer.nextToken());

    //判断是否是最大检测值
    if (psi > tmpPSI) {
     tmpPSI  = psi;
     tmpData = date;
    }
   } catch (Exception e) {
   }
  }

  //存储在负责封装输出数据的对象中
  output.collect(key,  new Text(tmpData + " " + tmpPSI));
 }
}
```

传递给 Reducer 数据集合的主键是地区，这表示在 values 变量中封装的是该地区在当月

每天的 PSI 测量值。使用简单的循环就可以找出该地区当月 PSI 的最大值和测量的日期。最后判断结果，存储到 OutputCollector 对象中进行最终的输出工作。

需要注意的是，OutputCollector 对象的输出数据不是前几节示例程序的 IntWritable 类型，而是文本类型的 Text。这就是泛型程序设计的最大优点之一：在不修改程序代码的情况下，改变参数类型并不会造成任何影响。此外，通过 JobConf 进行配置设置时，需要使用 setOutputValueClass 函数将输出数据类型设置为 Text.class。

顺利编译后，将程序封装成 JAR 文件，并存储到 Hadoop 的工作目录。接下来就可以进行测试的工作了。

执行下面的命令，以便在 HDFS 中创建一个名为 psiInput 的目录：

```
$ bin/hadoop dfs -mkdir psiInput
```

接着通过下面的命令将数据文件存储到 HDFS 的 psiInput 目录中：

```
$ bin/hadoop dfs -put ./PSIData psiInput
```

可以执行下面的命令来确认文件被存储在 HDFS 中：

```
$ bin/hadoop dfs -cat psiInput/PSIData
```

现在就可以尝试执行该应用程序了：

```
$ bin/hadoop jar MyMapReduce.jar com.freejavaman.FindMax psiInput psiOutput
```

执行过程中会显示如下信息：

```
WARN mapred.JobClient: Use GenericOptionsParser for parsing the arguments.
Applications should implement Tool for the same.
INFO mapred.FileInputFormat: Total input paths to process : 1
INFO mapred.JobClient: Running job: job_201110241358_0006
INFO mapred.JobClient:  map 0% reduce 0%
INFO mapred.JobClient:  map 100% reduce 0%
INFO mapred.JobClient:  map 100% reduce 100%
INFO mapred.JobClient: Job complete: job_201110241358_0006
………
```

执行完毕后，执行下面的命令，将 HDFS 中的目录复制到本地文件系统中：

```
$ bin/hadoop dfs -get psiOutput psiOutput
```

最后用 shell 命令查看执行结果：

```
$ cat psiOutput/*
```

如果无意外事件发生，会得到如下的执行结果：

```
Beijng  2011/10/02 100
Haerbin 2011/10/02 61
Taiyuan 2011/10/02 115
Tianjin 2011/10/03 89
```

```
Shanghai     2011/10/01 95
Shenzhen     2011/10/01 85
Xian         2011/10/04 67
Zhengzhou    2011/10/01 90
```

输出结果确认了应用程序已经通过 Map/Reduce 运行方式，找出了当月每个地区 PSI 的最大值和测量的日期。需要注意的是，Reducer 并不会通过主键值对最终结果排序。

回想一下本节开始时提出的话题，云程序的设计重点之一应该包括“如何设计数据”的部分。上面的示例程序使用的数据格式真的是一种好的数据格式吗？其实还有改善的空间。更确切地说，一个数据唤起一次 map 运算，本节示例使用的数据包含了 8 个地区的数据，10 月有 31 天，在这种数据格式下，必须唤起 248 次 map 运算。

为了提供更好的性能，同时减少 map 运算的次数，可以将数据内容调整为下面的格式：

```
    2011/10/01 Shenzhen:85 Xian:58 Haerbin:60 Tianjin:87 Beijing:98 Zhengzhou:90
Shanghai:95 Taiyuan:113
    2011/10/02 Shenzhen:82 Xian:60 Haerbin:61 Tianjin:86 Beijing:100 Zhengzhou:88
Shanghai:92 Taiyuan:115
    .........
```

一行数据将涵盖每个地区整天的 PSI 测量值。换句话说，这样的数据格式下，只需要唤起 31 次 map 运算即可。下面是修改后的 Mapper 程序：

```
//实现 Map 功能的对象
public static class MyMap extends MapReduceBase
               implements Mapper<LongWritable, Text, Text, Text> {

 public void map(LongWritable key,
                 Text value,
                 OutputCollector<Text, Text> output,
                 Reporter reporter) throws IOException {
  //从文本文件读入一行数据
  String line = value.toString();

  if (line != null && !line.equals("")) {
   //获取测量日期
   String date = line.substring(0, line.indexOf(" "));

   //获取所有地区数据
   line = line.substring(line.indexOf(" ") + 1, line.length());

   //解析所有地区数据
   StringTokenizer tokenizer = new StringTokenizer(line);

   //轮询所有数据内容
   while (tokenizer.hasMoreTokens()) {
    String sudata = tokenizer.nextToken();

    //获取地区名称，用做主键
    String city = sudata.substring(0, sudata.indexOf(":"));
```

```

      //获取空气污染指标(PSI)
      String psi = sudata.substring(sudata.indexOf(":") + 1, sudata.length());

      //存储在负责封装输出数据的对象中
      output.collect(new Text(city), new Text(date + " " + psi));
    }
  }
 }
}
```

执行结果也确实可以找出每个地区当月最大 PSI 的日期和数值：

```
Beijing 2011/10/02 100
Haerbin 2011/10/02 61
Taiyuan 2011/10/02 115
Tianjin 2011/10/03 89
Shanghai     2011/10/01 95
Shenzhen     2011/10/01 85
Xian    2011/10/04 67
Zhengzhou    2011/10/01 90
```

从 JobTracker 的管理页面可以观察到，数据的数量也随着格式调整而缩减。通过这样的练习和测试可以了解，编写一个完善的云程序，必须不断地在数据格式和程序设计之间进行修正。

14.3.2 蒙特卡罗算法

蒙特卡罗（Monte Carlo）是一种利用随机数随机抽样的方式，使用某事件发生的频率作为问题答案的算法。当实验的样本数足够多时，就能得到较为精确的解，因而这种算法又称为统计试验法。

Metropolis 等人在 1953 年就提出了该算法，虽然已经过了将近 60 年的时间，但由于它的简单性和实用性，现在已被广泛地应用在各领域，成为求最优解的解决方案之一。

举例来说，在 PMI 项目管理协会制定的项目管理知识体系（project management body of knowledge）中，项目时间管理（project time management）的开发时间表（develop schedule）阶段和项目风险管理（project risk management）的执行定量风险分析（perform quantitative risk analysis）阶段，都会使用蒙特卡罗算法作为分析的技术和工具。简单地说，使用模型多次计算项目中特定但不确定的因子，最后转换成对项目目标的潜在冲击或项目可能结果的分布。

本节并不会谈到复杂的模型，大部分内容都用来介绍蒙特卡罗算法，使用最常使用的示例来说明，即如何通过云计算计算圆周率（π 值）。如下图所示，以坐标的原点为圆心画一个直径为 1 的圆，再画一个和圆相切的正方形。

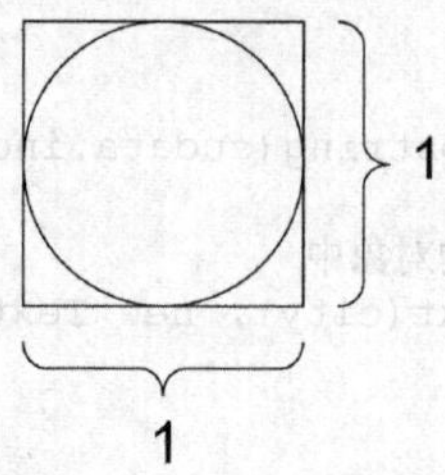

接着，在该正方形内以随机数随机产生 *m* 个点，并判断这些点是否同时落在圆形内，并将这些点数计为 *n*。根据概率理论，*n* 和 *m* 的比值将接近圆形和正方形的面积比值。

- 圆形面积：半径×半径×π，即为 $0.5^2 \times \pi$。
- 方形面积：边长×边长，即为 1。

因此，*n*：*m* 为 0.25×π：1。经过移位后，π ＝4× (*n* / *m*)。

根据勾股定理，随机数产生的坐标和原点构成的直角三角形的斜边长小于等于 0.5 时，表示该坐标落在圆形中，如下图所示。

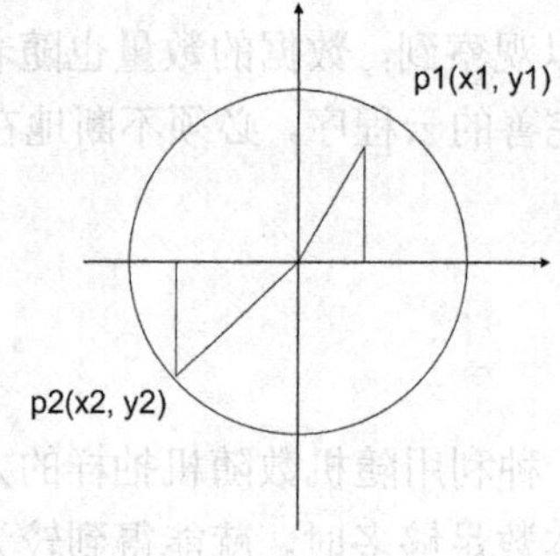

换句话说：

x=random[-0.5…0.5]

y=random[-0.5…0.5]

如果 $x^2+y^2<=0.25$，则表示坐标落在圆形内。

注：斜边最长是 0.5，而 0.5 的平方是 0.25。

根据上面的演算逻辑，我们设计了下图的 Map/Reduce 运算架构。

其实这种应用方式不需要输入数据，只需要按照设置的样本数启动相同数量的 map 运算即可。然而在 Hadoop 的 MapReduce 架构中，map 运算的次数和数据段数相同，因而在执行程序时，必须按照样本数创建对应的数据段数，而数据的内容可以只是没有意义的 1~*m*。

在每一次 map 运算中，将以随机数生成坐标值，并判断该坐标是否落在圆形内。如果该坐标位于圆形内，就创建主键值固定的中间数据。换句话说，中间数据的数量代表落在圆形内的坐标数，其数量可能是 0 ~ *n*，如下图所示。

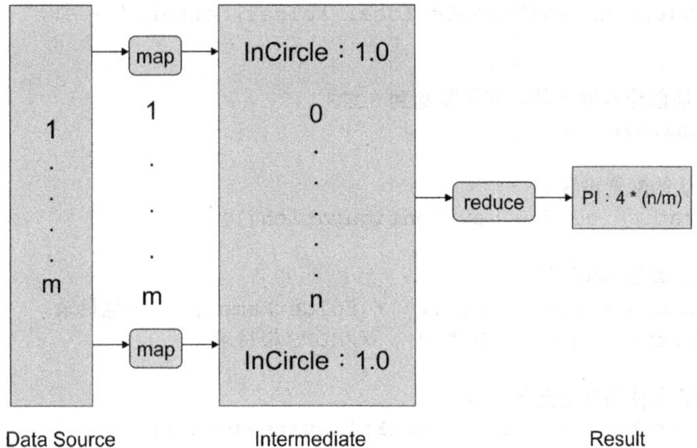

由于所有中间数据的主键都相同，会将它们全部分配到同一个 reduce 运算。在 reduce 运算中，可以根据 $\pi=4\times(n/m)$计算出 π 值。

本节示例程序将结合 HDFS 的使用，根据设置的样本数，动态地在本地文件系统中创建数据段数相同的数据文件，再复制到 HDFS 中作为启动 map 运算的依据。下面是实现的 HDFS 代码段：

```
boolean isLocalFolderOk = false;
boolean isHDFSFolderOk = false;
String folderName = "localFolder";

//根据产生的随机数坐标数，动态创建数据文件
try {
  //在本地文件系统中创建暂存数据文件的目录
  File folder = new File(folderName);
  folder.mkdir();

  //在本地文件系统中创建新的数据文件
  DataOutputStream fsOut = new DataOutputStream(new FileOutputStream("./"
                              + folderName + "/dataFile"));

  //根据坐标数创建数据段
  for (int i = 0; i < MonteCarlo.totalPoint; i++) {
   fsOut.writeBytes("" + i + "\n");
   fsOut.flush();
  }

  //关闭本地的文件
  fsOut.close();
  fsOut = null;
  System.out.println("create local folder:" +
folderName + " and data file done.");
  isLocalFolderOk = true;
} catch (Exception e) {
```

```
  System.out.println("create local folder, error:" + e);
}

//已经在本地创建数据文件，准备复制到 HDFS
if (isLocalFolderOk) {
 try {
  //获取默认的配置设置
  Configuration conf = new Configuration();

  //配置文件数据源和目的位置
  Path srcPath = new Path("./" + folderName); //本地目录
  Path dstPath = new Path("/"); //HDFS 根目录

  //获取封装文件系统信息的对象
  FileSystem hdfs = dstPath.getFileSystem(conf);

  //将本地目录中的文件复制到 HDFS
  hdfs.copyFromLocalFile(false, srcPath, dstPath);

  System.out.println("copy local folder to HDFS done.");
  isHDFSFolderOk = true;
 } catch (Exception e) {
  System.out.println("copy local folder to HDFS error:" + e);
 }
}
```

顺利创建数据文件并复制到 HDFS 后，就可以试着执行下面的程序来启动云计算：

```
//数据文件准备完成，开始进行计算
if (isHDFSFolderOk) {
 JobConf conf = new JobConf(MonteCarlo.class);
 conf.setJobName("MonteCarlo");

 //设置输入/输出数据格式
 conf.setInputFormat(TextInputFormat.class);
 conf.setOutputFormat(TextOutputFormat.class);

 //设置实现 Map 和 Reduce 功能的类
 conf.setMapperClass(MyMap.class);
 conf.setReducerClass(MyReduce.class);

 //设置输出数据主键的类
 conf.setOutputKeyClass(Text.class);

 //设置输出数据值的类
 conf.setOutputValueClass(DoubleWritable.class);

 //设置输入文件路径
 FileInputFormat.setInputPaths(conf, new Path("/" + folderName));

 //设置输出文件路径
 FileOutputFormat.setOutputPath(conf, new Path("monteCarloOutput"));
```

```

//执行计算工作
JobClient.runJob(conf);

System.out.println("operation done.");
}
```

实现 Mapper 的代码如下所示。需要注意的是，只有坐标落在圆形中，map 运算才会生成中间数据，否则该 map 运算的输出为 0。

```
//实现 Map 功能的对象
public static class MyMap extends MapReduceBase
    implements Mapper<LongWritable, Text, Text, DoubleWritable> {

 public void map(LongWritable key,Text value,
                   OutputCollector<Text, DoubleWritable> output,
                   Reporter reporter) throws IOException {

  double x = Math.random(); //获取 0 ~ 1 的随机数
  double y = Math.random(); //获取 0 ~ 1 的随机数

  x -= 0.5; //使 x 介于 -0.5 ~ 0.5
  y -= 0.5; //使 y 介于 -0.5 ~ 0.5

  //判断是否落在圆内,记录落在圆内的记录
  if ((x * x) + (y * y) <= 0.25) {
   output.collect(new Text("InCircle"),  new DoubleWritable(1.0));
  }
 }
}
```

下面是实现 Reducer 的代码段。需要注意的是，参数 values 为 Iterator 类型。必须轮询其内容，并进行中间数据量的汇总，才可以知道究竟有多少个坐标位于圆形中。

```
//实现 Reduce 功能的对象
public static class MyReduce extends MapReduceBase
implements Reducer<Text, DoubleWritable, Text, DoubleWritable> {
//获取所有主键值相同的数据
public void reduce(Text key,
                     Iterator<DoubleWritable> values,
                     OutputCollector<Text, DoubleWritable> output,
                     Reporter reporter) throws IOException {

 //判断 map 运算后共有多少落在圆内
 double inCircle = 0.0;
 while (values.hasNext()) {
  values.next();
  inCircle++;
 }

 //圆周率 = 4×(n/m)
```

```
  double pi = 4×(inCircle/MonteCarlo.totalPoint);

  //存储在负责封装输出数据的对象中
  output.collect(new Text("PI"),  new DoubleWritable(pi));
 }
}
```

编辑完成后，将程序包封装在 JAR 文件中，并存储到 Hadoop 的工作目录中。接着执行下面的命令来启动云计算：

```
$ bin/hadoop jar MyMapReduce.jar com.freejavaman.MonteCarlo
```

顺利执行完后，用下面的命令将 HDFS 中的输出目录复制到本地文件系统中：

```
$ bin/hadoop dfs -get monteCarloOutput monteCarloOutput
```

现在可以用下面的命令查看执行结果：

```
$ cat monteCarloOutput/*
```

根据笔者的测试结果：样本数越多，计算出的 π 值越精确，如下表所示。

样 本 数	π 值
10	2.4
100	3.0
1000	3.128
10000	3.1328
100000	3.13696
1000000	3.14084

蒙特卡罗算法是一种非常适合应用并行计算的算法。很多人工智能算法也采用蒙特卡罗算法构建具有不确定性的演算机制，来模拟真实世界的情况。因此，具有人工智能算法的系统，如数据挖掘、文本挖掘、时间序列挖掘等，在云计算中是大有可为的。

需要注意的是，蒙特卡罗算法是基于随机数构建而成的，而且必须具有足够的样本。因而可能会降低问题解的精确度，但它会带来并行计算的可行性。系统架构师需要在两者之间做一定的评估考虑。

14.3.3 积分求解

可以使用并行计算来计算积分，我们以 $y=x^2$ 为例来说明，如下图所示。

将函数平均切分成多个小矩形，并对所有矩形面积求和，进而得到函数的积分值。根据这样的思维逻辑，可以得到下图所示的 Map/Reduce 架构。

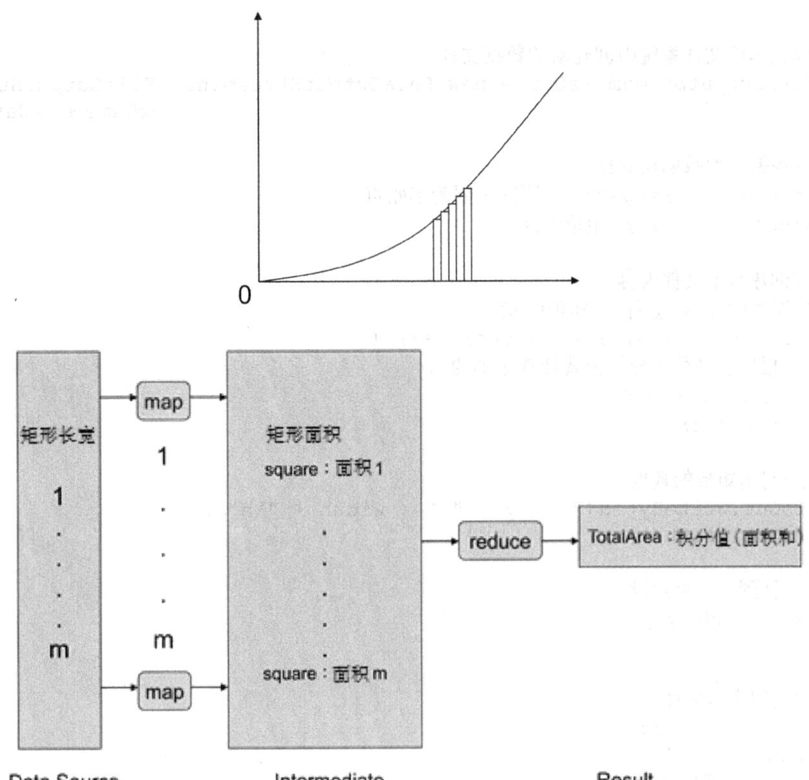

数据源将包括每个矩形的长宽数据，在 map 中分别计算矩形面积。由于 map 输出的中间数据都使用相同的主键，因而会送到同一个 reduce 进行计算面积和的工作，这样就可以得到积分值。

到底有多少个矩形呢？在应用程序中，将通过参数设置的方式来设置，包括 3 个参数，分别是：积分区间下限、积分区间上限和矩形数。

简单地说，积分区间下限和积分区间上限共同决定要进行积分的范围。积分的范围除以矩形数就可以得到每个矩形的宽度。最后，再利用循环方式，通过区间下限累加矩形宽度，循环计算出每个 x 轴的坐标值，再带入 $y=x^2$ 函数中就可以得到每个矩形的高度。

根据上面的设计逻辑实现了下面的代码段。该程序在本地文件系统中生成需要的数据文件。

```
//计算每个矩形的宽度
double width = (double)(rangeB - rangeA)/(double)splits;
if (width != 0) {
 //根据 y=x² 计算每个矩形的高
 try {
  //在本地文件系统中创建暂存数据文件的目录
  File folder = new File(folderName);
  folder.mkdir();
```

```

    //在本地文件系统中创建新的数据文件
    DataOutputStream fsOut = new DataOutputStream(new FileOutputStream("./"
                                       + folderName + "/dataFile"));

    //根据矩形数创建数据段
    double x = rangeA; //区间下限为起始点
    double y = 0; //矩形的高

    //创建数据文件内容
    //矩形的高 + 空白 + 矩形的宽
    for (int i = 0; i < splits; i++) {
     //根据要进行积分的公式计算矩形的高
     //公式: y = x ^ 2
     y = x * x;

     //写出矩形的数据
     fsOut.writeBytes("" + y + " " + width + "\n");
     fsOut.flush();

     //移到下一个片段
     x += width;
    }

    //关闭本地文件
    fsOut.close();
    fsOut = null;
   } catch (Exception e) {
    System.out.println("create local folder, error:" + e);
   }
  } else {
   System.out.println("width could not to be 0");
  }
```

运行代码，生成下面的数据文件：

```
0.0 1.0E-5
1.0000000000000002E-10 1.0E-5
4.0000000000000007E-10 1.0E-5
9.000000000000002E-10 1.0E-5
1.6000000000000003E-9 1.0E-5
2.5E-9 1.0E-5
3.6E-9 1.0E-5
4.900000000000001E-9 1.0E-5
6.400000000000001E-9 1.0E-5
8.100000000000001E-9 1.0E-5
………
```

将本地文件复制到 HDFS 的代码和上一节相同，这里不再重复说明了。

本示例的 Mapper 实现代码如下，其中最主要的处理逻辑是计算矩形面积：

```
//实现 Map 功能的对象
```

```
public static class MyMap extends MapReduceBase
                implements Mapper<LongWritable, Text, Text, DoubleWritable> {

 public void map(LongWritable key,
                     Text value,
                     OutputCollector<Text, DoubleWritable> output,
                     Reporter reporter) throws IOException {
  //从数据文件中读入一个数据
  String line = value.toString();

  //取得矩形的高
  double height = Double.parseDouble(line.substring(0, line.indexOf(" ")));

  //取得矩形的宽
  double width = Double.parseDouble(line.substring(line.indexOf(" ") + 1,
                                     line.length()));

  //存储矩形面积
  output.collect(new Text("square"),  new DoubleWritable(height * width));
 }
}
```

实现 Reducer 代码的最主要的处理逻辑是将所有 map 运算的结果进行汇总的工作：

```
//实现 Reduce 功能的对象
public static class MyReduce extends MapReduceBase
            implements Reducer<Text, DoubleWritable, Text, DoubleWritable> {

 //获取所有主键值相同的数据
 public void reduce(Text key,
                        Iterator<DoubleWritable> values,
                        OutputCollector<Text, DoubleWritable> output,
                        Reporter reporter) throws IOException {
  //对所有 map 运算的结果求和，完成积分运算
  double totalArea = 0.0;
  while (values.hasNext()) {
    totalArea += values.next().get();
  }

  //存储在负责封装输出数据的对象中
  output.collect(new Text("TotalArea"),  new DoubleWritable(totalArea));
 }
}
```

编译完成后，封装成 JAR 文件，并存储到 Hadoop 的工作目录。执行下面的命令启动云计算。将积分区间下限设置为 0，积分区间上限为 10；同时将区间切分成 1 百万个片段：

```
$ bin/hadoop jar MyMapReduce.jar com.freejavaman.Summa 0 10 1000000
```

顺利执行后，再执行下面的命令从 HDFS 取出计算结果：

```
bin/hadoop dfs -get summaOutput summaOutput
```

```
cat summaOutput/*
```

得到下面的输出结果：

```
TotalArea  333.3328333242384
```

根据积分公式：

$\int x^2\ dx = x^3/3 + c$。（假设，c 为 0）

将 10 带入上面的 x 中，得到积分值为 333.333…。我们可以发现，不断增加示例的样本数，理论上应该可以更接近正确的数值。

14.4 本章小结

本章介绍了云计算和 Hadoop 平台。即使笔者采取深入浅出的方式来说明这项技术，要顺利将云技术应用在实际项目上，仍然需要付出极大的心力。

首先，项目小组成员必须包括软件、硬件、网络各方面的专家。同时需要反复调试各项工作，哪怕是其中一个节点的配置设置错误、网络节点或内存发生问题，都可能造成无法发现的错误。对终端用户来说，或许云计算是虚拟的，但是对信息人员来说，却是实实在在的考验。

现在，虽然在云计算的建设和应用上看似百家争鸣，但实际上落实云的公司少之又少。当我们对云有了深刻的体会后，就不用担心外界的众说纷纭和莫衷一是的谬论了，可以顺利地迈向云的康庄大道了。

Chapter 15

Android 云决策支持系统

根据前面几章介绍的内容，读者应该可以了解，目前云计算背后的主要技术是Map/Reduce；另一方面，云计算并不只是应用在传统的添加、删除、修改、查询的MIS应用系统，它真正适用的是具有决策意味的应用系统。

如果要实现整合Android和云计算，同时具有决策支持能力的应用系统，需要具备下面几项技术。

（1）具有网络能力的Android程序设计。

（2）决策支持算法。

本章将以人工智能领域中被广泛应用的基因算法来说明第2点。

接下来，笔者将带领各位读者一步一个脚印地实现Android、云计算和基因算法的整合决策支持系统。

15.1 Android 网络程序设计

15.1.1 Android IP 程序设计

随着信息技术的进步，现代人使用的智能手机，除了具备基本的通话功能外，还被用于浏览网页、进行数据交换、联机游戏等和网络相关的应用方式。正因为如此，手机和计算机之间的界限也越来越模糊，智能手机已经成为一台可以到处移动的计算机设备。对于Android工程师来说，如何编写网络程序就显得尤为重要。

手机上网远比使用计算机设备上网复杂得多，主要的原因是使用者可能随时处于移动状态。这种情况下，手机设备可能不断地跨越不同的网段，造成IP地址不停地变化。然而在某些应用方式，如文件传输、语音电话、视频会议等，都不允许IP发生变化，导致发生联机中断的情况。因此，Mobile IP技术应运而生。简单地说，使用Mobile IP技术让手机设备保持原先拥有的IP，在不同的网段间移动时也能保持联机不中断的情况。

一般来说，网络设备是通过MAC地址对计算机设备寻址的，而MAC地址是网卡厂商在生产网卡时就已经编码的，而且不可以随意更改（黑客行为不在讨论范围内）。在Mobile IP解决方案中，通过其他如IMEI的方式来辨别设备，如果使用3G移动上网，Android的应用层就无法获得MAC地址。

除了可以使用3G移动上网外，多数智能手机还支持使用Wi-Fi无线网卡上网。这和使用一般计算机上网相同，应用层的工程师可以通过API取得Wi-Fi网卡的MAC地址。

MAC地址属于机器可读的（machine readable），并不便于人类阅读，于是发明了IP机制。IP寻址的原理是：给每一台因特网上的设备编号，这些编号都是由4个无符号的字节

(unsigned bytes)组成(注：IPV6 不在本书讨论范围)。因为每个字节包含了 8 个位，所以每个字节的值可以是从 0~255 的任何值。这样一来，以 IPV4 来说，可以表示从 0.0.0.0~255.255.255.255 的组合。

无论硬件底层的联机方式是什么，手机上网终究逃脱不了 OSI 的 7 层架构。但是对最上层的应用程序员没有任何影响。对具有 Java 网络程序经验的工程师来说，很容易编写 Android 网络程序。这是因为 Android 平台完全移植了 Java 优良的 API 架构，同时针对手机环境做了适当的调整。

首先来看如何抓取手机设备目前的 IP 地址。由于 Android 程序存取网络时必须先取得授权，因而需要在 AndroidManifest.xml 中加入如下声明：

```
<uses-permission android:name="android.permission.ACCESS_WIFI_STATE"/>
<uses-permission android:name="android.permission.INTERNET"/>
```

下面是在 Android 程序中，提取并显示所有本地 IP 地址的代码：

```
//获取本地 IP 地址
private String getLocalIP(){
 String ip = "";
 try {
  //获取所有网络接口组件
  Enumeration<NetworkInterface> en = NetworkInterface.getNetworkInterfaces();

  while (en.hasMoreElements()) {
  //获取其中的一个接口
  NetworkInterface intf = en.nextElement();

  //获取该网卡上所有绑定的 IP 地址
  Enumeration<InetAddress> enumIpAddr = intf.getInetAddresses();

  while (enumIpAddr.hasMoreElements()) {
   //获取其中的一个 IP 数据
   InetAddress inetAddress = enumIpAddr.nextElement();
   if (!inetAddress.isLoopbackAddress()) {
    //获取 IP 地址
    ip = inetAddress.getHostAddress().toString();
    Log.v("network", "ip:" + ip);
   }
  }
  }
 } catch (Exception e) {
  ip = "check IP error:" + e;
 }
 return ip;
}
```

标准的 JDK 包提供了 NetworkInterface 组件，这个组件主要用来封装对应的网络接口相关信息。通过轮询列举内容的方式，可以取得目前设备中所有封装网络接口相关信息的

NetworkInterface 组件。

可以通过 NetworkInterface 组件的 getInetAddresses 函数取得封装的 InetAddress 对象。和传统 Java 程序一样，和 IP 相关的信息会被封装在 InetAddress 对象中。因此，只要通过 InetAddress 提供的 getHostAddress()函数，就可以取得本地手机设备的 IP 地址了。需要注意的是，一个网络接口可以绑定一个以上的 IP 地址，因而必须通过轮询列举的方式，查询并取得同一个网络接口上所有绑定的 IP。

Java 程序可以使用下面的代码获取网络接口的 MAC 地址。然而，正如本节开始时提到的，单纯使用 3G 移动上网时，无法使用下面的代码获取 MAC 地址。不过还是把这段代码列出来，供有兴趣的读者参考：

```
String macAdd = "";

//从网络接口中获取 MAC 地址
byte[] mac = intf.getHardwareAddress();
if (mac != null) {
 //将 MAC 地址转换成 xx-xx-xx 格式
 for (int i = 0; i < mac.length; i++) {
  System.out.format("%02X%s", mac[i], (i < mac.length - 1) ? "-" : "");
 }
} else {
 //无法取得 MAC 地址
}
```

Android 平台提供了适当的 API，可以让通过 Wi-Fi 无线上网的用户轻松地取得网卡上的 MAC 地址，参见下面的代码段：

```
//取得 Wi-Fi 无线网卡的 MAC 地址
public String getLocalMacAddress() {
 WifiManager wifi = (WifiManager)getSystemService(Context.WIFI_SERVICE);
 WifiInfo info = wifi.getConnectionInfo();
 return info.getMacAddress();
}
```

WifiManager 是 android.net.wifi 包中的组件，主要用来管理并取得和无线网络相关的信息，例如：无线 AP（access point）的扫描结果包含存取方式等信息。当 Wi-Fi 无线网卡处于启动的状态时，就可以使用 WifiManager 的 getConnectionInfo 函数取得封装相关信息的 WifiInfo 对象。在 WifiInfo 对象中封装了很多有用的信息，如可以使用 getRssi()函数获悉目前 802.11 无线网络的接收信号强度等信息，可以通过 getMacAddress()函数取得无线网卡的 MAC 地址。

15.1.2 Android Web 程序设计

Android 平台同样支持使用 java.net 包中的 URL 组件。可以通过 URL 组件指向由 RFC

1738 规范的任何因特网资源，也就是所谓的 URL（Uniform Resource Locator）。

目前 URL 组件共支持以下几种通信协议，包括 file、ftp、http、https 和 jar 等。使用 URL 组件时，如果发生网址格式错误，就会引发 MalformedURLException 异常事件。当 URL 组件指向适当的网络资源时，也可以使用 openStream 函数开启对应的输入数据流，取得指向的资源。由于在获取资源的过程中，可能会发生 I/O 异常事件，因而必须使用 try…catch 机制捕捉 IOException 异常事件。下面是 URL 组件的典型使用示例：

```
//执行下载 HTML 的内容
private void doHTMLDownload(){
 try{
  URL myURL = new URL("http://www.android.com");

  //通过 URL 对象开启输入数据流
  DataInputStream in = new DataInputStream(myURL.openStream());

  //取回并显示 HTML 内容
  String str1 = in.readLine();
  while (str1 != null) {
   Log.v("network", "data:" + str1);
   str1 = in.readLine();
  }

  in.close();
  in = null;
 } catch(MalformedURLException e){
   Log.e("nerwork", "MalformedURLException:" + e);
 } catch(IOException e){
  Log.e("nerwork", "IOException:" + e);
 } catch(Exception e){
  Log.e("nerwork", "Exception:" + e);
 }
}
```

在上面的示例中，应用程序通过 URL 组件指向因特网中某个网页，而通过开启输入数据流的方式，可以下载该网页的原始内容。下面是从 LogCat 截取到的执行结果片段：

```
data:<!DOCTYPE html>
data:<html lang="en">
data:  <head>
data:    <meta charset="utf-8">
data:    <meta content="width=device-width" name="viewport">
data:    <title>
data:      Android
data:    </title>
data:    <link href="/css/default.css" rel="stylesheet">
data:   <link href="/css/default-home-page.css" rel="stylesheet"><!--[if lt IE 9]>
data:      <link rel="stylesheet" href="/css/default-ie.css" />
data:    <![endif]-->
data:
```

```
data:    <script src="//www.google.com/js/gweb/analytics/autotrack.js">
data:</script>
……………
```

在 Android 平台中，可以使用 java.net 包中的 URLConnection 类，帮助程序员获取更多有用的信息，例如：URL 内容的类型、大小、最近修改日期和其他的信息等。通过 URL 组件提供的 openConnection 函数即可获取 URLConnection 对象，参见下面的使用方式：

```
//取得 URL 对象
URL myURL = new URL("http://http://www.android.com/index.html");

//取得 URLConnection 对象
URLConnection con = myURL.openConnection();

//取得较详细的数据
System.out.println("内容类型:" + con.getContentType());
System.out.println("内容大小:" + con.getContentLength());
System.out.println("最后修改:" + con.getLastModified());
```

除此之外，还可以使用 URLConnection 对象，给 HTTP 服务器提交 POST 或 GET 请求（request）。如果服务器和客户端之间的握手方式使用标准的格式，如 SOAP 等，就会形成所谓的 Web Service。如果使用自定义的 XML 格式，就会形成企业内部使用的数据交换格式。本章要实现的信息系统，就是基于自定义的 XML 格式来实现的。

本章使用 Tomcat 架设应用程序服务器，并且用 Servlet 的方式实现 Web 程序。本书并没有介绍如何编写 Web 应用程序，读者可以参考其他书籍的相关内容。现在来看个 Servlet 程序：

```
package com.freejavaman;

import java.io.IOException;
import java.io.PrintStream;
import javax.servlet.ServletException;
import javax.servlet.http.HttpServlet;
import javax.servlet.http.HttpServletRequest;
import javax.servlet.http.HttpServletResponse;

/**
 * 接收客户端的请求，并返回处理结果
 */
public class AndroidServlet extends HttpServlet {
 private static final long serialVersionUID = 1L;

 //默认的构造函数
 public AndroidServlet() {}

 protected void service(HttpServletRequest req,
                                HttpServletResponse res)
                                throws ServletException, IOException {
  //判断请求内容
```

```
  String actType = req.getParameter("actType");
  int xValue = 0;
  int yValue = 0;
  try {
   //获取输入参数
   xValue = Integer.parseInt(req.getParameter("xValue"));
   yValue = Integer.parseInt(req.getParameter("yValue"));
  } catch (Exception e) {
 }

 //组成执行结果
 StringBuffer xml = new StringBuffer("");
 xml.append("<?xml version=\"1.0\" encoding=\"BIG5\" ?>");
 xml.append("<Service>\n");

 //执行对应服务
 if (actType != null && actType.equals("add")) {
   //加法
   xml.append("<Result>" + (xValue + yValue) + "</Result>\n");
 } else if (actType != null && actType.equals("dec")) {
   //减法
   xml.append("<Result>" + (xValue - yValue) + "</Result>\n");
 } else if (actType != null && actType.equals("multiple")) {
   //乘法
   xml.append("<Result>" + (xValue * yValue) + "</Result>\n");
 } else if (actType != null && actType.equals("div")) {
   //除法
   xml.append("<Result>" + (xValue / yValue) + "</Result>\n");
 } else {
   //无法判断请求内容
   xml.append("<Error>type error</Error>\n");
 }

 //返回结果结尾
 xml.append("</Service>\n");

 //将处理结果返回客户端
 res.setContentType("text/html");
 PrintStream ps = new PrintStream(res.getOutputStream());
 ps.print(xml);
 ps.flush();
 ps.close();
 ps = null;
}
}
```

该 Servlet 程序使用 HttpServletRequest 对象的 getParameter 函数取得由客户端传递的参数，其中 actType 参数用来判断进行哪一种四则运算，参数 xValue 和 yValue 是运算所需的数据。

运算结束后，会将执行结果封装在格式十分简单的 XML 文件中，并使用

HttpServletResponse 对象打开输出数据流，再将 XML 返回客户端。下面是执行 Web 应用程所需的 web.xml 内容：

```
<servlet>
 <servlet-name>AndroidServlet</servlet-name>
 <servlet-class>com.freejavaman.AndroidServlet</servlet-class>
</servlet>

<servlet-mapping>
 <servlet-name>AndroidServlet</servlet-name>
 <url-pattern>/AndroidServlet</url-pattern>
</servlet-mapping>
```

Web 应用程序被命名为 AndroidWeb，无论客户端通过浏览器，还是使用自己编写的应用程序，只要能够存取下面的 URL，就可以将参数传递给 Web 应用程序，并取得执行后的结果：

- http://IP:端口号/AndroidWeb/AndroidServlet。

接着准备开始编写 Android 客户端程序。Web 应用程序提供四则运算的服务，同时需要传入两个操作数。因此必须在 Android 布局文件中提供对应的窗口控件，以便让用户输入要计算的数值和启动运算的按钮。

```
<EditText
  android:id="@+id/xValue"
  android:layout_width="fill_parent"
  android:layout_height="wrap_content"/>
<EditText
  android:id="@+id/yValue"
  android:layout_width="fill_parent"
  android:layout_height="wrap_content"/>

<LinearLayout xmlns:android="http://schemas.android.com/apk/res/android"
  android:orientation="horizontal"
  android:layout_width="wrap_content"
  android:layout_height="wrap_content">
 <Button android:text="加法"
  android:id="@+id/btn1"
  android:layout_width="wrap_content"
  android:layout_height="wrap_content"/>
 <Button android:text="减法"
  android:id="@+id/btn2"
  android:layout_width="wrap_content"
  android:layout_height="wrap_content"/>
 <Button android:text="乘法"
  android:id="@+id/btn3"
  android:layout_width="wrap_content"
  android:layout_height="wrap_content"/>
 <Button android:text="除法"
  android:id="@+id/btn4"
  android:layout_width="wrap_content"
  android:layout_height="wrap_content"/>
```

```
</LinearLayout>

<TextView
 android:id="@+id/reslut"
 android:layout_width="fill_parent"
 android:layout_height="wrap_content" />
```

其输入接口如下图所示。

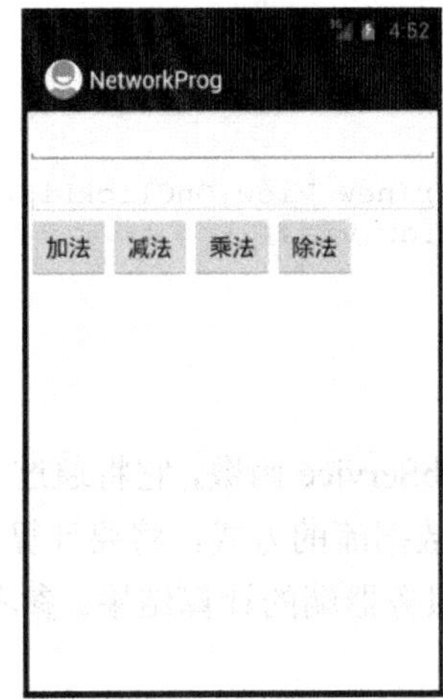

可以在 Android Activity 的 onCreate 函数中，通过下面的代码获取各窗口控件的对象实体：

```
public void onCreate(Bundle savedInstanceState) {
 super.onCreate(savedInstanceState);
 setContentView(R.layout.main2);

 //获取数据输入和显示的对象
 xValue = (EditText)this.findViewById(R.id.xValue);
 yValue = (EditText)this.findViewById(R.id.yValue);
 reslut = (TextView)this.findViewById(R.id.reslut);

 //执行运算的按钮
 Button btn1 = (Button)this.findViewById(R.id.btn1);
 Button btn2 = (Button)this.findViewById(R.id.btn2);
 Button btn3 = (Button)this.findViewById(R.id.btn3);
 Button btn4 = (Button)this.findViewById(R.id.btn4);

 //执行加法运算
 btn1.setOnClickListener(new View.OnClickListener() {
  public void onClick(View view) {
   doWebService("add");
  }
 });

 //执行减法运算
 btn2.setOnClickListener(new View.OnClickListener() {
```

```
  public void onClick(View view) {
   doWebService("dec");
  }
 });

 //执行乘法运算
 btn3.setOnClickListener(new View.OnClickListener() {
  public void onClick(View view) {
   doWebService("multiple");
  }
 });

 //执行除法运算
 btn4.setOnClickListener(new View.OnClickListener() {
  public void onClick(View view) {
   doWebService("div");
  }
 });
}
```

整个程序的核心是实现 doWebService 函数，它将通过 URL 和 URLConnection 组件连接到 Web 应用程序；再以打开输出数据流的方式，将要计算的数据传递给服务器程序；最后，通过打开输入数据流的方式读取服务器端的计算结果。参考下面的 doWebService 函数内容：

```
//执行下载 HTML 的内容
private void doWebService(String actType){
try
 //指向提供服务的 URL
 URL url =
     new URL("http://192.168.1.100:8080/AndroidWeb/AndroidServlet");
 URLConnection urlCONN = url.openConnection();
 urlCONN.setDoOutput(true);

 //组合传递的参数
 String data = "actType=" + actType + "&" +
               "xValue=" + xValue.getText() + "&" +
               "yValue=" + yValue.getText();

 //创建输出数据流，并提交参数
 OutputStreamWriter wr =
  new OutputStreamWriter(urlCONN.getOutputStream(), "Big5");
 wr.write(data);
 wr.flush();

 //获取服务器的执行结果
 BufferedReader rd =
   new BufferedReader(new InputStreamReader(urlCONN.getInputStream()));
 String returnMsg = "";
 String line;

 //组合所有执行结果
```

```
while ((line = rd.readLine()) != null) {
 returnMsg += line;
}

//关闭输入/输出入数据流
wr.close();
rd.close();
wr = null;
rd = null;

Log.v("network", "returnMsg:" + returnMsg);

//显示执行结果
if (returnMsg.indexOf("<Error>") != -1) {
  //执行结果发生问题
  result.setText("运算过程发生问题");
} else if (returnMsg.indexOf("<Result>") != -1) {
  //取得运算结果的字符串索引值
  int sInx = returnMsg.indexOf("<Result>");
  sInx += "<Result>".length();
  int eInx = returnMsg.indexOf("</Result>");
  result.setText(returnMsg.substring(sInx, eInx));
} else {
  //无法判断服务器执行结果
  result.setText("无法判断执行结果");
}
} catch (Exception e) {
 result.setText("执行错误：" + e);
}
}
```

如果取得的 XML 数据中包含<Error>标签，就表示运算过程发生错误。换句话说，程序员可以根据<Error>关键词的有无，来判断服务器是否正常执行。由于运算结果会被封装在由<Result>和</Result>形成的标签区间中，因而只需要简单的索引计算就能取得其中封装的运算结果。下面就是执行 20 加 15 后，从 LogCat 观察到的执行结果：

```
VERBOSE/network(461): returnMsg:
<?xml version="1.0" encoding="BIG5" ?><Service><Result>35
</Result></Service>
```

上面的 Android 程序的执行结果如右图所示。

5.1.3 Android TCP/IP 程序设计

Android 支持使用 Socket 对象编写 TCP/IP 程序。但由于和传统 Java 程序相同，笔者只用一个非常简单的示例说明。读者要想了解比较高级的话题，可以参考本书的姐妹篇——

《Java 面向对象程序设计》。

在 OSI 7 层架构中，第 4 层称为传输层（transport layer）。这一层用来规范网络中数据包如何封装和传递等事宜，TCP 就是这一层使用的通信协议之一。TCP 是 Transmission Control Protocol 的缩写，它用“握手”（hand shaking）的方式提供可靠的网络连接。简单地说，传递数据时，使用 ACK 信号来判断数据包是否送达目的地。发生异常事件，如数据表遗失等问题时，会重新发送数据包。因此，TCP 也被称为面向连接的协议（connection-oriented protocol）。

TCP/IP 网络程序通常运行在主从式架构中，其中，使用 ServerSocket 对象来实现服务提供商，使用 Socket 对象和服务器连接来实现服务请求者。下面是典型的 TCP 服务提供商代码：

```
public class TCPServer extends Object{

 public static void main(String args[]){
  try{
   //创建 ServerSocket 对象，监听 16000 端口
   ServerSocket srvSocket = new ServerSocket(16888);

   System.out.println("Server start");

   //等待使用者输入
   while (true) {
    Socket socket = srvSocket.accept();
    ServiceObject myService = new ServiceObject(socket);
   }
  } catch(IOException e){
    System.err.println(e);
  }
 }
}
```

在这个示例中，我们使用 ServerSocket 对象创建了一个监听端口号 16888 的服务，同时在无穷循环中，通过调用 accept 函数来等待客户端的连接。客户端请求建立连接时，立即创建专属的 ServiceObject 对象，专门服务该客户。下面是 ServiceObject 类的程序代码：

```
class ServiceObject extends Thread {

 //和客户端建立的数据流
 DataInputStream dis;
 DataOutputStream dos;

 public ServiceObject(Socket socket){
  try {
   //取得和客户端之间的数据流
   dis = new DataInputStream(socket.getInputStream());
   dos = new DataOutputStream(socket.getOutputStream());

   //开始线程
   start();
```

```
 } catch (Exception e){
  System.out.println(e);
 }
}

public void run(){
 try {
  while (true) {
   //客户端传递的运算数据
   String datas = dis.readLine();
   System.out.println("datas from client:" + datas);

   //拆分数据内容
   String[] dataSplit = datas.split("_");
   int xValue, yValue;
   float result;

   //取得运算数据
   try {
    xValue = Integer.parseInt(dataSplit[1]);
    yValue = Integer.parseInt(dataSplit[2]);
   } catch (Exception e) {
    xValue = 0;
    yValue = 0;
   }

   //执行对应服务
   if (dataSplit[0] != null && dataSplit[0].equals("add")) {
 //加法
     result = (xValue + yValue);
   } else if (dataSplit[0] != null && dataSplit[0].equals("dec")) {
 //减法
     result = (xValue - yValue);
   } else if (dataSplit[0] != null && dataSplit[0].equals("multiple")) {
 //乘法
     result = (xValue * yValue);
   } else if (dataSplit[0] != null && dataSplit[0].equals("div")) {
 //除法
     try {
      result = (xValue / yValue);
     } catch (Exception e) {
       //避免除零问题
       result = 0;
     }
   } else {
 //无法判断请求内容
    result = 0;
   }

   //返回执行结果
   dos.writeBytes("" + result + "\n");
  }
```

```
  } catch (Exception e){
   System.out.println(e);
  }
 }
}
```

在 ServiceObject 对象的构造函数中，使用 Socket 对象的 getInputStream 和 getOutputStream 函数，建立和客户端对应的输入、输出数据流。调用 start 函数启动独立于主程序的线程，用来专门负责服务该客户；而线程的 run 函数使用了无穷循环，持续不断地接收来自客户端的数据，同时将运算结果返回客户端。

假设该示例中来自客户端的数据是以下面的格式存储的：

```
运算符_数据 x_数据 y
```

服务端使用String对象的split函数解析数据字符串的内容，来获取运算类型和运算数据。最后根据客户端的请求执行适当的四则运算，并将结果返回客户端程序。实际上，上面的步骤就是应用层的通信协议设计，一个良好的通信协议内容可能会影响系统的执行性能。

Android 程序中，将原来和 Web 应用程序握手的 doWebService 函数，换成和 TCP 应用程序握手的 doTCPService 函数，代码如下所示：

```
//执行下载 HTML 的内容
private void doTCPService(String actType){
 try{
  //建立和服务器的连接
  Socket socket = new Socket("192.168.1.100", 16888);

  //取得对服务器的数据流
  DataOutputStream dos = new DataOutputStream(socket.getOutputStream());
  DataInputStream dis = new DataInputStream(socket.getInputStream());

  //提交运算数据
  dos.writeBytes(actType + "_" +
                      xValue.getText() + "_" +
                      yValue.getText() + "\n");

  //接受并显示信息
  String reslutStr = dis.readLine();
  Log.v("network", "doTCPService reslutStr:" + reslutStr);
  reslut.setText(reslutStr);
 } catch(IOException e){
  Log.e("network", "doTCPService error:" + e);
 }
}
```

在 Socket 对象的构造函数中指定服务器 IP 和端口号后，就可以和 TCP 服务器程序建立连接。需要注意的是，建立连接的过程中，可能会因为主机地址错误、端口号错误、session 已满、网络不通等因素，而发生 UnknownHostException 或 IOException 异常事件，因而必须用 try…catch 机制补捉可能会发生的异常事件。建立连接后，仍然使用 getInputStream 和 getOutputStream 函数建立和服务器之间的输入、输出数据流。

用户点击 Button 控件后，就会触发 doTCPService 函数，同时也会指定要进行的四则运算是什么。这时就动态地组成数据字符串，并通过输出数据流将数据传递给服务器程序。最后从输入数据流中读入服务器的运算结果，这样就可以完成 TCP 握手式的运行方式。执行结果如右下图所示。

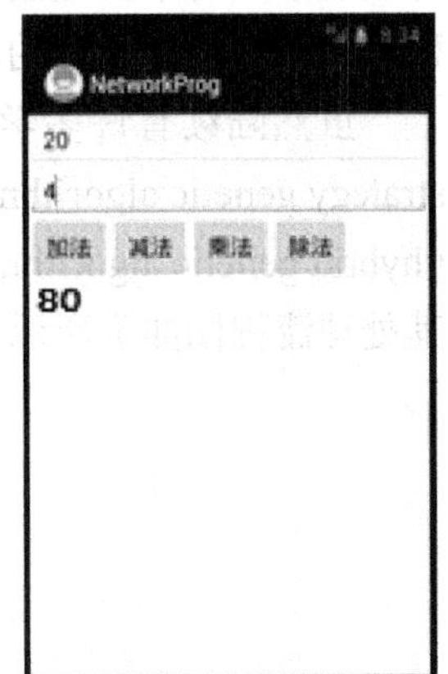

是否可以将主从角色对调，也就是在 Android 平台上执行 ServerSocket，并将它作为服务的提供者呢？基本没有问题，只是分配给智能手机的 IP 地址是电信公司的“内网”，同时可能因为手机分布在不同的网段而无法建立连接。然而，只要通过适当的设计，或是和电信公司取得合作，就能在 Android 平台中实现和黑莓机一样的 push mail 功能。

本节对 Android 网络程序做了基本的介绍。Android 手机也可以发送 SOAP 信息，并使用 Web Service 等方式。但由于这些话题牵涉的范围太广，就留给有兴趣的读者自行研究，或者参考本书另一姐妹篇《Java Web Services 实例程序设计》。

本章要实现的云系统，也是将 TCP/IP 服务器作为中间层，因此建议读者熟悉现在示范的应用方式。

15.2 遗传算法

我们经常在日常生活或研究领域中看到一些寻求最优解的问题，即所谓的NP-hard 问题，例如旅行推销员问题（Traveling Salesman Problem, TSP）等。其中的一种解决方案就是进化算法（Evolutionary Algorithm, EA）。进化算法主要有 3 种不同的理论模式，分别是遗传规划（Genetic Programming）、进化策略（Evolution Strategy）和遗传算法（Genetic Algorithm, GA）。

这些模式或许只能帮助人们找到问题的近似最优解（near-optimal solution），却可能大幅改善人类的生活。举例来说，日本 JR 的 N700 Nose 高速列车，其独特的“气动双翼”就是基因演算的结果。

15.2.1 遗传算法概念

遗传算法是一种模拟自然界“自然选择”（natural selection）和“自然遗传”的搜索算法（search algorithm）。该算法最早是在 1960 年，由密歇根大学（University of Michigan）的 John

Holland 教授和他的同事、学生共同研究出来的。主要用于建立一个具有生物特性的人工系统，通过模拟的方式解释自然界进化的过程。

直到 1975 年，Holland 教授才在其著作《Adaptation in Antural and Artifical System》一书中奠定遗传算法的基础。在 1989 年，David E. Goldberg 教授在其著作《Genetic Algorithms in Search, Optimization, and Machine Learning》一书中，详细解释了遗传算法的理论和应用方式，并实现了具有单变量函数的简单遗传算法（Simple Genetic Algorithm, SGA）程序，成为日后研究和了解遗传算法的重要文献。

虽然陆续有许多学者对遗传算法提出建议或改良，如精英保留策略遗传算法（elitism strategy genetic algorithms）、改良遗传算法（improvement genetic algorithms）、混合遗传算法（hybrid genetic algorithms）等，但他们都是基于 SGA 的。本节示例也是以 SGA 为基础的，其处理流程图如下所示。

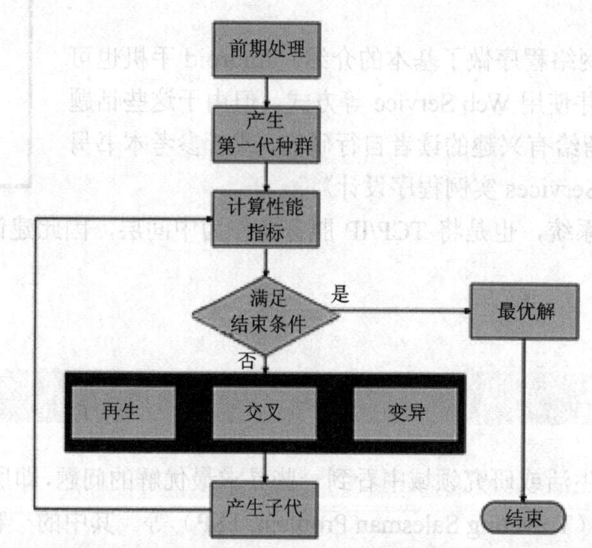

遗传算法的理论基础是达尔文的“进化论”。简单地说，物种依靠不断的进化，最终产生最适合生存的物种，也就是“适者生存，不适者淘汰”的法则。在遗传算法模型中，将问题的解答巧妙地编码在一串数值或符号中（即所谓的染色体-chromosome），模拟染色体中的一段基因。经过长时间的进化过程，历经选择（selection）、交叉（crossover）和变异（mutation）3 个遗传算子（operator），不断产生新基因，同时淘汰不良基因，最终进化成最优秀的染色体，并满足进化的终止条件，得到问题的最优解。

什么是进化的终止条件呢？这必须回到遗传算法设计的原点，也就是“问题最优解”。实现遗传算法时，必须先将要求问题解的质量定义为适应度函数（fitness function）。适应度函数计算的数值代表该系统的性能指针（performance index），也就是该物种对于生存环境的适应程度，简称为适应度值（fitness value）。适应度值越高，表示系统性能越好，被选取的概率也越大，也表示该物种会获得较高的交配机会。反之，适应度值越小，被淘汰的概率越大。

最常见的进化的终止条件有两种：得到大于或等于预期的目标适应值，或达到预先定义好的演化代数（generation）；也就是说，适应度函数的设计，是遗传演算过程是否可以正常执行的关键。

虽然和传统爬山算法（hill climbing）比起来，遗传算法较能跳出局部优先（local optimal），找到“全局的”最优解。但是如果适应度函数选择不当，还是有可能收敛于局部，而不能达到“真正的全局”最优解。除此之外，由于遗传算法具有不确定的变异因素，可能也会出现无法收敛的情况。这时，可以根据指定的演化代数，或发现搜索结果停滞不前，或已经达到某种饱和现象，设置终止条件。

5.2.2 编码

基因算法中最基本的操作数是基因（gene），它由一个或多个 bit 组成，是最基本的编码单位。简单地说，一个基因表示适应度函数中的一个输入参数，而一串基因组合成染色体，也就是适应度函数的一组解。在遗传算法的术语中，也将染色体称为个体（individual）。常见的基因编码方式有二进制编码、浮点数编码和字符编码 3 种。

二进制编码就是用二进制表示参数空间，这种编码方式的优点是比较容易实现。在编码后，需要经过译码才能得知参数的意义。如果要考虑指令周期，可能要斟酌使用。

举例来说，如果某个参数 x 的搜索范围在[-5，5]，同时用 8 个 bit 的二进制来表示时，表示-5~5 的区间将被分成 2^8 等份。转换成数学公式，每一等份的距离是：$5–(-5)/2^8$，也就是 10/256，即为 0.0390625。可以得到下面的编码结果表。如果想增加二进制编码的精确度，必须加大编码的位数。

二进制表示	实际参数值	计算方式
0000 0000	-5	-5+0
0000 0001	-4.9609375	-5+0.0390625
0000 0010	-4.921875	-5+0.0390625+0.0390625
依次类推……		

其实浮点数编码不能算一种“编码”，它直接将参数值当成染色体的基因，省去了编码和译码的动作。然而浮点数编码方式无法默认搜索的精确度，因而不适合处理不连续的变量空间。

字符编码是直接用字符代表基因的方式，根据要求的问题解决定应该使用哪种符号。举例来说，寻找最佳投资组合时，该符号可能是股票代号；在求旅行推销员问题（TSP）时，可能是城市代码。综上所述，用下表表示 3 种基因编码方式。

基因位置	1	2	3	4	5	6
二进制编码	0001	0100	0110	1000	1100	1010
浮点数编码	16.8	8.8	12.3	9.4	11.21	10.10
字符编码	T	B	C	Z	J	S

★注：上表的内容只用来说明，彼此之间没有关联性。

15.2.3 种群

遗传演算开始前，需要先产生初代种群（initial population），它是由一堆随机产生的染色体组成的。由于一个染色体代表一个问题解，因而初代种群也代表初始解的集合。

一个种群应该包括多少个染色体呢？这要视问题的复杂度而定。一般来说，越复杂的问题需要越大的种群规模来解决。这是因为种群中的染色体越多，代表参与搜索的个体越多，就有更多的机会得到较优的搜索结果，但同时也表示会占用较大的系统资源，也会花费较长的搜索时间。然而如果种群数越小，有可能会造成提早收敛或忽略最优解的情况。

15.2.4 物竞天择

选择机制类似于生物的无性繁殖（cloning），根据每个染色体的适应度值大小来决定该染色体被选择的概率。适应度值较高的染色体，相对具有较高的被选择概率（即自然选择，natural selection）。一旦染色体被选择，就会进行“自我复制”，并且被放置在称为配对库（mating pool）的暂存区中，换句话说，就是成为“可进行繁衍”的候选人。

实现选择机制常用的两种方法是竞争选择法（tournament seclection）和轮盘赌选择法（routlette wheel selection）。

竞争选择法先从种群中选出两个染色体进行适应度值的比较，最后留下适应性较高的染色体作为父代，重复进行这个步骤，直到选出所有的父代为止。

轮盘赌选择法按照适应度值的大小决定每一个槽（slot）的面积大小，可以使用下面的公式来表示：

$$PS_i = \frac{f(i)}{\sum_{i=1}^{s} f(i)}$$

PS_i 表示第 i 个染色体被选中的概率，$f(i)$表示第 i 个染色体的适应度值，而分母是种群中所有染色体的适应度值的总和，其中 s 是染色体个数。举例来说，某个种群具有 4 个染色体，其中每个染色体的适应度值分别如下表中所示。

染色体序号	适应度值	占轮盘百分比（%）
1	188	37.6
2	168	33.6
3	99	19.8
4	45	9
总和	500	100

根据上面的数据分布，可以画出下面的图表。

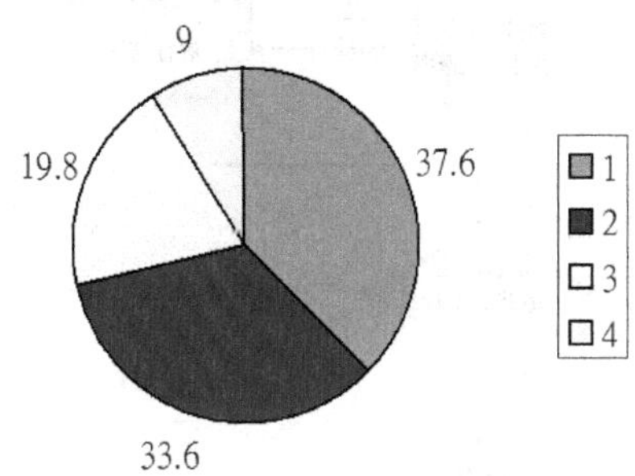

简单地说，适应度值越高的染色体占有的面积也越大，越可能被选择成为繁衍的父代（parent）。那么，如何在程序中实现轮盘赌选择法呢？

首先必须按照种群中的染色体个数划分区间，以上面的示例为例，累加所占轮盘的百分比值，进而形成 4 个区间：0 ~ 37.6、37.7 ~ 71.2、71.3 ~ 91、92 ~ 100。再通过随机数生成 0 ~ 100 的任意实数，并根据实数落入的区间决定选择哪个染色体。举例来说，如果产生的随机数为 88，就表示选择了第 3 个染色体。使用轮盘赌选择法要注意的是，虽然适应度值较小的染色体具有较低的被选择概率，但不保证一定不会被选择。本节稍后将采用轮盘赌选择法实现程序。

5.2.5 交叉

第二个遗传算子称为交叉（crossover）。简单地说，交叉的作用是希望通过父代之间进行基因交换的动作后，产生具有较高适应度值的子代（offspring）。当然，也可能在交叉的过程中遗传到父代较差的基因，因而并不保证在交叉后，一定可以产生适应度值较高的子代。下面是交叉运算的流程示意图。

位于配对库中的染色体是经过选择运算的结果，因而具有“较好”的基因，在交叉流程开始时，会先从配对库中任意取出两个染色体，并将它们作为父代。然而，并非所有的父代都会进行交叉，还取决于交叉概率（probability of performing crossover, PC）。实现程序时，可以将交叉概率设置为 0.8 ～ 1 的数值，接着再取得一个随机实数，如果该随机实数小于交叉概率，就进行交叉运算。

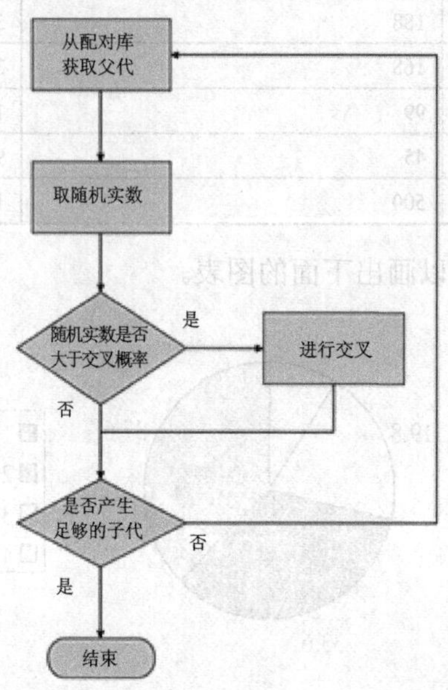

交叉概率的大小也会影响搜索最优解的速度。但太高的交叉概率有可能会流失优良的染色体，进而丧失交叉的原意；反之，如果交叉概率过低，会造成进化停滞的现象。一般把交叉概率设置在 0.8 ~ 1 为宜。

一般常见的交叉策略有单点交叉（single point crossover）、两点交叉（two points crossover）、多点交叉（multi-point crossover）和均匀交叉（uniform crossover）4 种。

在单点交叉策略中，必须先生成 1 ~ N 的整数随机数来决定交叉点（crossover point），其中 N 的大小是染色体的长度。如下所示，共有两个 8 位的父代，取得的整数随机数值为 6。这代表在进行交叉时，从父代左边算起第 6 位右侧的所有位数据，进行互换来形成新的子代。

父代1：101010 10　　子代1：101010 00

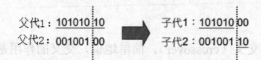

父代2：001001 00　　子代2：001001 10

两点交叉策略产生两个交叉点，在交叉点形成的区间中的位数据进行互换，多点交叉策略和此类似。

父代1：101010 10　　子代1：101010 00

父代2：001001 00　　子代2：001001 10

最后，均匀交叉策略法需要配合屏蔽（mask）数据。屏蔽位为 1 时，将对应位置的父代位数据进行互换，用图说明如下。

父代1：10101010　　　　子代1：10100010
Mask ：01101000　　➡
父代2：00100100　　　　子代2：00101100

5.2.6 变异

最后一个遗传算子称为变异（mutation）。并非所有的染色体都会发生变异现象，和交叉算子相同，是否进行变异取决于变异概率（probability of mutation）。当随机实数小于变异概率时，就会引发突变运算，也就是会将染色体中的的某个位，由原来的 0 置换成 1，或是由原来的 1 置换成 0。可以置换某个固定位置的位，也可以由随机数来决定位置。

使用这种随机漫步（random walk）的方式，突变运算将使遗传算法脱离布局最优解的窘境，得到全局最优解。

然而如果变异概率太高，会使父代和子代失去相似特征，从而变成完全随机、毫无章法的算法；反之，如果变异概率过低，又会陷入局部最优解。根据文献研究显示，建议将变异概率设置为 0.001 左右。

5.2.7 演化迭代

经过选择、交叉、变异 3 个遗传算子后，即可产生新的子代，也就是用新产生的染色体取代旧的染色体，进而形成新的种群，继续下一个循环的进化。目前常用的取代方式有以下两种。

（1）整群取代：全部用新产生的染色体取代旧种群的染色体。

（2）精英保留策略（elitism strategy）：保留旧种群中适应度值最高的前几名，用新产生的染色体取代其余的染色体。

本节对遗传算法做了深入浅出的介绍，然而基因算法是否真的可以帮助我们求得最优解？目前尚无定论。正如长期以来困扰物理界的问题——“上帝掷骰子吗？”，遗传算法的理论基础完全架构在随机数上，如果随机数不存在，也就没有所谓的演化了!!

15.3 云遗传算法架构

随着信息技术的进步，一些研究学者尝试使用并行计算技术实现遗传算法，期望改善运算成本过高的问题。早在 1981 年，Grefenstette 就提出了主从式并行遗传算法和多种群并行遗传算法的模式。在 1987 年，Cohoon 提出了分布式遗传算法的基础模型和理论分析。

使用并行计算技术实现遗传算法的主要特色是：将整体种群数据切分成多个子种群，再分别对每个子种群进行遗传运算，让子种群持续演化直到满足终止条件时，再经过种群间的交叉产生新的种群，并持续演化直到得到最优解。并行遗传算法可归纳为下面 4 种。

（1）主从式并行遗传算法（master-slave parallel genetic algorithms）。

（2）细粒度并行遗传算法（fine-gained parallel genetic algorithms）。

（3）粗粒度并行遗传算法（coarse-grained parallel genetic algorithms）。

（4）混合并行遗传算法（hybrid parallel genetic algorithms）。

目前大多采用 MPI（Message Passing Interface）技术实现并行遗传算法，下面是主从式并行遗传算法的运行示意图。

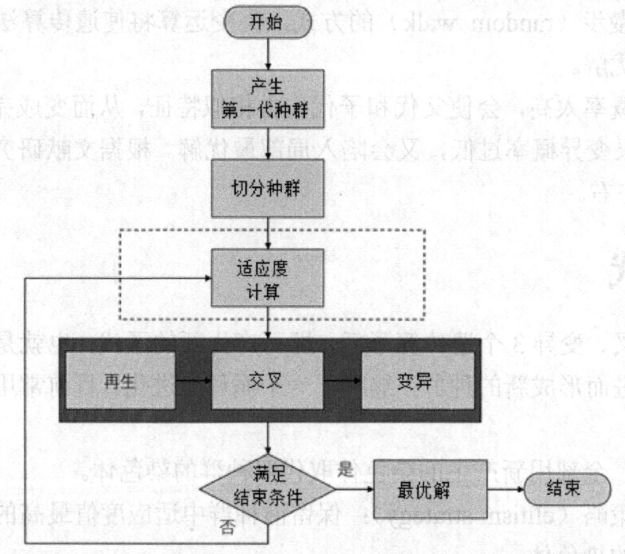

主节点只负责将切分后的基因数据传送给从节点，本身不进行计算的工作，所有计算适应度的工作将交给从节点执行。

此外，主节点还负责收集所有从节点的计算结果，并执行遗传运算（选择、交叉、变异）。这种架构并不会改变传统遗传算法的行为，还能够套用所有的遗传演算理论，也比较容易构建。

虽然 Hadoop 的 MapReduce 也是采用主从式架构，却不怎么适用于上面传统的主从式并行遗传演算架构。主要的问题是：在传统的架构中，主节点会收集从节点的计算结果，并当成反馈信息（feedback），作为下一次遗传运算的输入数据。然而在 Hadoop 的 MapReduce

架构中，主节点只负责工作的分配，因而要想在 Hadoop 上实现“回馈机制”就必须懂得“变巧”。笔者认为有几种可能的实现方案。下面是第一种架构的示意图。

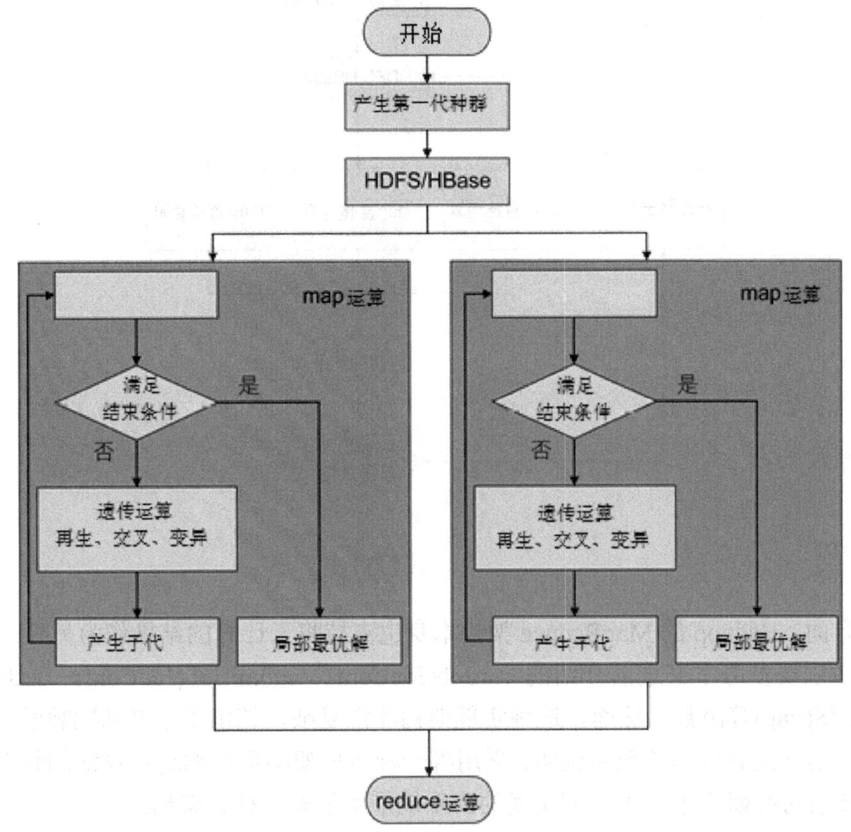

在该架构中，产生的第一代种群被存储在 HDFS 或 HBase 中，作为 map 运算的输入数据源。同样地，map 运算只针对自己负责的数据段，也就是对某个基因子种群进行运算的工作。map 运算完成后，表示可能产生局部最优解，这时 Hadoop 就会将运算结果送往 Reducer，作为 Reduce 运算的输入数据。reduce 运算中有下面两种可能的处理方式。

（1）结合所有的局部最优解，得到完整的最优解。

（2）对比所有 map 的运算结果，并挑选其中一个作为演算的最优解。

笔者还提出了第二种解决方案，它是上面架构的加强进化，参见下图说明。

和第一种架构最大的不同在于，第二种架构处于整个云遗传运算的最外层，也就是应用系统的主程序中，再加上一层判断式来模拟传统并行遗传演算的回馈机制。简单地说，可以将 reduce 运算后的结果当作回馈数据，并存储到 HDFS/HBase 中，作为启动另外一次遗传运算的输入数据。然而这种运用方式会增加运算成本。

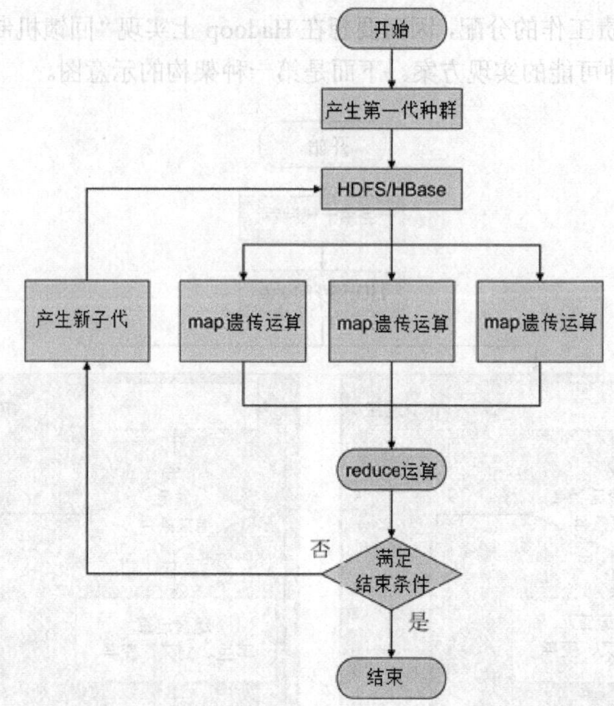

另一方面，Hadoop 的 MapReduce 架构本身也支持将云计算的结果作为另外一个云计算的输入，必须要参考本书之前介绍的 runJob(JobConf)、submitJob(JobConf)、setJobEndNotificationURI(String)等函数。然而，这种实现架构非常复杂，超出了本书基础教学的范围。

笔者手边并没有确切的数字说明，采用哪一种运算架构会影响遗传算法的收敛，这个问题就交给读者进行研究了。下一节实现的云系统采用了第一种云架构。

15.4 旅行推销员问题

本章的示范系统，将以著名的旅行推销员问题（Traveling Salesman Problem, TSP）来做实现说明。简单地说，可以将这套简单的云系统应用在安排业务员拜访客户的行程，或安排快递员的派送顺序等问题。使用者只需要使用 Android 智能手机，在云系统中选择并提交本次要拜访的客户名单，后端的系统就会通过云遗传算法的规划，返回最适合的拜访顺序。

先回到问题的原点，什么是“旅行推销员问题”呢？TSP 问题最早是由爱尔兰数学家哈密尔顿（William Hamilton）于 1857 年提出的。问题最早的概念是打算安排环游世界的路线。他选出世界上二十个著名的城市，并打算依序拜访它们。然而，并不是任何两个城市都有直接航行的船只，他也不愿意去同一个城市两次，最重要的是，哈密尔顿打算用最短的时间完成旅行。将这个问题转换成图形理论后，就成了知名的哈密尔顿循环（Hamilton Cycle）。下面是 TSP 问题的示意图。

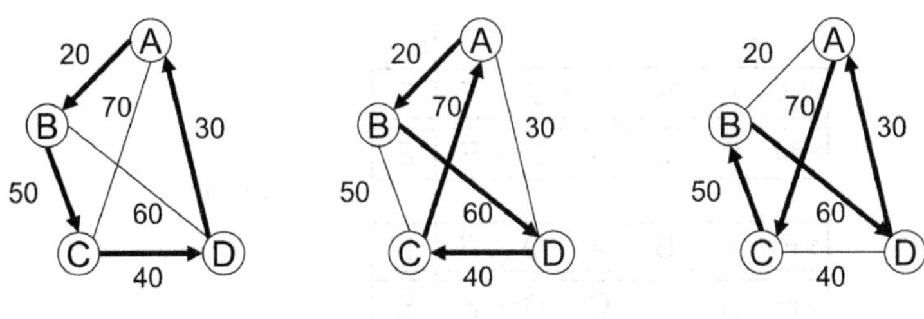

城市之间的数值可以是距离、所需时间、票价等，要视想解决哪种类型的问题而定。将路径中代表每个城市之间的“数值”相加后，得到的结果就是适应度。在 TSP 类型的问题中，较小的适应度代表较优的问题解。

现实生活中，任何两个城市之间并不一定存在直接相连的路线（直航），也就是不一定能够构成完全图（complete graph）。然而为了简化问题的复杂度，在求 TSP 解时，一般都是先将所有的路径当成完全图求解。

传统的求 TSP 解采用启发式算法（heuristics），然而这种类型的算法有可能陷入局部最优解的窘境，需要引进元启发式算法（meta-heuristics），本章介绍的遗传算法就是一种元启发式算法。

本示例采用字符编码方式来实现基因编码，可以通过查表得到城市之间的数值。下面是基因编码的示意图表。

名　称	基因位置				适 应 度
	1	2	3	4	
染色体一	A	B	C	D	140
染色体二	A	B	D	C	190
染色体三	A	C	B	D	210

我们采用部分匹配交叉法实现 TSP 问题的交叉运算，它是两点交叉的变形，运行过程如下。

该交叉运算分为两个阶段：第一个阶段使用随机数决定交换区间，上面的示例中为[2，5]。接着交换两个父代染色体相同区间的基因。

进行基因交换后，处于中间状态的染色体可能会拥有相同的基因，因而必须在第二阶段适当地调整染色体内容。如下图所示，基因 Az 在父代 1 的中间状态发生了重复现象，这时必须先判断基因交换前的基因是什么，结果发现为 C。将区间外面重复的基因 A 置换成基因 C。如果交换前的基因也位于区间中，这时判断的准则就必须移走该基因，必须一再重复该动作，直到置换区间外的重复基因为止。

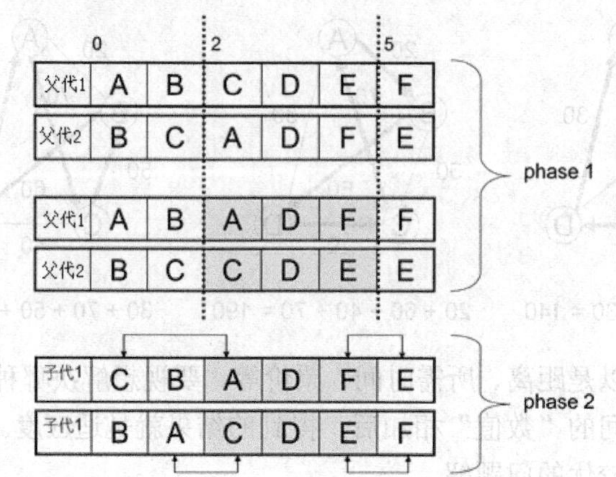

对于突变运算，由于符号编码只有两种状态，因而一般的做法是将染色体中邻近的两个城市，或任意两个城市直接进行交换，参见下面的示意图。

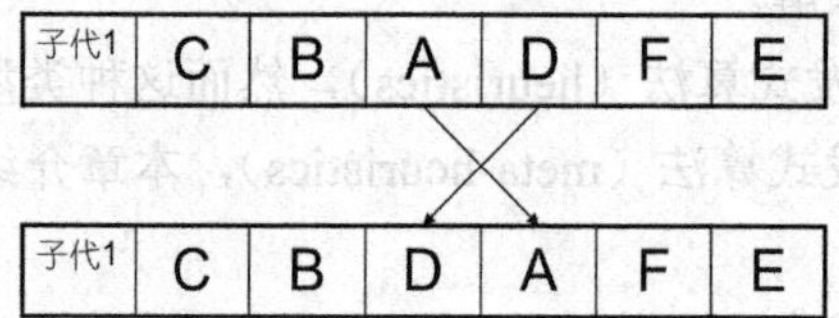

15.5 TSP 云决策支持系统

掌握了所有的关键技术后，就可以开始实现系统了。该系统的定位是什么？它属于 SaaS、PaaS 还是 IaaS？

15.5.1 TSP 云决策支持系统架构

笔者将带领各位读者从 Hadoop 的构建和管理开始，直到程序编写工作，因而读者会经历云计算的完整学习路径。正因为如此，难以界定属于哪一个范畴，毕竟我们自己动手架设了操作系统、网络和服务器，因而可以算是 IaaS。还可以使用 Hadoop 框架架设云平台，Hadoop 平台已经提供了很多现成的服务可供使用，也能算是半成品的 PaaS。此外，还编写了属于自己的云应用程序，这绝对属于 SaaS。综上所述，本书介绍的内容是一个从 IaaS 通往 PaaS

和 SaaS 的过程。

本节实现的 TSP 决策支持系统是一套简单的云系统，可以帮助安排业务员拜访客户的行程，或安排快递员的派送顺序等问题。使用者只要使用 Android 智能手机，在云系统中选择并提交本次要拜访的客户名单，后端的系统就会通过云遗传算法的规划返回最适合的拜访顺序。下图就是该云系统实现的架构图。

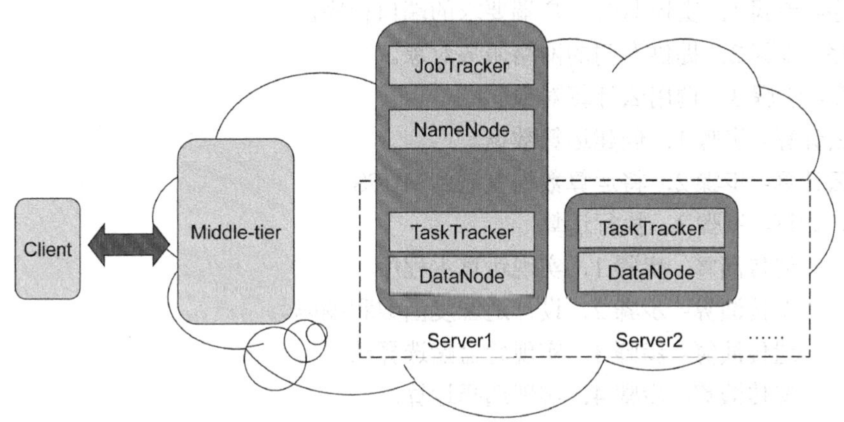

上图“那一朵云”的右侧就是我们非常熟悉的 Hadoop 平台，也就是云计算的真正核心。中间层（middle-tier）可以以任何形式存在，举例来说，无论是 Google App Engine，还是微软的 Azure，都提供给系统开发人员放置网页程序的机制。因此，在这些解决方案中，中间层就是 HTTP 服务器，而对应的客户端就是浏览器。正因为如此，很多人都误认为浏览器是云计算中必须使用的工具。

如果在 HTTP 服务器上架构标准的 XML 数据交换格式，如 SOAP 等，整个系统就会变成以 Web Service 为基础的云服务系统。微软的 Azure 支持这种数据交换方式，因此其客户端可以是一般的 Windows 平台、Windows Phone 7、iOS 或者 Android。同时，微软更是将战场从“云”推向“端”，微软对上面各个平台都提供了适当的 SDK，让有兴趣的厂商开发对应的应用程序，足见微软对于云计算的企图心。

本书设置的目标是教授如何从无到有构建云计算系统，因此并不像 Google 或微软的正式解决方案那样完备，本章示例并不包含完整云系统应该具备的功能，如用户账号管理、用户许可证管理、应用程序上架、任务排序等。除此之外，中间层的完整构建，如负载平衡（load balance）等，也不在本章介绍的范围内。

中间层可以只是单纯的 TCP/IP 服务器，接收任何形式的应用层通信协议。因此，在以教学为出发点的宗旨上，笔者将 TCP/IP 服务器作为中间层，接收来自客户端的请求，进而启动云计算。客户端是执行在 Android 平台的网络程序，它和应用程序服务器之间通过自定义的字符串数据作为信息交换的依据。现在就让我们学习如何架设自己的云系统。

15.5.2 TSP 云系统服务器程序

实现结合云计算和人工智能算法的系统，看似不是一件易事。然而如果将系统流程拆分开，基本上只是实现一个网络服务器程序，当用户提出请求时，调用一次包含完整遗传演算过程的云计算。这个流程可以用下表说明。

主程序- 步骤 1. 实现监听客户端要求的端口程序。
主程序- 步骤 2. 提供专门的网络服务对象。
主程序- 步骤 3. 调用云计算对象。
　　云计算- 步骤 1. 创建运算数据。
　　云计算- 步骤 2. 将运算数据复制到 HDFS。
　　云计算- 步骤 3. 执行运算。
　　　　遗传演算- 步骤 1. 实现运算主程序。
　　　　遗传演算- 步骤 2. 设计适应度函数和编码。
　　　　遗传演算- 步骤 3. 实现轮盘赌选择法。
　　　　遗传演算- 步骤 4. 实现选择运算。
　　　　遗传演算- 步骤 5. 实现交叉运算。
　　　　遗传演算- 步骤 6. 实现变异运算。
　　　　遗传演算- 步骤 7. 实现演化迭代。
　　云计算- 步骤 4. 取得运算结果。
主程序- 步骤 4. 系统测试。

主程序-步骤 1. 实现监听客户端要求的端口程序

和编写传统 TCP/IP 服务器程序一样，在服务器主程序中，需要使用循环持续等待和客户端建立连接。使用 ServerSocket 对象可以轻松地创建一个 TCP 服务，下面的示例中 TCP 服务使用的端口号是 16888：

GeneServer.java

```
package com.freejavaman;

import java.io.IOException;
import java.net.ServerSocket;
import java.net.Socket;

public class GeneServer {
 public static void main(String args[]){
  try{
   //创建 ServerSocket 对象，监听 16888 端口
   ServerSocket srvSocket = new ServerSocket(16888);
```

```

   System.out.println("Gene Server start at port 16888");

   //等待使用者输入
   while (true) {
    Socket socket = srvSocket.accept();

    System.out.println("client connected");
    GeneService myService = new GeneService(socket);
   }
  } catch(IOException e){
    System.err.println("Gene Server, error:" + e);
  }
 }
}
```

主程序-步骤 2. 提供专门的网络服务对象

当客户端成功和服务器建立 socket 连接后，系统会动态配置一个封装并连接相关信息的 Socket 对象，这时必须在我们编写的服务器程序中，动态创建 GeneService 对象接收 Socket 对象，以便打开输入/输出数据流，专门用来服务该客户。下面是 GeneService 类的程序内容：

GeneService.java

```
package com.freejavaman;

import java.io.DataInputStream;
import java.io.DataOutputStream;
import java.net.Socket;
import java.util.Hashtable;

public class GeneService extends Thread {

 //和客户端建立的数据流
 DataInputStream dis;
 DataOutputStream dos;

 public GeneService(Socket socket){
  try {
   //取得和客户端之间的数据流
   dis = new DataInputStream(socket.getInputStream());
   dos = new DataOutputStream(socket.getOutputStream());

   //开始线程
   start();
  } catch (Exception e){
   System.out.println(e);
  }
 }

 public void run(){
```

```
  try {
   while (true) {
    //客户端传递的城市数据，如：A_B_D_E_G_I
    String datas = dis.readLine();

    System.out.println("datas from client:" + datas);

    //将城市数据转存到Hashtable数据结构中
    Hashtable cityHash = new Hashtable();

    if (datas != null && !datas.equals("")) {
     //用下划线隔开客户传递的城市代码
     String[] cities = datas.split("_");

     //将城市代码存储到Hashtable中
     for (int i = 0; i < cities.length; i++) {
      //避免重复的城市代码
       if (!cityHash.containsKey(cities[i])) {
      cityHash.put(cities[i].charAt(0), cities[i].charAt(0));
       }
     }
    }

    //建立云计算，同时取得执行结果
    if (cityHash.size() > 0) {
     String result = new TSPCloud(cityHash).doCloudOP();
     //返回执行结果
  dos.writeBytes(result + "\n\r");
    } else {
     //传递不正确的城市数据
     dos.writeBytes("data not correct\n\r");
    }
   }
  } catch (Exception e){
   System.out.println(e);
  }
 }
}
```

GeneService 对象是典型的线程程序，在其构造函数中，通过主程序传入的 Socket 对象取得和客户端进行数据交换时需要的 DataInputStream 和 DataOutputStream 输入/输出数据流。在调用 GeneService 对象的 start 函数时启动独立的线程，并在 run 函数中，使用循环持续等待并接收来自客户端的信息，同时将执行结果返回客户端程序。

没有在示例程序中设计复杂的应用层通信协议，只设置客户端应用程序会传递要进行排序的城市（客户）代码，如：A_B_D_E_G_I 代表有 6 个要进行排序的城市（客户）。城市（客户）代码之间用下划线隔开，通过一个简单的循环排除可能的重复代码，将城市（客户）代码字符串转存到 Hashtable 中。

主程序-步骤 3．调用云计算对象

接着创建一个 TSPCloud 对象实体来执行一次云遗传运算。取得云遗传运算的执行结果后，用输出数据流将运算结果返回客户端。由于所有的代码都被封装在循环中，因而可以再次接收同一个客户端传递的城市（客户）代码信息，进行另一次云计算。

TSPCloud 是执行云计算的对象，调用 doCloudOP 对象时开始进行运算。doCloudOP 函数包含了 4 个子任务，即创建运算数据、将运算数据复制到 HDFS 中、执行运算及取得运算结果。

云计算-步骤 1．创建运算数据

下面是在 doCloudOP 函数中创建运算数据的代码：

```
boolean isLocalFolderOk = false;
boolean isHDFSFolderOk = false;

//要产生的种群数，每个种群一个 map 运算
int group = 10;

//存储执行结果的字符串
String resultStr = "";

//暂存数据文件的本地目录
String folderName = "localFolder";

//数据文件，以日期时间作为文件名的一部分
String fileName = "TSP_" + this.getNowDate() + "_" + this.getNowTime();

try {
 //在本地文件系统中创建暂存数据文件的目录
 File folder = new File(folderName);
 folder.mkdir();

 //在本端文件系统中创建新的数据文件
 DataOutputStream fsOut =
new DataOutputStream(new FileOutputStream("./"+folderName + "/"+fileName));

 //产生指定的种群数
 for (int i = 0; i < group; i++) {

  //每个种群具有 6 条染色体
  StringBuffer chromosomeStr = new StringBuffer("");

  //加入种群序号
  chromosomeStr.append(i + " ");

  for (int j = 0; j < 6; j++) {
   //随机数生成染色体内容
   chromosomeStr.append(createChromosome() + " ");
```

```
 }

 //将染色体数据写到文件中
  fsOut.writeBytes("" + chromosomeStr.toString() + "\n");
  fsOut.flush();
 }

 //关闭本地文件
 fsOut.close();
 fsOut = null;

 System.out.println("create local folder:" + folderName + " and file:" +
                    fileName + " done.");
 isLocalFolderOk = true;
} catch (Exception e) {
}
```

在开始进行云计算时，必须准备好需要的数据，如上所示，通过输出数据流将随机数生成的染色体数据存储到本地目录的文件中。该文件中的一行就是包含 6 个染色体的一个种群，换句话说，稍后进行的 map 运算一次将处理一个种群的数据。染色体的数据内容是通过调用 createChromosome 函数动态产生的，下面是该函数的内容：

```
//根据传入的城市代码生成染色体数据
private String createChromosome() {
 int inx = 0;
 //由前端使用者选定的城市个数决定染色体长度
 char[] gene = new char[cityHash.size()];
 Enumeration enums = cityHash.keys();
 while (enums.hasMoreElements()) {
  gene[inx] = (Character)enums.nextElement();
  inx++;
 }

 //将城市代码按随机数排序
 for (int i = 0; i < 10; i++) {
  //Math.random()返回大于等于 0，到小于 1 的数值
  int sInx = (int)(Math.random() * cityHash.size());
  int eInx = (int)(Math.random() * cityHash.size());

  //交换随机数指向的索引数据内容
  char tmp = gene[sInx];
  gene[sInx] = gene[eInx];
  gene[eInx] = tmp;
 }

 //将基因数据组成字符串，返回上层
 StringBuffer sBuf = new StringBuffer("");
 for (int i = 0; i < gene.length; i++) {
  sBuf.append(gene[i]);
 }
 return sBuf.toString();
```

```
}
```

上面的 cityHash 包含所有由前端使用者选定的城市（客户）代码，代码的数量动态决定了染色体的长度。函数开始时，先依序取出 cityHash 数据结构中的代码，并置于 char 数组中，稍后再通过随机数的方式决定数组中要交换位置的元素。简单地说，这个动作像洗牌一样完成随机数生成染色体数据内容的工作。由于会将染色体的内容存储到文件中，因而函数的最后一个工作是将 char 数组转换成字符串类型。

云计算-步骤 2. 将运算数据复制到 HDFS

doCloudOP 函数的第二个子任务是将存储运算需要的数据文件复制到分布式文件系统中，其运行方式和上一节的示例相同。下面是其代码。顺利执行后，会将数据文件存储到 HDFS 的 TSPFolder 目录中。

```
//已在本地创建数据文件，准备复制到 HDFS
if (isLocalFolderOk) {
 System.out.println("start to copy local folder to HDFS...");

 try {
  //获取默认的配置设置
  Configuration conf = new Configuration();

  //配置文件数据源和目的位置
  Path srcPath = new Path("./" + folderName + "/" + fileName);

  //HDFS 目录中的文件
  Path dstPath = new Path("/TSPFolder/" + fileName);

  //获取封装文件系统信息的对象
  FileSystem hdfs = dstPath.getFileSystem(conf);

  //将本地目录中的文件复制到 HDFS
  hdfs.copyFromLocalFile(false, srcPath, dstPath);

  System.out.println("copy local folder to HDFS done:"+
                     "/TSPFolder/"+fileName);

  isHDFSFolderOk = true;
 } catch (Exception e) {
  System.out.println("copy local folder to HDFS error:" + e);
 }
}
```

云计算-步骤 3. 执行运算

doCloudOP 函数的第三个子任务，也是最关键的任务：执行云计算，其代码段如下所示。

```
//生成任务名称(日期 + 时间)
```

```
String jobName = "TSPJob_" + this.getNowDate() + "_" + this.getNowTime();
JobConf conf = new JobConf(TSPCloud.class);
conf.setJobName(jobName);
//设置输入/输出数据格式
conf.setInputFormat(TextInputFormat.class);
conf.setOutputFormat(TextOutputFormat.class);
//设置 Map 和 Reduce 功能的类
conf.setMapperClass(MyMap.class);
conf.setReducerClass(MyReduce.class);
//设置输出数据主键值类型
conf.setOutputKeyClass(Text.class);
//设置输出数据值类
conf.setOutputValueClass(Text.class);
//设置输入文件路径
FileInputFormat.setInputPaths(conf, new Path("/TSPFolder/" + fileName));
//设置输出文件路径(任务名称是目录的一部分)
String outputFolder = "/TSPOutput/" + jobName;
FileOutputFormat.setOutputPath(conf, new Path(outputFolder));
System.out.println("HDFS Output folder:" + outputFolder);
//执行云计算工作
JobClient.runJob(conf);
```

由于 TCP/IP 服务器可能同时服务一位以上用户，因而云任务的名称必须要能够有所区分，上面的代码使用获取系统当前的日期和时间的方式，动态决定任务的名称，其他代码和上一章的示例相同，在此不再说明。需要注意的是，将把任务顺利执行后的运算结果存储在分布式文件系统中的 TSPOutput 目录的子目录中，该子目录的名称和任务名称相同。

遗传演算-步骤 1. 实现运算主程序

将在 map 运算中从数据文件中读出一行字符串信息，该字符串包含 6 个染色体的数据内容。下面是 Mapper 的代码：

```
//实现 Map 功能的对象
public static class MyMap extends MapReduceBase
                implements Mapper<LongWritable, Text, Text, Text> {
 public void map(LongWritable key,
        Text value,
        OutputCollector<Text, Text> output,
        Reporter reporter) throws IOException {
```

```

  //从数据文件中读入数据
  String line = value.toString();

  //每个数据都是一个种群(第一栏是种群序号)
  String[] datas = line.split(" ");

  //存储染色体数据的列表
  Vector chromosomeList = new Vector();
  for (int i = 1; i < 7; i++)
   chromosomeList.addElement(datas[i]);

  //创建 TSP 遗传算法的对象
  TSPService tService = new TSPService(chromosomeList);

  //开始进行遗传算法
  tService.start();

  //存储该种群的最优解
  //使用一个主键送往同一个 reduce 运算
  output.collect(new Text("TSPSolution"), new Text(tService.getBestSolution()));
 }
}
```

上面的程序先从分布式文件中读出一个种群的数据，使用 String 对象的 split 函数拆分该字符串，拆分后的每一个数据元素都是一个染色体数据内容，也就是一个 TSP 问题的可能解。接着使用循环，将所有染色体的内容存储到 Vector 数据结构中。最后，创建 TSPService 对象实体来启动遗传算法。

TSPService 对象执行完逻辑演算后，Mapper 将执行结果存储到 OutputCollector 对象。由于 map 运算使用相同的结果主键值，因而所有运算结果都将会送往同一个 Reducer 进行归纳处理。

TSPService 对象是执行遗传算法的主要程序，当用户调用 start 函数时，开始执行遗传运算，其运算数据就是之前传递的封装染色体的 Vector 数据结构。下面是 TSPService 对象的 start 函数内容：

```
public void start() {
 //创建第一代种群
 for (int i = 0; i < worm.length; i++) {
  worm[i] = new TSPChromosome();
  worm[i].setGeneArray((String)chromosomeList.elementAt(i));
 }

 //创建配对库中的对象
 for (int i = 0; i < matingPool.length; i++) {
  matingPool[i] = new TSPChromosome();
 }

```

```
int roop = 0;
int roopMax = 10;

do {
 System.out.println("第" + (roop + 1) + "次演化");

 //计算轮盘区间
 setRange();
 System.out.println("完成轮盘设置");

 //根据轮盘赌选择法选择父代，并放在配对库中
 doSelect();
 System.out.println("完成父代选择");

 //进行染色体交叉
 doCrossover();
 System.out.println("完成染色体交叉");

 //进行变异运算
 doMutation();
 System.out.println("完成变异运算");

 //进行子代替代父代的工作
 doReplace();
 System.out.println("完成替代");

 //进入下一次进化过程
 roop++;
} while (roop < roopMax);
}
```

start 函数先把存储在 Vector 中的字符串类型的染色体数据转换成 TSPChromosome 对象，使用该对象，读者就能用面向对象的思维设计遗传演算程序。整个 start 函数是一个完整的遗传演算过程，包括设置轮盘选择法的区间大小、选择父代染色体、进行染色体交叉、进行变异运算以及进行新种群的选定。

需要注意的是，并非是使用适应度的大小判断终止遗传演算的条件。该示例中，笔者根据指定的演化代数来决定。这是因为在求解 TSP 问题时，可能无法事先设置最小的适应条件，也就是说，如果将终止的适应度条件设置得太小，有可能造成目标永远无法达成，进而陷入死循环的窘境。

遗传演算-步骤 2. 设计适应度函数和编码

由于采用面向对象的思维设计遗传算法，因而将计算适应度的功能封装在 TSPChromosome 对象中。本节示例设置了 10 个城市（客户），可以先将城市（客户）和城市（客户）之间的距离（注：单位为公里）绘制成下表，数据的合理性并不在讨论范围内，

所以前提假设是数据都是合理的见下表。

	A	B	C	D	E	F	G	H	I	J
A	0	20	25	30	60	10	15	22	6	16
B	20	0	2	10	50	5	10	20	8	20
C	25	2	0	3	40	7	13	25	11	19
D	30	10	3	0	55	9	11	19	7	18
E	60	50	40	55	0	12	15	16	10	21
F	10	5	7	9	12	0	20	7	13	20
G	15	10	13	11	15	20	0	30	5	17
H	22	20	25	19	16	7	30	0	6	8
I	6	8	11	7	10	13	5	6	0	13
J	16	20	19	18	21	20	17	8	13	0

举例来说，如果有一组 TSP 解的拜访顺序是 IDEABG，查表可得到下表所列的计算过程，其解的适应度为 157。

出发城市	抵达城市	距　离
I	D	7
D	E	55
E	A	60
A	B	20
B	G	10
G	I	5
合计		157

接着将上面的表格转换成程序中的二维数组，以方便计算 TSP 适应度。下面是在 TSPChromosome 对象中存在的城市（客户）距离数据内容：

```
//城市间距离对照表，共 10 个客户
private static int[][] distance = {
{0,20,25,30,60,10,15,22,6,16},
{20,0,2,10,50,5,10,20,8,20},
{25,2,0,3,40,7,13,25,11,19},
{30,10,3,0,55,9,11,19,7,18},
{60,50,40,55,0,12,15,16,10,21},
{10,5,7,9,12,0,20,7,13,20},
{15,10,13,11,15,20,0,30,5,17},
{22,20,25,19,16,7,30,0,6,8},
{6,8,11,7,10,13,5,6,0,13},
{16,20,19,18,21,20,17,8,13,0}};
```

TSPChromosome 对象提供下面的 getFitnessValue 函数来计算封装的染色体数据的适应

度：

```
//计算该染色体的适应度
public int getFitnessValue() {
 int fitnessValue = 0;
 for (int i = 0; i < gene.length; i++) {
  //查表取得目前索引值城市和下一个城市之间的距离
  if (i == (gene.length - 1)) {
   //应该对比数组中最后一个城市和数组第一个城市
   int rowInx = ((int)gene[i]) - 65;
   int colInx = ((int)gene[0]) - 65;
   fitnessValue += distance[rowInx][colInx];
  } else {
   //索引值指向目前城市和下一个城市
   //字符A的ASCII值是65,因而指向第0个元素
   int rowInx = ((int)gene[i]) - 65;
   int colInx = ((int)gene[i + 1]) - 65;
   fitnessValue += distance[rowInx][colInx];
  }
 }
 return fitnessValue;
}
```

本示例程序采用字符遗传编码，共有 10 个城市（客户）可供选择，因而字符的设置范围是字母 A ~字母 J。此外，因为城市（客户）之间的距离被封装在二维数组中，因此只需要将基因字符的 ASCII 码减去 65，就可以得到对应二维数组的索引值。举例来说，要查询城市 G 到城市 B 之间的距离，可以先取得字母 G 的 ASCII 值 71，字母 B 的 ASCII 值 66，同时减去 65 后，得到行索引为 6、列索引为 1，再通过查表得到两个城市之间的距离为 10。

TSPChromosome 对象还提供了另外一个计算适应度的 caculateFitnessValue 函数，该函数根据外部传入的染色体字符串内容实时计算适应度。

```
//计算传入染色体的适应度
public synchronized static int caculateFitnessValue(String geneStr) {
 int fitnessValue = 0;
 char[] localGene = geneStr.toCharArray();

 for (int i = 0; i < localGene.length; i++) {
  //查表取得目前索引值城市和下一个城市之间的距离
  if (i == (localGene.length - 1)) {
   //对比数组中最后一个城市和第一个城市
   int rowInx = ((int)localGene[i]) - 65;
   int colInx = ((int)localGene[0]) - 65;
   fitnessValue += distance[rowInx][colInx];
  } else {
   //索引值指向目前城市和下一个城市
   //字符A的ASCII值是65,因而指向第0个元素
   int rowInx = ((int)localGene[i]) - 65;
   int colInx = ((int)localGene[i + 1]) - 65;
   fitnessValue += distance[rowInx][colInx];
```

```
   }
  }
  return fitnessValue;
 }
```

遗传演算-步骤 3. 实现轮盘赌选择法

现在开始探讨 start 函数中其他遗传演算过程。首先是用来设置轮盘区间的 setRange 函数：

```
//根据适应度计算轮盘赌选择法中每一段的区间比例
private void setRange() {
 //对适应度求和，以便取得轮盘赌选择法的分母
 int totalFitnessValue = 0;
 for (int i = 0; i < worm.length; i++) {
  totalFitnessValue += worm[i].getFitnessValue();
 }

 //计算轮盘赌选择法中每一个染色体所占的比例
 //由于在 TSP 问题中，适应度越低越好
 //因而在计算轮盘比例时，必须先用 100 去减，以求反转
 double rangeSubsum = 0.0;
 for (int i = 0; i < worm.length; i++) {
  //暂存反转后的值
  rwheelRange[i] =
  ((double)100-((double)worm[i].getFitnessValue()/totalFitnessValue)*100);
  //小计总比例
  rangeSubsum += rwheelRange[i];
 }

 //将进行轮盘的内容累加，形成区间
 double rangeSum = 0.0;
 for (int i = 0; i < rwheelRange.length; i++) {
  rangeSum += (rwheelRange[i]/rangeSubsum) * 100;
  rwheelRange[i] = rangeSum;
 }
}
```

在遗传演算过程中，适应度越大，所占的轮盘比例也会越大。然而在求解 TSP 问题时，适应度越小的才越可能是最优解，因而在上面的轮盘设置函数中，必须使用反转的方式，让适应值越小的染色体占有越大的轮盘面积。轮盘区间最后被存储在 rwheelRange 数组中。

遗传演算-步骤 4. 实现选择运算

遗传运算的下一个步骤是从轮盘中挑选父代染色体，并把它放在配对库中，我们在 doSelect 函数中实现这个功能：

```
//根据随机数和轮盘比例选择父代，并放在配对库中
private void doSelect() {
//选出数量相当的染色体
for (int i = 0; i < worm.length; i++){
```

```
//生成0~100之间的随机数来决定区间
int randomForSelect = (int)(java.lang.Math.random() * 101);

//判断应该把哪个染色体放在配对库中(复制数据内容)
if ((randomForSelect >= 0) && randomForSelect < rwheelRange[0]) {
 //区间一
 matingPool[i].setGeneArray(worm[0].getGeneString());
} else if ((randomForSelect >= rwheelRange[0]) &&
             randomForSelect < rwheelRange[1]) {
 //区间二
 matingPool[i].setGeneArray(worm[1].getGeneString());
} else if ((randomForSelect >= rwheelRange[1]) &&
             randomForSelect < rwheelRange[2]) {
 //区间三
 matingPool[i].setGeneArray(worm[2].getGeneString());
} else if ((randomForSelect >= rwheelRange[2]) &&
             randomForSelect < rwheelRange[3]) {
 //区间四
 matingPool[i].setGeneArray(worm[3].getGeneString());
} else if ((randomForSelect >= rwheelRange[3]) &&
             randomForSelect < rwheelRange[4]) {
 //区间五
 matingPool[i].setGeneArray(worm[4].getGeneString());
} else if ((randomForSelect >= rwheelRange[4]) &&
             randomForSelect < rwheelRange[5]) {
 //区间六
 matingPool[i].setGeneArray(worm[5].getGeneString());
 }
}
}
```

如上所示，先用随机数取得 0 ~ 100 的实数，决定应该将哪个染色体放在配对库中。为了节省存储空间，我们使用复制数据内容的方式，将染色体数据设置在配对库中，而不用创建新的对象实体。

遗传演算-步骤 5. 实现交叉运算

遗传演算的核心逻辑是交叉运算，我们在 doCrossover 函数中实现它。开始交叉运算时，先取得一个随机实数，并和交叉概率进行比较，如果该随机数小于交叉概率，就进入交叉运算的处理流程。

紧接着取随机数决定两个交叉点，将染色体内容切分成 3 个区段，第二个区段用来进行数据交换。

如果取得的交叉点同时指向第一个元素和最后一个元素，将无法形成 3 个区段的情况，会完全置换两个染色体的所有内容，进而失去交叉的目的。遇到这种情况时，无需进行交叉运算。此外，如果其中一个交叉点指向第一个或是最后一个元素，还是会形成 3 个区间的情况，只不过首尾其中一个区间的内容将会是空值。

由于将两个染色体第二个区段的基因进行交换后，可能会造成基因重复的情况，因而必须使用适当的方法消除这个重复的基因项。以笔者使用的方法为例，如果交换后的新基因存在于第一或第三区间，就以置换前的旧基因取代第一或第三区间中重复的基因项。如果交换前的旧基因同时存在于新的第二区段，则必须往下递归寻找不在第二区段的基因。轮询完第二区间的所有基因后，将 3 个区间合并，就可以得到交叉后的新染色体内容。下面是上述逻辑的实现内容：

```
//进行染色体交叉
private void doCrossover() {
 //两两交叉配对库中的染色体
 //因为有 6 个染色体，因而要执行 3 次交叉运算
 for (int i = 0; i < 6; i+=2) {
  TSPChromosome worm1 = matingPool[i];
  TSPChromosome worm2 = matingPool[i + 1];

  //取得染色体的数据内容
  String wormStr1 = worm1.getGeneString();
  String wormStr2 = worm2.getGeneString();

  //产生大于等于 0，且小于 1 的随机数
  double decide = java.lang.Math.random();

  //随机数小于交叉概率，且染色体内容不同时，才需进行交叉
  if (decide <= pc && !wormStr1.equals(wormStr2)) {
   int point1 = 0;
   int point2 = 0;

   do {
    //生成两个交叉点
    point1 = (int)(java.lang.Math.random() * worm1.getChromosomeLength());
    point2 = (int)(java.lang.Math.random() * worm1.getChromosomeLength());

    //point1 为左交叉点，point2 为右交叉点
    //point2 大于 point1 时，交换位置
    if (point2 < point1) {
     int tmp = point1;
     point1 = point2;
     point2 = tmp;
    }
    //如果左右交叉点同时指向数据的最两端，没有交叉的意义
   } while(point1 == 0 && point2 == worm1.getChromosomeLength() - 1);

   //取得染色体的数据内容，并且根据交换点切分 3 个子区段
   //第二个区段就是要进行数据交换的区段
   String wormStr1_sec1 = wormStr1.substring(0, point1);
   String wormStr1_sec2 = wormStr1.substring(point1, point2 + 1);
   String wormStr1_sec3 = wormStr1.substring(point2 + 1, wormStr1.length());

   String wormStr2_sec1 = wormStr2.substring(0, point1);
```

```
String wormStr2_sec2 = wormStr2.substring(point1, point2 + 1);
String wormStr2_sec3 = wormStr2.substring(point2 + 1, wormStr2.length());

//判断第一个染色体新的第二个区段(第二个染色体的第二区段)
//所有数据内容和旧数据之间的关系
for (int secInx = 0; secInx < wormStr2_sec2.length(); secInx++) {
 //新区段的字符
 String newChar= "" + wormStr2_sec2.charAt(secInx);

 //旧区段的字符
 String oldChar= "" + wormStr1_sec2.charAt(secInx);

 //判断新字符是否存在于其他两个区段中
 if (wormStr1_sec1.indexOf(newChar) != -1 ||
  wormStr1_sec3.indexOf(newChar) != -1) {
  //如果新字符在其他两个区段重复，必须去掉重复项
  //判断旧字符是否存在于新区段中
  int oldInx = wormStr2_sec2.indexOf(oldChar);
  if (oldInx != -1) {
   //旧字符存在于新区段中
   //必须要找到适当的替代字符
   //oldInx: 旧字符在新区段中的位置
   do {
    //取得对应旧区段中相同位置的字符
    oldChar = "" + wormStr1_sec2.charAt(oldInx);

    //判断该字符是否存在于新区段
    oldInx = wormStr2_sec2.indexOf(oldChar);
   } while (oldInx != -1);

   //用旧字符取代其他区段中的重复项
   wormStr1_sec1 = wormStr1_sec1.replace(newChar, oldChar);
   wormStr1_sec3 = wormStr1_sec3.replace(newChar, oldChar);
  } else {
   //旧字符不存在于新区段中
   //用旧字符取代其他区段中的重复项
   wormStr1_sec1 = wormStr1_sec1.replace(newChar, oldChar);
   wormStr1_sec3 = wormStr1_sec3.replace(newChar, oldChar);
  }
 } else {
  //新字符不重复于其他两个区段，因此可以忽略不计
  //System.out.println("新字符在其他两个区段中不重复");
 }
}

//判断第一个染色体新的第二个区段(第二个染色体的第二区段)
//所有数据内容和旧数据之间的关系
for (int secInx = 0; secInx < wormStr1_sec2.length(); secInx++) {
 //新区段的字符
 String newChar= "" + wormStr1_sec2.charAt(secInx);

```

```
    //旧区段的字符
    String oldChar= "" + wormStr2_sec2.charAt(secInx);

    //判断新字符是否存在于其他两个区段中
    if (wormStr2_sec1.indexOf(newChar) != -1 ||
     wormStr2_sec3.indexOf(newChar) != -1) {
      //新字符在其他两个区段中重复时，必须去掉重复项
      //判断旧字符是否存在于新区段中
      int oldInx = wormStr1_sec2.indexOf(oldChar);
      if (oldInx != -1) {
        //旧字符存在于新区段中
        //必须要找到适当的替代字符
        //oldInx: 旧字符在新区段中的位置
        do {
          //取得对应旧区段中相同位置的字符
          oldChar = "" + wormStr2_sec2.charAt(oldInx);

          //判断该字符是否存在于新区段
          oldInx = wormStr1_sec2.indexOf(oldChar);
        } while (oldInx != -1);

        //用旧字符取代其他区段中的重复项
        wormStr2_sec1 = wormStr2_sec1.replace(newChar, oldChar);
        wormStr2_sec3 = wormStr2_sec3.replace(newChar, oldChar);
      } else {
        //旧字符不存在于新区段中
        //用旧字符取代其他区段中的重复项
        wormStr2_sec1 = wormStr2_sec1.replace(newChar, oldChar);
        wormStr2_sec3 = wormStr2_sec3.replace(newChar, oldChar);
      }
    } else {
      //新字符在其他两个区段中不重复，因此可以忽略不计
      //System.out.println("新字符在其他两个区段中不重复");
    }
  }

  wormStr1 = wormStr1_sec1 + wormStr2_sec2 + wormStr1_sec3;
  wormStr2 = wormStr2_sec1 + wormStr1_sec2 + wormStr2_sec3;

  worm1.setGeneArray(wormStr1);
  worm2.setGeneArray(wormStr2);
 }
}
}
```

遗传演算-步骤 6. 实现变异运算

接着进行遗传演算的下一个步骤——变异运算。在进行运算前，需要取得一个随机实数，并和变异机率进行比较。该随机数小于变异概率时进行变异运算。实现变异运算较为简单，只需要用随机数决定染色体中的两个元素，将其内容互换即可。下面是实现的代码：

```
//进行变异运算
private void doMutation() {
 //根据染色体数进行变异运算
 for (int i = 0; i < matingPool.length; i++) {
  //取出配对库中的染色体
  TSPChromosome worm = matingPool[i];

  //产生大于等于 0, 且小于 1 的随机数
  double decide = java.lang.Math.random();

  //随机数小于变异概率时才进行变异运算
  if (decide <= pm) {
   matingPool[i].mutationACT();
  }
 }
}
```

遗传演算-步骤 7. 实现演化迭代

等到配对库中的所有染色体都完成交叉和变异运算后，接着需要决定用哪些染色体取代种群中的父代。一般来说，采用精英保留策略会有较好的收敛情况，然而为了简化系统的复杂度，可以选择整群取代的策略。如下所示，是整群取代的程序实现内容。为了节省内存资源，这里同样采用了数据复制的方式，而非创建新的对象实体。

```
//采取整群取代的策略
private void doReplace() {
 for (int i = 0; i < worm.length; i++) {
  worm[i].setGeneArray(matingPool[i].getGeneString());
 }
}
```

遗传演算完成后，种群中同样存在 6 个染色体，在送往 Reducer 进行归纳处理前，必须先从这 6 个染色体中选出适应度最好的染色体，作为这个 map 运算的最优解。下面是实现这个逻辑的 getBestSolution 函数内容：

```
//从种群中挑选适应度最小的组合作为最优解
public String getBestSolution() {

 int minValue = 100000000;
 String geneStr = "";

 //轮询所有染色体
 for (int i = 0; i < worm.length; i++) {
  //判断是否是较好的适应度
  if (worm[i].getFitnessValue() < minValue) {
   minValue = worm[i].getFitnessValue();
   geneStr = worm[i].getGeneString();
  }
 }
```

```
return geneStr;
}
```

执行完所有 map 运算时，也代表顺利执行了所有遗传演算。这时云计算将会进入下一个流程，也就是 reduce 运算。由于在 map 运算中所有执行结果都使用了相同的主键，因而所有 map 运算的执行结果都被送往同一个 Reducer 进行处理。

Reducer 收集所有 map 遗传演算的最优解后，将选择其中适应度最好的染色体作为这次云计算的最优解。下面是实现的 Reducer 程序内容：

```
//实现 Reduce 功能的对象
public static class MyReduce extends MapReduceBase
                                implements Reducer<Text, Text, Text, Text> {
 //取得所有主键相同的数据
 public void reduce(Text key,
                Iterator<Text> values,
                OutputCollector<Text, Text> output,
                Reporter reporter) throws IOException {

  int minValue = 100000000;
  String minGeneStr = "";

  //取得所有 map 运算的结果，将最小适应度作为最优解
  while (values.hasNext()) {
   //取得染色体字符串
   String geneStr = values.next().toString();

   //计算适应度
   //判断是否是较好的适应度
   if (TSPChromosome.caculateFitnessValue(geneStr) < minValue) {
    minValue = TSPChromosome.caculateFitnessValue(geneStr);
    minGeneStr = geneStr;
   }
  }

  //存储在负责封装输出数据的对象中
  output.collect(new Text("TSPSolution"), new Text("result:" + minGeneStr +
                                                  "_" + minValue));
 }
}
```

Reducer 最后用下面的格式存储运算结果，其中“result:”是识别子，染色体内容代表最优解城市（客户）的拜访顺序，最后的数值是 TSP 解的适应度。

```
result:ABEFGCD_120
```

云计算-步骤 4. 取得运算结果

程序流程再回到 TSPCloud 对象的 doCloudOP 函数，现在要进行的是从分布式文件系统中取回云计算的执行结果，再通过 Socket 对象的输出数据流传给客户端的使用者。下面是

取得 HDFS 中执行结果的程序内容：

```
try {
//取得默认的配置设置
Configuration hdfsConf = new Configuration();

//取得封装文件系统信息的对象
FileSystem hdfs = FileSystem.get(hdfsConf);

//遗传算法的结果文件
Path outputPath = new Path("/TSPOutput/" + jobName + "/part-00000");

//打开输入数据流
FSDataInputStream dis = hdfs.open(outputPath);

FileStatus stat = hdfs.getFileStatus(outputPath);

//读入完整的内容
byte[] buffer = new byte[Integer.parseInt(String.valueOf(stat.getLen()))];
dis.readFully(0, buffer);
resultStr = new String(buffer);
} catch (Exception e2) {
System.out.println("read from output file error:" + e2);
resultStr = "ERR_Read_Output:" + e2;
}
```

主程序-步骤 4. 系统测试

完成中间层的系统后，就可以尝试将它启动进行测试。然而，还没有准备好 Android 客户端程序，要如何进行测试呢？别忘了，本章示范的云系统是基于 TCP/IP 编写的，因而就算还没有准备好前端的客户端，也可以通过 telnet 工具来进行测试。

首先，执行下面的命令启动 Hadoop：

```
bin/start-all.sh
```

接着编译云程序并封装成 JAR 文件。以笔者为例，JAR 文件名为 geneApp.jar，同时准备好所有执行云系统需要的相关包，包括 hadoop-core-0.20.203.0.jar、commons-logging-1.1.1.jar、commons-configuration-1.6.jar 、 commons-lang-2.5.jar 、 jackson-mapper-asl-1.0.1.jar 、jackson-core-asl-1.0.1.jar；并将 Hadoop 的服务器参数文件，即 core-site.xml、hdfs-site.xml、mapred-site.xml 复制到当前的工作目录中。准备好执行环境后，执行下面的命令就可以顺利启动中间层的应用程序：

```
   java -classpath ./:./hadoop-core-0.20.203.0.jar:./geneApp.jar:./commons-
logging-1.1.1.jar:
   ./commons-configuration-1.6.jar:./commons-lang-2.5.jar:./jackson-mapper-asl
-1.0.1.jar:
   ./jackson-core-asl-1.0.1.jar com.freejavaman.GeneServer
```

补充说明

在 Linux 环境中执行时，要注意使用斜线和冒号分隔相关包。

中间层程序启动后的提示信息如下：

```
$ java -classpath ./:./hadoop-core-0.20.203.0.jar:./geneApp.jar:./commons-logging-1.1.1.jar:
./commons-configuration-1.6.jar:./commons-lang-2.5.jar:./jackson-mapper-asl-1.0.1.jar:
./jackson-core-asl-1.0.1.jar com.freejavaman.GeneServer
Gene Server start at port 16888
```

最后使用 telnet 模拟还未完成的客户端程序。打开 Linux 环境的终端机或 Windows 系统的 DOS 窗口，尝试连接云系统的 16888 端口号，可以看到下面的执行过程：

■ 云系统执行过程

```
......
org.apache.hadoop.mapred.Counters log Reduce input records=10
org.apache.hadoop.mapred.Counters log Reduce input groups=1
org.apache.hadoop.mapred.Counters log Combine output records=0
org.apache.hadoop.mapred.Counters log Reduce output records=1
org.apache.hadoop.mapred.Counters log Map output records=10
operation done.
```

■ telnet 执行过程

```
telnet 192.168.1.107 16888
Trying 192.168.1.107...
Connected to 192.168.1.107.
Escape character is '^]'.
A_B_C_D_E_F
TSPSolution result:FEACDB_115
```

云系统已经可以使用遗传算法安排应该拜访的城市（客户）顺序了。

5.5.3 TSP 云系统客户端程序

实现云人工智能系统后，接着就可以开始实现 Android 客户端程序了。在客户端程序中，用户使用多选按钮选择要拜访的城市（客户），并动态地组成数据字符串，再传递给云系统来运算。取得运算结果，也就是最佳的拜访顺序后，以列表的方式显示给用户。

实现这个客户端程序需要经过下面几个步骤。

STEP 1 布局和设计。

STEP 2 创建查询数据。

STEP 3 提交运算要求。

STEP 4 解析运算结果。

STEP 5 跳到结果显示页。

STEP 6 执行整合测试。

下面分别介绍各步骤细节。

STEP 1 布局和设计。

Android 程序由两个 Activity 组成，一个是让使用者选择拜访客户的页面，另一个是显示结果的页面。下面是第一个页面的布局内容：

```
<CheckBox
android:id="@+id/box1"
android:text="大天池"
android:layout_width="wrap_content"
android:layout_height="wrap_content"
android:checked="false"/>

<CheckBox
android:id="@+id/box2"
android:text="飞来石"
android:layout_width="wrap_content"
android:layout_height="wrap_content"
android:checked="false"/>

……

<CheckBox
android:id="@+id/box10"
android:text="圆佛殿"
android:layout_width="wrap_content"
android:layout_height="wrap_content"
android:checked="false"/>

<Button android:text="行程规划"
android:id="@+id/btn1"
android:layout_width="wrap_content"
android:layout_height="wrap_content"/>
```

这里共有 10 个要进行拜访的客户，因而提供了 10 个多选按钮（注：为了节省篇幅，我们并没有全部列出）。此外，在页面中安排了提交云计算的按钮。

■ GeneActivity.java 片段

```
public void onCreate(Bundle savedInstanceState) {
super.onCreate(savedInstanceState);
setContentView(R.layout.main);

```

```
//重设染色体字符串并选取客户数量
chromosomeStr = "";
selectLocation = 0;

//取得选单对象的实体
box1 = (CheckBox)findViewById(R.id.box1);
box2 = (CheckBox)findViewById(R.id.box2);
····
box10 = (CheckBox)findViewById(R.id.box10);

//取得按钮对象的实体
btn1 = (Button)findViewById(R.id.btn1);

//创建监听者对象，并传入 Activity 作为参考值
CheckBoxListener myListener = new CheckBoxListener(this);

//委托 OnCheckedChange 事件
box1.setOnCheckedChangeListener(myListener);
····
box10.setOnCheckedChangeListener(myListener);

//委托按钮事件
btn1.setOnClickListener(new View.OnClickListener() {
 public void onClick(View view) {
  //进行排序
  planSchedular();
 }
});
}
```

STEP 2 创建查询数据。

取得多选按钮的对象实体后，将选项选取事件委托给 CheckBoxListener 对象。该对象的主要工作是将使用者选择的客户代码拼凑成可以传递给云系统的数据信息。参见下面的 CheckBoxListener 类的程序内容：

■ CheckBoxListener.java 片段

```
package com.freejavaman;

import android.widget.CheckBox;
import android.widget.CompoundButton;

//处理 CheckBox 单击事件的对象
public class CheckBoxListener implements CheckBox.
OnCheckedChangeListener {
 GeneActivity papa;

 //取得 Activity 对象的参考值
 public CheckBoxListener(GeneActivity papa) {
  this.papa = papa;
```

```
}

//用户单击 CheckBox 选项
public void onCheckedChanged(CompoundButton cBtn, boolean isChecked) {
  //判断有哪些选项被选取
  StringBuffer str = new StringBuffer("");

  //统计选取的数量
  int selLocal = 0;

  //动态组成拜访数据字符串
  if (papa.box1.isChecked()) {
    str.append("A_");
    selLocal++;
  }

  if (papa.box2.isChecked()) {
    str.append("B_");
    selLocal++;
  }

  .....

  if (papa.box10.isChecked()) {
    str.append("J_");
    selLocal++;
  }

  //更新拜访数据字符串,并删除最后的下划线
  papa.setChromosomeStr(str.toString().substring(0, str.toString().
length() - 1));

  //设置选取的拜访地区数量
  papa.setSelectLocation(selLocal);
 }
}
```

用户选择选项后，CheckBoxListener 就会按照顺序将客户代码附加在 str 变量中，而客户代码间用下划线隔开。需要注意的是，在拼凑运算数据时，会在字符串的最后多出一个下划线字符，因而需要在 setChromosomeStr 函数将数据返回 GeneActivity 对象前删除。

此外，CheckBoxListener 对象会同时累计选取的客户数量，主要的原因在于，如果客户数量小于等于 3，就没有排序的必要，因为无论拜访的顺序是什么，路径长度都完全相同。

STEP 3 提交运算要求。

使用者选择好要拜访的客户后，单击页面中的按钮就会调用 GeneActivity 对象的 planSchedular 函数，进行网络连接，将刚才拼凑的运算数据提交给云系统，同时等待并取回服务器的计算结果。参见下面 planSchedular 函数的内容。因而和一般客户端网络程序相同，读者自行阅读注释即可。

```
//将排序信息提交给服务器
private void planSchedular(){
 //判断是否选择了 3 个以上的地区
 if (selectLocation <= 3) {
  Toast.makeText(this, "请选择 3 个以上的地区", Toast.LENGTH_SHORT).show();
 } else {
  //确认可以提交数据
  //避免重复按钮
  btn1.setEnabled(false);
  try{
   //建立和服务器的连接
   Socket socket = new Socket("192.168.1.107", 16888);
   socket.setSoTimeout(1000 * 60 * 5);

   //取得对服务器的数据流
   DataOutputStream dos = new DataOutputStream(socket.getOutputStream());
   DataInputStream dis = new DataInputStream(socket.getInputStream());

   //提交运算数据
   dos.writeBytes(chromosomeStr + "\n");

   //接受服务器的排序结果
   String reslutStr = dis.readLine();
   Log.v("network", "planSchedular reslutStr:" + reslutStr);

   if (reslutStr != null && !reslutStr.startsWith("ERR")) {
    //正确取得排序数据
    Toast.makeText(this, "开始进行排序", Toast.LENGTH_LONG).show();
    displayResult(reslutStr);
   } else {
    //排序时发生错误
    Toast.makeText(this, "服务器排序错误", Toast.LENGTH_LONG).show();
   }
  } catch(IOException e){
   Log.e("network", "planSchedular error:" + e);
   Toast.makeText(this, "网络错误", Toast.LENGTH_LONG).show();
  }

  //重新启动按钮
  btn1.setEnabled(true);
 }
}
```

STEP 4 解析运算结果。

顺利取得排序结果后，就会将服务器返回的字符串传递给 displayResult 函数。除了进行数据字符串的分解外，还将切换到显示执行结果的 Activity。下面是 displayResult 函数的内容：

```
//进行字符串解析，并前往结果显示页
private void displayResult(String reslutStr){
```

```
String geneStr = reslutStr.substring(reslutStr.indexOf("result:") + 1, reslutStr.indexOf("_"));
Log.e("network", "displayResult geneStr:" + geneStr);

//判断是否取得排序数据
if (geneStr != null && !geneStr.equals("")) {
 //存储拜访顺序的字符串对象
 StringBuffer msg = new StringBuffer("拜访顺序:\n");

 char[] geneArray = geneStr.toCharArray();
 for (int i = 0; i < geneArray.length; i++) {
  if ("A".equals("" + geneArray[i]))
  msg.append("大天池\n");

  ....

  if ("J".equals("" + geneArray[i]))
   msg.append("圆佛殿\n");
 }

 //前往显示结果页
 Intent intent = new Intent();

 //设置 from 和 to 的 Activity
 intent.setClass(this, ResultActivity.class);

 //创建要传送的数据
 Bundle bundle = new Bundle();
 bundle.putString("result", msg.toString());

 //将数据设置在 Intent 对象中
 intent.putExtras(bundle);

 GeneActivity.this.startActivity(intent);
 GeneActivity.this.finish();
} else {
 Toast.makeText(this, "排序数据错误", Toast.LENGTH_LONG).show();
}
}
```

STEP 5 跳到结果显示页。

由于服务器返回的结果字符串只包含客户代码，如 ADCFGI，因而可以通过简单的循环，将它转换成原来的客户名称。最后使用 Intent 对象将画面切换到 ResultActivity，代码如下所示：

```
package com.freejavaman;

import android.app.Activity;
import android.content.Intent;
import android.os.Bundle;
import android.view.View;
import android.widget.Button;
```

```
import android.widget.TextView;

public class ResultActivity extends Activity {

 //显示结果信息
 public TextView txt1;

 //排序按钮
 private Button btn2;

 public void onCreate(Bundle savedInstanceState) {
  super.onCreate(savedInstanceState);
  setContentView(R.layout.main2);

  //显示结果信息对象的实体
  txt1 = (TextView)findViewById(R.id.txt1);
  txt1.setTextSize(30);

  //取得按钮对象的实体
  btn2 = (Button)findViewById(R.id.btn2);

  //取得传递过来的 Bundle 对象
  Bundle bundle = this.getIntent().getExtras();

  //取得数据内容
  String result = bundle.getString("result");

  //显示在 TextView 中
  txt1.setText(result);

  //委托按钮事件
  btn2.setOnClickListener(new View.OnClickListener() {
   public void onClick(View view) {
    //回上一页
    Intent intent = new Intent();

    //设置 from 和 to 的 Activity
    intent.setClass(ResultActivity.this, GeneActivity.class);

    //前往上一个 Activity
    ResultActivity.this.startActivity(intent);
    ResultActivity.this.finish();
   }
  });
 }
}
```

ResultActivity 并无特别之处，它从 Bundle 对象取得由前一个 Activity 传递的文本数据，并将文本数据显示在 TextView 上。此外，当使用者单击“回上一页”按钮时，也会通过 Intent 对象切换回前一个 Activity。

STEP 6 执行整合测试。

接下来就可以开始进行程序测试了。需要注意的是，由于示例应用程序将会存取网络资源，因而需要在 AndroidManifest.xml 中做如下声明：

```
<uses-permission android:name="android.permission.ACCESS_WIFI_STATE"/>
<uses-permission android:name="android.permission.INTERNET"/>
```

此外，必须在 AndroidMani.xml 中声明显示结果的 Activity：

```
<activity android:name="ResultActivity" />
```

完整的示例程序执行结果如下图所示。

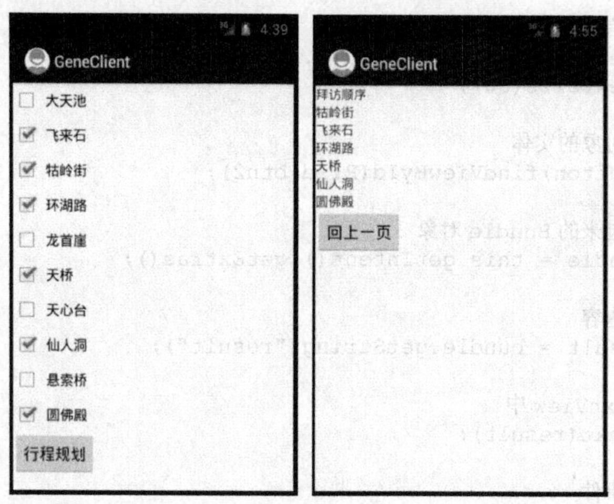

15.6 本章小结

通过上面的介绍，相信读者已经对如何整合 Android、云平台和人工智能算法 3 大技术有了基本的了解。

本章示例系统还有很多可改善的空间，例如可以让用户自行设置基因算法的各项参数，包括交叉概率、变异概率、演算代数等，甚至可以在 Android 客户端整合 GPS 的导航功能，或者整合 Google Map 等；除此之外，在产品化时，中间层系统也应该要考虑负载平衡的问题等。

至此本书就告一段落了，但笔者希望这是读者另外一个阶段的开始。希望读者能将所学的内容融会贯通，创造出更多有用和有趣的应用系统来。